高含水油田储层精细表征理论与关键技术

刘文岭　周新茂　胡水清　等著

石 油 工 业 出 版 社

内容提要

本书在概述高含水油田开发现状与面临的主要问题、国内外研究现状与技术发展趋势的基础上，系统论述了高含水油田小尺度地质体表征理论和高含水油田储层精细表征关键技术，涵盖井震匹配构造精细解释技术、地震叠前反演技术、多信息融合复杂沉积储层刻画技术、断陷湖盆水下扇单砂体及内部构型表征技术、断陷湖盆三角洲单砂体及内部构型表征技术，以及基于构型表征的剩余油模式研究等方面，并结合在高含水油田的应用实例，介绍了技术推广应用实效。

本书可供石油生产单位、科研院所的技术人员及相关专业学者参阅和作为培训用书，也可以作为石油、地质院校师生的教学与学习的参考用书。

图书在版编目（CIP）数据

高含水油田储层精细表征理论与关键技术 / 刘文岭等著 . — 北京：石油工业出版社，2022.4

ISBN 978-7-5183-4928-9

Ⅰ . ①高… Ⅱ . ①刘… Ⅲ . ①高含水 - 油田 - 储集层 - 研究 Ⅳ . ① P618.130.2

中国版本图书馆 CIP 数据核字（2021）第 210418 号

出版发行：石油工业出版社

（北京安定门外安华里 2 区 1 号　100011）

网　址：www.petropub.com

编辑部：（010）64523541　图书营销中心：（010）64523633

经　销：全国新华书店

印　刷：北京中石油彩色印刷有限责任公司

2022 年 4 月第 1 版　2022 年 4 月第 1 次印刷

787×1092 毫米　开本：1/16　印张：17

字数：410 千字

定价：128.00 元

（如出现印装质量问题，我社图书营销中心负责调换）

《高含水油田储层精细表征理论与关键技术》
编 写 组

组　　长： 刘文岭

副 组 长： 周新茂　胡水清　宗　杰　周　辉　李胜利　刘钰铭　黄晓娣

编写人员：（按姓氏笔画排序）

于　波　马水平　马　瑞　王玉学　王　珏　王玲谦
任晓旭　刘　圣　闫永超　孙　建　吴　勇　张荣基
季　岭　周练武　段英豪　侯伯刚　萧希航　曹亚梅
章　巧

前言
PREFACE

我国已开发油田总体上已经进入了高含水、高采出程度的“双高”开采阶段，产量呈现明显的递减趋势，特别是陆上东部地区的老油田，产量递减快，油田保持高效开发难度越来越大。尽管如此，高含水油田的原油产量仍然在我国原油总产量中占有相当大的比例，其中的70%以上是由已开发20年以上的老油田生产的，高含水老油田开发的好坏关系到我们国家的能源安全问题。

据统计，我国高含水油田采收率仅为30%多一些，地下还有较多数量的剩余油，进一步提高采收率潜力巨大。据测算，如能提高采收率一个百分点，全国就新增加2×10^8t可采储量，约相当于新找到10×10^8t地质储量。因此，在国际石油资源紧张、国内供需矛盾日益加剧的背景下，提高高含水油田采收率具有十分重大的国民经济意义和紧迫性。

高含水油田开发一般具有几十年的历史，经过了一次加密、二次加密，甚至开展了三次加密、聚合物驱和三元复合驱。在高密度井网条件下，油田现场开展了长期精细地质研究，进行了多轮精细油藏描述，对地下断层、构造、储层和流体已有一定的认识。但是，面对高含水期地下仍然存在的可观剩余油，高含水油田的采收率却难以很好地提高，其根本原因是人们对地下断层、构造、储层和流体的真实面貌认识还不够十分清楚，特别是井间的认识问题。

为此，高含水油田深度开发需要重构老区地下认识体系，这是进一步提高油田采收率工作的重要基础。

然而，对断层、构造和砂体边界及内部构型等控制剩余油分布的主要因素进行合理解释、刻画与认识面临诸多技术挑战。其重点和难点在井间，油田不断加密的生产实践表明，仅靠井资料无法正确认识井间砂体形态与接触关系，需要结合在井间具有高密度空间采样的地震资料加以研究。

“十一五”“十二五”期间，依托国家科技重大专项课题“井震联合储层精细描述技术研究”（2008ZX0510-002）、“井震结合油藏精细结构表征技术研究”（2011ZX0510-001），大力推进了大庆长垣油田开发地震的规模化应用，有效解决了断距3m左右低级序断层识别问题，重构了大庆长垣地下断层认识体系，为断层附近剩余油挖潜提供了可靠依据；创新了地质小层框架约束地震随机反演和地震沉积学砂体刻画技术，提高了薄互层储层预测精度，井间 2m 以上厚度砂岩识别精度达到 80% 以上；发展了辫状河、曲流河和浅水三角洲分流河道单砂体及内部构型表征技术。助力大庆长垣油田实现两个转变：油藏描述从单纯的基于井资料的地质研究，向井震联合多学科综合研究转变；布井方式从怕断层、躲断层，向靠断层、穿断层、用断层转变。通过“十一五”“十二五”科技攻关，有力地促进了大庆长垣高含水油田油藏描述技术从单纯基于井资料的地质研究向井震联合多学科综合研究的升级换代，为大庆油田保持长期高效开发，提供了精细油藏描述技术和重构的地下认识体系支撑，做出了积极贡献。

与大庆喇萨杏相对整装油田相比，国内其他类型高含水油藏更为复杂，储层表述难度更大，对油田进一步提高采收率的制约性更强。在大庆长垣油田开发地震、单砂体及其构型表征技术研究较为成熟后，为进一步深化“十一五”“十二五”研发的井震结合精细油藏描述技术在我国东部高含水油田的推广应用，“十三五”期间，国家科技重大专项课题“井震结合储层精细表征技术研究”（2016ZX0510-001）以大港油田为主要研究区，将在大庆长垣油田研究积累的井震结合储层精细表征有效方法，向渤海湾盆地复杂断块油藏推广应用，并使其进一步深化与发展。本书以“十三五”国家科技重大专项课题“井震结合储层精细表征技术研究”为基础，介绍高含水油田储层精细表征理论与关键技术。

复杂断块油藏是中高渗透油藏的一种重要类型，以中国石油为例，目前标定采收率仅为 26%，低于 32% 的平均水平，开展复杂断块油藏进一步提高采收率技术研究，具有非常重要的意义。

然而，复杂断块油藏具有的“三复”特征，即复杂构造、复杂沉积、复杂油水关系，严重制约着对油藏的认识和开发实效。需要进一步创新发展以小尺度地质体为核心的储层精细表征理论及技术，提升“小”断层、“微”构造、“薄”储层、“单”砂体及其内部构型等控制剩余油分布的地质要素的表征精度。

“十三五”期间，在中国石油科技管理部、国家科技重大专项办公室的组织和领导下，由中国石油集团科学技术研究院有限公司作为责任单位，联合大港油田、中国石油大学（北京）和中国地质大学（北京）等单位，共同组建“产、学、研”优势力量相结合的多学科联合攻关团队，以重构老油田地下认识体系和为高含水油田提高水驱采收率提供技术支撑为目标，以复杂断块油藏为对象，以井震联合为特色，围绕老油田储层表征领域断层识别、构造解释、储层预测、单砂体及内部构型刻画等科学技术问题，开展复杂构造精细表征技术、复杂沉积储层边界刻画技术、断陷湖盆典型沉积单砂体及内部构型表征技术、构型控制剩余油分析预测技术研究，丰富和发展了高含水油田井震结合储层精细表征理论与关键技术。依托和通过联合单位大港油田研究团队，采取“院厂联合”方式，开展了研发技术油田现场规模化应用，重构了老区地下认识体系，为研究区开发状况持续向好奠定了坚实地质基础。

本书对上述技术攻关成果进行了深入分析和总结，详细介绍了高含水油田储层精细表征理论和关键技术。本书共分 9 章：第 1 章概述了高含水油田开发现状与面临的主要问题、国内外研究现状与技术发展趋势和大港油田技术重点试验区开发现状；第 2 章介绍了高含水油田小尺度地质体表征理论；第 3 章至第 5 章详述了高含水油田开发地震关键解释技术，包括井震匹配构造精细解释技术、薄互层储层地震叠前反演新技术和多信息融合复杂沉积储层刻画技术；第 6 章到第 8 章以老油田精细地质研究为主，阐述了断陷湖盆水下扇单砂体及内部构型表征技术、断陷湖盆三角洲单砂体及内部构型表征技术，总结了不同沉积类型的基于构型表征的剩余油模式；第 9 章介绍了上述技术在大港油田规模化应用情况及取得的实效。

本书第 1 至第 2 章由刘文岭编写；第 3 章由刘文岭、王玉学、侯伯刚编写；第 4 章由周辉、于波、王玲谦、曹亚梅编写；第 5 章由胡水清、刘文岭、侯伯刚编写；第 6 章由李胜利、刘圣、章巧、闫永超编写；第 7 章由刘钰铭、季岭、任晓旭、张荣基、孙建编写；第 8 章由周新茂、王珏、刘钰铭、季岭编写；第 9 章由宗杰、萧希航、周练武、马瑞、黄晓娣、季岭、张荣基、孙建等编写；全书由刘文岭统稿、修改。

本书主要是在“十三五”国家重大科技专项课题“井震结合储层精细表征技术研究”（2016ZX0510-001）长期科技攻关基础上形成的，书中一些论述、图件、图表和数据来自于合作单位的科研成果，在此感谢联合单位大港油田、中国石油大学（北京）、中国地质大学（北京）等各个任务研究团队为技术攻关研究取得成果所付出的辛勤工作和贡献。感谢全体参研科研人员和在中国石油集团科学技术研究院有限公司与各合作高校历年中参研的硕士研究生、博士研究生、博士后，在老油田储层精细表征技术攻关中的辛勤工作和贡献，正是大家的共同努力，形成了高含水油田储层精细表征理论与关键技术，这些井震联合技术通过不同形式在采油厂现场进行了推广应用，为大港油田研究区在“十三五”期间的效益开发提供了技术支撑。中国工程院韩大匡院士一直致力于倡导和推动油藏地球物理技术在高含水油田的规模化应用，对研究团队主创人员具有思想启迪和指导作用。中国石油集团科学技术研究院有限公司及中国石油勘探开发研究院油田开发研究所的领导、专家和同志们在技术研究中给予了大力的支持和帮助。技术攻关研究过程中还得到了沈平平、罗治斌、王家宏、胡永乐、钟太贤、罗凯、张仲宏、田昌炳、石成方、李保柱等专家在各种会议上的指导和启发。值此本书正式出版之际，谨向他们表示由衷的感谢！

由于作者水平有限，书中难免有不妥之处，恳请广大读者批评指正。

目 录

CONTENTS

1 概　述

经过长期的开采，我国国内主要老油田均进入高含水后期，甚至特高含水期，已开发油田总体上进入了“高含水”“高采出程度”的双高阶段。据相关文献介绍，早在2006年底，中国石油天然气股份有限公司各油田平均采出程度就已达73.9%，综合含水为84.94%[1]，表现出高含水老油田稳产难度越来越大、产量递减快等特点。尽管如此，我国70%以上的原油产量仍然是来自老油田的贡献。中国石油、中国石化和中国海油三大石油公司近几年开展的室内研究、重大开发试验以及油田开发实践和国外实例表明，高含水期仍然是可采储量的主要开采期[2]，目前的采收率仍有较大提升空间。在国际石油资源紧张、国内供需矛盾日益加剧的背景下，提高高含水油田采收率工作已成为油田开发工作的主线，其中提高水驱采收率以其“量大面宽”，成为提高采收率工作的重中之重。如能提高采收率一个百分点，据测算全国就可新增加2×10^8t可采储量，约相当于新找到10×10^8t地质储量。由此可见，做好高含水油田提高水驱采收率工作非常重要，而重构老油田地下认识体系是油田开发挖潜工作的基础，这对储层精细表征技术提出了新的挑战。

1.1 高含水油田开发现状与面临的主要问题

1.1.1 高含水油田开发现状

油田开发过程按含水率（f_w）变化分为4个开发阶段，即低含水阶段（$f_w\leqslant20\%$）、中含水阶段（$20\%<f_w\leqslant60\%$）、高含水阶段（$60\%<f_w\leqslant90\%$）和特高含水阶段（$f_w>90\%$）。高含水阶段和特高含水阶段被统称为高含水期，处于这一时期的油田称为高含水油田。我国大部分油藏属于陆相沉积，储层非均质性强，油水黏度比高，低—中含水期生产时间短、含水上升快、采出程度低；含水大于60%的高含水期是重要的生产阶段，60%~70%的可采储量要在此阶段采出。

经过长期开采，我国已开发油田总体上进入高含水和高采出阶段，大量老油田进入了开发后期。据相关文章发表的数据[3]，2007年全国油田可采储量采出程度就已达到73.2%，综合含水高达86%，其中含水高于80%的老油田，可采储量占总量的73.1%，可采储量已采出60%以上的老油田，其可采储量更占到总量的86.5%。中国石油2006年已开发油田可采储量采出程度达到73.9%，综合含水84.9%，整体进入了“双高”开发阶段。

为应对高含水油田含水上升快、产量递减大等诸多问题，我国高含水油田开发经过长期的技术攻关，形成了依靠密井网资料的油藏描述、相控建模、井网加密调整、密井网剩余油测试与评价、细分注水、深度调剖、周期注水、复杂结构井应用、细分压裂改造及套管损坏预防与治理等二次采油配套技术。实现了从动用主力层转移到开发薄差层，从解决层间矛盾到解决层内和平面矛盾等开发策略方针的改变。这些技术对东部老油田减缓递减、提高采收率与改善开发效果发挥了积极作用。

近年来，中国石油还组织开展了老油田二次开发系统工程的规模化实施，通过采用全新的理念和重构地下认识体系、重建井网结构、重组地面工艺流程的“三重”技术路线，立足当前最新技术，重新构建新的开发体系，较大幅度提高了老油田采收率。

在当前老油田含水普遍高达 80%~90% 以上的情况下，高含水油田的开发现状呈现以下特点：

（1）油田总体进入“双高”（高采出程度、高含水）开采阶段，开发难度进一步加大。

2007 年全国油田可采储量采出程度就已达到 73.2%，综合含水高达 86%[3]，油田总体进入高采出程度、高含水的“双高”开采阶段。进入“双高”开采阶段后，单井产量大幅度降低，措施增油量明显下降，大量新井投产时含水已超过 90%，以致过去行之有效的均匀加密调整效果越来越差，甚至难以实施，老井井况差，套损严重，油水井损坏造成井网不完善，分注率下降，报废井越来越多，开井率越来越低，有的已不能有效控制整个油藏。

（2）剩余油呈现“整体高度分散、局部相对富集”的格局，剩余油预测难度加大。

在油田高含水后期，经过多年长期的注水开发和实施各种挖潜措施，剩余油分布总体上呈现“整体高度分散、局部相对富集”的格局[4]，一方面，剩余油在空间上呈高度分散状态，与高含水部位的接触关系犬牙交错，十分复杂；另一方面，一般来说，剩余油在整体上呈高度分散状态的情况下，仍有相对富集的部位，这是调整挖潜，提高注水采收率的重点对象，需要加深研究。

这种高度分散又相对富集的剩余油分布总体格局，说明在油藏的某些局部部位“隐藏”着相对富集的剩余油，这些局部位置是挖潜提高采收率的重点对象，而且仍然存在打出高产井的可能。大庆油田老区主力层在均匀加密井网后，遇到了一批含水相对较低的高产井，据 2000 年不完全统计结果显示，20 世纪 90 年代二次加密井中还遗留百吨井 2 口，50 吨级井 8 口，20 吨级井 201 口，三次加密井中还有百吨井 2 口，50 吨级井 69 口，20 吨级井 80 口[5]。聚合物驱加密井早期注水阶段也发现了一批高产井，例如：北一区断西主力层葡Ⅰ1-4 油层，在含水 88% 的情况下钻注聚加密井 50 口，其中出现百吨级井 2 口，50 吨级井 3 口[5]。这批高产井具有低含水、高产油的特点。

打出这种高产井是剩余油挖潜理想的期望目标，然而它们的发现却是在均匀加密井网的过程中遇到的，那么高产井是不是可遇而不可求的，能不能通过更加先进的剩余油预测方法，找准剩余油富集部位，预测可以打出高产井的位置，这为剩余油预测研究提出了更高的精度要求和更高的工作目标。

（3）三次采油与提高水驱采收率并重保持高含水油田深度开发。

为了大幅度提高最终石油采收率，最大限度地挖潜地下剩余石油资源，我国陆上油田因地制宜，在提高老油田采收率工作方面各具特色，主要采取两条基本的技术方案：一是三次采油技术，包括聚合物驱、三元复合驱等方面，目前大庆油田聚合物驱已多年保持在 1000×10^4t 以上的规模，三元复合驱强碱体系已基本成熟，正在准备推广，并且还在发展弱碱和无碱体系。二是提高水驱采收率技术，大庆油田在一次加密和二次加密的基础上发展了三次加密、“2+3”等井网层系优化和多种开采方式相结合的开发技术；辽河油田研发了 SAGD、蒸汽驱技术；新疆克拉玛依油田在对西北缘老油田进行重新认识后，通过完善井网等措施，使老油田产量不减而增；吉林扶余油田实施了以“优化合理井网，加大注水力度，提高经济效益，实现良性循环”为原则的综合调整。

（4）老油田二次开发战略促进提高水驱采收率新技术研发。

尽管三次采油技术在老油田提高采收率工作中发挥了非常重要的作用，但是这项技术主要适宜于大型整装油田，因而其推广受到了限制。而提高水驱采收率是一项量大面宽、适应性广泛的技术，凡是难以适应三次采油技术的油田或区块，都只能依靠继续扩大注水波及体积和驱油效率来提高采收率。为此，提高水驱采收率工作引起油公司管理层的高度重视，2007 年中国石油提出“二次开发”的战略，要求“重构地下认识体系、重建井网结构和重组地面工艺流程”[6]，这为提高水驱采收率技术提出了更高的要求[4]。

目前提高水驱采收率新技术研发主要集中在以下几个研究方向：

① 单砂体及其内部构型刻画技术；

② 开发地震油藏精细描述技术；

③ 剩余油分布精细预测技术；

④ 层系注采井网与注采结构优化调整技术；

⑤ 深部液流转向与深部调驱技术；

⑥ 分层注采井筒控制技术。

1.1.2 高含水油田开发面临的主要问题

在当前老油田高含水、高采出程度“双高”背景下，高含水油田的稳产难度大为增加，产量下降已难以避免，困扰我们的问题主要表现在以下 4 个方面：

（1）单井产量大幅度降低。

由于含水大幅度增加，造成单井产量下降。中国石油天然气股份有限公司（以下简称中油股份）的单井日产油量已从 1999 年的 4.1t 下降到 2009 年的 2.25t[4]。

（2）措施增油量下降。

作业效果降低，以 2007 年 1 月至 9 月为例，中油股份油井措施增油比 2006 年同期减少 5×10^4t。

（3）调整井的效果越来越差。

我国陆上油藏以陆相沉积为主，高含水期地下剩余油分布十分复杂，平面上剩余油高度分散，呈边角形、坨状、条带状和局部片状分布，纵向上油水层、高低水淹层间互分布，剩余油识别和挖潜难度进一步加大，调整井的含水越来越高，大量新井投产时含水已超过 90%，以致过去行之有效的均匀加密调整效果越来越差。

（4）老井井况差，套损严重，开井率低，注采井网不完善。

完善的注采系统是注水开发油田保持较高的水驱储量控制程度、提高老油田水驱采收率的前提和基础。老油田经过长期开发，油水井井筒、地面状况普遍较差，难以形成有效的注采关系，导致水驱储量控制程度较低。据统计老油田由于高含水、套管损坏变形、注水无效循环等原因导致油水井关井比例高达 20%，此类油藏目前油水井以单向连通为主，单向连通比例大部分在 50% 以上，而多向连通井在 20% 以下，实际平均水驱控制程度约 75%、水驱储量动用程度不到 70%。油水井损坏造成井网不完善，分注率下降，报废井越来越多，开井率越来越低，有的已不能有效控制整个油藏。

困扰我们的种种实际问题主要源于两方面的影响因素：

一是高含水油田开发的对策和措施已经跟不上或者说不适应于地下剩余油分布格局在这个阶段所已经发生的重大变化。在 20 世纪 80 年代初（含水只有 60% 左右）到 90 年代，全国各油田曾普遍进行细分层系、均匀加密的综合调整，收到了增加可采储量 7×10^8t 的好效果。这是因为当时含水还没有达到高含水后期，多数中低渗透层还存在着大量连续的剩余油，给均匀加密提供了物质条件。当前含水达到 80%~90% 以上时，油藏内油水分布格局发生了重大变化，表现在剩余油分布已由很多中低渗透层还存在着大片连续的剩余油，改变为“整体上高度分散，局部还存在相对富集的部位”的格局。这也是采取有效开发对策的出发点和基础。基于这种认识，就不难看出，采取过去行之有效的均匀加密调整的做法，已难免有大量的井会落到高含水的部位，造成调整井含水越来越高的困境。

二是高含水油田提高采收率难度很大，关键的问题是对地下储层的认识不够清楚，不能因地制宜地开展针对性的挖潜工作。

1.2 国内外研究现状与技术发展趋势

1.2.1 国外老油田开发研究现状

世界范围内，包括美国、俄罗斯、北海和东南亚等国家和地区以及巨型石油公司正在积极探索大幅度提高老油田采收率的战略。据统计，埃克森美孚公司、BP 公司、英荷壳牌公司、雪佛龙德士古公司、道达尔公司和挪威国家石油公司等国际大石油公司 2005 年资本支出总额比 1999 年增长了 53.0%，其中 2/3 的开发投资用于 30 年以上老油田的开发调整和挖潜，其目的是为了提高采收率、减缓递减、控制水油比、延长老油田寿命。

国外高含水油田开发技术正朝着多学科集成、动态描述、数字化油藏、最大限度接触油层、提升资产价值等方向发展，特别是开发地震技术的应用已成为提高老油田采收率的强有力手段，使一些老油田甚至濒临废弃的油田焕发了青春。

1.2.2 国内老油田开发研究现状

我国高含水油田开发经过长期的技术攻关，形成了依靠密井网资料的油藏描述、相控建模、井网加密调整、密井网剩余油测试与评价、细分注水、深度调剖、周期注水、复杂结构井应用、细分压裂改造及套管损坏预防与治理等二次采油配套技术。实现了从动用主力层转移到开发薄差层，从解决层间矛盾到解决层内和平面矛盾等开发策略方针的改变。

尽管这些技术的应用对东部老油田减缓递减、改善开发效果发挥了积极作用，但是仍然存在着一些技术难点问题，制约着高含水油田水驱采收率的有效提高。其中最为关键的问题是对地下储层和剩余油的分布情况难以确定清楚，老油田开发面临重构地下认识体系技术研究瓶颈问题的挑战。

1.2.3 技术发展趋势

从以井数据为主要依据的精细地质研究，向井震联合为特色的精细油藏描述发展。

经过三四十年的开采，我国国内主要老油田已进入高含水后期、甚至特高含水期，地下剩余油呈“整体高度分散、局部相对富集”的格局，传统的油藏描述方法和测试技术已不能准确地描述和预测剩余油的分布状态。鉴于高效挖潜剩余油重点和难点在井间，尽管高含水期油水井比较密集，但井间仍然具有很强的不确定性，仅靠密井网数据无法真正认识井间砂体的形态与接触关系（大庆长垣油田和大港油田几次加密实践表明，每一次井网加密后对井间砂体边界的形态认识均有一定变化），这需要在井间能够提供有效的信息，以便更加精确地描述和预测井间储层与剩余油的分布状态，而地震是提供井间信息的最有效技术，为此高含水油田高效开发需要大力发展以井震结合为特色的储层精细表征技术，大力加强多学科联合攻关，破解高含水老油田井间精细储层表征技术难题，最大限度地刻画与表征老区对剩余油起关键控制作用的低级序断层、微幅度构造和储层（砂体）横向边界，重构地下新的地质认识体系。

1.3 储层精细表征存在的技术难点问题

地震技术服务于石油勘探已有几十年的历史，用来解决油田开发早期评价阶段的问题，也卓有成效，发展了全三维自动解释、相干体、属性切片、三维可视化、谱分解、地震反演等一系列成熟技术。但是要用地震技术来解决油田开发后期地质认识与剩余油分布问题，研究的目标、尺度发生了重大变化，在构造解释方面，从研究大的断裂体系、较大规模的区域构造，向识别对剩余油起聚集作用的小断层、微幅度构造转变，在储层预测方面已深入到薄互层中的单砂层，甚至单砂体。由大到小，由厚到薄，研究目标与尺度的变化对储层表征技术提出了更高的要求。

基于三维地震资料在高含水油田开展井震结合精细油藏描述，“十一五”“十二五”期间，在大庆长垣油田开展规模化应用研究，取得了重大应用实现，有效解决了断距3m左右低级序断层识别问题，重构了大庆长垣油田地下断层认识体系，为断层附近剩余油挖潜提供了可靠依据；创新了地质小层框架约束地震随机反演和地震沉积学砂体刻画技术，提高了薄互层储层预测精度，井间2m以上厚度砂岩识别精度达到80%以上。助力大庆长垣油田实现两个转变：油藏描述从单纯的基于井资料的地质研究，向井震联合多学科综合研究转变；布井方式从怕断层、躲断层，向靠断层、穿断层、用断层转变。通过“十一五”“十二五”期间的科技攻关，大庆长垣高含水油田油藏描述技术实现了从单纯基于井资料的地质研究向井震联合多学科综合研究的升级换代，为大庆油田保持长期高效开发，提供了精细油藏描述技术和重构的地下认识体系支撑，做出了积极贡献。

与大庆喇萨杏相对整装油田相比，国内其他类型高含水油藏更为复杂，储层表述难度更大，对油田进一步提高采收率的制约性更强。

尤其是复杂断块油藏，这类油藏具有的“三复”特征，即复杂构造、复杂沉积、复杂油水关系，严重制约着对油藏的认识和开发实效。需要进一步创新发展以小尺度地质体为核心的储层精细表征理论及技术，提升“小”断层、“微”构造、“薄”储层、“单”砂体及其内部构型等控制剩余油分布的地质要素的表征精度。

针对渤海湾断陷盆地复杂断块油藏提高采收率的生产需求，实现高含水复杂断块油藏储层精细表征，需要解决以下重大技术需求问题：

（1）复杂断层构造精细解释。

复杂断块油藏与“整装”油藏相比，具有断层发育、断层搭接关系复杂、断块多而小、构造相对破碎的特点，尽管以往已开展了一定程度的油藏描述，但层位、断层与构造精细解释仍需深入，相关技术研发有待进一步攻关。

（2）复杂沉积储层边界刻画。

受复杂的构造与沉积因素的综合作用，复杂断块油藏存在尖灭、剥蚀、角度不整合、岩性不整合和滑塌快速堆积等多种复杂的沉积类型和复杂的岩性特征，储层非均质性严重，储层预测难度大，储集体空间展布特征有待开展深入研究。

（3）断陷湖盆三角洲和扇三角洲储层内部精细结构表征。

油藏开发后期矛盾主要由储层非均质性和注采不完善共同控制，认识油层内部复杂的建筑结构是表征非均质性的核心，复杂断块油藏多期次沉积体冲刷叠置形成的砂体组合加剧了储层结构解剖的复杂性，迫切需要开展储层内部结构的深入研究。

（4）单砂体及内部构型控制剩余油潜力分析。

水驱开发后期剩余油高度分散，微构造、小断层、储层内部结构等是剩余油富集的主要控制因素，其中微构造、小断层、井网等控制剩余油预测技术方法已开展了不断的深入研究，而储层构型控制剩余油是近几年随着储层结构表征形成的对剩余油的新认识，构型控制剩余油富集规律不明朗，需要进一步深入研究。

1.4 大港油田研究区开发现状

本书介绍的高含水油田储层精细表征关键技术，在大港王徐庄油田和王官屯油田开展了应用研究。

1.4.1 王徐庄油田开发现状

王徐庄油田地理位置位于河北省黄骅市南大港农场王徐庄北，区域构造位置位于黄骅坳陷中部南大港构造带（图 1.1），开发层系为明化镇组、馆陶组、东营组和沙河街组，油藏埋深为 1339.4~3841m，共包括 18 个开发单元，含油面积 22.89km^2，动用地质储量 2979.89×10^4t，可采储量 924×10^4t，采收率 31%，日产油 206.5t，累计产油 795×10^4t，含水 95.7%，采出程度 27.56%。王徐庄油田主要开发层系为沙河街组（表 1.1）。

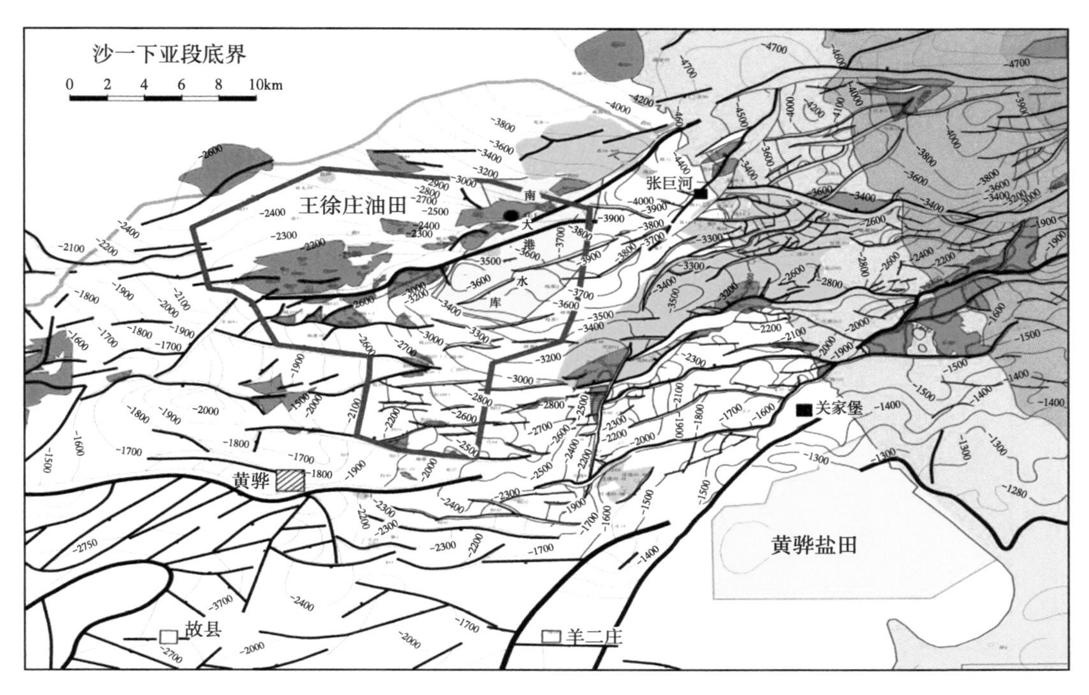

图 1.1　大港王徐庄油田区域构造图

表 1.1　大港王徐庄开发层系储量表

油藏类型	开发单元	地质储量（10^4t）	开发层系	沉积特征	地层物性
复杂断块油藏	歧 127	32.53	明化镇组	曲流河	高孔高渗透
	五断块、歧 119	13.30			
		61.51	馆陶组	辫状河	高孔高渗透
		53.14	东营组	三角洲	高孔中渗透
		582.56	沙河街组	水下扇	中孔中低渗透
	歧南 9X1、歧南 1-8	189.82			
	扣 46-1、扣 49、扣 50、扣 56	237.66			
低渗透砂岩油藏	七断块	122.44		水下扇	低孔低渗透
	南中段	399.09			
碳酸盐岩油藏	一断块、二断块、三四六断块	1287.84		生物滩水下扇	中孔中低渗透

1.4.2　王官屯油田开发现状

王官屯油田位于黄骅坳陷孔东断裂带两侧，为一被断层复杂化的背斜构造（图 1.2）。油藏埋深为 1510~3130m，主力含油层系为沙河街组、孔一段、孔二段和中生界，共有 44 个断块 54 个开发单元，含油面积 49.2km^2，动用地质储量 10901×10^4t，动用可采储量 2256.94×10^4t（表 1.2），采收率 20.7%。

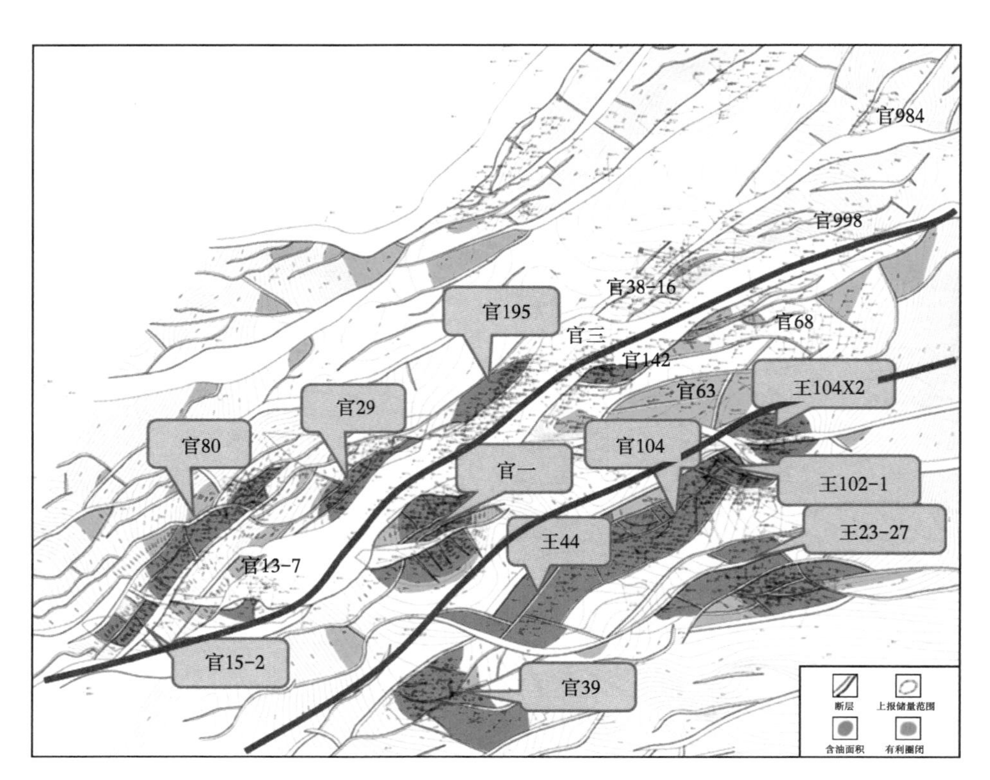

图 1.2　大港王官屯油田位置图

表 1.2　大港王官屯油田开发层系储量表

层系	地质储量（10^4t）	可采储量（10^4t）	沉积特征
沙河街组	1246.27	357.71	三角洲、生物滩
孔一段	8076.82	1651.02	冲积扇、扇三角洲
孔二段	1109.78	148.21	三角洲、水下扇
中生界	468.92	100	辫状河
王官屯油田合计	10901.79	2256. 94	—

参 考 文 献

[1] 胡文瑞 . 论老油田实施二次开发工程的必要性与可行性 [J]. 石油勘探与开发，2008，35（1）：1-5.
[2] 李阳 . 陆相高含水油藏提高水驱采收率实践 [J]. 石油学报，2009，30（3）：396-399.
[3] 韩大匡 . 中国油气田开发现状、面临的挑战和技术发展方向 [J]. 中国工程科学，2010，12（5）：51-57.
[4] 韩大匡 . 关于高含水油田二次开发理念、对策和技术路线的探讨 [J]. 石油勘探与开发，2010，37（5）：583-591.
[5] 韩大匡 . 准确预测剩余油相对富集区提高油田注水采收率研究 [J]. 石油学报，2007，28（2）：73-78.
[6] 胡文瑞 . 论老油田实施二次开发工程的必要性与可行性 [J]. 石油勘探与开发，2008，35（1）：1-5.

2 高含水油田小尺度地质体表征理论

经过几十年的开采，我国国内主要老油田已进入高含水后期、甚至特高含水期，地下剩余油呈“整体高度分散、局部相对富集”的格局[1]，储层非均质性对剩余油分布的控制作用日益凸显，认识储层非均质性，重构地下认识体系，对高含水油田油藏描述提出更高的精度要求。然而，尽管高含水期油水井比较密集，但对井间的地质认识仍然具有很强的不确定性，仅靠密井网数据无法真正认识井间砂体的形态与接触关系，以往以基于井资料为主的传统油藏描述方法，已不能准确描述高含水油田地下储层和剩余油的分布状态，为此有必要进一步发展高含水油田精细油藏描述理论与技术。

本章介绍了高含水油田小尺度地质体表征理论与技术方法体系。高含水油田小尺度地质体表征理论与技术方法体系的建立，指明了高含水油田精细油藏描述以小尺度地质体为核心内容的攻关方向，确立了油藏地球物理解释与精细地质研究并举的高含水油田储层精细表征指导方针，对推进高含水油田油藏描述技术升级换代具有重要指导作用。

2.1 小尺度地质体概念

小尺度地质体是指高含水油田中的“小”断层、“微”构造、“薄”储层、“单”砂体及其内部构型、渗流“优”势通道及大孔道等储层“精”细结构与“微观”尺度的地质体。“小”“微”“薄”“单”“优”“精”是这类地质体“小尺度”的内涵，体现研究的精细程度和难度。

2.2 小尺度地质体表征理论内涵

小尺度地质体精细表征，是指对剩余油分布具有重要控制作用的“小”断层、“微”构造、“薄”储层、“单”砂体及其内部构型、渗流“优”势通道及大孔道等储层精细结构与地质体进行精细表征，其理论内涵包括以下三个方面：

一是，“小”断层、“微”构造、“薄”储层、“单”砂体及其内部构型、渗流“优”势通道/大孔道，对剩余油分布具有极强的控制作用，在高含水后期小尺度地质体已上升为油水运动规律和剩余油分布的主控因素。

二是，准确表征小尺度地质体是老油田完善注采关系和高效挖潜剩余油的关键，小尺度地质体表征是重构老油田地下认识体系的重点，是高含水油田精细油藏描述技术研究重点攻关方向。

三是，小尺度地质体表征的重点和难点在井间，“井震联合”多学科集成创新是高含水油田重构地下认识体系的根本技术保障，以油藏地球物理解释与精细地质研究并举作为高含水油田储层精细表征工作的指导方针。

四是，明确储层结构由断面、构造面、储层界面及边界、单砂体界面及边界和砂体内部夹层构型等构成，确立了“储层精细结构表征 + 地质建模集成”高含水油田精细油藏描述总体技术路线。

高含水油田小尺度地质体表征理论的提出，对形成系统的以表征小尺度地质体为核心的高含水油田新一代精细油藏描述技术方法体系，和推进高含水油田油藏描述技术升级换代，具有积极的意义。在这一理论的指导和推动下，油田开发领域的油藏描述技术，在经历了以油层组构造、物性特征为研究对象的第一代油藏描述技术，以及以地质小层沉积微相、流动单元为主要研究对象，以精细地质研究为主要技术手段的第二代油藏描述技术，正在发展为以小断层、微幅度构造、薄储层、单砂体及其内部构型、渗流优势通道及大孔道为研究对象，以井震结合多学科综合研究为特色的第三代油藏描述技术。

2.3 小尺度地质体精细表征总体技术路线

小尺度地质体精细表征理论确立了油藏地球物理解释与精细地质研究并举的高含水油田储层精细表征的指导方针，其总体技术路线就是在采用油藏地球物理技术精细解释“小”断层、“微”幅度构造和“薄”储层横向边界的基础上，开展“单”砂体刻画及其内部构型表征、优势通道（包括渗流优势通道与大孔道）识别与表征，再通过多信息约束边控储层地质建模，将各个储层结构组合集成，实现可视化表征，并通过与已有成果进行对比，重构老油田地下新的认识体系（图 2.1）。

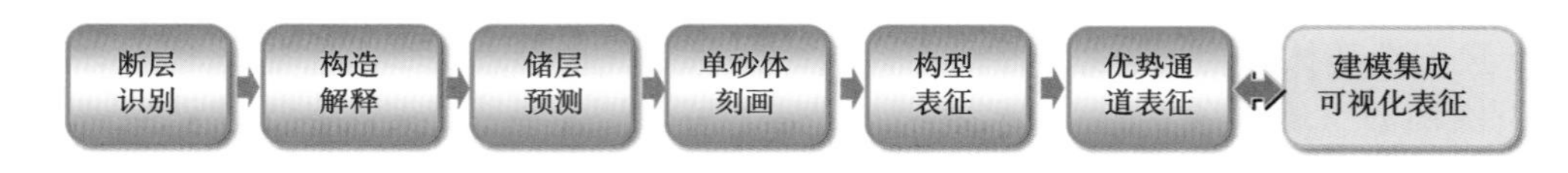

图 2.1　小尺度地质体表征总体技术路线图

2.4 小尺度地质体精细表征技术体系

针对高含水油田深度精细开发存在的生产需求问题和对应的小尺度地质体表征攻关方向，制订了多学科综合研究的技术方案和攻关目标，形成以小尺度地质体表征为特色的高含水油田新一代精细油藏描述技术体系（图 2.2），重点涵盖以下几个方面内容：

（1）指导思想——“井震结合”多学科集成创新；

（2）成图单元——地质小层、单砂层；

（3）技术路线——“储层精细结构表征”+“地质建模集成”；

（4）关键技术——井控地震断层精细解释技术、地震约束分层插值构造成图技术、地质小层框架约束地震反演技术、地质小层框架约束地震沉积学砂体刻画技术、单砂体及内部构型表征技术、基于精细地质模型的优势通道量化表征技术、多信息约束边控储层地质

建模技术等；

（5）最终目标——重构老油田地下认识体系，为最大幅度提高采收率，实现高含水油田持续有效开发，提供地质认识基础和技术支撑。

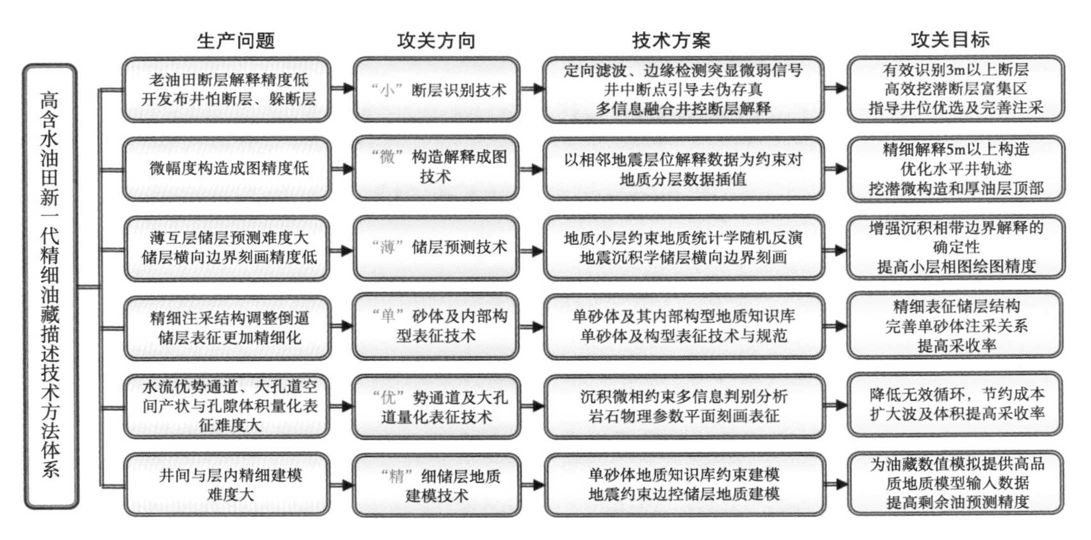

图 2.2　高含水油田新一代精细油藏描述技术方法体系

参考文献

韩大匡 . 准确预测剩余油相对富集区提高油田注水采收率研究［J］. 石油学报，2007，28（2）：73-78.

3　复杂断块油藏井震匹配构造精细解释技术

复杂断块油藏与“整装”油藏相比，具有断层发育、断层搭接关系复杂、断块多而小、构造相对破碎的特点，尽管以往已开展了一定程度的油藏描述，但层位、断层与构造精细解释仍需深入，相关技术研发有待进一步攻关。

3.1　复杂断块油藏构造解释技术难点问题

通常意义的构造解释，包括断层和地层层位构造层面的解释，而地质分层是这两项解释工作的基础。所以，这里涉及三个方面的内容，即地层对比、断层解释和构造层面解释。在构造层面解释方面，地震的主要工作是进行地震层位解释，并将解释的时间域地震层面数据转换到深度域，进行构造成图。地震层位解释是一项比较成熟的工作，在构造层面解释方面，具有挑战性的技术难题主要存在于构造成图方面。由此可见，复杂断块油藏构造解释技术难点问题主要有以下三个方面：

（1）地层统层对比分层方面。

渤海湾盆地复杂断块油藏与松辽大型坳陷湖盆相对整装油藏相比，沉积过程平面相变频繁，同时受断失、构造高部位沉积间断和地层抬升剥蚀等因素影响，稳定的标志层发育差、测井曲线可对比度差。尽管油田开发已具有几十年的历史，地质分层是最基本的基础工作，但是我国东部复杂断块油藏存在较为严重的地质分层问题，甚至一些区块长期难以建立与油田整体认识相符的统一分层体系。完善地质分层，面临复杂的断层与沉积等因素的影响，以及分层技术方法的挑战。

（2）断层解释方面。

复杂断块油藏断层解释，长期以来以单纯的地震断层解释技术应用为主，每一轮油藏描述，断层认识体系均有变化，断层体系认识仍然有待深化。经过多轮描述，目前大的断层已经基本解释合理，低级序断层解释还存在有待深化的问题，低级序断层的合理解释是复杂断块油藏今后断层解释工作中的重点。在复杂断块油藏，沉积过程导致的地层缺失、河道下切等特色沉积现象，对地震资料解释低级序断层具有干扰作用，增加了低级序断层解释的难度。尽管渤海湾盆地与松辽盆地相比，单砂层厚度较大，能够对注采关系产生影响的断层断距相对较大，但其下限仍然属于低级序断层范畴，对注采关系具有影响的低级序断层合理解释有待加强。复杂断块油藏受构造运动频繁等因素影响，具有断块破碎、断层发育、断层搭接关系复杂等特点，加之受复杂沉积因素的影响，低级序断层解释难度大，合理解释面临断层解释技术方法、地震资料品质、断层体系自身复杂性、沉积因素干扰等多重挑战。

（3）构造成图方面。

复杂断块油藏断块破碎、断块小，已开发断块内井较多，相对集中，而未开发断块没有井或仅有极少数的井，造成复杂断块油藏整体构造成图精度低，高精度构造成图面临已知井分布不均、疏密差异大和成图技术方法挑战。

3.2 复杂油藏井震综合约束等时地层对比技术

大型整装油藏等时地层对比相对容易实现，而复杂断块、复杂岩性、复杂地层油藏受复杂的断裂体系、岩性和地层尖灭或剥蚀的影响，采用常规的测井曲线旋回对比技术、相控旋回等时对比技术、高分辨率层序地层学综合分析对比技术，面临测井曲线划分小层具有多解性和不确定性的挑战，等时、准确合理地开展地层对比难度大。同时，油田现场的地质分层数据往往沿用不同历史时期测井资料解释的结果，存在不同程度的错误分层问题。开展复杂油藏实用有效的地层对比方法研究，重构地下层位认识体系，具有必要性。

3.2.1 地层对比技术进展与研究现状

依据测井资料开展地层对比，进行合理的地质分层，是油气田勘探开发中必不可少的工作，长期以来发展了许多先进的技术和方法。20 世纪 60 年代，我国的石油地质工作者依据陆相盆地多级次震荡运动学说和湖平面变化原理，在大庆油田会战中创造出适用于湖相沉积储层精细描述的“旋回对比、分级控制、组为基础”的小层对比技术[1]。20 世纪 80 年代中期，在小层沉积相研究的基础上，又将这一方法进一步发展为“旋回对比、分级控制、不同相带区别对待”的相控旋回等时对比技术，使之更加适用于湖盆中的河流—三角洲沉积[1]。20 世纪 90 年代中期，经邓宏文教授介绍[2-3]，T.A.Cross 的高分辨率层序地层学传入我国后，受到我国学者的广泛关注，进一步掀起了陆相沉积层序地层学研究热潮[4-13]。邱桂强等依据三维地震资料和钻井资料的综合解释，建立了东营凹陷三角洲沙三段中亚段的高分辨率地层格架[4]；李忠等利用高分辨率层序地层学方法对川东地区 TMC 气田某区块石炭系碳酸盐岩地层横剖面进行了高频层序划分[5]；李明娟等在济阳坳陷上古生界地层对比中进行了应用研究，根据层序界面的标定结果，借助于测井约束反演技术，在区域地震剖面上对层序界面进行了追踪解释，建立了层序的等时地层格架[6]；彭海艳等和周祺等分别在鄂尔多斯盆地利用测井、钻井和野外露头剖面等资料，对高分辨率层序地层学开展了应用研究[7-8]；刘震等以绥中 36-1 油田为例，总结了利用地震剖面确定小层等时界面、开展小层对比的基本规则[9]；秦雁群等在海拉尔盆地乌尔逊凹陷北部，建立了高分辨率层序格架，对研究区主要产油层段的层序地层位置重新进行了厘定[10]；刘洪文等采用 Wheeler 转换技术，在地震控制层位追踪的基础上，建立等时地层格架，对地震地层格架内部数据进行小层追踪，将层序地层学和地震沉积学结合起来，实现了东营凹陷研究区地质小层等时对比[11]；陈欢庆等通过电导率曲线开展单井解释，井间依靠测井曲线形态、地层厚度和沉积旋回组合变化等特征，在辽河油田西部凹陷研究区进行了地层等时划分与对比[12]。这些研究借助层序地层格架理论，普及和推广了等时地层对比理念，如今等时对比已成为地质分层工作中的基本要求。随着计算机技术的发展，科技人员还积极推进地层对比方法由手工对比、人机交互对比，向应用计算机开展信号处理和人工智能分析方向转变，增加了地层对比工作的现代科技含量，提高了地质分层的效率和质量[13-15]。

3.2.2 技术方法

针对油田现场实际生产需求，以“地震约束、声波控制、模式指导、旋回对比”为特色，建立了复杂油藏井震综合约束等时地层对比技术，为复杂断块、复杂岩性、复杂地层油藏等时地层对比，提供了新的技术手段。

（1）地震约束，解决全区域大段地层统层对比问题。

以区域上可追踪的标准层地震反射特征为约束，在已知相邻地震标志层对应地质分层层位的前提下，通过两个已知的地震标志层确定其间的地质层位，区分井资料难以划分的层段。例如，在大港王徐庄油田，地震剖面上可全区解释沙一下亚段低界标准层（Es_1^{x-3-2}）和沙三段砂岩组的顶界（也就是沙三泥岩段的底界，Es_3^1），那么在沙一下低界和沙三砂岩组顶界之间，如果再出现砂岩，一定是沙二段的砂岩。沙二段沉积末期和沙三段沉积末期，王徐庄油田低部位各发育一套泥岩，在测井曲线上完整的地层序列应该存在两套“泥脖子”，但是这两套泥岩在研究内呈不稳定分布，在不同位置的纵向上形成多种岩性组合，受钻井测井深度和沙二段剥失或沉积缺失等因素影响，当测井曲线上只存在一套“泥脖子”和其下部的砂岩组合时，甚至两套泥岩都被剥失，采用测井曲线无法有效区别砂岩是沙二段砂岩还是沙三段砂岩。这是大港王徐庄油田几十年来采用沙二＋三（Es_{2+3}）笼统分层的原因所在。采用上述地震约束分层方法，在全区地震对沙一下亚段底界和沙三砂岩段顶界精细解释的基础上，将分层数据点深时转换标到地震剖面上，以上下两个已知标志层地震反射同相轴为约束，进行井震联合分层。如图 3.1 所示，原分层方案将沙一下亚段以下的砂岩地层划为沙三段（注：图 3.1 中原分层 Es_2^{3-2T} 对应 Es_3^1，为沙三段砂岩段顶界），采用地震同相轴约束的方法，经地震标定确认 Es^1_3 界面后，在沙一下亚段低界和沙三段砂岩组顶界之间的砂岩，就是沙二段的砂岩，为此，新的分层方案将这套砂岩正确地划归为沙二段（图 3.1 右侧白色方框内）。从而解决了大港王徐庄油田长期以来不能对沙二段和沙三段开展独立分层的老大难问题。

（2）声波控制，解决测井曲线对比中大套层组统层问题。

以标志层声波曲线回返特征和泥岩段声波曲线形态特征为控制进行层组统层。声波曲线对含钙质较高、致密或含有较大泥岩段的储层具有非常敏感的反应，该项技术首次将声波测井曲线引入地质分层工作之中，以往的地质分层多采用伽马、自然电位和电阻率曲线。声波测井曲线的引入，对含钙质较高或致密的复杂岩性储层和具有上覆下伏较厚泥岩段储层的地质分层工作，有较大的帮助作用。以大港王徐庄油田为例，在地质分层中，是以 Es_1^x 底部与 Es^1_3 泥岩段底界 AC 曲线回返特征、Es^1_3 泥岩段 AC 曲线形态特征为控制（图 3.2），进行大套层组统层。

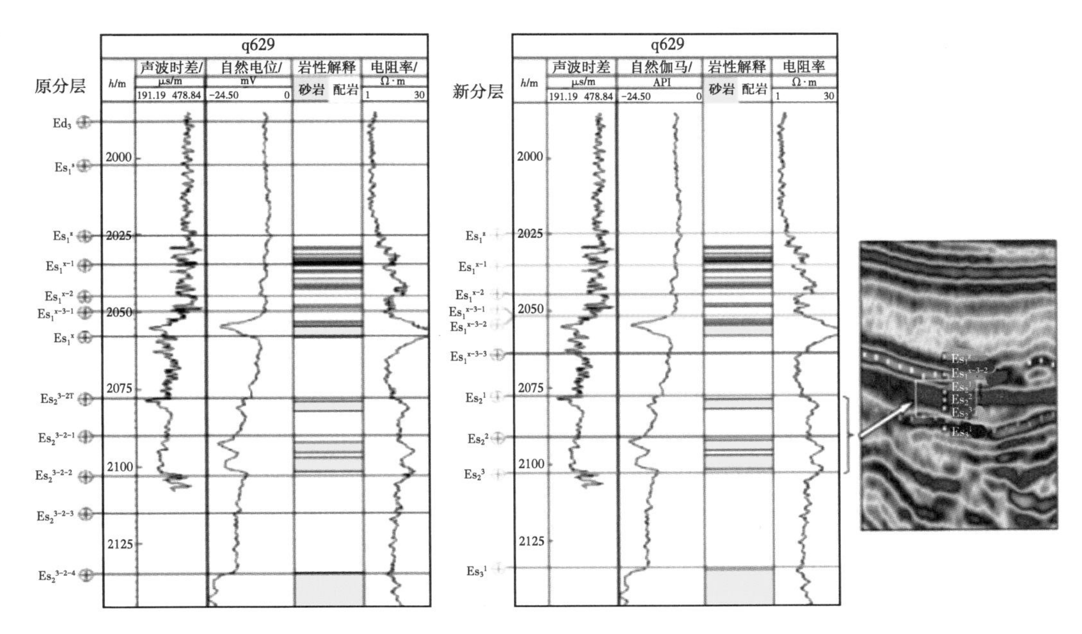

图 3.1 地震约束分层示意图

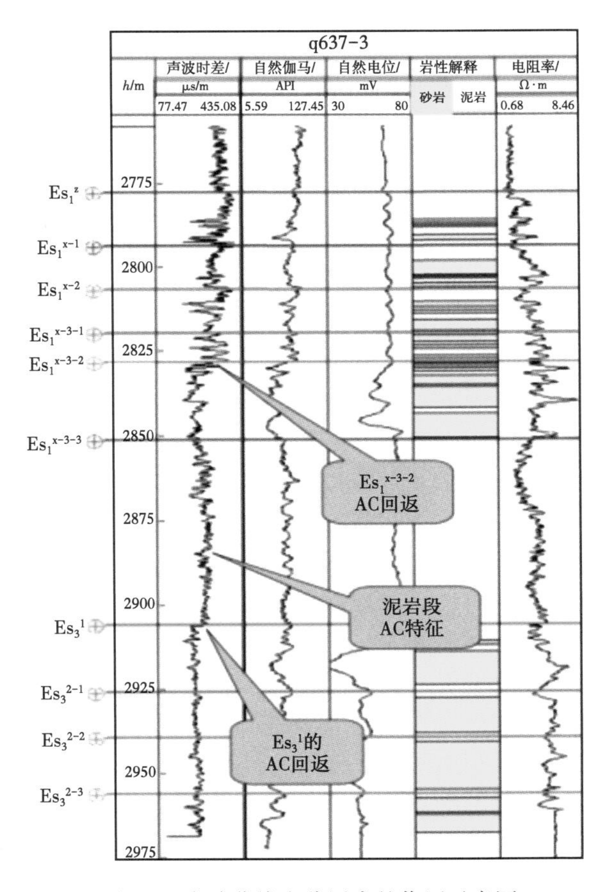

图 3.2 声波曲线在分层中的作用示意图

（3）模式指导，解决小层细分层问题。

利用声波时差和自然伽马等曲线对含钙质较高地层和致密层响应敏感的特点，以特殊岩性区域曲线形态模式和邻井同层砂岩曲线形态模式为指导（表 3.1），开展小层细分与统层对比。

表 3.1　王徐庄油田沙一下亚段地质小层测井曲线形态模式

序号	层名	小层曲线形态模式
1	Es_1^{x-1}	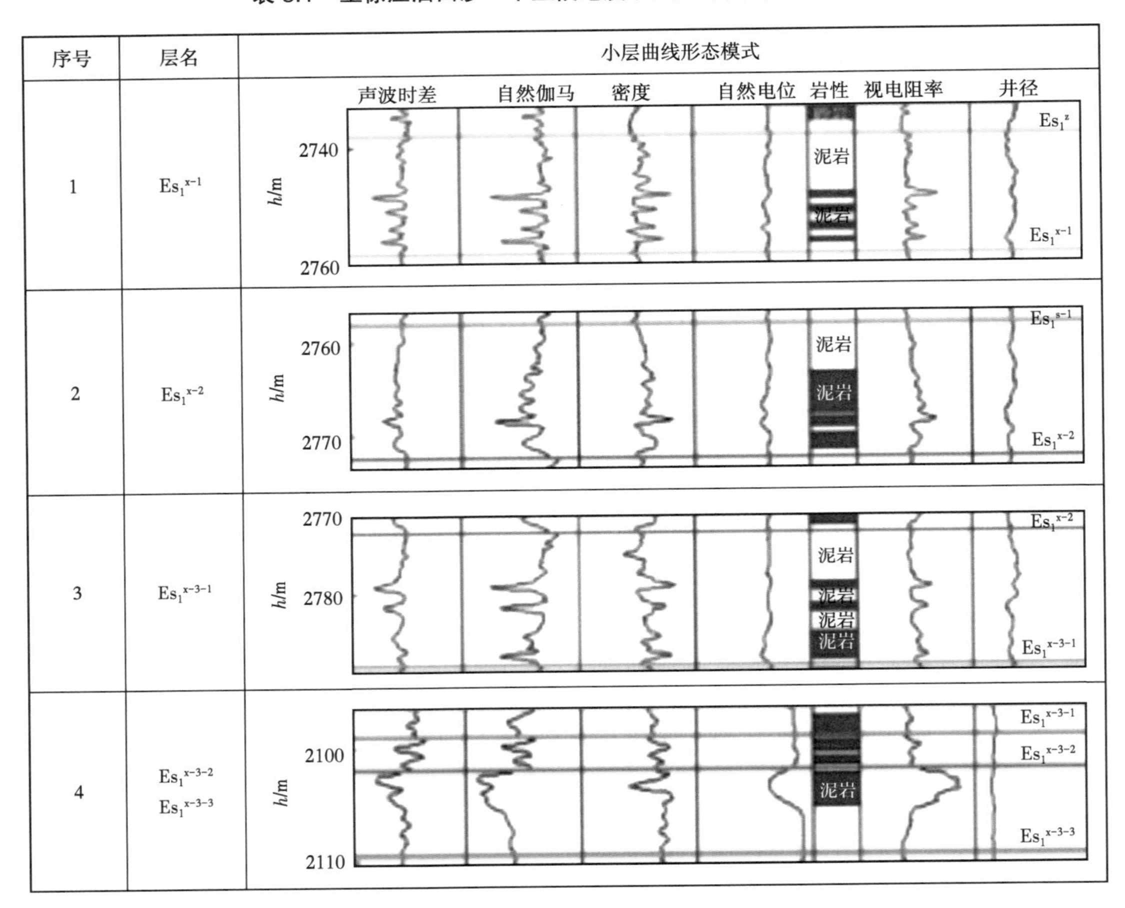
2	Es_1^{x-2}	
3	Es_1^{x-3-1}	
4	Es_1^{x-3-2} Es_1^{x-3-3}	

（4）旋回对比，解决地质分层等时性与合理性问题。

大的地震同相轴在沉积上具有等时性，在区域上可连续追踪解释的地震同相轴，通常在声波曲线上具有反应，呈现回返、跳跃等突变特征，为此以声波测井曲线特征控制分层对比有利于保障地质分层的等时性。在地震层位框架的整体约束下，以声波曲线特征为控制，以小层测井曲线模式为指导（表 3.1），开展单井层序划分与多井旋回对比，构建全工区地层层序格架，有利于避免窜层，确保等时性。

在具体的对比分层工作中，在井震标志层控制下，以“旋回对比，分级控制”为原则，进行小层划分与对比。沉积旋回划分遵循从高到低的原则进行逐级划分，在高级别旋回控制的基础上进行低级别旋回的划分（图 3.3），以三级旋回为基础划分油组，以四级旋回为基础划分砂组，以五级旋回为基础划分小层。具体的步骤：在标志层控制下，根据各级别旋回的特征，如岩性组合规律，在各单井上分别划分出各级别旋回的界线；以标准井

的地层划分和旋回划分为主要依据，过标准井建立骨架剖面，然后将骨架剖面向四周延伸，建立辅助剖面来控制全区对比，进行全区的单井逐级对比，实现全区旋回的统一和地层对比的统一。

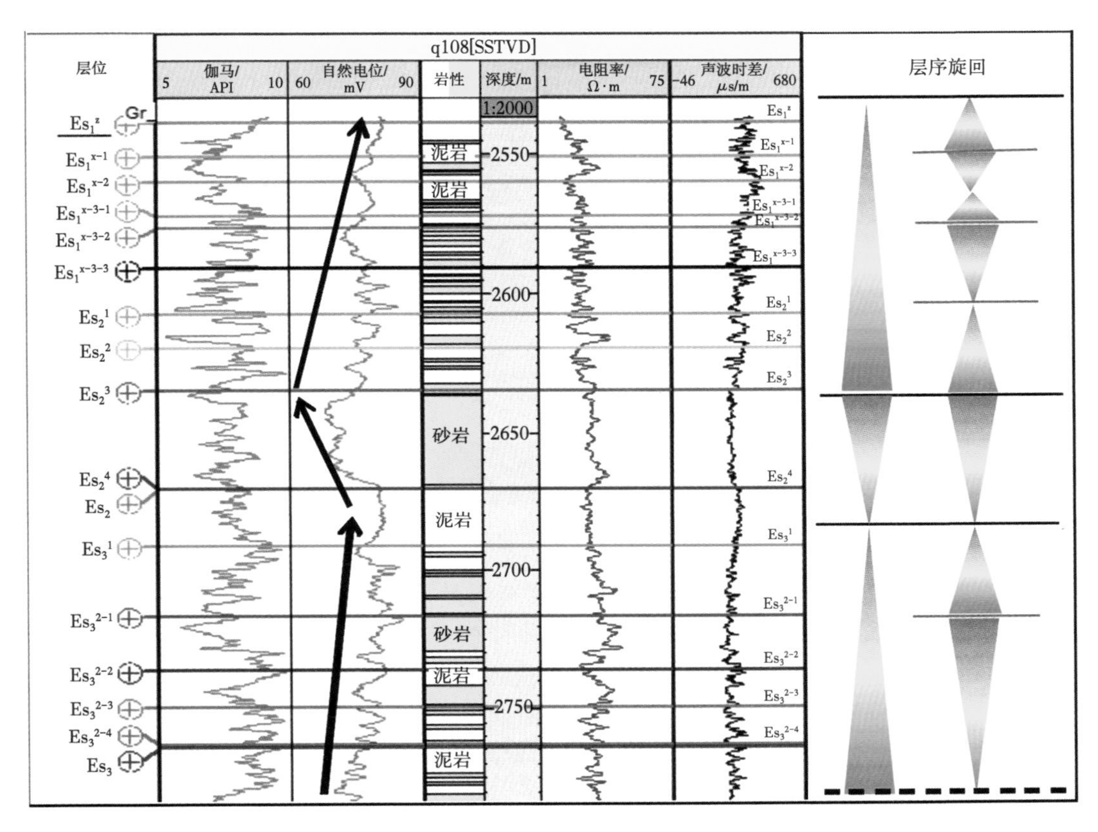

图 3.3　单井旋回划分示意图

3.3　井震匹配低级序断层综合解释技术

断层是影响注采关系和剩余油聚集的主要因素，复杂断块油藏地震资料解释的重点是断层的合理解释。相干体技术、蚂蚁体技术和倾角检测技术是目前地震资料断层解释的常用技术。但是地震资料相干体、蚂蚁体和倾角检测切片解释低级序断层具有多解性问题，这对复杂断块油藏的原本就难以解释的断层体系研究带来许多不确定性的因素，影响到断层的合理解释。

为了有效降低地震识别断层的多解性，考虑到高含水油田已开发区域井数相对较多，井数据中断点数据、地质分层数据包含大量的断层信息，为此，在“十一五”“十二五”国家重大科技专项课题建立的井中断点引导地震资料断层解释技术的基础上，将地质分层数据引入断层解释质控体系，在井中断点引导地震解释的同时，采用井中断点和地质分层数据在多个环节开展控制，以进一步提高断层解释的精度，发展了井震匹配低级序断层综合解释技术（图 3.4），包括以下技术要点：

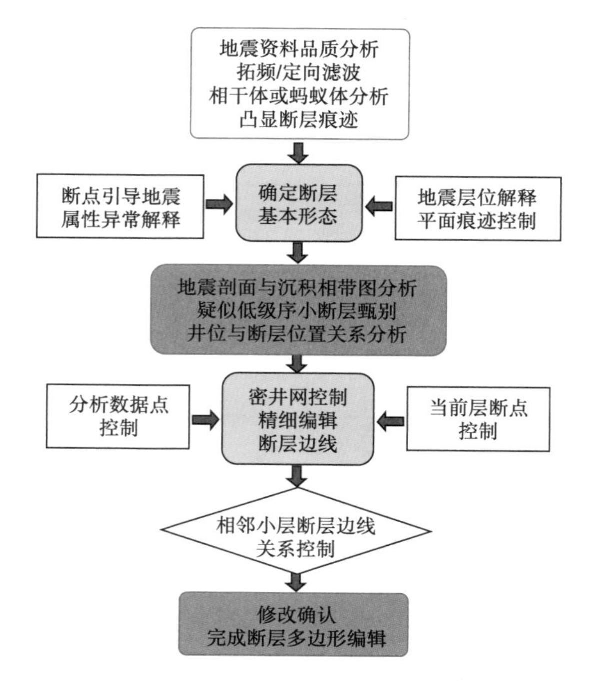

图 3.4　井震匹配断层解释技术路线图

（1）地震资料品质分析与提升。针对地震资料品质情况，开展适当的拓频和定向滤波，凸显断层信息，提高地震资料解释低级序断层的能力。

（2）井资料断点引导地震属性异常解释。进行相干体或蚂蚁追踪数据体计算，沿层切片，将目标层位井资料解释的断点平面投影到相干体或蚂蚁体沿层切片上（图 3.5，黑色圆点为井数据解释的断点），拾取井上断点落到的异常带，作为重点研究的断层，在断点数据的引导下，对地震属性异常去伪存真，规避由于岩性变化带来的断层解释多解性问题。

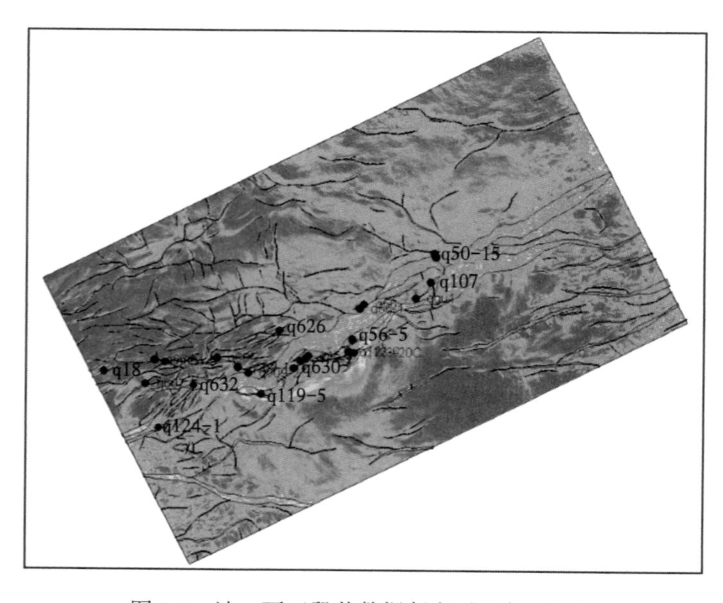

图 3.5　沙一下亚段井数据断点引导断层解释

（3）在相干体或蚂蚁体沿层切片上，拾取井间连续长度较大，但没有断点指示的异常带，作为疑似断层。

（4）对疑似断层进行甄别，识别低级序小断层。一是，采用波形变密度彩色时间剖面（图 3.6），对上述疑似断层进行人工确认解释。断层确认的依据：反射波同相轴扭曲，连续性、光滑程度及振幅发生强弱变化，具有一定的纵横向延伸长度；二是，对照沉积相带图，分析相干体或蚂蚁体沿层切片上疑似断层痕迹，剔除与河道边界吻合的“疑似断层”。

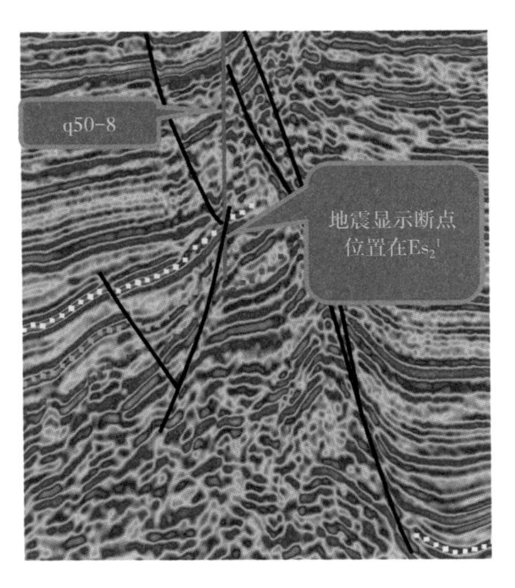

图 3.6　地震剖面对小断层解释示意图

（5）参考地震属性沿层切片，以地震层位解释结果平面断开痕迹为控制，进行断层平面组合，解释断层多边形的平面基本形态（图 3.7）。

图 3.7　沙一下亚段底界解释结果控制断层多边形解释图

（6）采用地震剖面分析井位和断层的位置关系。在地震剖面上投影井轨迹（图 3.8），分析开发井位于断层的上盘还是下盘，以剖面中井位距断层痕迹的距离为参照，精细编辑平面断层多边形横向位置（图 3.9）。

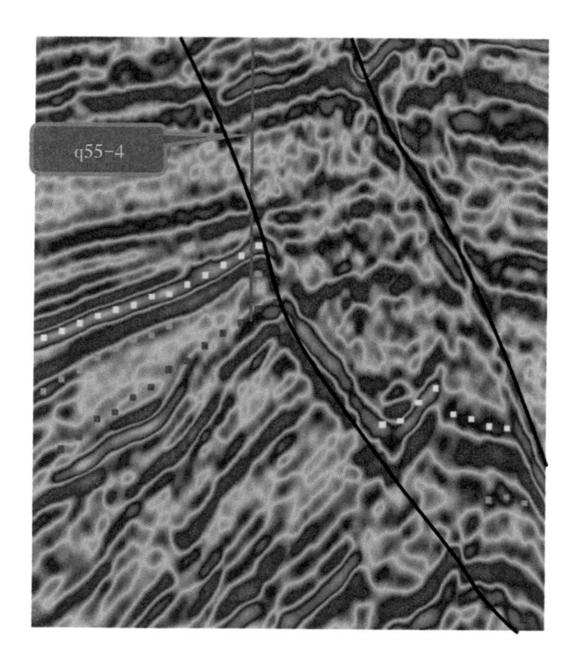

图 3.8　分析井位与断层位置关系的示意图

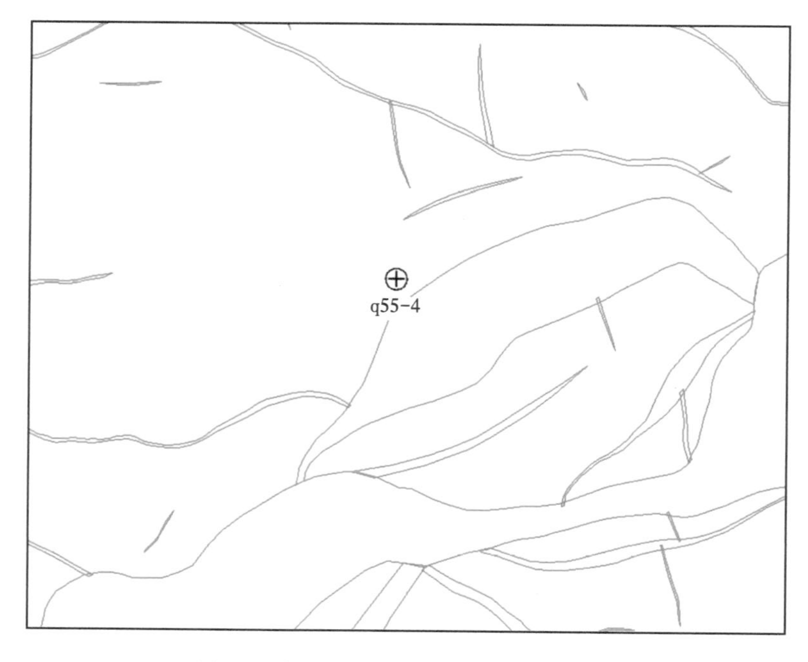

图 3.9　断层多边形与井位关系的示意图

（7）分层数据控制地震断层解释。以地质小层分层数据点进行控制（图 3.10，黑点为分层数据点），断层多边形内不能有当前层分层数据点（因断失），小层构造图不能因为断层横向位置问题产生突变点（图 3.11）。

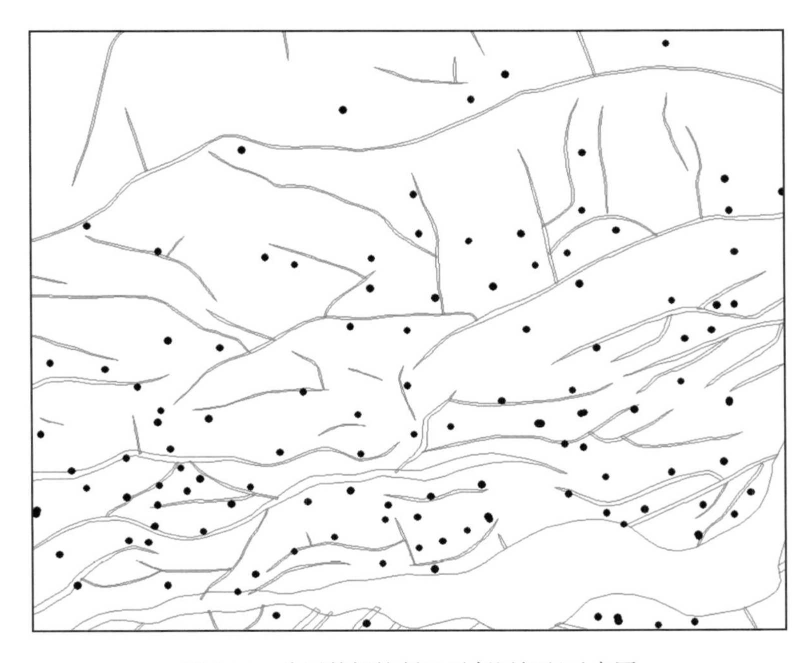

图 3.10 分层数据控制地震断层解释示意图

图 3.11 构造图无畸变点三维空间检验图

（8）当前层（组）井资料解释断点控制断层组合和相对位置（图 3.12）。

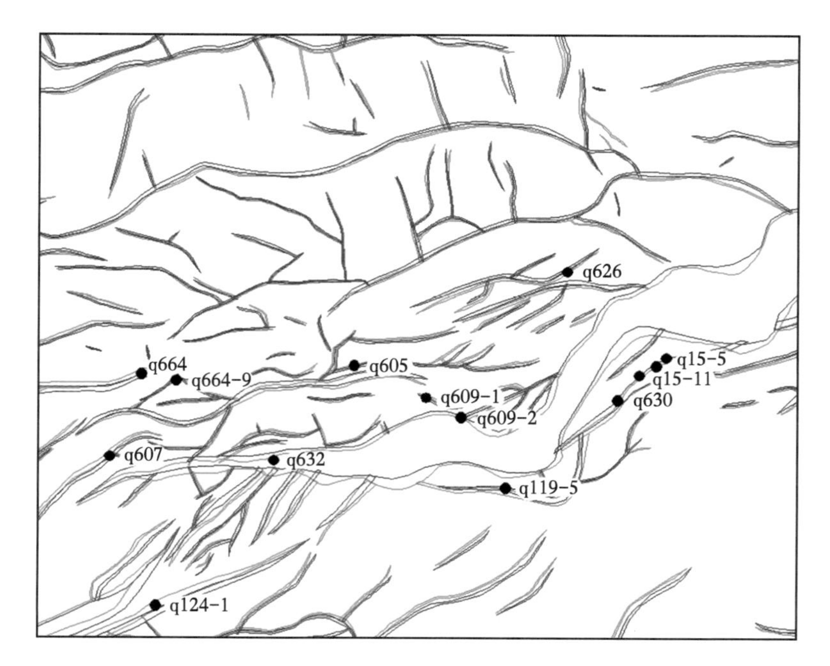

图 3.12　断点控制断层解释示意图

（9）相邻层位断层多边形边平面关系控制，下部地层的断层线平面上不能出现在上部地层断层上盘线以上（图 3.13），对不符合这一准则的断层进行修改，最终完成断层解释。

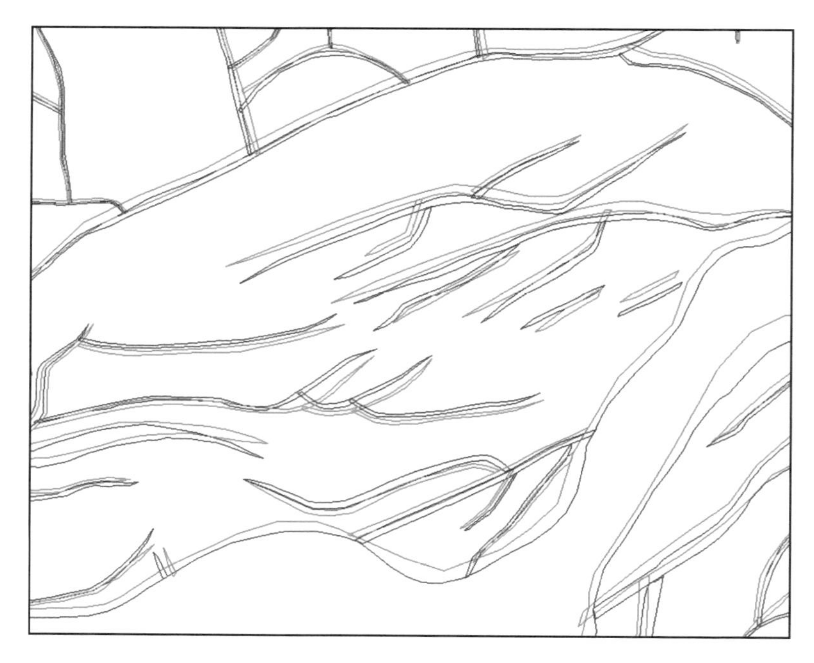

图 3.13　不同颜色表示的相邻层位断层关系图

该项技术具有以下优点：

（1）与以往仅靠地震技术解释断层相比，对于过去地震上可开可不开的小断层，由于有了井上断点的引导和指示，则增加了解释依据，进而能够达到有效解释。

（2）井中断点数据和当前层分层数据的控制，有利于提高断层空间产状的解释精度。

3.4 地震层位约束多信息综合插值构造成图技术

构造是油气聚集的有利场所。高含水油田深度开发对层位构造解释的生产需求在于：在老区精细描述对剩余油起富集作用的局部微幅度构造，在外围寻找有利构造圈闭。地震解释的层位数据为时间域数据，为此开展构造成图关键的技术环节是要进行时深转换，而时深转换的精度则完全取决于速度场的准确程度。对于地震技术而言，许多问题都可以归结为速度的问题，如果速度能求准，也就不存在那样多的问题了。可是，我们无法获取准确的速度。运用不够准确的速度进行构造成图，必然会产生假构造，或者抹杀真实的构造。复杂断块油藏断块破碎，断块小，已知井通常分布在一个个小的断块内，断块内部井位相对集中，断块与断块之间相隔较远，中间仅有少数探井，缺乏井点控制，这为建立准确的区域速度场和构造图的井数据校正带来极大的不利因素，以至于复杂断块油藏低井控与无井控区域往往构造成图精度低。地震资料层位解释后，如何进行深度域高精度构造成图，是重构复杂断块油藏地下构造认识体系的一项关键技术问题。

针对老油田已知井多的特点，为了规避地震速度难以求准所带来的误差，“十一五”国家重大科技专项课题建立了老油田多井条件下地震约束分层插值构造成图方法。与常规时深转换方法的不同是，该方法在深度域直接成图，无需采用速度数据进行时深转换，其实质是在相邻地震层位解释数据的约束下，采用井上分层数据进行插值，实现井震结合的高精度构造成图。

地震约束分层插值构造成图方法，在“十一五”“十二五”期间在大庆长垣油田得到了很好的应用，因无需费时费力地建立速度场，采用该方法有效地提高了以地质小层为单元的构造成图质量和效率。然而，将这种方法推广到复杂断块油藏，如果已知井聚集的断块之间距离较远，或者在广阔的区域内已知井区域占比相对较小，尽管构造成图插值的过程受到地震层位趋势的约束，但在远离已知井的区域也会存在一定的精度问题。

针对这一问题，提出在低井控、无井控部位添加虚拟井的方法，发展了地震层位约束多信息综合插值构造成图技术，主要技术要点如下（图 3.14）：

（1）地质分层数据快速深时转换。采用华北地区速度模型对地质分层数据进行深时转换，以地震标志层反射时间值为标准进行误差校正，将每口井上的地质分层数据转换到时间域，形成时间域地质分层数据；

（2）采用地震层位约束方法，对时间域地质分层数据进行插值，形成时间域地质小层层面数据；

（3）将时间域地质小层层面数据加载到地震解释系统，对低井控、无井控区域时间域地质小层层面数据的品质加以分析，以是否与相邻地震解释标志层趋势一致，各个小层不应相交，符合沉积规律为准则，发现存在问题的区域；

（4）在存在问题的区域，采用华北地区速度模型，对时间域地质小层进行时深转换，建立各个小层的时深对，在关键部位抽取虚拟井，通过不断修正虚拟井时深关系，向时间域地质小层层面数据中添加虚拟井，直到时间域地质小层层位在地震解释系统中满足第（3）条的要求，进而建立合理的虚拟井地质小层层位关系；

（5）采用地震约束分层数据插值构造成图方法，在相邻的1个或2个地震标志层层位数据的约束下，对真实井和虚拟井的分层数据进行插值，完成构造成图。

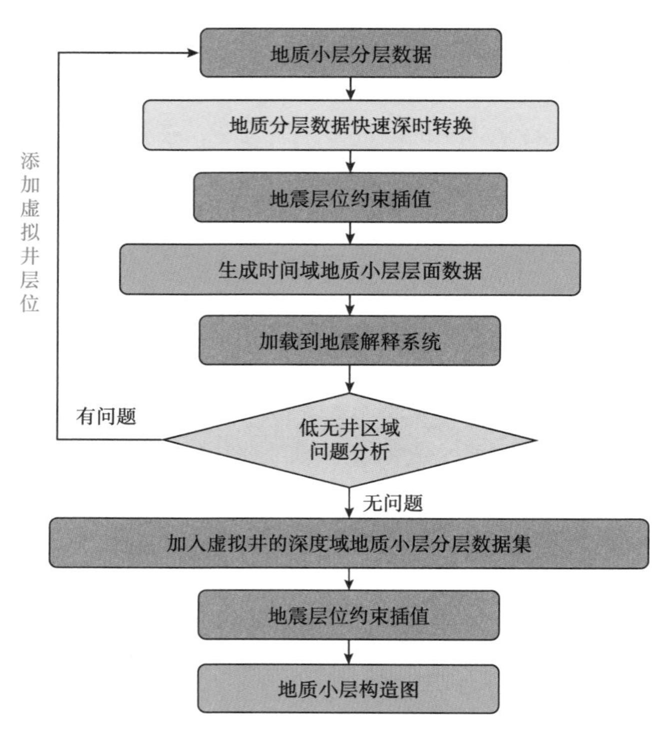

图 3.14　地震层位约束多信息综合插值构造成图技术路线图

该技术具有以下优势：

（1）构造成图过程受已知井、虚拟井和地震层位数据多信息综合约束，构造成图结果在井上忠实于井数据，井间符合地震趋势，能够有效提高低井控、无井控区域的构造成图质量。

由于该方法插值成图过程受到地震数据趋势约束，它能给出与地震等 T_0 图空间趋势特征相似的深度域构造图，能够反映地震层位空间真实的变化性。由图3.15与图3.16可见，时间域地震等 T_0 图和该方法生成的深度域构造图的等值线形态具有较强的相似性（图中黑色圆点为已知井位），也就是说在深度域构造成图过程受到地震等 T_0 图的约束，继承了地震层位数据区域上的趋势。而常规的采用依靠速度时深转换后再进行井数据校正的方法，因复杂断块油藏已知井在断块内相对集中，不同断块之间仅有较少的探井，在建立速度场和采用已知井校正时，对井数据的插值外推，在井间和外围缺乏控制，使得低井控区域会较 T_0 图产生一定程度的畸变（图3.17至图3.19），而我们有理由相信地震解释层位体现的构造形态是真实的。为此，地震层位约束多信息综合插值构造成图方法比常规井校方法具有更高的精度，特别是能够有效提高低井控区域的构造成图质量。

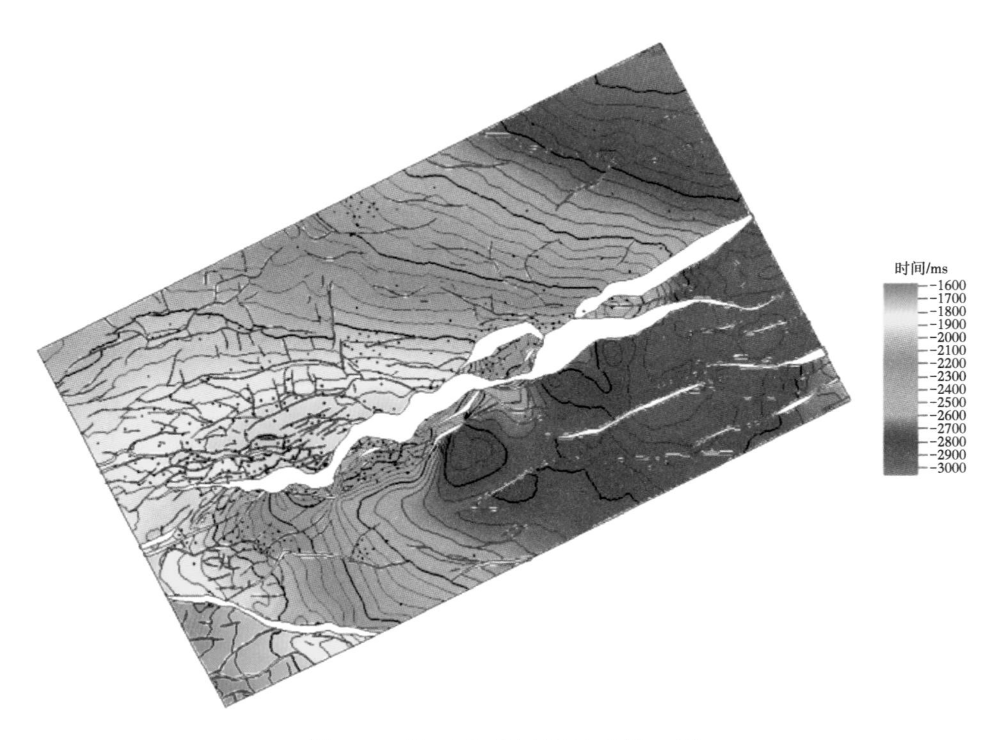

图 3.15 沙一下亚段底界地震等 T_0 图

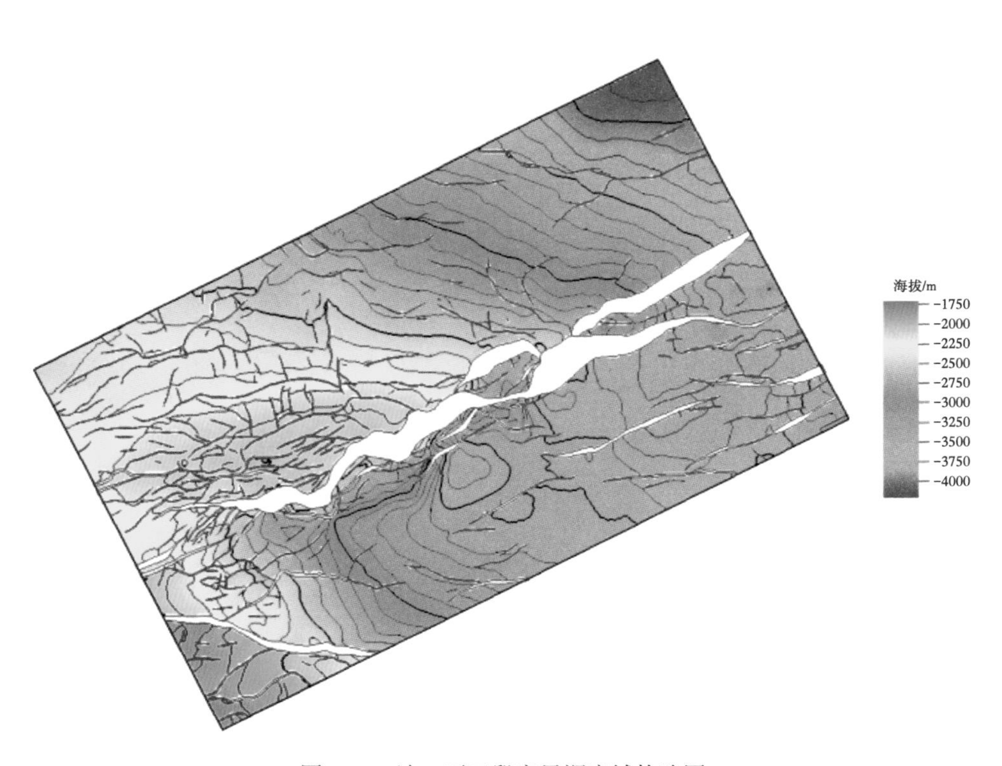

图 3.16 沙一下亚段底界深度域构造图

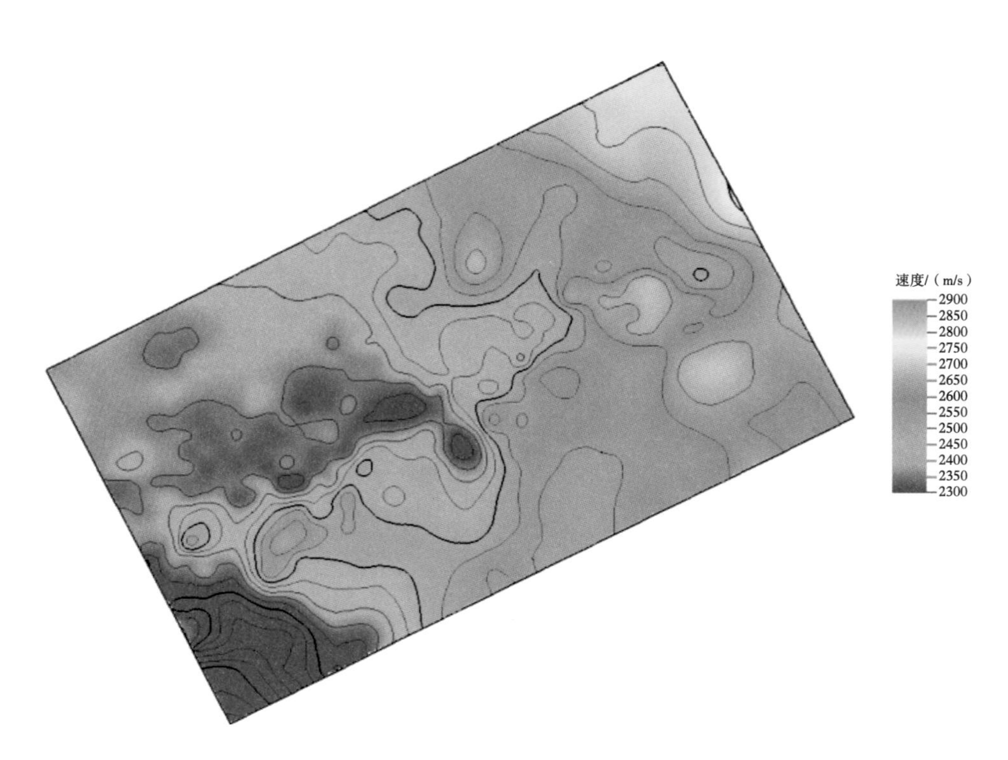

图 3.17　沙一下亚段底界速度图

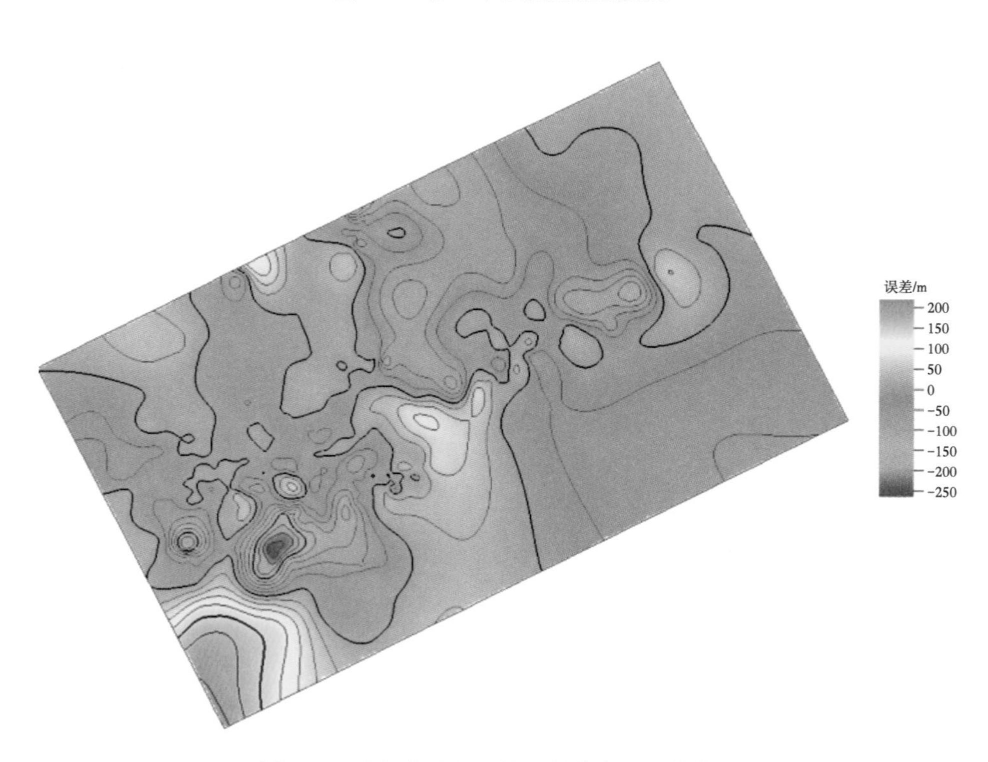

图 3.18　常规方法用于校正的井点误差等值图

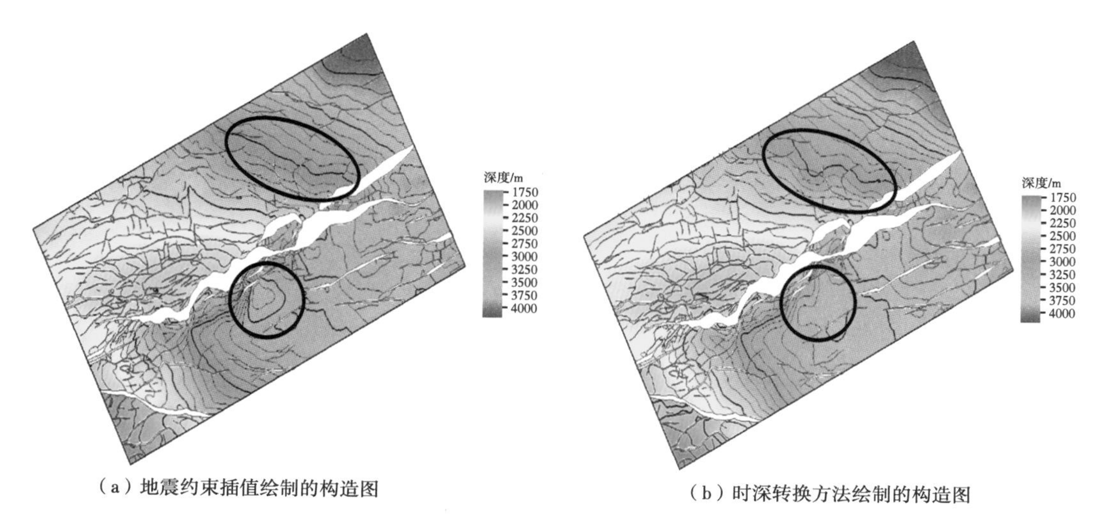

（a）地震约束插值绘制的构造图　　（b）时深转换方法绘制的构造图

图 3.19　深度域构造成图方法对比图

（2）规避了常规时深转换方法速度难以求准的问题，避免了假构造的出现，和抹杀真实的构造。特别是充分体现了老区井多的特点，通过利用高密度已知井进行插值，提高了开发区构造成图质量。

如图 3.20（a）所示，为采用常规地震时深转化方法获得的深度域构造图，与图 3.20（b）采取上述以地震约束地质分层数据插值取得的成果相比，尽管两者在同一色标体系下成图，圆圈处两图等值线形态有着非常明显的差异。由于该区已知井多而密，有理由相信采用插值方法获得的构造图更真实可靠，那么两图的差异则表明地震常规方法存在较大误差，其来源在于地震的速度很难求得准确。为此，在油田开发领域开展开发地震构造成图，有必要抛弃地震传统的构造成图方法，发挥已开发油田井多的优势，井震联合绘制高品质的构造图，以避免由于地震速度求取不准带来的假构造或抹杀真实的对剩余油富集认识有利的局部构造和外围有利的构造圈闭。

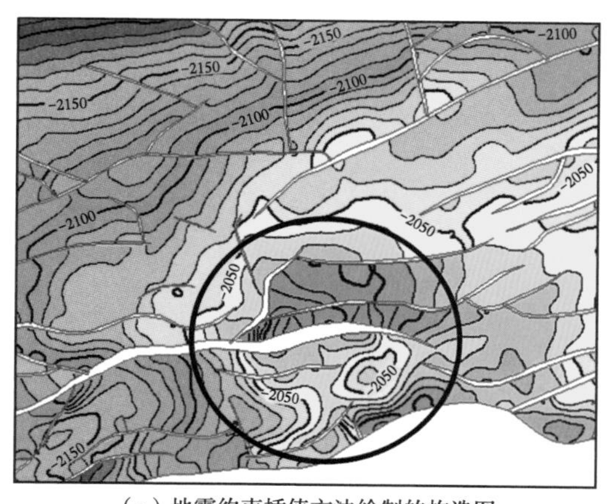

（a）地震约束插值方法绘制的构造图

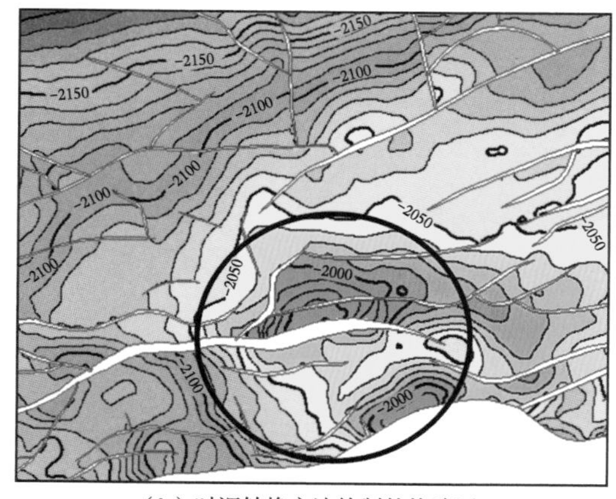

（b）时深转换方法绘制的构造图

图 3.20　地震约束插值方法与常规时深转换方法的构造对比图

3.5 应用实例

以王徐庄油田为研究区，采用上述复杂油藏井震综合约束等时地层对比技术、井震匹配低级序断层综合解释技术、地震层位约束多信息综合插值构造成图等技术，深入开展了复杂断块油藏应用研究。

王徐庄油田研究区北起歧 85 断块和歧 26 断块，南至扣 49 断块以南的 q100 井，西起一断块的 q620 井，东到 q110-2 井区以东的滨 39 井，面积 287km²（图 3.21）。该油田从上到下发育有沙一下亚段生物灰岩和沙二 + 三砂岩两套油藏，按照区域位置和开发历程，该油田分为主体断块和南中段两部分。与此相对应，在油田现场长期生产实践中，王徐庄油田存在主体断块和南中段两套地质分层方案（表 3.2 和表 3.3）。由表 3.2 和表 3.3 可见，在主体断块，砂岩油藏是按沙二 + 三笼统分层，没有明确划分沙二段和沙三段，而南中段具有沙二段和沙三段的独立分层，无论是沙一下亚段的生物灰岩油藏，还是砂岩油藏，主体断块与南中段都不具有对应分层关系。

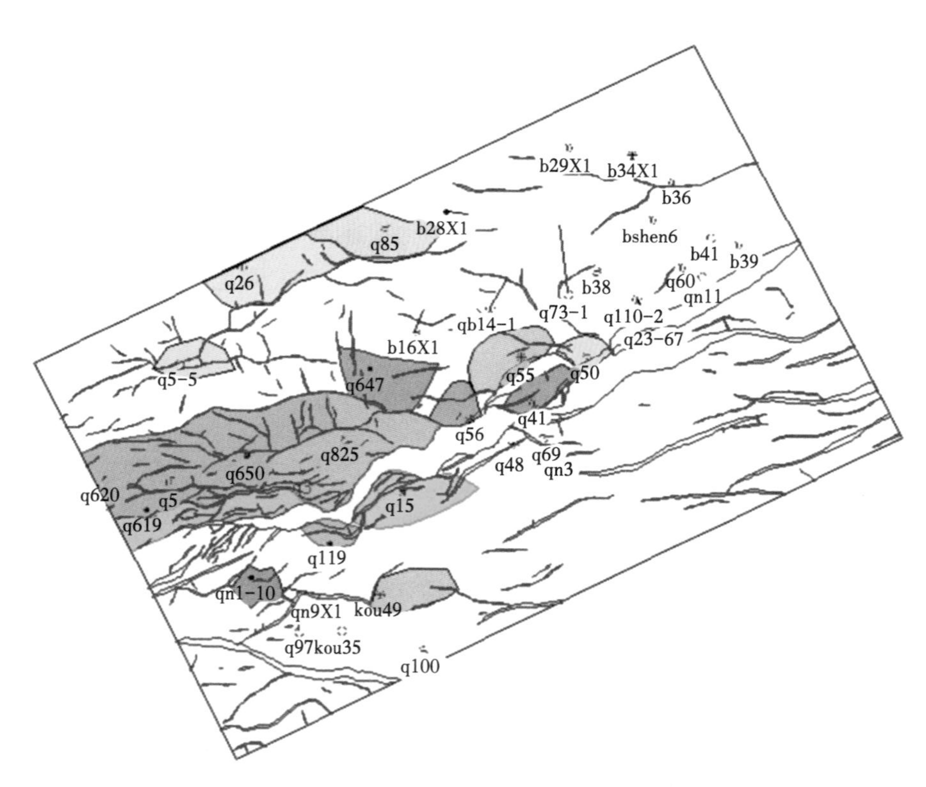

图 3.21 王徐庄油田研究区平面分布图

王徐庄油田这种因区块而异，不统一、不细致的地质分层状况，对深化地质认识，把握油田全区构造与储层分布格局，乃至滚动目标评价都具有不利影响。具体断块内还存在一定数量分层问题，影响基于小层的注采关系完善。为此，非常有必要开展老油田重构地下认识体系研究[17]。

表 3.2 王徐庄油田主体断块地质分层方案（以底界分层）

组	段	小层	砂层	
Es	Es_1^s	Es_1^s	Es_1^s	
	Es_1^z	Es_1^z	Es_1^z	
	Es_1^x	Es_1^{x-1}	Es_1^{x-1}	
		Es_1^{x-2}	Es_1^{x-2}	
		Es_1^{x-3}	Es_1^{x-3-1}	
			Es_1^{x-3-2}	
			Es_1^{x-3-3}	
	Es_2^3	Es_2^{3-1}	Es_2^{3-1-1}	Es_2^{3-1T}
				Es_2^{3-1-1}
			Es_2^{3-1-2}	Es_2^{3-1-2}
		Es_2^{3-2}	Es_2^{3-2-1}	Es_2^{3-2T}
				Es_2^{3-2-1}
			Es_2^{3-2-2}	Es_2^{3-2-2}
			Es_2^{3-2-3}	Es_2^{3-2-3}
			Es_2^{3-2-4}	Es_2^{3-2-4}

表 3.3 王徐庄油田南中段地质分层方案（以底界分层）

组	段		小层（砂层）
Es	Es_1^s		Es_1^s
	Es_1^z		Es_1^z
	Es_1^x		Es_1^{x-1}
			Es_1^{x-2}
			Es_1^{x-3}
			Es_1^{x-4}
	Es_2	Es_2^1	Es_2^1
		Es_2^2	Es_2^2
		Es_2^3	Es_2^3
		Es_2^4	Es_2^4
	Es_3	Es_3^1	Es_3^1
		Es_3^2	Es_3^{2-1}
			Es_3^{2-2}
			Es_3^{2-3}
			Es_3^{2-4}
		Es_3^3	Es_3^{3-1}
			Es_3^{3-2}
			Es_3^{3-3}
			Es_3^{3-4}

本项研究以解决王徐庄油田沙二段和沙三段独立分层和全区统层对比为切入点，在实现主体断块、南中段、扣村等地区各个区块统一地质分层的基础上，精细标定地震层位，开展统层地震精细解释，重构了王徐庄油田地下层位、断层和构造认识体系。

上述新技术在大港王徐庄油田规模化应用，在地层与构造解释方面，取得 2 个“突破”、4 个“首次”重大创新性地质认识成果：

（1）突破了油田现场数十年原有的沙二 + 三传统的分层模式，首次实现了王徐庄油田主体断块的沙二段和沙三段的单独分层和全油田大区域统层对比，新的地质分层方案和分层成果数据得到大港油田高度认可，并应用于日常工作之中。

采用上述建立的复杂油藏井震综合约束等时地层对比技术，分沙一下亚段、沙二段和沙三段 3 套层系，开展了王徐庄和其以南扣村地区 20 个断块 454 口井的地质对比细分层工作。

① 重构地下层位认识体系成果。

测井资料在油气勘探和开发过程中起着非常重要的作用[18]，在地质分层工作中通常采用测井曲线连井剖面对比的方法，建立地质分层方案。通过大量的连井剖面对比，发现无论是主体断块的 Es_2^{3-2T}，还是南中段分层方案中的 Es_3^1，都对应着一套泥岩的底界。在此界面上声波测井曲线（AC）存在较大的回返，数值由大变小，也就是速度由小变大，存在明显的波阻抗界面，在地震上应该具有明显的地震强反射。如果主体断块的 Es_2^{3-2T} 界面产生的地震强反射和南中段分层方案中的 Es_3^1 产生的地震强反射为同一地震同相轴，那么 Es_2^{3-2T} 和 Es_3^1 即为同一界面，也就是说主体断块和南中段的地层应该具有可对比性。

为了验证这一认识，将地质分层数据深时转换后，标到地震剖面上进行对比分析[19]。由图 3.22 地震连井剖面可见：原分层方案主体断块的 Es_2^{3-2T} 对应南中段分层方案中的 Es_3^1（沙三段顶部泥岩段底界，也就是沙三段砂岩段顶界），两者产生的地震强反射为同一地震反射同相轴。这一地震强反射在全区大部分区域都存在，可以连续追踪。这说明沙三段在全区是可以对比的，也就是说对于原来认为难以独立分层的沙二＋三段，可以将沙二段和沙三段单独分开，进行独立细分层。对沙三段的划分依据是：Es_3^1 底界声波测井曲线存在较大的回返（由泥岩段进入砂岩段），地震剖面上表现为强反射。

Es_3^1 为沙三段顶部泥岩段底界，也就是沙三段砂岩段的顶界。那么当沙一下亚段底界（全区有明显的强地震反射轴）和沙三段砂岩顶界确定后，在两者之间出现的砂岩便是沙二段的砂岩。

通过骨干剖面和各断块剖面的对比，以尽可能多的细分为准则，生物灰岩地层（Es_1^x）沿用主体断块地层划分方案，砂岩地层（Es_{2+3}）采用南中段地层划分方案，在主体断块将沙二段和沙三段单独分开，进行细分层，建立了沙一下段、沙二段和沙三段全油田可统层对比的新的地质分层方案，见表 3.4。

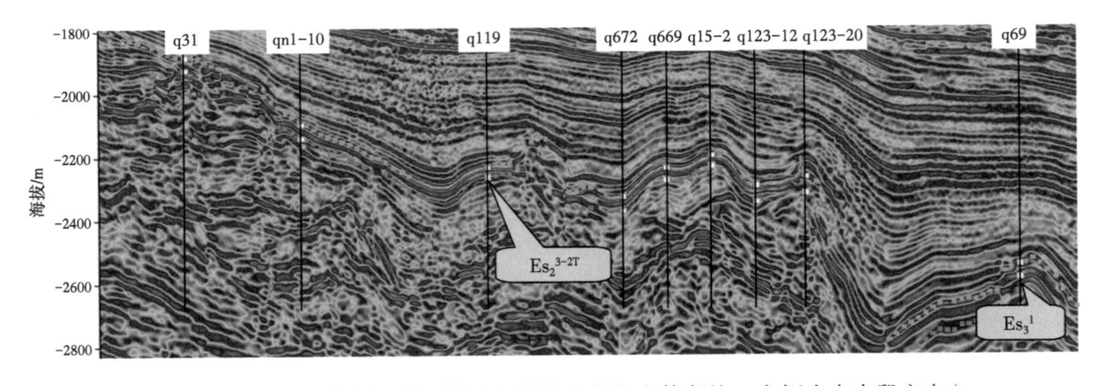

图 3.22　地震连井剖面剖面图（左侧及中部为主体断块，右侧为南中段方向）

由表 3.4 可见，新的地质分层方案将王徐庄油田储层共分 18 个小层，加上 Es_1^z 底界，涉及小层界面共计 19 个。在新的地质分层方案中 Es_3^1 对应主体断块的 Es_2^{3-2T}，Es_2^1 大体对

应主体断块的 Es_2^{3-1T}（表 3.4）。

表 3.4 地质分层方案对照表

新分层方案（以底界分层）				原分层方案
组	段		细分层	砂层
Es	Es_1^z		Es_1^z	
	Es_1^x		Es_1^{x-1}	Es_1^{x-1}（南中段）
			Es_1^{x-2}	Es_1^{x-2}（南中段）
			Es_1^{x-3}	Es_1^{x-3}（南中段）
			Es_1^{x-4}	Es_1^{x-4}（南中段）
			Es_1^{x-3-3}	Es_1^{x-4}（南中段）
	Es_2	Es_2^1	Es_2^1	Es_2^{3-1T}（主断块）
		Es_2^2	Es_2^2	
		Es_2^3	Es_2^3	
		Es_2^4	Es_2^4	
	Es_3	Es_3^1	Es_3^1	Es_2^{3-2T}（主断块）
		Es_3^2	Es_3^{2-1}	
			Es_3^{2-2}	
			Es_3^{2-3}	
			Es_3^{2-4}	
		Es_3^3	Es_3^{3-1}	
			Es_3^{3-2}	
			Es_3^{3-3}	
			Es_3^{3-4}	

② 地质分层成果分析。本次研究在沙一下亚段采取主体断块的原分层方案，而沙二＋三段则采取南中段的分层方案。为此，在本次研究的地质分层数据中，主体断块仅沙一下亚段各小层与原方案具有可比性，而沙二＋三的各个小层因为重新命名、重新划分和对比，与原方案各层位的名称和深度值已完全不具有可比性；对于南中段的各个断块，则主要在沙二段和沙三段具有可比性。

以上述可比层位做对比，分主体断块和南中段两个区域，对地质分层成果进行了统计分析。

a. 主体断块可比层位变化情况。主体断块参与统计的断块包括一断块、二断块、三四六断块、五断块、岐 119 断块和岐南 9X1 断块，共计 249 口井。其中收集到原方案分层数据的井有 184 口，其他井为完全重新解释，这里仅对这 184 口井进行对比统计分析。在全部 19 个层位中，可对比层 7 层，包括 Es_1^z、Es_1^{x-1}、Es_1^{x-2}、Es_1^{x-3-1}、Es_1^{x-3-2}、Es_1^{x-3-3} 和 Es_3^1（Es_2^{3-2T}），可比数据量 1077 个，其中绝对误差小于 1m，变化不大的数据点占 43.5%，也就是说在可比层位中对近 60% 的层位进行了调整，其中调整幅度大于 3m，变化较大的数据点 294 个，占 27.3%。由此可见，本次研究对主体断块可比层位分层数据进行了较大规模的调整。再加上 12 个不可比的层位的重新分层，主体断块的地质分层较原方案发生了根本的变化。

b. 南中段可比层位变化情况。南中段参与统计的断块包括 7 断块：岐 41 断块、岐 50 断块、岐 55 断块、岐 56 断块、岐 110–2 断块、岐 26 断块和岐 85 断块，共计 127 口井。其中收集到原方案分层数据的井有 103 口，其他井为完全重新解释，这里仅对这 103 口井进行对比统计分析。可对比层位 17 层，可比数据量 1148 个，其中绝对误差小于 1m，变化不大的数据点占 58.4%，也就是说对 40% 以上的层位进行了调整，其中调整幅度大于 3m，变化较大的数据点 369 个，占 32%。由此可见，本次研究对南中段各断块的分层数据也进行了很大规模的调整。

③ 地质分层调整实例。地质分层实例表明，将声波测井数据引入到地质分层工作之中，采用声波控制地震约束模式指导等时地层对比技术，能够有效提高地质分层的质量。

a. 一断块 q616-1 井分层调整情况。Es_1^z 较原方案下移大于 7m，Es_1^{x-3-2} 划在声波曲线回返处附近（图 3.23），其他层位也做了相应调整，对比图 3.23 原分层方案和新分层方案可见，新分层更加具有合理性。

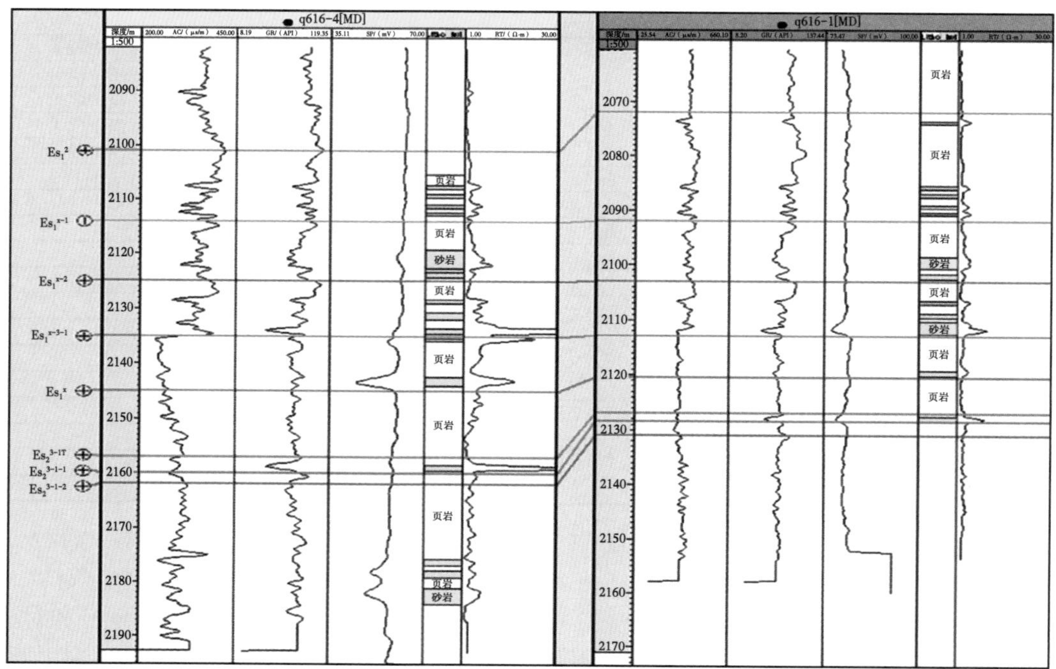

（a）原分层方案

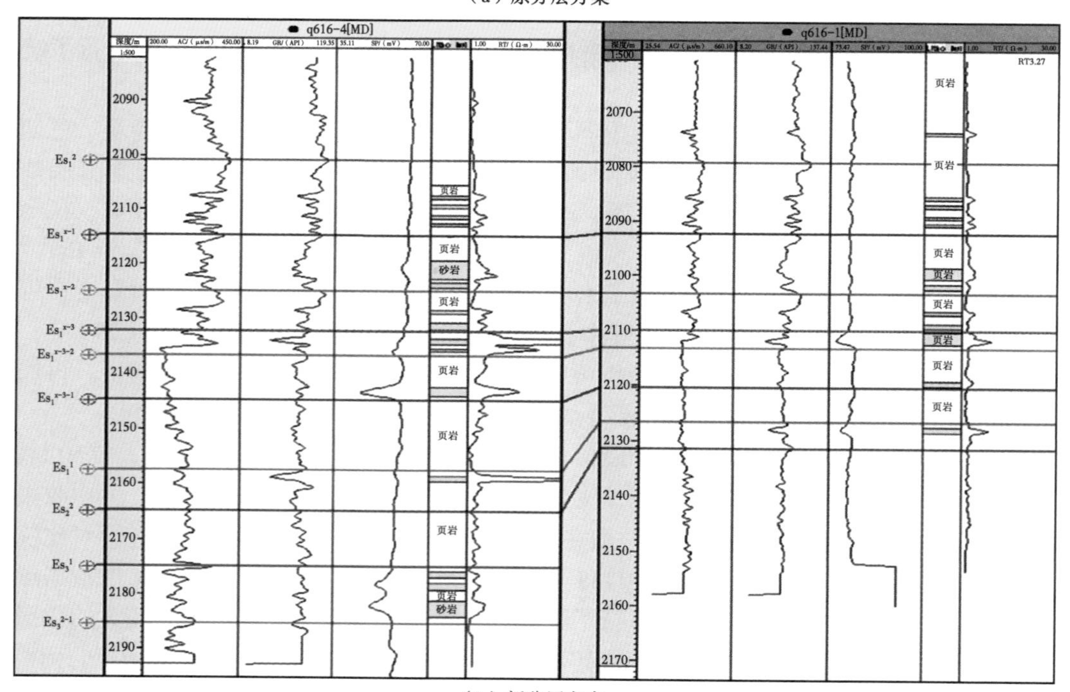

（b）新分层方案

图 3.23　q616-1 井地质分层方案对比图

b. 七断块 q661 井分层调整情况。该井原解释方案中与邻井 q14-6 井相比，Es_3^{2-1} 和 Es_3^{2-2} 断失，断点的误开必然存在错误的地质分层问题[20]。重新解释后发现这两个层位是存在的，并不存在断失情况（图 3.24）。

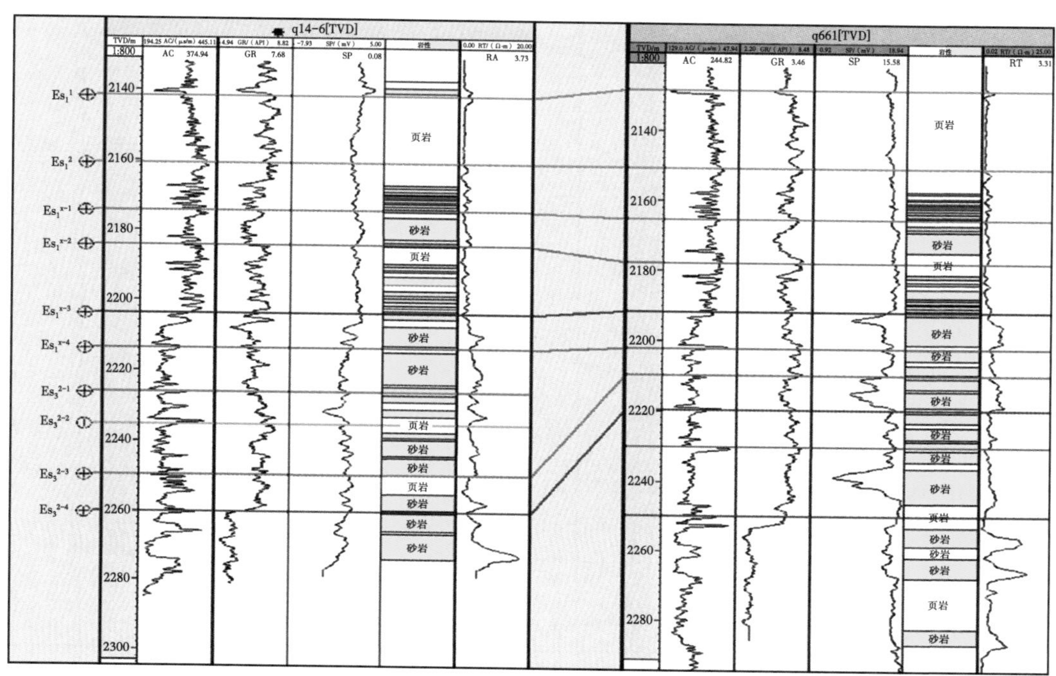

（a）原分层方案

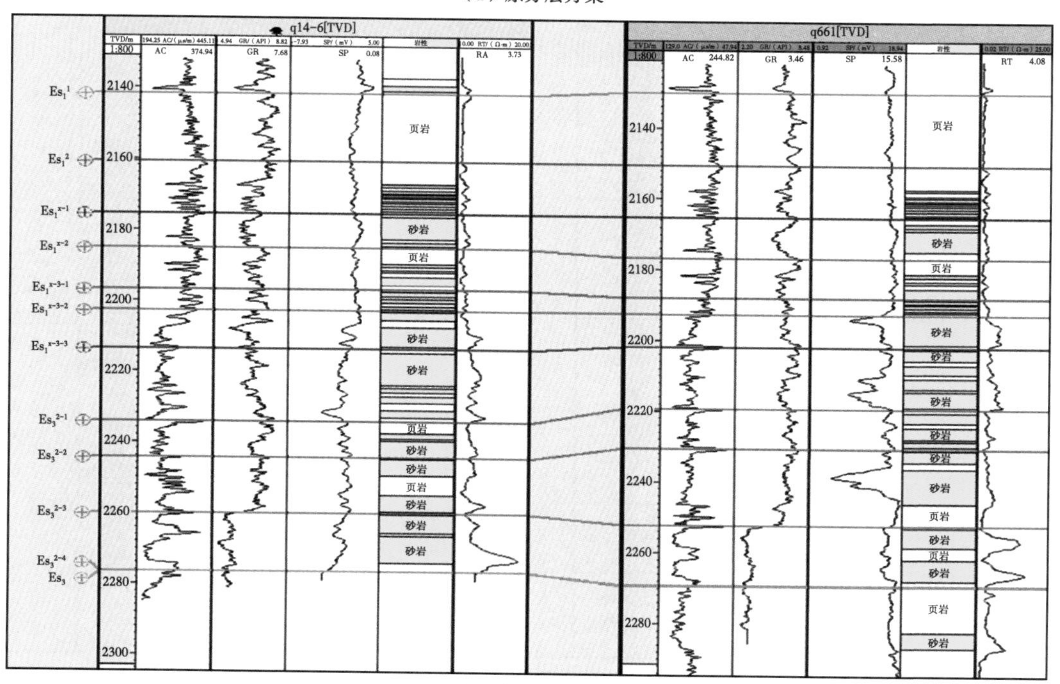

（b）新分层方案

图 3.24　q661 井地质分层方案对比图

c. 歧 119 断块 q119-4 井分层调整情况。根据沙一下底部 AC 回返特征，考虑到断层的存在，对该井沙一下亚段分层和断失层位数据做了调整（图 3.25）。

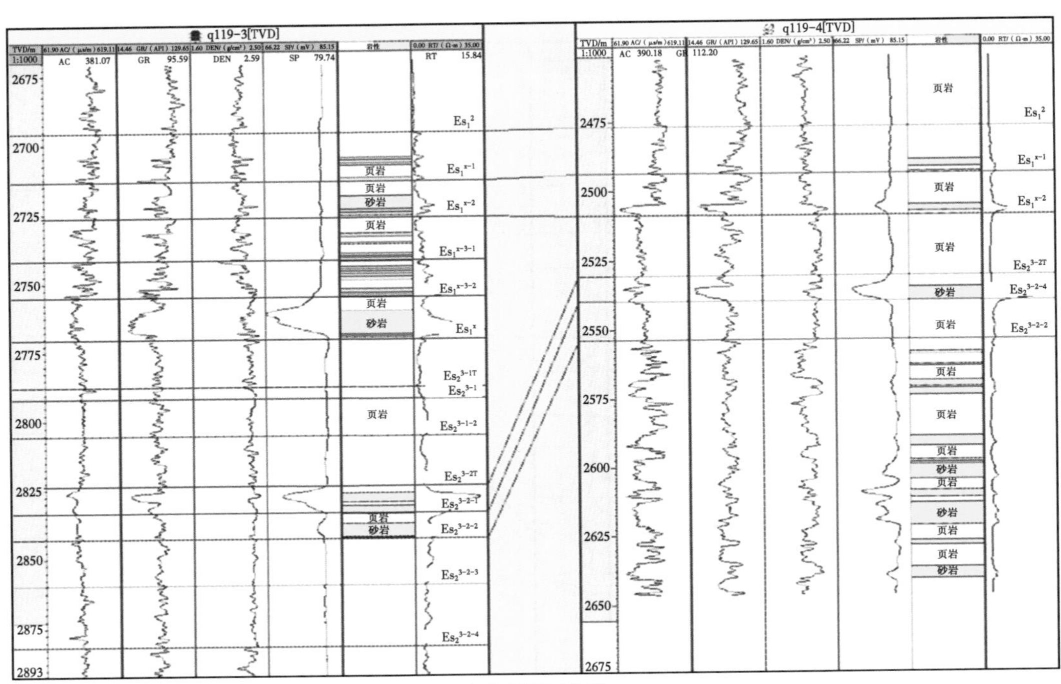

（a）原分层方案

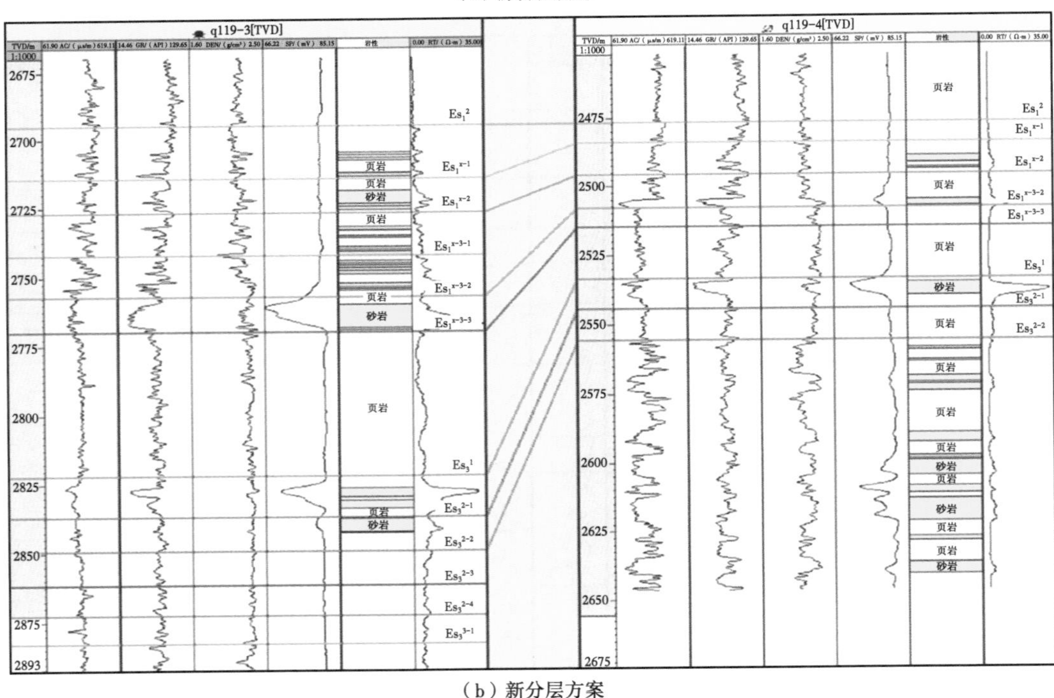

（b）新分层方案

图 3.25　q119-4 井地质分层方案对比图

（2）在沙二段和沙三段全区统层对比的基础上，首次实现王徐庄油田全区统层地震构造精细解释，揭示了全区断层与构造面貌。

① 重构地下断层认识体系成果。采用井控地震资料断层精细解释技术，对王徐庄油田断层体系进行了精细解释，绘制了沙一中亚段、沙一下亚段、沙二段、沙三 1 层组和沙三段共 5 个层位底界的断层多边形图件（图 3.26 至图 3.30），重构断层体系取得新认识。以沙一下亚段底界为例，目前现场应用的构造图件上有断层 235 条，重新解释确认的断层有 266 条，两者相比可见（图 3.31），新发现小断层 31 条，明显延长的断层 12 条，明显缩短的断层 1 条，横向位置明显摆动的断层 5 条，其中因断点变化修改的断层有 8 条。

图 3.26　沙一中亚段底界断层多边形图

图 3.27　沙一下亚段底界断层多边形图

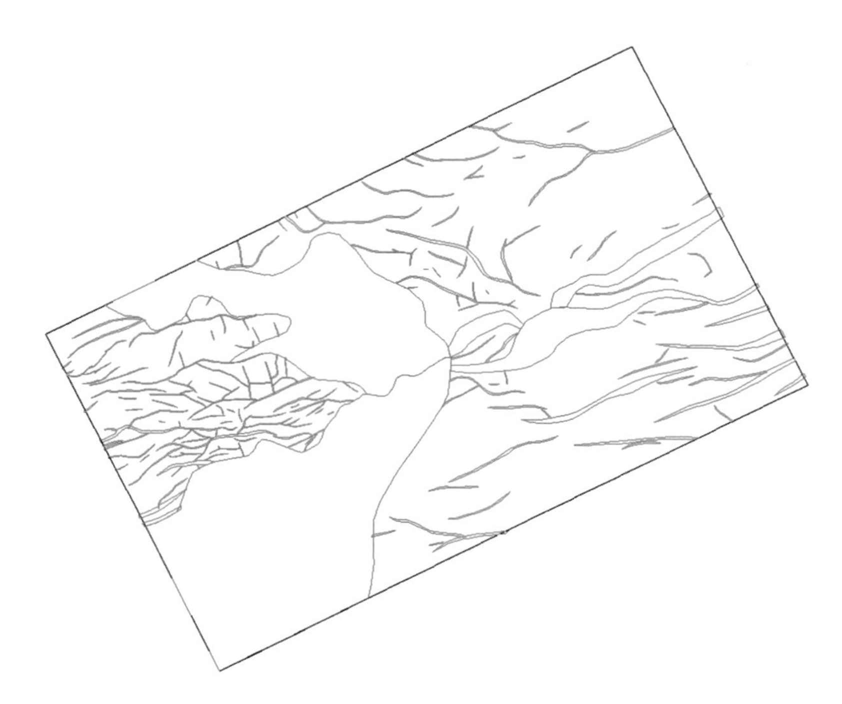

图 3.28　沙二段底界断层多边形图

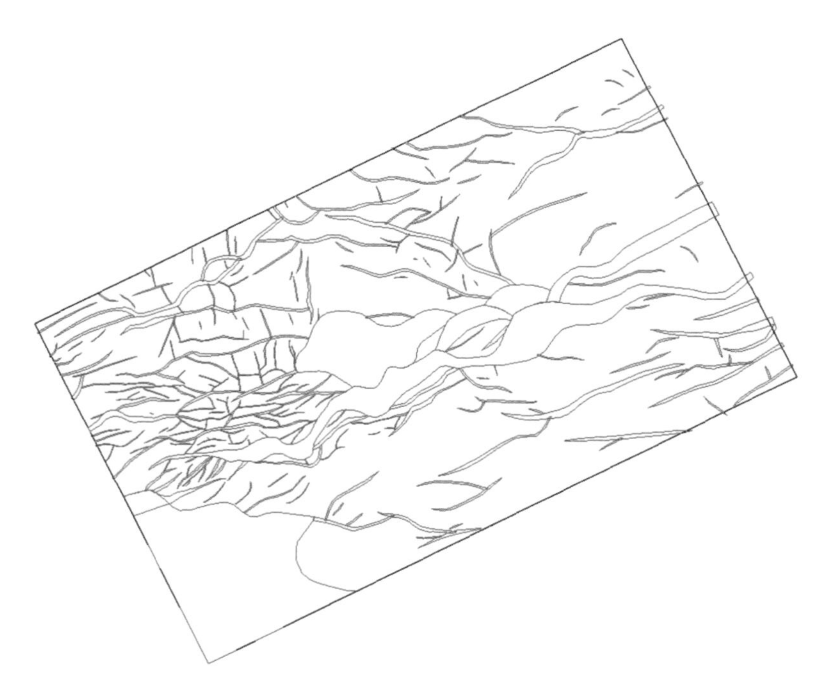

图 3.29　沙三 1 中底界断层多边形图

图 3.30 沙三段底界断层多边形图

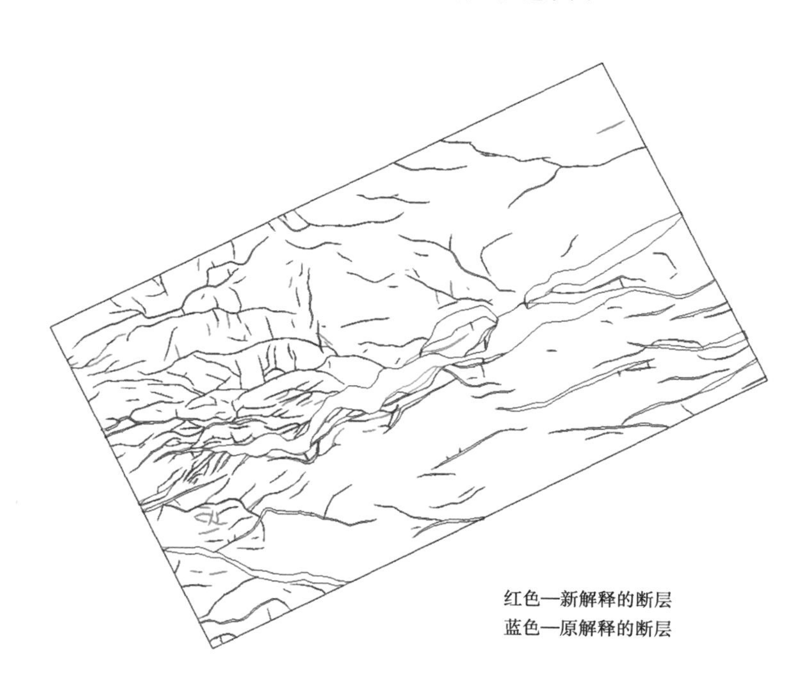

图 3.31 断层解释对比图

a. 新解释断层实例。如图 3.32 所示，重构地下断层认识体系研究在 q626 井下方和 q617 井上方各新解释 1 条断层，这两条新解释的断层在地震剖面上清晰可见（图 3.33），均存在上下地震同相轴抖动的现象，由沙一中亚段一直延续到沙三 1。

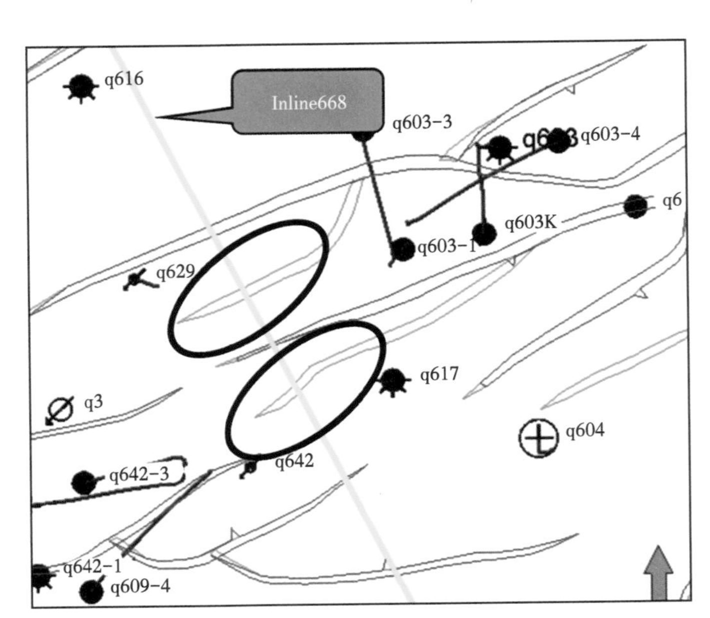

红色—新解释的断层；蓝色—原解释的断层

图 3.32　沙一下亚段底界新解释的断层实例

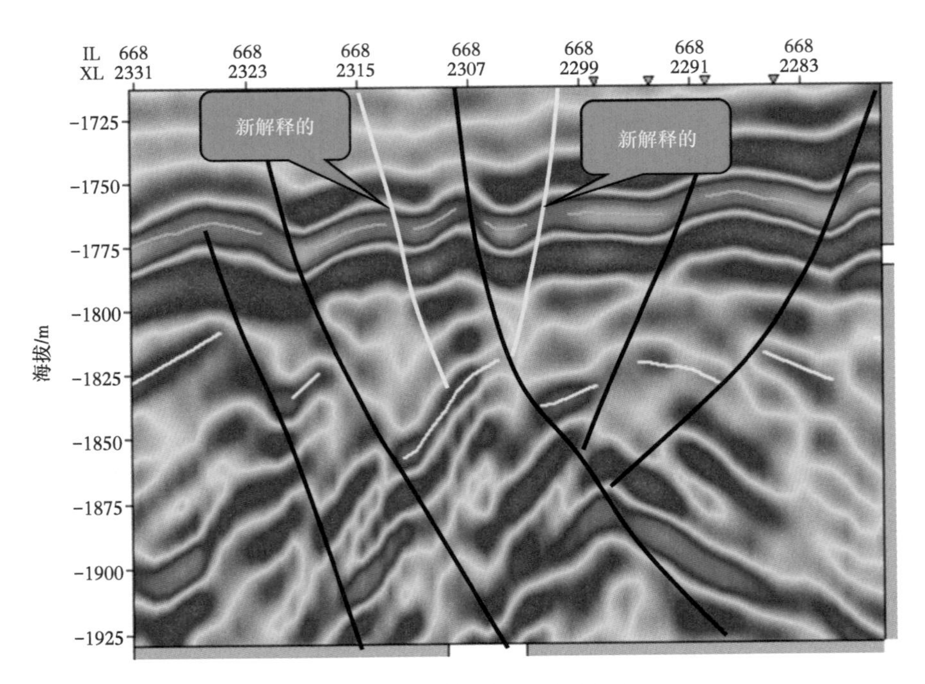

图 3.33　新解释的断层地震剖面图

（IL—Inline 测线；XL—Crossline 测线）

b. 明显延长的断层实例。在图 3.34 中蓝色的断层是原解释的断层，红色的断层新解释的断层。在 q49 井附近，由黑色圆圈圈起的断层中，红色的新解释断层明显要比蓝色的原解释的断层长，其长度超过了与 Crossline2447 测线相交的位置。图 3.35 和图 3.36 两条联络测线地震剖面对这一断层的解释（黄色线），说明延长这条断层是合理的，在 XLine2455 测线地震剖面上该断层依然存在。

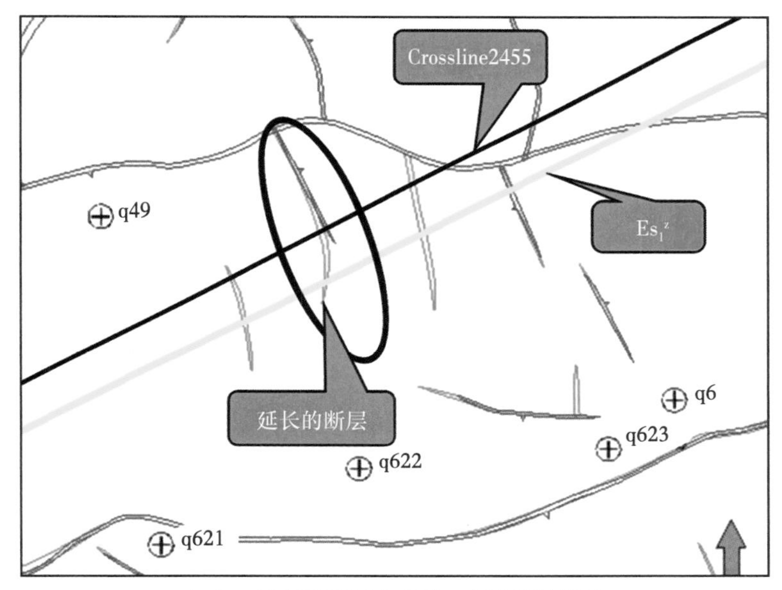

红色—新解释的断层；蓝色—原解释的断层

图 3.34 沙一下亚段底界延长的断层实例

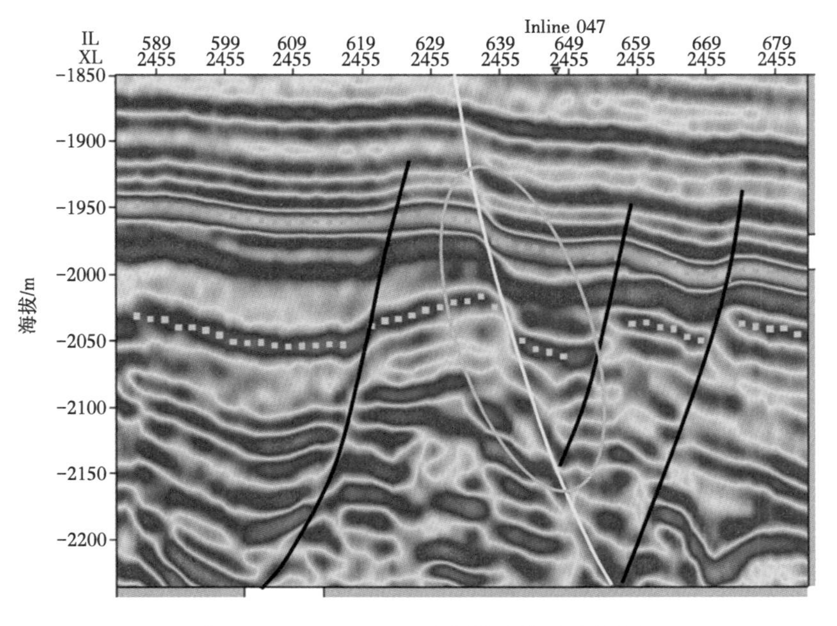

图 3.35 Crossline2455 测线断层解释剖面图

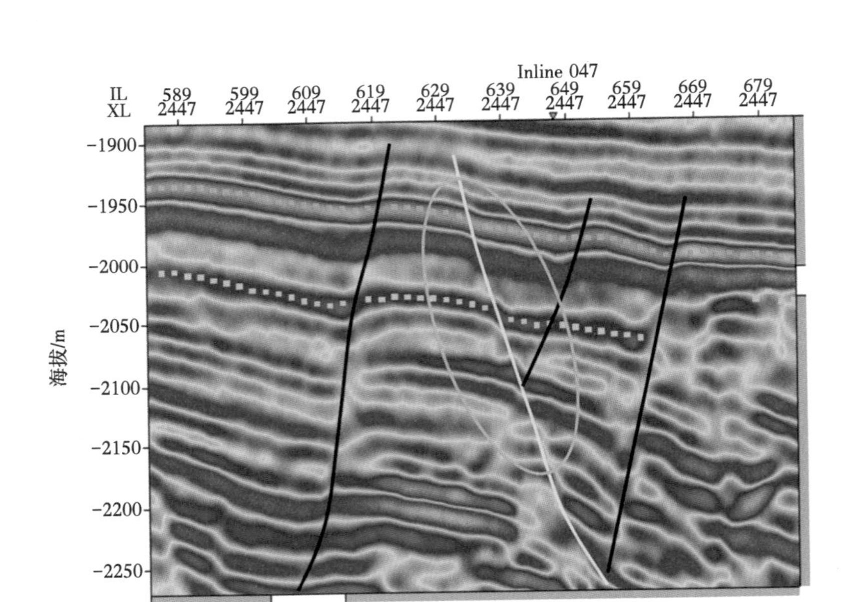

图 3.36 Crossline2447 测线断层解释剖面图

c. 明显缩短的断层实例。在图 3.37 中，由黑色圆圈圈起的断层中，红色的新解释的断层明显要比蓝色的原解释的断层短，其长度未至 Inline616 测线。由图 3.38 和图 3.39 两条主测线对该断层的解释可见，黄色线表示的该断层并未断至沙一下亚段底界，由此说明缩短这条断层具有合理性，该断层在平面和纵向位置均较原认识有所缩短。

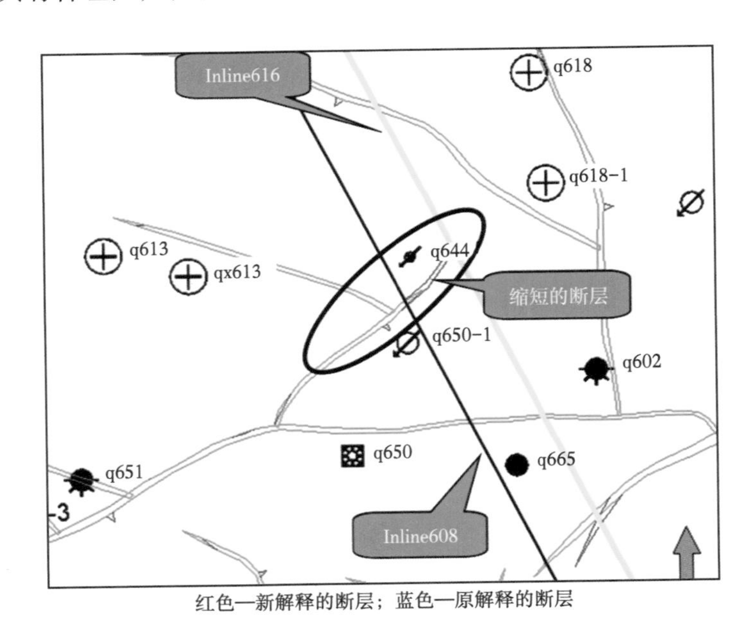

红色—新解释的断层；蓝色—原解释的断层

图 3.37 沙一下亚段底界缩短的断层实例

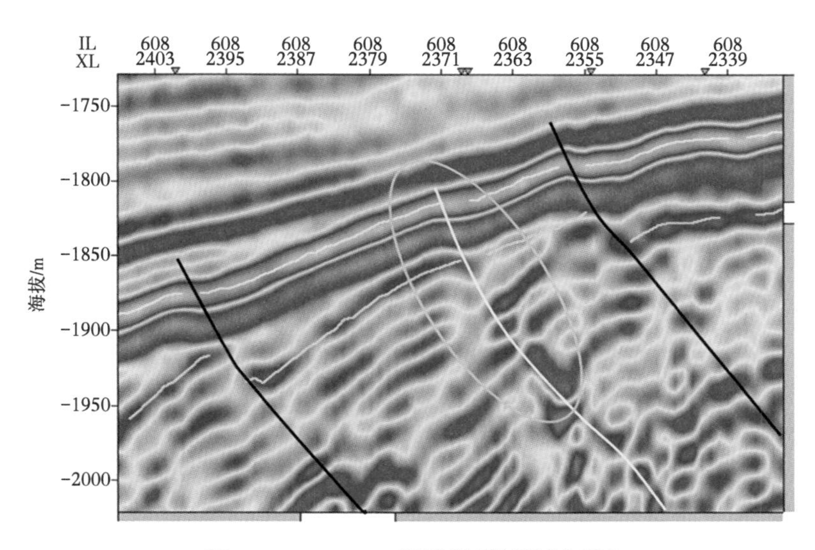

图 3.38 Inline608 测线断层解释剖面图

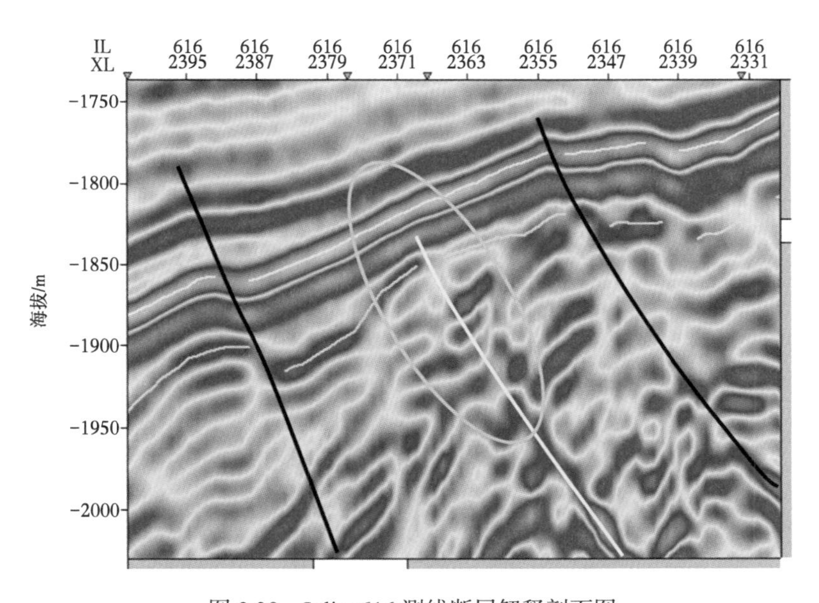

图 3.39 Inline616 测线断层解释剖面图

d. 横向位置明显摆动的断层实例。在图 3.40 中，q661 井附近有两条断层的横向位置有明显摆动。由图 3.41 所示 Crossline2355 测线对断层的解释可见，白色小方框表示的地质分层数据点和地震剖面的匹配揭示，q661 井应位于南北向断层的上升盘，断点应在 Es_1^z 底界以上，而不是像原解释断层那样位于断层的下降盘。图 3.41 与图 3.42 地震剖面对断层的解释，说明了图 3.40 中 q661 井东侧蓝色断层摆动的合理性，q661 井东侧第 1 条断层不应离 q661 井像原解释断层那么近。

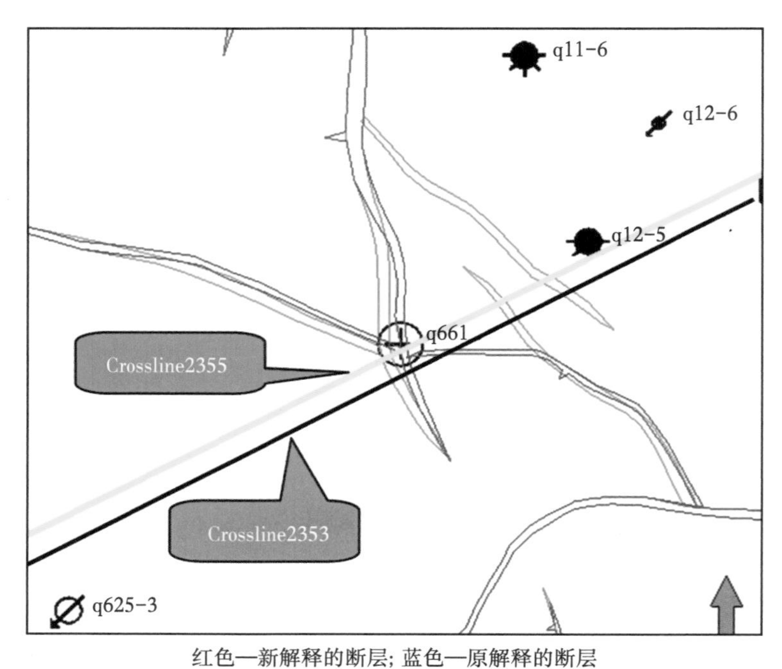

红色—新解释的断层；蓝色—原解释的断层

图 3.40 沙一下亚段底界横向位置摆动的断层实例

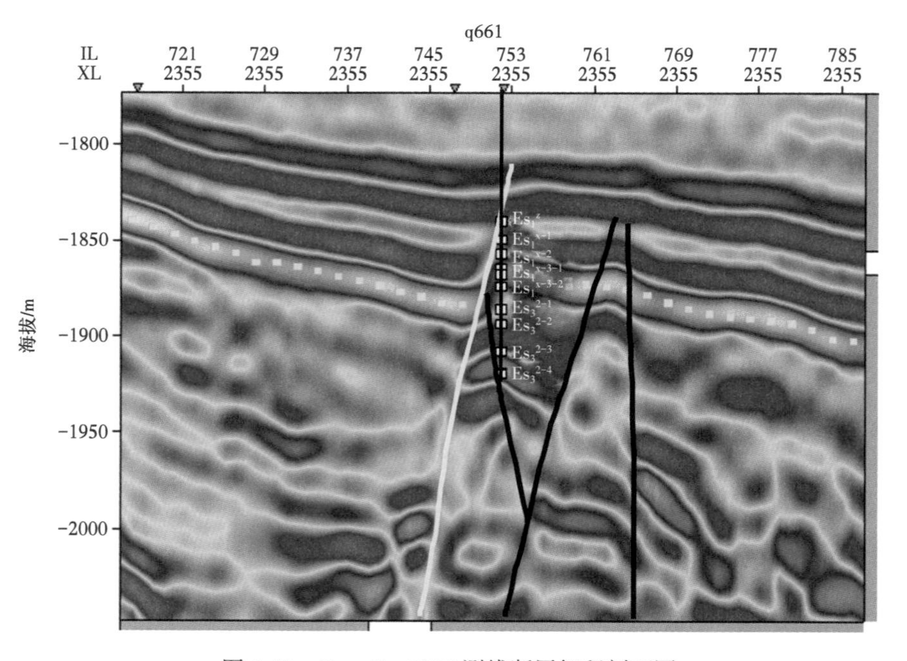

图 3.41 Crossline2355 测线断层解释剖面图

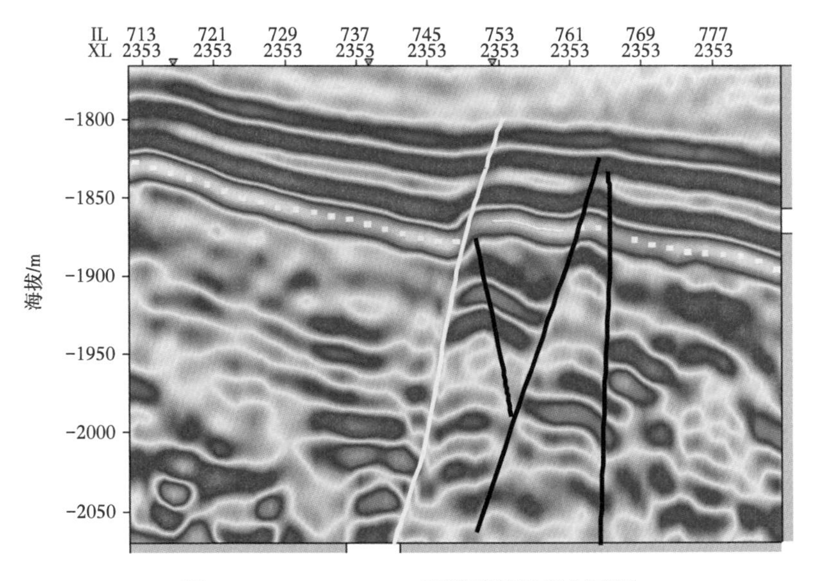

图 3.42　Crossline2353 测线断层解释剖面图

② 重构地下构造认识体系成果。在对沙一中亚段、沙一下亚段、沙二段、沙三 1、沙三段底界和主力小层层位进行精细地震资料解释的基础上，采用上述地震层位约束多信息插值构造成图技术，绘制了全区沙一中亚段、沙一下亚段、沙二段、沙三 1 和沙三段底界及各断块沙一下亚段、沙二段、沙三段内部小层顶面构造图，揭示了王徐庄油田沙一下亚段、沙二段、沙三段地层全区构造特征（图 3.43）。

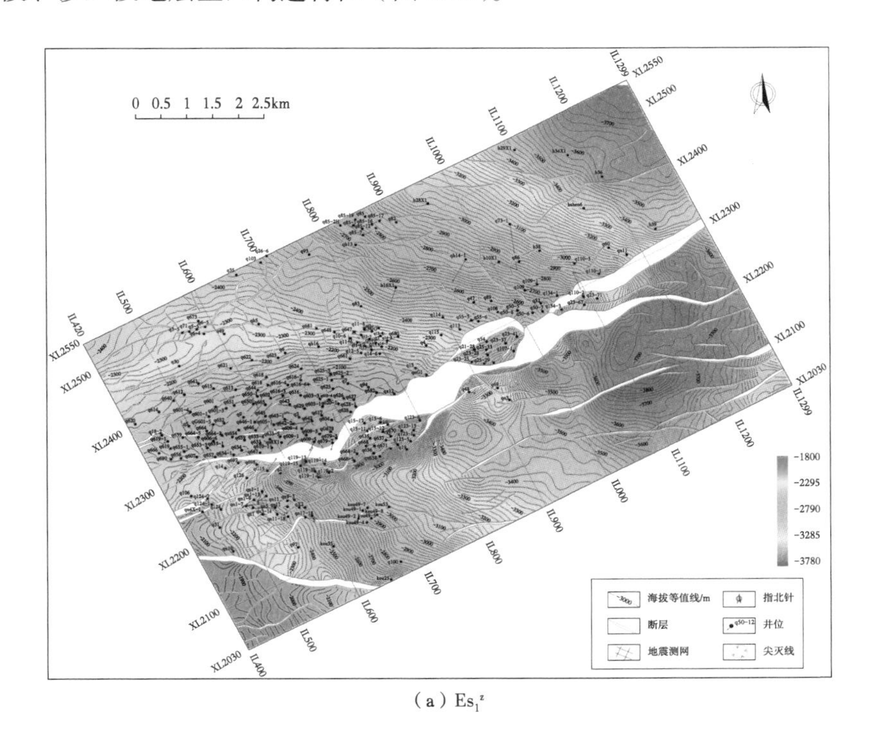

（a）Es_1^z

图 3.43　王徐庄油田主要地质层位构造图

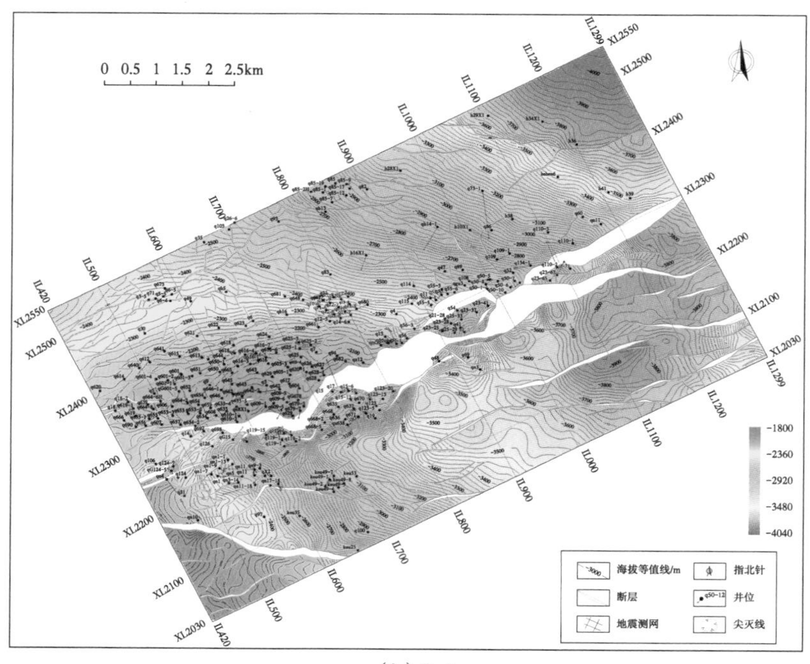

（b）Es_1^x

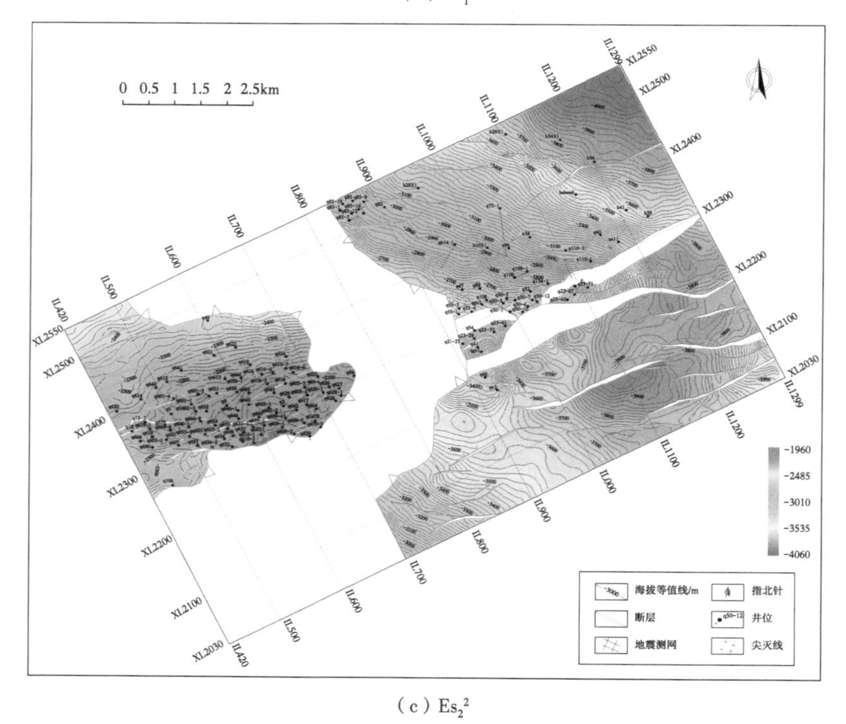

（c）Es_2^2

图 3.43　王徐庄油田主要地质层位构造图（续图）

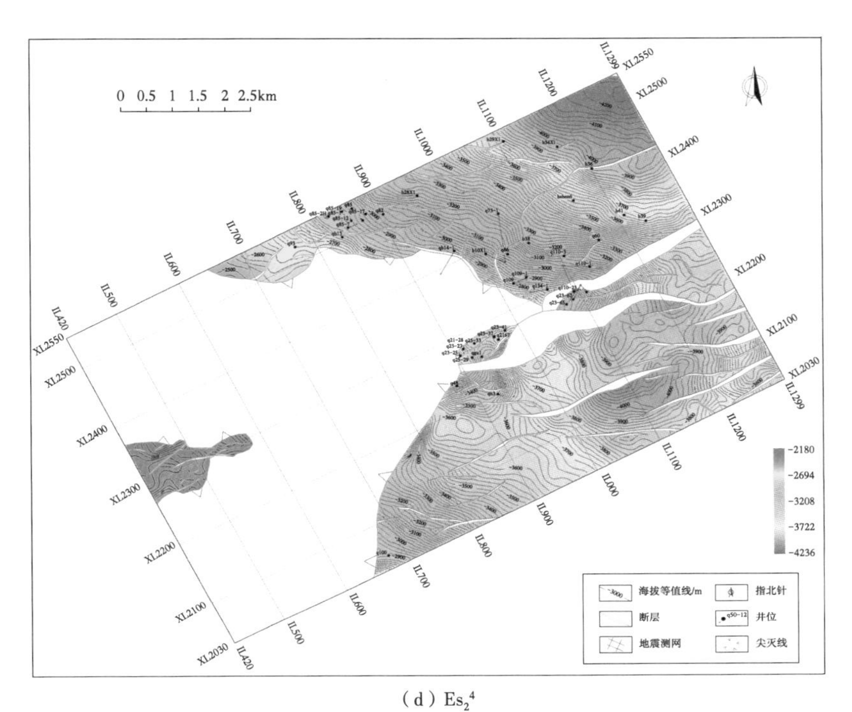

(d) Es_2^4

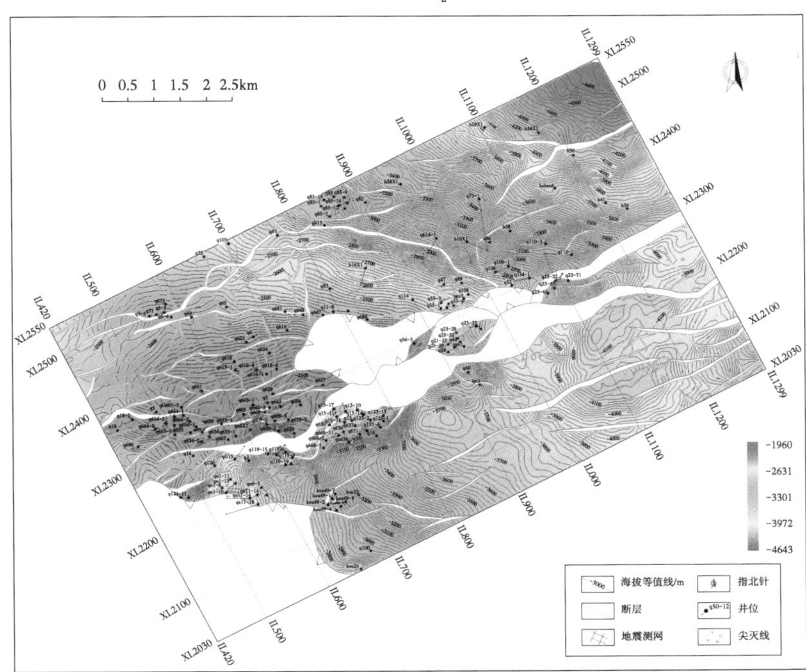

(e) Es_3^1

图 3.43 王徐庄油田主要地质层位构造图(续图)

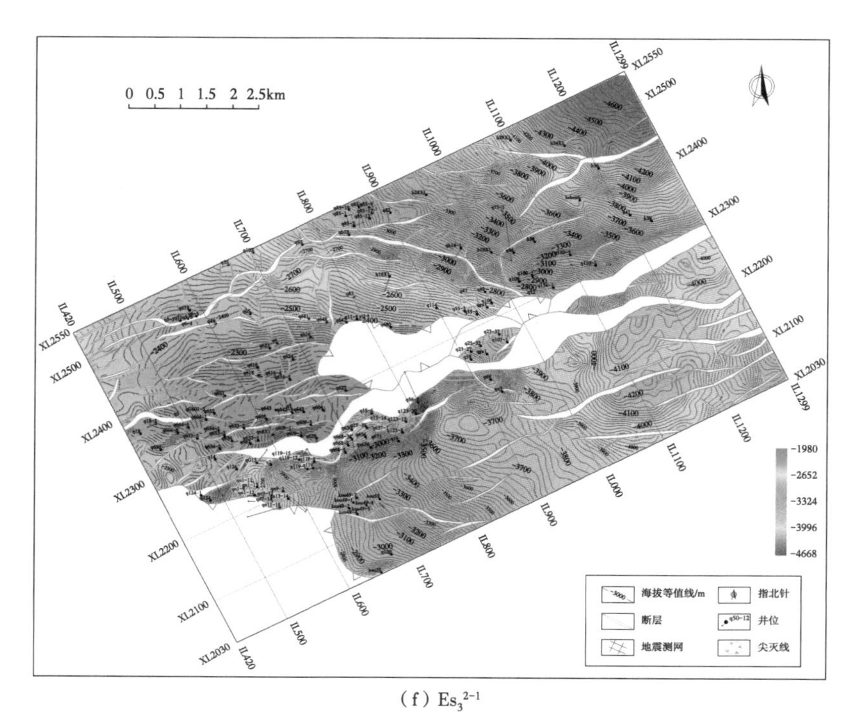

（f）Es_3^{2-1}

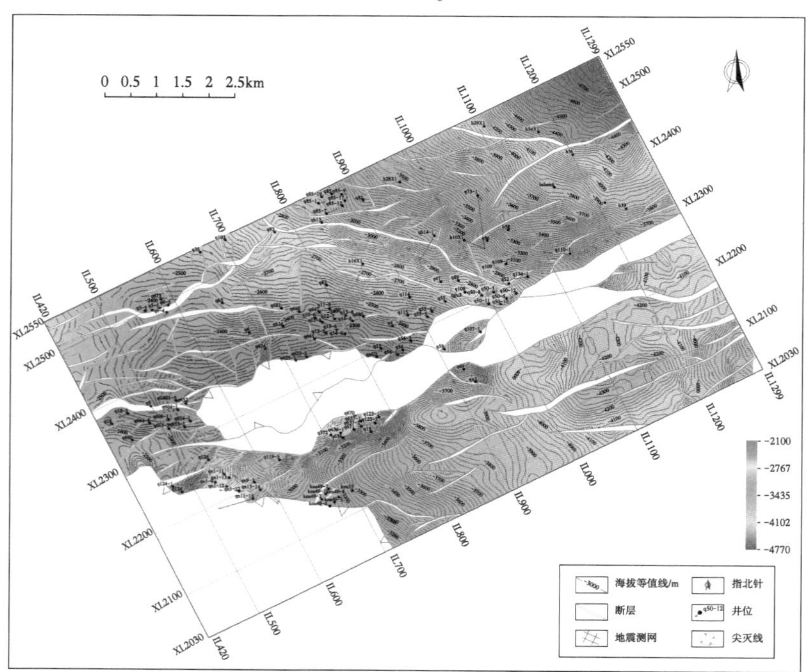

（g）Es_3^{2-4}

图 3.43 王徐庄油田主要地质层位构造图（续图）

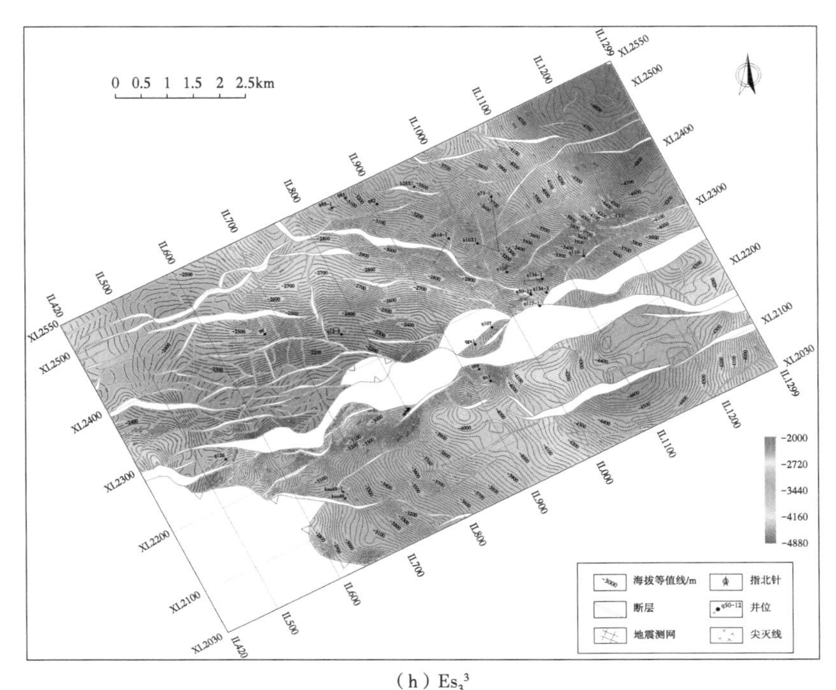

（h）Es_3^3

图 3.43　王徐庄油田主要地质层位构造图（续图）

a. 区域构造图成图与精度分析。采用新钻 q683 井和 q685 井的后续地质分层数据对构造成图精度进行了分析。这两口井所处区域的沙二段缺失、沙三 1 泥岩被剥蚀，在上述 5 个层位构造图中，只有 3 个层位构造图包含这两口井，即沙一中亚段、沙一下亚段和沙三底界构造图。后续分层显示，这两口井均未钻至沙三底界，可用于对比分析的层位有 2 层：沙一中亚段和沙一下亚段。沙一中亚段底界为沙一下亚段顶界，两个层面相邻很近，一般为 50m 左右，为此这里仅以沙一下亚段底界为对象进行构造成图精度分析。对照表 3.5 与表 3.6 可见，采用地震约束分层插值校正构造成图方法预测的这两口井沙一中亚段（Es_1^z）和沙一下亚段（Es_1^x）垂直深度值的精度要比常规时深转换方法的精度高，符合 SY/T 5934—2008《地震勘探构造成果钻井符合性检验》平原地区深度相对误差不大于 1.5% 的要求。为充分利用已知井数据，最终将这两口新钻井也加入绘图数据，重新绘制了沙一中亚段和沙一下亚段底界构造图。如表 3.7 所示，将 q683 井和 q685 井分层数据加入成图计算后，构造图深度与地质分层深度误差减少，q683 与 q685 井区成图质量得到进一步提高。

表 3.5　地震约束成图后验井深度误差统计表

井号	层位	地质分层垂深 /m	构造图深度 /m	绝对误差 /m
q683 井	Es_1^x	−2163.14	−2154.34	8.80
q685 井	Es_1^x	−2129.24	−2146.13	16.89

表 3.6　常规时深转换成图后验井深度误差统计表

井号	层位	地质分层垂深 /m	构造图深度 /m	绝对误差 /m
q683 井	Es_1^x	−2163.14	−2150.07	13.07
q685 井	Es_1^x	−2129.24	−2110.21	19.03

表 3.7　成果图件检验井深度误差统计表

井号	层位	地质分层垂深 /m	构造图深度 /m	绝对误差 /m
q683 井	Es_1^x	−2163.14	−2163.23	0.09
q685 井	Es_1^x	−2129.24	−2129.23	0.01

油田现场应用原构造图（地震解释层位时深转换成图方法）钻井时，发现 q606 井区 q606-6 井和 q606-7 井目的层顶面设计井深与实钻深度存在较大误差（表 3.8），其中 q606-6 井沙三 1 底界（Es_3^1）设计深度为 2160.00m，实钻深度 2146.77m（Es_3^1 地质分层深度），误差 13.23m；q606-7 井沙三 1 底界（Es_3^1）设计深度为 2176.00m，实钻深度 2196.91m（Es_3^1 地质分层深度），误差 20.91m。而在新绘制的构造图中，这两口井的沙一下亚段底界测深分别为 2151.52m 和 2197.42m，与地质分层数据误差均小于 5m。上述数值对比分析可见，即便在密井网区域，采用地震约束地质分层数据插值方法也要比常规方法精度高。

表 3.8　歧 606 井区检验井深度误差统计表

井号	原层位	设计深度 /m	实钻深度 /m	设计绝对误差 /m	新方法构造图深度 /m	新方法绝对误差 /m
q606-6 井	Es_3^1	2160.00	2146.77	13.23	2151.52	4.75
q606-7 井	Es_3^1	2176.00	2196.91	20.91	2197.42	0.51

b. 开发区局部构造圈闭新认识。通过断块的合并组合，分 9 个绘图区域，绘制了王徐庄油田一断块、二断块、三四六断块、五断块、七断块、歧南 9X1 断块、歧 119 断块、歧 85 断块、歧 26 断块、歧 5-5 断块、歧 41 断块、歧 50 断块、歧 55 断块、歧 56 断块、歧 110-2 断块和扣 49 断块等 16 个断块，沙一下亚段、沙二段和沙三段主力小层顶面构造图共计 84 张。

鉴于主体断块地质层位解释方案与原分层有较大变化，为此采用两次解释可对比的层位沙一下亚段底界（Es_1^x）和沙三储层顶面（新分层方案为 Es_3^{21} 顶面、原解释方案层位为 Es_2^{3-2T}）进行构造变化对比分析（图 3.44 至图 3.47）。

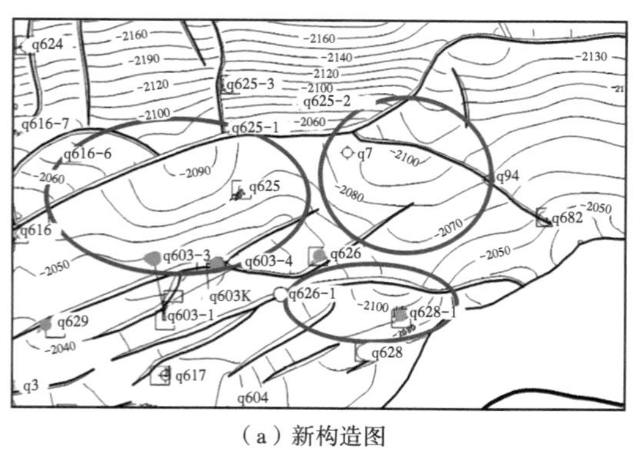

（a）新构造图　　（b）原构造图

图 3.44　三四六断块 Es_1^x 底界局部构造对比图

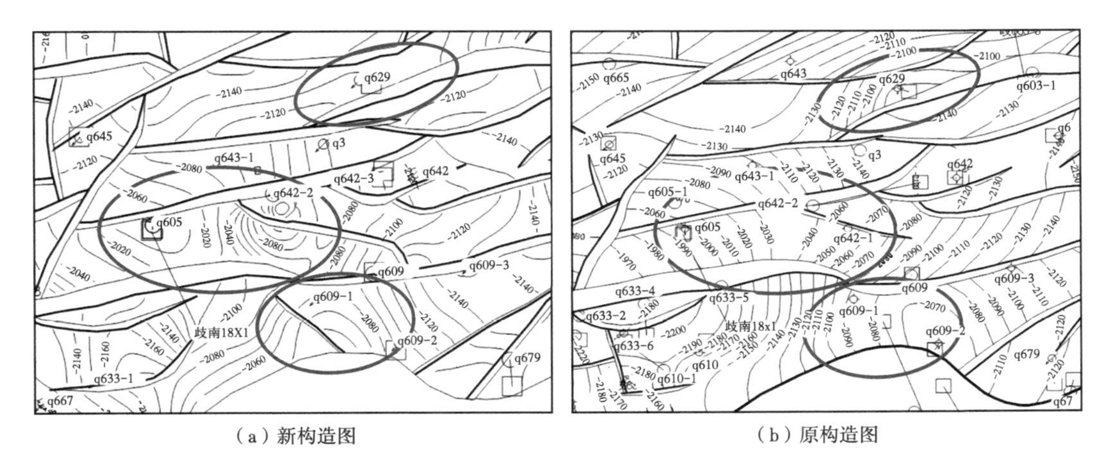

（a）新构造图 （b）原构造图

图 3.45 一二三四六断块 Es_3^{2-1} 小层顶界局部构造对比图

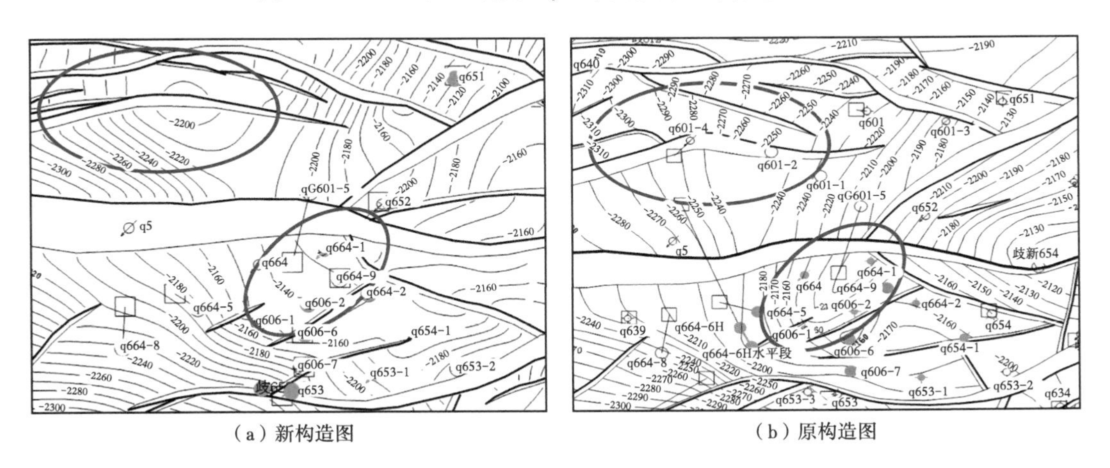

（a）新构造图 （b）原构造图

图 3.46 一断块 Es_3^{21} 小层顶界局部构造对比图

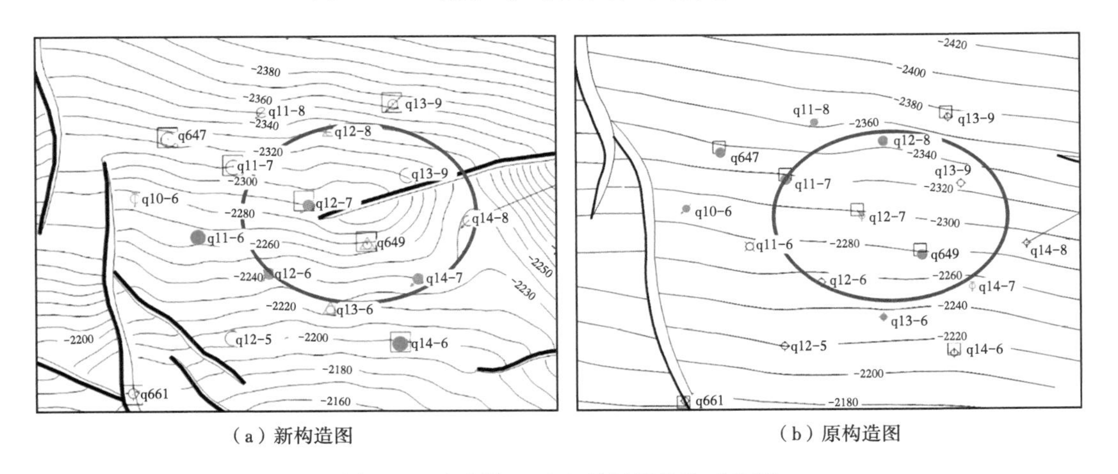

（a）新构造图 （b）原构造图

图 3.47 七断块 Es_1^x 底界局部构造对比图

由图 3.44 至图 3.47 可见，新绘制的构造图与油田现场使用的构造图存在一些比较明显的变化，这些变化主要体现在构造形态和面积大小等方面。这些变化表明，在开发区内部，尽管高含水油田井网密度较大，但受断层认识变化等因素的影响，经过新一轮地震资料解释和构造成图，密井网区局部构造仍然存在新认识。

图 3.44 至图 3.47 所示新发现的局部构造变化一般都分布在断层附近。这主要是由于利用高精度地震资料重新解释断层，对断层体系的认识发生变化，进而引起储层顶面局部构造特征认识的变化。复杂断块油藏开发区内部，经过新一轮精细地震资料解释后，在断层附近往往可以发现新的圈闭，除对断层的认识发生变化外，另一个原因和断层附近井网相对较稀，原构造成图精度不高也有关系。

上述研究实例表明，尽管高含水老油田井网密度大，但复杂断块油藏断层体系非常复杂，新一轮地震资料解释后，特别是在断层附近，由于井网相对较稀，可能仍然存在尚不被认识的局部构造圈闭高点，结合地震资料开展精细的局部构造圈闭研究非常必要。

（3）突破了油田现场过去认为王徐庄油田主体断块不存在沙二段和在王徐庄古潜山构造顶部无沙三段的传统认识，在全区统层对比和统层地震层位解释的基础上，绘制了沙二段砂岩尖灭、沙三 1 泥岩剥蚀、沙三段砂岩剥蚀特征图，首次揭示了王徐庄油田全区沙二段和沙三段尖灭与剥蚀规律，绘制了沙二段砂岩、沙三 1 泥岩和沙三段砂岩分布范围。

如图 3.48 沙二段砂岩尖灭、沙三 1 泥岩剥蚀和沙三段砂岩剥蚀特征图所示，在王徐庄油田主体断块低部位存在沙二段，沙三段除古潜山顶部和扣村地台高部位完全剥蚀之

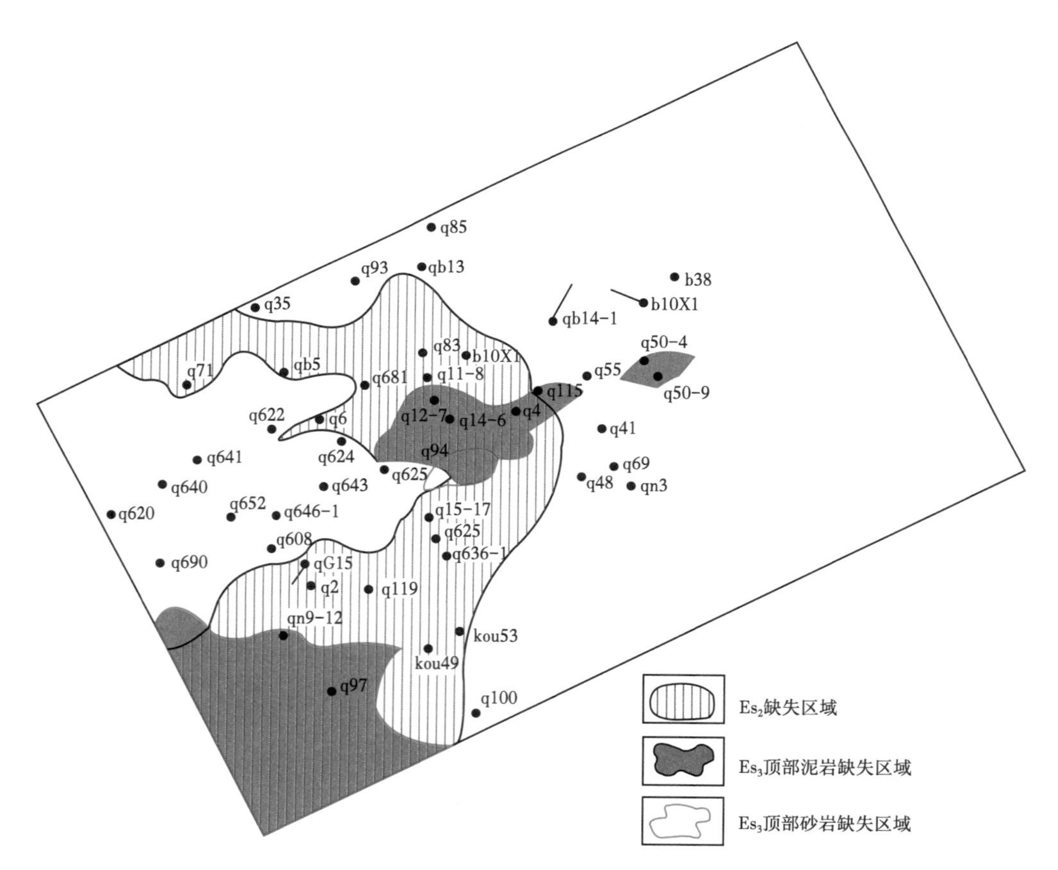

图 3.48　王徐庄油田沙二段和沙三段缺失情况

外，在研究区范围内沙三段砂岩普遍存在（参见后续章节），只是因钻井深度不够（钻遇沙二段砂岩即完钻），一些井未打到沙三段砂岩，这部分未被钻遇的沙三段砂岩是下一步挖潜的重要目标。但砂体厚薄发育程度（高部位存在一定程度的剥失，高部位砂岩是不完全剥失的产物，砂岩厚度与剥失程度有关），含油还是含水，有待深入研究。

（4）在查明王徐庄油田全区整体构造特征的基础上，通过古构造分析，首次揭示了王徐庄油田全区油气分布规律。

就整体而言，王徐庄油田的油藏类型以构造油藏为主，构造高部位是控制油气富集的最主要因素。本次研究查明王徐庄油田全区构造特征，为进一步分析该地区油气分布规律奠定了基础。

理论上对于构造油气藏，油气充注时期的古构造高部位是真正的油气富集区，而非现今构造的构造高点。本项研究通过对王徐庄油田的古构造演化史、生烃、排烃与充注的时期加以综合分析，揭示了王徐庄油田全区油气分布规律。

前人关于王徐庄油田所处的歧口凹陷构造演化史、生烃、排烃与充注时期的研究有两方面具有借鉴意义的地质认识：

一是，王徐庄油田所处的歧口凹陷构造主要发育于沙河街组沉积期，东营组沉积期基本定型[21]，局部构造圈闭十分有利油气的聚集。借鉴的意义：古构造高部位的分析可以从沙河街组沉积后期开始，到东营组沉积末期结束，重点考察沙河街组沉积后期古构造发育情况。考虑到歧口凹陷为继承型凹陷，这里将利用在王徐庄油田首次对沙一中亚段底界进行地震层位解释的成果，开展沙三段底界的古构造分析。

二是，王徐庄油田所处的歧口凹陷发育的主要生烃层系为沙三段的烃源岩，沙三段烃源岩排烃时期主要在古近纪的晚期，一直延续到新近纪和第四纪。分布沙三段主力烃源岩的王徐庄油田具有排烃晚的特点，包括沙三段、沙二段和沙一段在内的王徐庄油田沙河街组储层的油气充注时期，一般在古近纪的东营组沉积时期[22]。借鉴的意义：东营组沉积时期的地下沙河街组古构造高部位是油气的聚集区，现今构造圈闭是否富含油气，要看东营组沉积期这些构造圈闭是不是构造高部位。为此，考察东营组沉积时期的目的层构造高部位的分布规律，有利于确定和发现有利构造圈闭。

利用地震资料解释的两个层位相减获得的差值数据，能够体现上一个层位时期下面层位的埋深变化，即某一沉积历史时期地下层位的古构造变化，利用色标的调节可以刻画古构造高部位。

图 3.49 至图 3.52 反映了沙一中沉积早期（Es_1^z 底界）、东营组沉积早期（Ed_3 底界）、东营组沉积后期（Ed_1 底界）、东营组沉积末期（Nm 底界）沙三段底界相对古构造高部位圈闭的分布情况。从图 3.49 至图 3.52 与现今构造图 3.53 对比可见，就整体而言，王徐庄油田构造高部位在沙一中亚段开始沉积的时期就已经基本形成，一直到现今，构造高部位的格局变化不大，也就是说古构造高部位在现今仍然是构造高部位，现今的构造高部位在古时就是构造高部位。但是构造高部位的形态和面积有所变化，图 3.49 至图 3.53 所示体现了不同时期沙三段底界构造高部变化的一些特点，这些变化带给我们一些有益的地质认识，揭示了该地区油气分布规律，主要有以下 6 个方面（下文所述及的井区和断块名称的具体位置参见图 3.54）：

① 王徐庄油田构造高部位在沙一中亚段开始沉积的时期就已经基本形成，该油田已

开发区块基本上都位于这一时期的古构造高部位，如南大港断层下降盘的五断块、歧 119 断块、歧南 9X1 断块、歧 124 井区和歧南 1-8 断块等，在这一时期和上升盘的一断块、二断块、三四六断块、七断块一样，都位于构造高部位之上（图 3.49 红色区域）。这一时期是王徐庄油田构造形成的重要时期，王徐庄油田从已开发区块向外围滚动开发应重点依托对这一时期的古构造分析。

② 沙一中亚段开始沉积时期的构造高部位面积最大，随着时间的推移，至现今最小。如现今构造较低部位的南中段歧 50 断块、歧 55 断块、歧 41 断块和歧 110-2 断块等在古构造上大部分时期均处于构造高部位，这为东营期沙河街烃源岩生成的油气向高部位充注创造了条件。这正是位于现今构造较低部位（图 3.53 中相对古潜山顶部红色区域而言位置较低，但相对歧北斜坡还是高部位）的南中段各断块产油的原因所在。

③ 在王徐庄古潜山北部和东部，现今构造位置较古潜山顶部相对较低的歧 71 断块（歧 5-5 断块）、歧 85 至歧 93 周边区域、歧滨 14-1 井区和歧 110-2 井区，在古构造时期都是构造相对高部位，这些区域也为东营组沉积期沙河街组烃源岩生成的油气向高部位充注创造了条件，是北部和东部滚动挖潜的重点。

④ 在七断块周边古构造高部位（图 3.54 中红色区域）还有较大的低井控区域（图 3.54 中黑色圆点为井位），七断块周边具有较大的滚动开发潜力。2014 年油田在七断块以南部署了两口探井 q683 井和 q685 井，q683 井试油证实沙三段顶部砂岩存在良好的油层。

⑤ 现今构造图中的歧 69 井区构造圈闭在古构造图中（图 3.49 至图 3.52）一直处于构造高部位的边缘，特别是在油气充注的东营组沉积各期已不是构造高点，连井对比剖面也证实歧 69 井区含油性较差（图 3.55），为此不将歧 69 井区构造圈闭纳入有利目标。

⑥ 在图 3.49 至图 3.54 中，蓝色区域为构造低部位，在这部分区域滚动研究的重点应以寻找岩性圈闭为主。

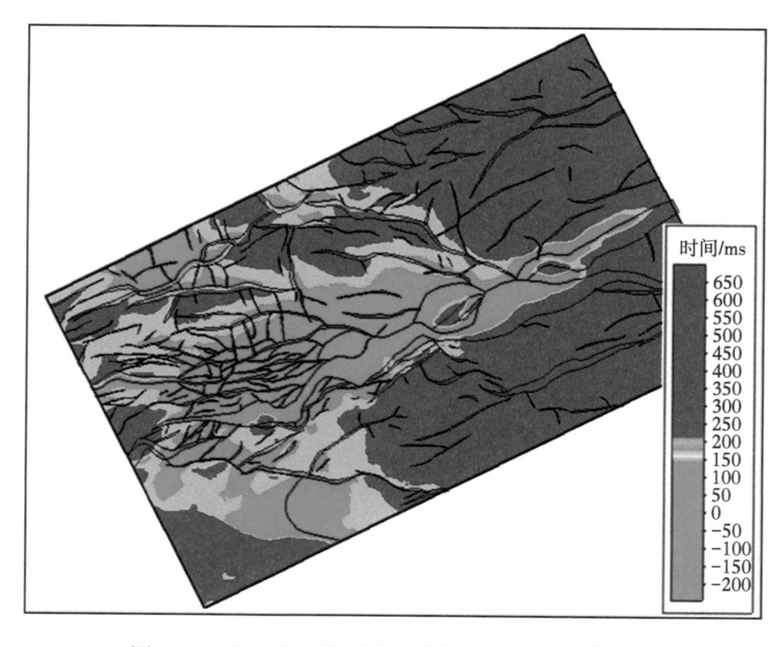

图 3.49　沙一中亚段沉积早期沙三段底界古构造图

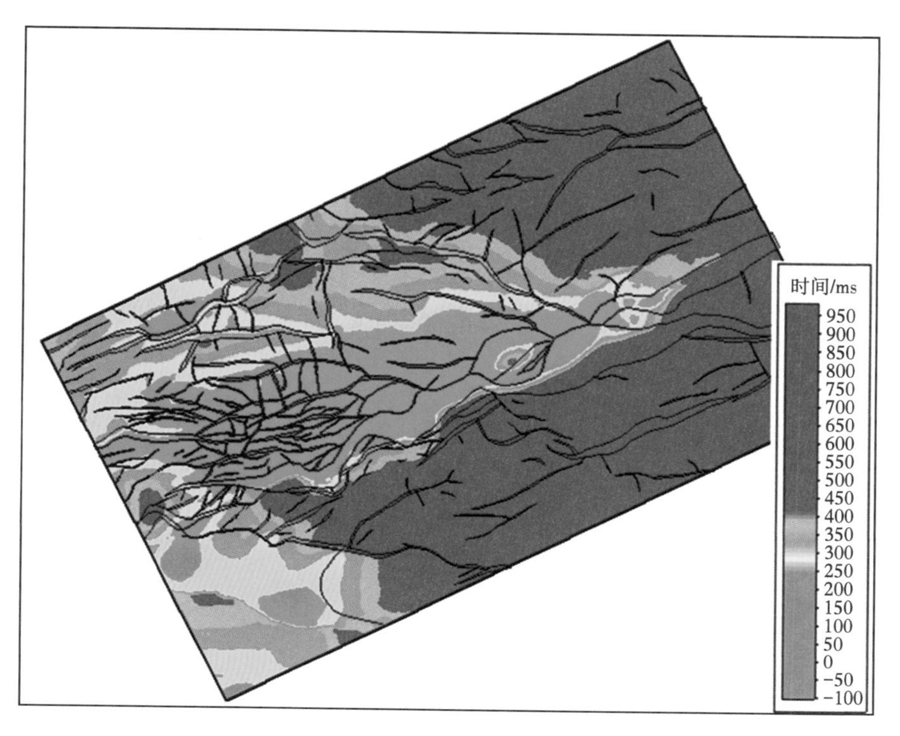

图 3.50 东营组沉积早期沙三段底界古构造图

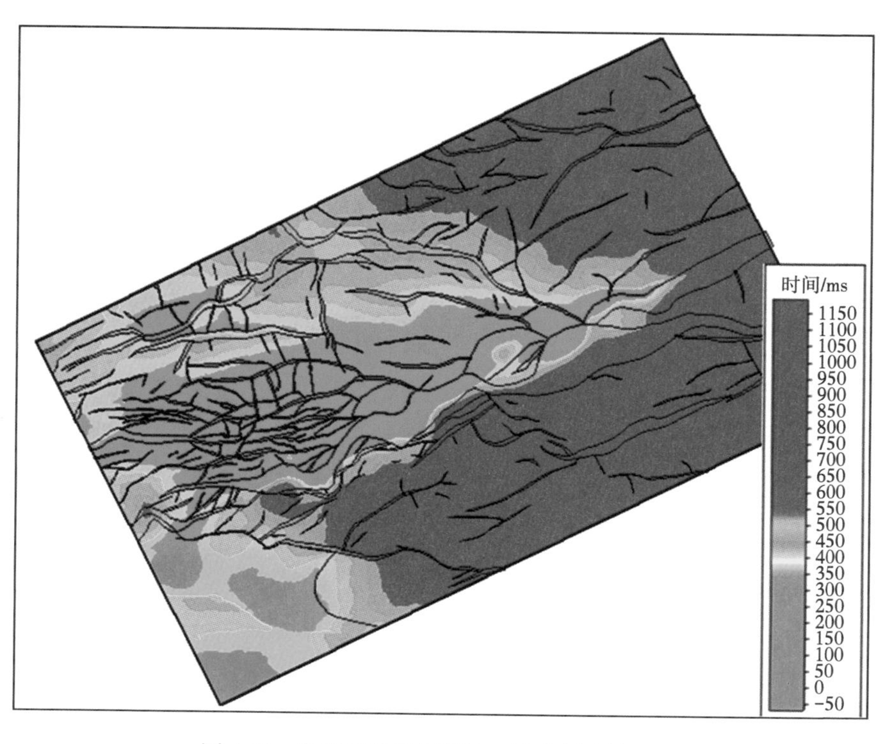

图 3.51 东营组沉积后期沙三段底界古构造图

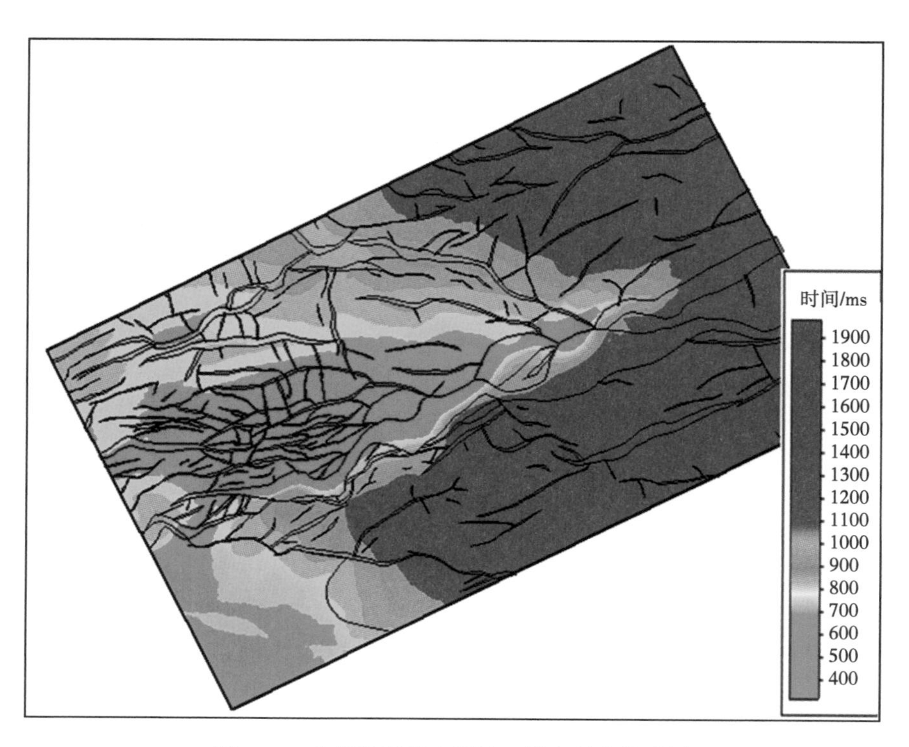

图 3.52　东营组沉积末期沙三段底界古构造图

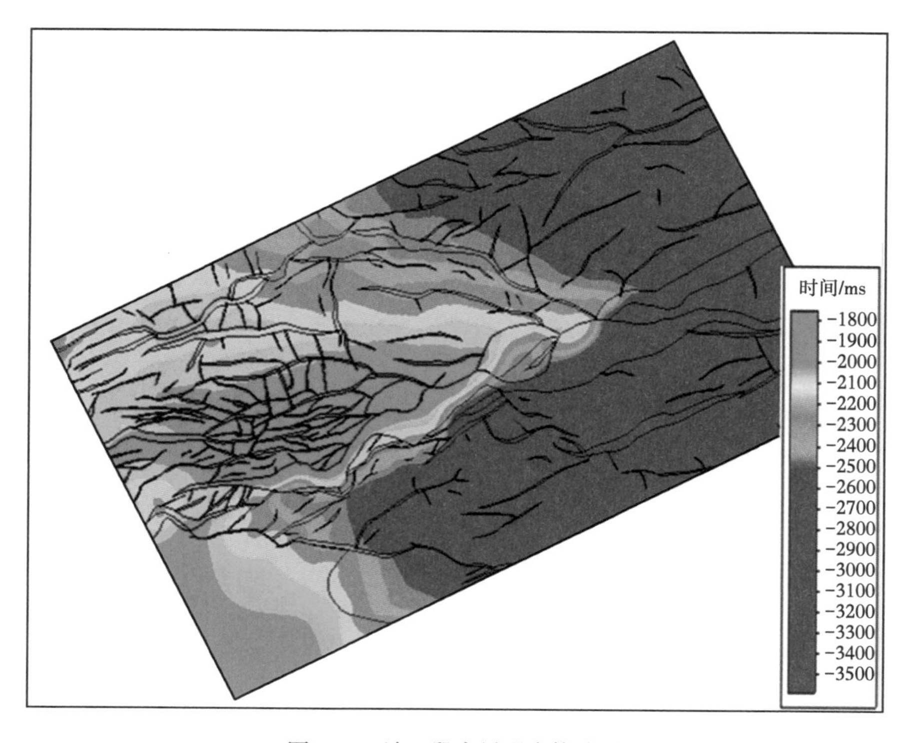

图 3.53　沙三段底界现今构造图

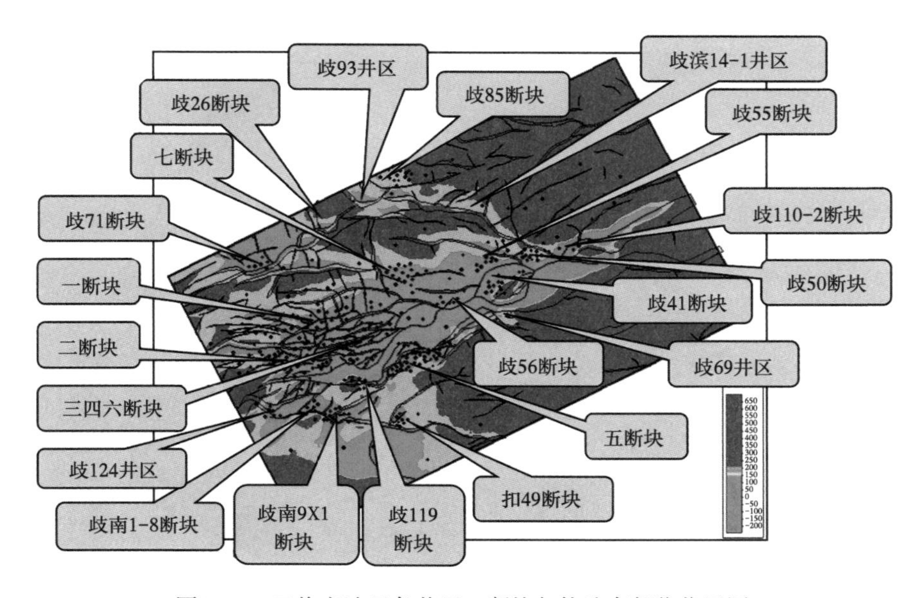

图 3.54 王徐庄油田各井区、断块与构造高部位位置图

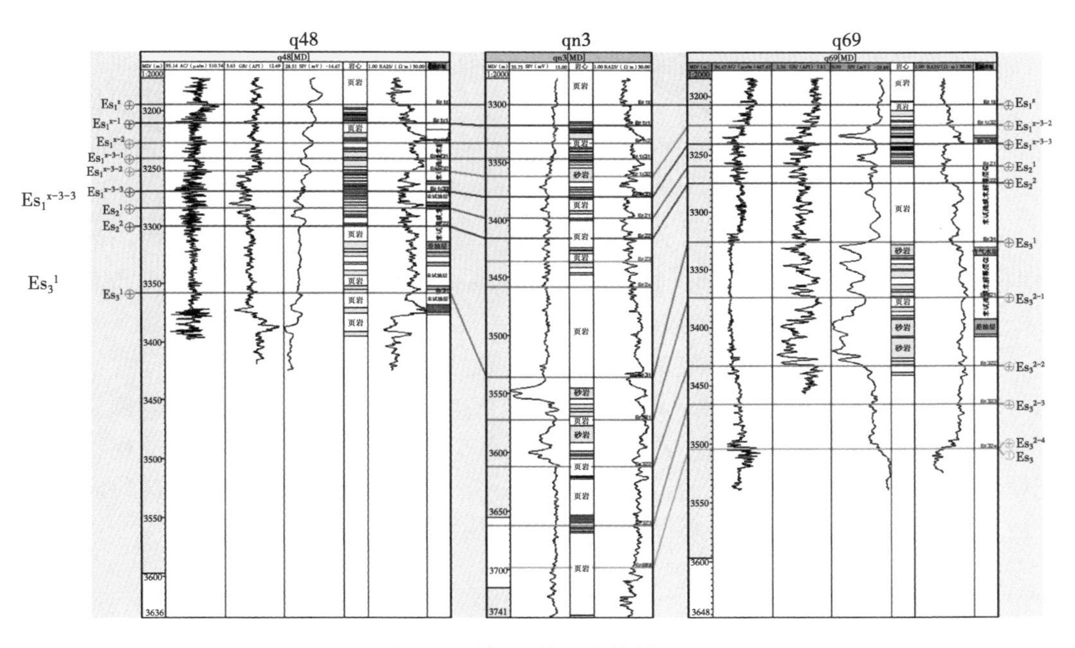

图 3.55 歧 69 井区连井剖面图

采用古构造分析方法对沙一下亚段底部有利生物灰岩分布范围进行了分析。从图 3.56 可见沙一中亚段开始沉积时的沙一下亚段底界的构造高部位形态（红色区域）。图 3.56 是沙一中亚段底界和沙一下亚段底界相减的结果，因为这两个层位紧邻，为此该图基本上可以被视为沙一下亚段沉积当时的古构造图，也就是说其构造高部位形态应与沙一下亚段沉积当时的古构造高位形态相当。图 3.56 中白色数字是叠置的 Es_1^{x-3-3} 地质小层的试油结论，其中数字 7 代表油层，数字 6、5 和 4 代表含油性相对较差，数字 3 及以下为水层、干层和未试油井点。对照数字 7 井点和红色构造高部位的配置情况，可以得出如下认识：

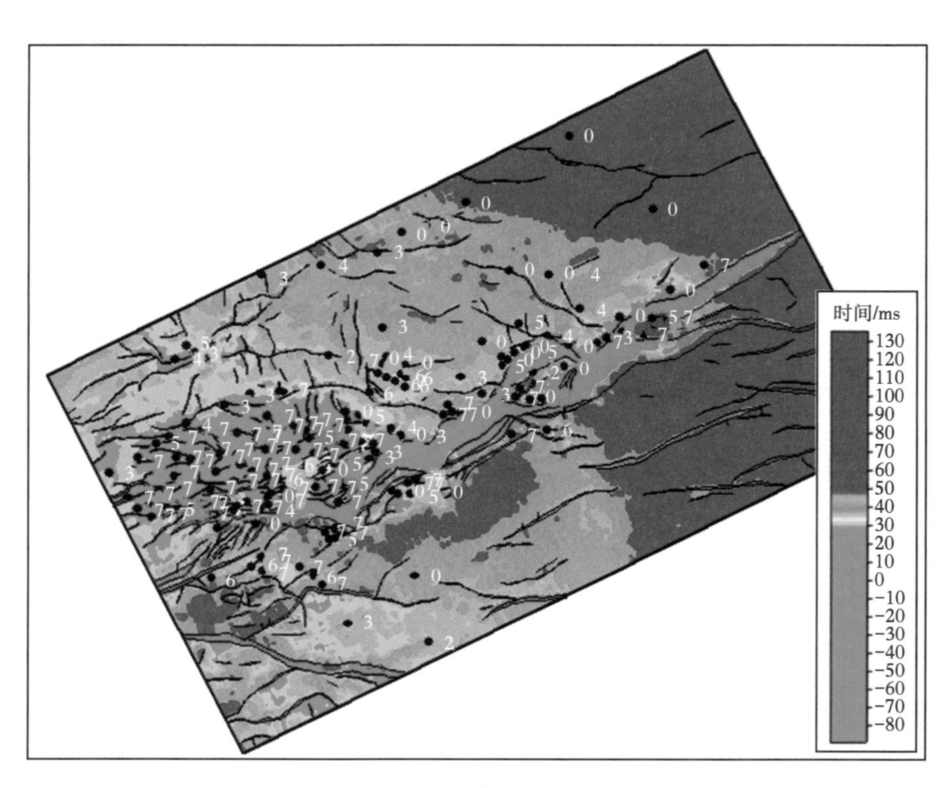

图 3.56　沙一中亚段沉积早期沙一下亚段底界古构造图

① 生物灰岩沉积的分布范围主要在古潜山的高部位，五断块靠近大断层的部分在这一时期也处于构造高部位，因此尽管五断块现今处于南大港断层的下降盘，但也有部分井发育产油的沙一下亚段底部生物灰岩。

② 主力含油的沙一下亚段底部生物灰岩（数字 7）主要分布与于一断块、二断块、三四六断块和五断块的部分区域，即集中分布于古构造高部位红色区域（扣除断层边界影响产生的红色区域）。由此可见，就构造油藏而言，在构造低部位发育含油的生物灰岩的可能性小（不排除发育有生物灰岩，但含油性小），在王徐庄油田由已开发区块向外滚动开发沙一下亚段底部生物灰岩的潜力较小，除非是找到有利的岩性圈闭。

参 考 文 献

[1] 赵翰卿 . 高分辨率层序地层对比与我国的小层对比 [J]. 大庆石油地质与开发，2005，24（1）：5-12.

[2] 邓宏文 . 美国层序地层研究中的新学派——高分辨率层序地层学 [J]. 石油与天然气地质，1995，16（2）：89-97.

[3] 邓宏文 . 高分辨率层序地层学应用中的问题探析 [J]. 古地理学报，2009，11（5）：471-480.

[4] 邱桂强，王居峰，张昕，等 . 东营三角洲沙河街组三段中亚段地层格架初步研究及油气勘探意义 [J]. 沉积学报，2001，19（4）：569-575.

[5] 李忠，雷雪，晏礼 . 川东石炭系黄龙组层序地层划分及储层特征分析 [J]. 石油物探，2005，44（1）：39-43.

[6] 李明娟，张洪年，胡宗全 . 济阳坳陷上古生界层序划分与等时格架建立 [J]. 石油物探，2006，45(1)：83-87.

[7] 彭海艳，刘家铎，陈洪德，等 . 鄂尔多斯盆地东部山西组高分辨率层序地层与天然气聚集研究 [J]. 石油物探，2008，47（5）：519-525.

[8] 周祺，郑荣才，赵正文，等 . 高分辨率层序地层学的应用——以鄂尔多斯盆地榆林长北气田山西组 2 段为例 [J]. 石油物探，2008，47（1）：77-82.

[9] 刘震，王大伟，吴 辉，等 . 利用地震资料进行陆相储层小层等时对比的方法研究——以绥中 36-1 油田为例 [J]. 地学前缘，2008，15（1）：133-139.

[10] 秦雁群，邓宏文，侯秀林，等 . 海拉尔盆地乌尔逊凹陷北部高层序地层与储层预测 [J]. 石油与天然气地质，2011，32（2）：214-221.

[11] 刘洪文，杨培杰，刘书会，等 . 地震 Wheeler 转换技术及其应用 [J] 石油物探，2012，51（1）：51-55.

[12] 陈欢庆，赵应成，高兴军，等 . 高分辨率层序地层学在地层精细划分与对比中的应用——以辽河西部凹陷某试验区于楼油层为例 [J]. 地层学杂志，2014，38（3）：317-323.

[13] 邵才瑞，李洪奇，张福明，等 . 人工智能地层对比专家系统原理 [J]. 石油物探，2000，39（1）：77-84.

[14] 徐敬领，王贵文，刘洛夫，等 . 基于经验模态分解法的层序地层划分及对比研究 [J]. 石油物探，2010，49（2）：182-186.

[15] 赵莹 . 小波分析在松辽盆地北部高分辨率层序地层学中的应用 [J]. 物探与化探，2013，37（2）：310-313.

[16] 王文荣，高印军，冷继川，等 . 王徐庄油田生物灰岩储集层综合研究 [J]. 石油勘探与开发，2002，29（5）：47-49.

[17] 刘文岭，韩大匡 程蒲，等 . 高含水油田井震联合重构地下认识体系方法 [J]. 石油地球物理勘探，2011，46（6）：930-937.

[18] 万应明，高 峻，董建平，等 . 多测井曲线的综合处理合成 [J]. 石油地球物理勘探，2005，40（2）：243-247.

[19] 刘文岭 . 油藏地球物理学基础与关键解释技术 [M]. 北京：石油工业出版社，2014.

[20] 刘文岭 . 高含水油田断层精细解释的地质任务与方法 [J]. 石油地球物理勘探，2013，48（4）：618-624.

[21] 田克勤，于志海，冯明，等 . 渤海湾盆地下第三系深层油气地质与勘探 [M]. 北京：石油工业出版社，2000.

[22] 中国石油勘探与生产分公司 . 渤海湾盆地油气勘探文集 [M]. 北京：石油工业出版社，2008.

4 薄互层储层地震叠前反演新技术

地震反演是地震勘探的核心技术，其目的是利用地震观测资料推测地下岩层结构和物性参数的空间分布，为油气勘探开发提供重要依据。近年来，随着油气勘探目标的复杂化和勘探精度的提高，要求地震反演方法更加精细化。地震反演精细化的一条重要的技术路线就是井资料约束地震反演。地震资料反演通常是不适定问题，反演结果具有不确定性，因此，通过引入井资料对地震反演进行约束，以削弱反演的不适定性，提高反演精度。

本章着重介绍地震叠前地质统计学反演和基于 L1-2 范数叠前弹性参数反演技术。

4.1 薄互层储层预测技术难点问题

我国陆上老油田沉积呈多旋回性，纵向上油层多，有的多达数十层甚至百余层，层间差异大，特别是东部老油田多数都是典型的薄互层储层[1]。薄互层储层因单层薄，且由于差异压实作用造成波阻抗难以刻画岩性，其储层预测是世界级难题，是高精度三维地震在老油田中应用的技术瓶颈，需要加大多学科联合攻关力度。

在大庆油田的研究区域内，喇萨杏储层是典型的薄互层储层，砂、泥岩厚度都小于地震的四分之一波长，呈现砂、泥岩均薄的地质特征。这类储层钻遇的大部分砂体厚度都在 3m 以下，厚度达到 4 m 以上的，就算是比较厚的主力层了，常规叠后反演方法不能很好地识别薄层砂体。研究区有大量测井资料，建立能够实现井资料约束的非线性反演方法，有望实现地震精细反演。

目前的地震反演方法多存在着波阻抗剖面分辨率低，难以解决薄层或薄互层的问题，导致其应用受到限制。叠后波阻抗反演具有较好的稳定性，但是与三参数（纵横波速度和密度）叠前反演相比，因参数不全，使得反演的结果存在较大偏差；三参数叠前反演具有更高的准确性，但稳定性相对较低，所以需要通过加入合理的约束条件来提高稳定性。在地球物理反演问题中，所遇到的主要问题是解的唯一性（或称为多解性）问题。造成非唯一性的因素不是反演技术或者反演方法本身的缺陷，而是由于地震观测数据的频宽限制和噪声的干扰。解决这个问题的方法之一是把“先验信息”作为正则化约束条件加入反演问题中。井资料约束地震反演就是针对这个问题提出的，目的是充分利用各种井上地质资料、测井资料，实现信息的互补，增强反演过程的稳定性，改善多解性。

井震联合多种信息互补有望提高反演的精度，但是如何合理的引入“先验信息”，如何有效提高地震叠前反演的精度，存在以下技术难点问题：

（1）受地震记录带限性和噪声影响，传统的确定性反演方法难以恢复出弱反射界面和

薄互层弹性参数；

（2）常规确定性反演只是进行逐道反演，没有考虑空间连续性，而且用一维的反演方法恢复地下二维或三维弹性参数，只能得到次优解；

（3）常规地质统计学反演以变差函数驱动，其主要参数“变程”难以表征陆相河流相储层的复杂空间结构，导致反演精度低，不确定性大；

（4）多点地质统计学研究中训练图像难以合理获取；

（5）在叠前随机反演中，纵横波速度及密度等模型参数之间的统计相关性容易造成反演结果不稳定；

（6）井震难以准确标定，井震不匹配会降低反演精度，且常规合成记录人工手动标定方法工作量大，效率低。

4.2 地震叠前反演技术研究现状

反演能够为地质解释等工作提供丰富的基本资料。在地震叠前反演方面，主要体现在对岩石弹性参数（例如纵横波速度、密度等）的获得上。这些信息隐藏在随偏移距变化的反射振幅中，通过反演的途径能够将这些信息提取出来。按照正演过程的不同，叠前反演可以分为基于波动方程的全波形反演和基于褶积模型的 AVO（Amplitude versus Offset）弹性参数反演。

地震波在地下介质中传播时，遇到分界面会产生反射、透射，根据不同的边界条件，其能量分配规则有所不同[2]。在对地震波传播过程进行研究的早期，许多学者采用不同的形式研究这种能量分配关系[3-4]，其中，Zoeppritz 的研究成果现在应用最为广泛[4]。但是由于 Zoeppritz 方程的计算求解过于复杂，根据不同的假设条件对 Zoeppritz 方程进行简化，衍生出许多近似公式[5-11]，将这些近似公式引入褶积正演模型中，可以进行有效的叠前地震反演。

AVO 反演是个广义的概念，包括得到关于 AVO 属性变化的过程，也包括利用 AVO 属性、反射系数等反演弹性参数，后者通常称为叠前弹性参数反演。也有人将叠前弹性参数反演称为定量的 AVO 分析或者弹性反演。AVO 弹性参数反演包括了两参数反演和三参数反演。根据所采用的地震数据不同，可以将 AVO 反演分为 PP 波反演、PS 波反演及 PP 波和 PS 波联合反演[12]。大多数的野外地震记录都是只记录纵波资料，所以，Zoeppritz 方程中纵波反射系数项的应用最为广泛，所进行的研究工作也最为深入。此外，Lortzer 和 Berkhout[13]、Gray[14] 以及 Jin 等[15] 利用 PS 波地震数据进行了叠前反演研究。理论上，更多的观测信息将会进一步提高反演结果的稳定性和可靠性，对此 Landro[16] 和 Larsen 等[17] 结合 PP 波和 PS 波进行了多波叠前联合反演。

4.2.1 基于波动方程的叠前反演

波动方程的叠前反演方法，在叠前反演中占据着重要的地位，也代表着叠前反演将来的发展方向，全波形反演是其主要的形式。虽然全波形反演方法很早就有了成熟的数学理论，但是由于其在计算上低效和复杂的原因，在实际资料的处理中应用并不广泛，而其还有反演精确、数学描述完美的优点，又有众多的学者为其发展做出了巨大的贡献。

全波形反演充分利用了地震波的旅行时信息和振幅信息，理论上可以得到更准确的解，但是由于高额的计算成本，不适定性和非凸的目标函数，全波形反演在实际生产中并没有得到广泛的应用。Tarantola[18] 采用最小二乘策略进行了基于声介质的全波形反演，但是基于梯度类的优化算法容易陷入局部极小，很难得到全局最优解。Mora[19-20] 对弹性波非线性波形反演做了进一步研究，利用预条件共轭梯度法对反射波理论模型的多偏移距数据和转换波理论模型的多偏移距数据进行了模型测试。其研究表明利用反射数据反演可得到大波束 P 波速度和 S 波速度，而利用转换波数据可以反演得到小波束 P 波速度和 S 波速度。Tarantola[21] 研究了非线性反射波全波形反演的策略，并给出了当反演不同介质参数如速度、波阻抗、拉梅常数时的梯度表达式。Crase 等 [22-23] 基于更加稳健的目标函数，分别对海洋和陆地反射波实际资料进行了弹性波波形反演，反演结果表明，全波形反演不仅能较好地应用于理论模型的反演，而且对实际资料的处理也可以取得比较好的效果。Bunks 等 [24] 利用多重网格的思想首次给出了二阶声波方程的多尺度反演策略，对梯度的求取采用了 Lagrange 乘子法。Boonyasiriwat 等 [25] 指出，Bunks 等 [24] 采用的汉明窗低通滤波器对于多尺度波形反演并不是最有效的，而且 Bunks 等 [24] 采用的是任意带宽的数据，并给出了一种更加有效的时间域多尺度声波波形反演方法。近些年，全波形反演依旧面临着计算量大、收敛性差、非凸目标函数求解容易陷入局部极小问题，而且全波形反演也开始面向三维数据和实际资料，所以全波形反演的研究还需要大量的工作。

4.2.2 基于褶积模型的叠前反演

基于褶积模型的叠前反演应用广泛，其优势主要在于计算量小，计算方法简单，容易引入先验信息约束。由于叠前地震数据信噪比比较低，易造成反演结果不稳定，通常对叠前各个角度角道集进行部分叠加，压制随机噪声，提高反演资料的信噪比，利用 Zoeppritz 方程或其线性近似公式建立方程组，可以反演得到多个弹性参数。基于褶积模型的叠前反演主要可以分为弹性波阻抗反演和 AVO 弹性参数反演两类。

（1）叠前弹性波阻抗反演。

1999 年，Connolly[26] 基于传统叠后波阻抗反演推导并提出了关于弹性波阻抗的概念，并用于叠前实际资料解释。在其发表于 *The Leading Edge* 的文章中，他对弹性阻抗的概念进行了详细的阐述，利用反射系数和波阻抗之间的关系推导出了叠前部分叠加角道集和纵波速度、横波速度和密度之间的关系，其充分利用了叠前地震记录振幅随偏移距变化的信息，相较于叠后波阻抗反演，可以提供更丰富的物性参数分布，但该方法也存在求取反射系数不稳定等问题 [27]。与 AVO 分析方法一样，弹性阻抗 EI 的概念也来自 Zoeppritz 方程的近似公式，纵波速度 v_{P}、横波速度 v_{S}、密度 ρ 和入射角 θ 的函数：

$$EI(\theta)=v_{\mathrm{P}}^{1+\tan^2\theta}v_{\mathrm{S}}^{-8K\sin^2\theta}\rho^{1-4K\sin^2\theta}$$

其中K表示横纵波速度比的平方。

通常，弹性阻抗反演利用叠前角道集获取不同角度的弹性阻抗，最后根据弹性阻抗与待反演的弹性参数之间的关系，进行叠前三参数反演。但是弹性阻抗的概念 EI 是通过 Zoeppritz 方程的近似公式推导而来，不是一个可以进行物理测量的属性，而且弹

性阻抗与角度 θ 有关，弹性阻抗的量纲会随着角度的变化而变化，这不利于用不同角度的弹性阻抗进行对比解释。Whitcombe[28] 对不同角度的弹性阻抗进行量值归一化，消除了由于入射角变化所导致的弹性阻抗量纲变化，有利于弹性阻抗进行叠前分析和储层预测。

随着叠前弹性阻抗反演的进一步发展，吸引了一大批学者参与叠前弹性阻抗反演的研究。Cambois[29] 比较了弹性波阻抗反演方法和 AVO 反演方法，认为只有在偏移距变化时，子波不发生变化，这两种方法才是相同的；而在抗噪性方面，弹性波阻抗反演比 AVO 反演更有优势。Verwest 等推导了另一种弹性波阻抗计算公式（VEI），在岩性和流体预测方面有一定优势[30]。Mallick 等重新对 Connolly 的理论进行了讨论，通过模型资料的计算证明横波和密度的反演结果不够稳定，尤其在有噪声的情况下，这种情况更为明显。同时还指出，由此计算的纵波阻抗、横波阻抗和泊松比等参数还是可行的[31]。Santos 等提出反射阻抗的方法，对模型数据进行处理表明，反射阻抗方法能准确反演反射系数曲线[32]。Quakenbush 等提出了泊松比阻抗的概念，由于泊松比和密度两种弹性参数在岩性识别方面有优势，因此将两者结合比单独使用一种参数进行岩性识别更有效[33]。王保丽[34-35] 参考弹性阻抗的定义及推导过程，利用 Gray 近似公式和 Fatti 近似公式，定义了新的弹性阻抗公式，将弹性阻抗反演扩展到更丰富的物性参数预测中。

（2）叠前 AVO 同步反演。

与弹性阻抗反演相似，叠前 AVO 反演主要是利用叠前不同角度角道集，以及测井数据和地层层位等信息，求取地下各种 AVO 属性剖面，以及纵波速度、横波速度和密度等岩性参数，进而进行地下岩性、流体储层预测[7]。相较于叠后波阻抗反演，叠前 AVO 反演可以得到更丰富的物性参数，这将有利于进一步的储层预测。因此，叠前 AVO 反演在储层预测方面更具优势。

叠前 AVO 同步反演方法能够在各种约束条件下，有效降低反演的非唯一性，提高反演稳定性，在一定程度上提高弹性参数反演的精度，但根据各种近似方程的不同和假设的不同，其运算的复杂度可能会有很大的差异。AVO 反演的理论基础是 Zoeppritz 方程，Zoeppritz 方程有许多简化形式，每一种都有自己的特点。Aki-Richards 近似[6] 对 AVO 理论的发展产生了深远的影响，Shuey 近似则奠定了 AVO 分析的基础。AVO 反演主要是利用叠前地震数据进行物性和岩性参数的估计，结果包括 AVO 的各种属性剖面和反演得到的纵波速度、横波速度和密度等岩性参数，进而由此可推得各种特性系数及其他相关参数[7]。通过 AVO 反演可以得到很多叠后反演无法得到的参数，尤其适用于物性和流体变化较敏感的储层。因此，AVO 反演以它特有的优势逐渐应用于生产，并取得了良好的效果。Ozdemir 等提出了利用 AVO 信息进行弹性参数同步反演方法，该技术可以从三个部分角度叠加道集中反演出纵波阻抗、横波阻抗和密度参数[36]。Ma 等利用非线性的算法进行叠前弹性参数同步反演[37]。苑书金等利用 Gidlow 近似方程，在鄂尔多斯地区进行了实验，他们将叠后的稀疏脉冲反演方法引入，得到纵波阻抗、横波阻抗和密度三种弹性参数[38]。Contreras 等对海洋地震数据进行了反演，通过高分辨的反演方法，得到了墨西哥湾中部深水区烃类储层的准确空间分布[39]；杨培杰等使用 Gidlow 近似方程，以改进的柯西分布作为先验分布，反演纵波速度、横波速度和密度三参数，反演结果表现出较好的稳定性[40]。

地球物理反演在油气藏勘探中是一项重要的技术，它可以得到地下波阻抗、纵波速度、横波速度以及密度等信息。然而，由于振幅随偏移距变化的现象与纵波速度、横波速度和密度有关，相比于叠后反演，叠前反演可以获得更多弹性参数[6]。由于地震记录的带限性质和噪声污染，地震反演具有严重的不适定性，表现为少量的地震噪声就会导致反演结果较大的偏差，而且存在多个解同时满足正演得到相近的观测记录。正则化是克服这个问题的主要方法，目前常用的正则化方法有基于L2范数的最小二乘解，基于贝叶斯框架的高斯先验分布、柯西分布等方法[41-43]。近年来，为了提高反演结果的分辨率，学者们进行了大量的研究。叠前反演方法主要分为两类：随机反演和确定性反演。随机反演主要以地质统计学反演方法为代表，以各种地质模型、井数据为先验信息，相较于传统的确定性反演，随机反演方法可以得到更高分辨率的反演结果[44-46]。但地质统计学方法依旧面临变差函数变程难以表征复杂空间结构，训练图像难以获取等问题。确定性反演方法主要以稀疏脉冲反演方法为代表，基于地下反射系数服从稀疏分布的假设条件，即时间域反射系数序列是由强反射系数序列和弱反射系数序列组成的。相比于随机反演方法，确定性反演方法计算效率更高，可以得到唯一稳定解，但受到地震记录带限性质的影响，目前常用的稀疏脉冲反演方法对弱反射层、薄互层难以有效刻画[47-49]。

针对上述问题，本研究分别从随机性反演和确定性反演两个方向展开研究，提出了多点地质统计学叠前反演和基于L1-2范数叠前弹性参数反演方法，以提高叠前反演结果的稳定性和分辨率。

4.3 地质统计学叠前反演技术

根据地质统计学的基本原理，地质统计学随机反演可以划分为两点地质统计学随机反演和多点地质统计学随机反演。但是，通常所说的地质统计学反演特指基于传统的两点地质统计学的随机反演。根据使用的地震资料，分为叠后反演和叠前反演，这里着重探讨基于传统两点地质统计学的叠前反演技术。

4.3.1 常规叠前反演方法缺陷

常规叠前反演方法存在缺陷问题。由于地震数据频带范围有限，确定性反演最大的局限性是其反演结果缺乏高低频信息。对于缺失的频率，主要通过井资料来补充，而从地震资料中反演得到绝对阻抗值基本是不可能的，只能获得相对阻抗。为了将相对阻抗转化为绝对阻抗，通常把测井插值得到的数据体作为低频模型嵌入地震反演中。Berkhout的理论分析也证明：反演的精确性及分辨率的准确性取决于低频成分。如果低频成分构建不准确，将导致低频模型中存在的假象表现为确定性反演中的假象，最终导致反演的失败。反演问题大多是欠定问题，具有多解性。在合理的物理条件下，地球物理正问题的解可以唯一确定，而反问题则不同，反演问题的解往往是非唯一且不稳定的。造成地震反演问题欠定的原因非常多，例如实际采集的地震数据有限带宽，存在噪声和测量误差，模型假设的相对简单化，以及对反演方法在数学认识上的局限性等。这些因素就直接影响反演结果的准确性与可靠性。

此外，非线性问题普遍存在于地球物理反演中。地震记录是震源激发的脉冲经过地球内部物质和结构后接收到的信号，而将该信号转化为接收到的地震记录是一个非线性系统，这就决定反问题及其求解都应当采用非线性方法。目前的线性反演方法在一定程度上弱化了对该问题的考量，在面对复杂地质问题时，不能很好地进行储层预测。因此，对非线性反演方法进行研究是非常有意义的。

地质统计学反演是应用地质统计信息来描述解空间的先验概率密度函数，主要由随机模拟、对模拟结果进行优化两部分组成。地质统计学随机模拟过程是非线性的，因而地质统计学反演具有非线性的特点。通常认为地质统计学反演可以突破地震频带的限制，获得高分辨率的反演结果，并且反演结果与井可以达到最佳吻合。因而在油田开发领域，将地质统计学反演作为一种首选的地震反演方法加以应用，为此有必要对地质统计学反演方法开展深入研究。

4.3.2 地质统计学反演的优势与问题

现在一般认为“地质统计学是以变差函数为基本工具，在研究区域化变量的空间分布结构特征规律性的基础上，综合考虑空间变量的随机性和结构性的一种数学方法”。地质统计学之所以得到迅速发展，并在地震反演中加以应用，形成地质统计学反演技术，是因为其自身所具有明显的优点，主要表现在：

（1）地质统计学从地质研究的实际出发，对原有的数学理论和方法加以选择和创新，使之更有效地解决地质问题；

（2）能够最大限度地利用已知信息，充分考虑了未知地区与已知信息的空间关系及区域化变量的结构特征；

（3）不仅可以进行整体估计，还可以进行局部估计；

（4）估计精度高，并能具体给出估计精度的概念，克里金方差是一个很好的度量估计精度的概念；

（5）随机模拟可以很好地再现地质变量的变化，从而为定量研究地质体提供了可靠保障和有利基础。

上述优点也体现在地质统计学反演之中。地质统计学反演最早由 Bortoli 及 Hass 等[50]提出并逐步发展，它是随机模拟与地震反演相结合的产物。该方法将随机模拟的思想和地质统计学的原理引入地震反演中。基于地质统计学理论的随机反演技术是目前最常用的高分辨率地震反演技术之一，该技术在所有的地震反演方法中有着相对较高的准确度和分辨率。其原理是通过地质统计学整合测井资料为反演提供先验信息。首先对测井资料进行岩石物理统计，得到相关地质随机变量的分布情况，然后利用地震数据，获取最终的反演结果。地震信息约束了反演结果中地震频带内的值，测井数据提供了高频信息。这种方法将地质随机建模和地震反演技术相结合，实现了不同尺度信息的融合，能够提高地震反演结果的分辨率，拓宽反演结果频带。

然而，基于传统两点地质统计学的随机反演也从机理上就存在先天不足。传统地质统计学通过两点之间的空间关系来定量描述地质信息，应用变差函数来度量空间变异性，得到待估点处的最优解，从而进行井间预测。不足之处在于尽管变差函数能够反映空间上两点之间的相关性，但难于表征复杂的空间结构和再现复杂目标的几何形态。如图 4.1 所示，

Caers 等的研究揭示不同的地质结构可能获得相近的变差函数[51]，变差函数驱动建模具有多解性。这一结果表明以变差函数驱动的两点地质统计学无法表征复杂结构的地质体，如各种河道、浊积岩和三角洲等。也正是因为如此，传统地质统计学反演技术在预测复杂变化的河流相储层时，具有一定的多解性。

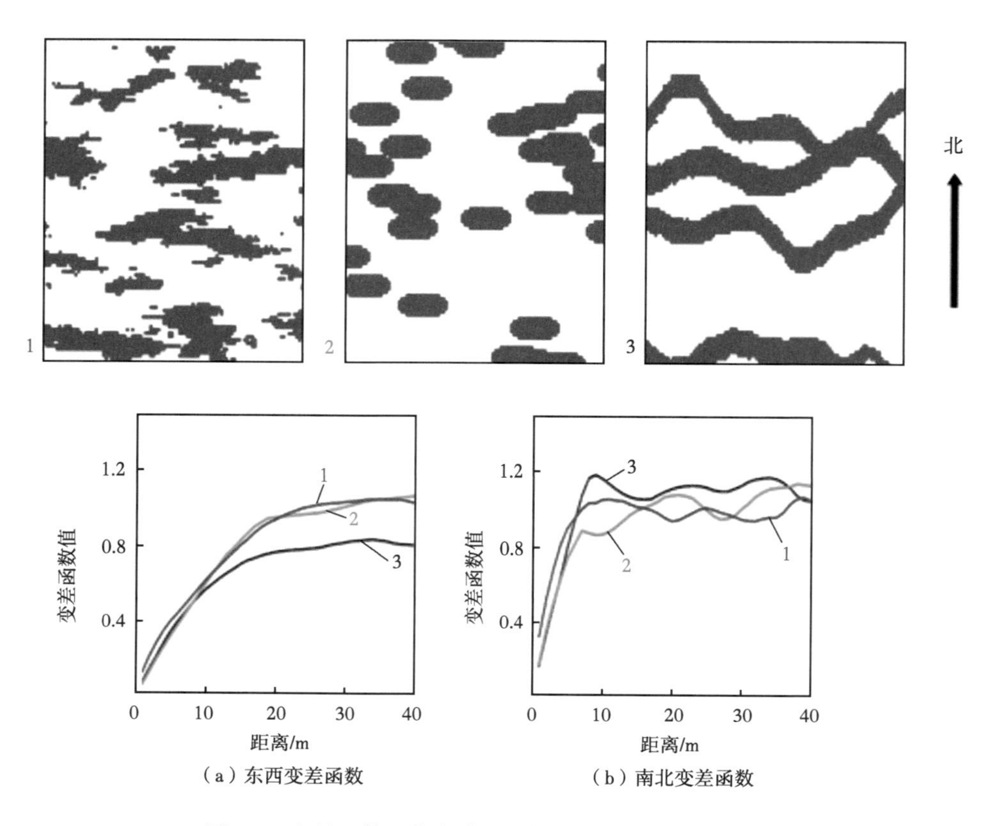

图 4.1　变差函数不能充分反映复杂空间结构的各向异性

为了克服传统地质统计学这方面的不足，多点地质统计学应运而生，它是利用空间多个点的组合模式来描述地质结构信息，因此更适合进行具有复杂结构地质信息的模拟。最初的算法是由 Guardino 和 Srivastava[52] 等提出的，这个算法的不足之处在于随机模拟过程非常耗时。随后，Strebelle[53] 提出单正态方程（SNESIM）算法，通过扫描训练图像建立一个搜索树的数据结构，用来存储条件概率密度信息。后来不断有学者改进多点算法，以提高计算效率并提高地下储层地质特征的分辨率[54]。

多点地质统计学作为一个新兴的研究方向，在地震反演领域的应用中还有许多问题值得深入研究。但是因为它能够利用多点的空间信息进行模拟岩性，训练图像超越了传统的变差函数所代表的空间相关性，基于多点地质统计学地震反演方法具有较大的发展空间。

4.3.3　地质统计学反演研究进展与研究现状

随着石油勘探开发的发展，油气勘探开发的主要目标已由传统的构造油气藏转向岩性油气藏与非常规油气藏[55]。对于岩性油气藏与非常规油气藏的储层预测，速度、密

度、杨氏模量与泊松比等是十分关键的参数，地震反演是获取这些参数最有效的手段之一[56]。

常规的地震反演仅依赖于地震资料，反演结果信息量少，频带窄，分辨率较低[57]。但随着勘探开发的精细化和深入进展，油田对于高精度、高分辨率的反演结果的要求越来越高。常规地震反演方法已经无法满足油田实际生产的需求。从实际应用情况来看，地质统计学随机反演技术是解决上述问题最有效的手段之一，应用随机反演方法可以得到高分辨率的反演结果。

利用地质统计学随机反演方法能够把地质统计学理论与地震反演理论结合，对研究区域内的地质、测井和地震资料充分整合，提供多个等概率实现，较好地估计地下弹性参数的分布特征，获得反演结果，并评估结果的不确定性。当井数据充足时，地质统计学反演可以很好地将井数据与地震数据相结合，得到的反演结果同时忠实于井数据和地震数据，兼具高分辨率和高准确度。

地质统计学是法国数学家 Matheron 教授于 20 世纪 60 年代创立并发展的一门集数学与地质采矿为一体的边缘学科。20 世纪 70 年代后期，地质统计学逐渐应用在地质矿产、冶金工业、石油行业等各个领域。在国内外的研究中，地质统计学反演已经得到了广泛的应用，并取得了很好的应用效果。

Bortoli 等学者[50]较早就提出了地质统计学反演的理论。1994 年，Hass 和 Dubeule[58]结合了序贯高斯模拟算法和地震反演，通过减小序贯高斯模拟得到的结果正演合成地震记录与实际地震资料的残差来得到反演解。Debeye[59]在 1996 年利用模拟退火等非线性寻优算法，提高了随机反演方法的计算效率。Hansen 和 Journel 等[60]学者基于地质统计学相关的先验信息，进行了地质统计学贝叶斯反演，并最终取得了比较好的应用效果。Alvaro 等[61]在 2000 年通过逐点优化的方式提高了随机反演的效率。2005 年 Contreras[62]成功地将地质统计学随机模拟技术与叠前反演技术融合，实现了叠前地质统计学随机反演。Cordua 等[63]于 2010 年在贝叶斯框架下实现了 AVO 随机反演，获取了反演参数的后验概率分布。Grana 等分析了地震反演、岩石物理及地质统计学反演在储层表征内的关联，并对地质统计学反演进行了大量研究[64-67]。Pereira 等在 2019 年针对迭代和非迭代式的随机反演方法对于储层不确定性的表征进行了分析[68]。张广智等在 2011 年进利用马尔科夫蒙特卡洛（MCMC）方法对模型空间优化的随机反演行了研究[69-70]。邹雅铭等[71]进行了叠后地质统计学随机反演方法研究。肖张波[72]在 2013 年对基于 Metropolis 抽样算法的叠后及叠前随机反演进行了研究。孙瑞莹等[73]在 2015 年开展了基于 Metropolis 算法的弹性阻抗反演方法研究。张广智等[74]在 2016 年利用 MCMC 算法进行了纵横波联合叠前自适应反演算法的研究。董奇等[75]于 2013 年进行了实际资料地质统计学反演研究，并对反演效果的可靠性作出了评估。

随着多点地质统计学理论的发展，提出了多点地质统计学反演方法，并在最近 10 年内应用于储层表征。González[76]等在 2007 年将多点地质统计学引入地震反演中，采用模式序贯模拟（SIMPAT）算法进行模拟，形成多点地质统计学反演。该方法联合岩石物理与多点地质统计学产生油藏岩相与饱和度的多个等概率实现。Journel[77]于 2002 年利用更新比率恒定法，提出了多源概率信息融合的理论，为利用地震信息和地质信息等多源信息的综合性建模提出了思路。杨培杰[78]于 2014 年对两点地质统计学和多点地质统计学进行了比较。李宁[79]在2013年开展了基于模拟退火算法的随机反演方法研究，并利用多点地质统计学算法提供波阻抗反演的先验信息。王芳芳等[80]利用单正态方程模拟（SNESIM）算法进行了地震约束下的多点地质统计学建模方法和反演方法研究。Liu等[81]于2017年利用Lange等[82]提出的概率扰动理论，利用多点地质统计学反演方法获得了岩相分布和孔隙度的反演结果。

随着机器学习和人工智能的发展，地质统计学建模和反演技术已经和相关的机器学习及人工智能算法结合。混合高斯分布是机器学习里常用的一种理论，Grana等学者[83-84]基于先验混合高斯分布，对储层的弹性参数及岩相进行了估计，其研究表明，基于混合高斯分布的方法，比传统的方法能够得到更精确的结果。Dowd和Sarac[85]早在1994年就将地质统计学随机模拟与神经网络技术相结合。Zhang等[86]于2019年利用神经网络技术和地质统计学方法进行了大规模的三维储层模拟。Liu等[87]于2019年利用TensorFlow改进了地质统计学反演的计算效率。Chan等[88]在2019年也对人工智能与地质统计学的结合进行了研究。总而言之，目前地质统计学建模方法与人工智能技术的结合是一大研究热点[89]。此外，将人工智能、地质统计学以及地震反演相结合的技术也得到了很好的发展[90-92]。在国内，也有诸多学者对该领域进行了深入的研究[93-95]。

地质统计学反演结果分辨率比输入的地震数据高，高频信息是由测井与地震信息给定的地质统计（两点统计、多点地质统计学等）产生的。但是，该方法也存在缺点。只有当已知样本数据比较充足而且遵循地质统计所隐含的统计假设时，地质统计学反演才可以成为地球物理、地质和油藏工程的有力辅助工具。所以，在处理不同来源的带有不同不确定性的数据之始就考察其统计分布是一个必要步骤。

4.3.4 叠前地质统计学反演方法的基本原理

地震反演方法的核心是最小化地震记录构成的目标函数，获得此时的模型参数。对于常规地震反演，反演结果仅依赖单一的地震数据约束，缺乏先验信息，使得反演结果缺乏实际的地质意义。贝叶斯反演是在贝叶斯理论的框架下，利用地震信息计算似然函数，利用井数据、地质资料等获得先验信息，获得概率目标函数最大的模型参数[42]。

现阶段，地质统计学反演都是在贝叶斯框架下进行的，贝叶斯框架是地质统计学反演的一种实施策略。对于贝叶斯框架下的目标函数的求解有两种方式。第一种是线性化方法，即线性贝叶斯反演[68]。第二种方法是利用蒙特卡洛的思想，对目标函数进行非线性求解，在非线性反演方法中，从模型参数的先验概率分布中抽取大量模型的更新值，在似然函数的约束下进行优选，最终得到满足条件的一组解[71]。因这种方法在先验概率分布中取值时是随机抽取的，所以被称为基于随机采样的反演方法。

4.3.4.1 基于线性贝叶斯理论的反演方法

线性贝叶斯反演是两大基本反演方法之一。该方法能够整合地质统计学先验信息和地震数据，对地下参数的分布情况进行估计，是最常用的叠前地质统计学反演方法之一。迄今，该方法已经应用在弹性参数的地质统计学估计、地震子波估计、噪声水平估计等多个储层预测的领域。

（1）基于线性贝叶斯理论反演的基本原理。

基于贝叶斯框架的地震反演可以概述为，给定一定范围的先验信息，在似然函数（地震数据）的约束下，得到最终的反演结果。先验信息的给定在一定程度上决定了反演结果的准确度和反演过程的稳定性。由于实际的地震资料和井资料中的速度和密度等参数大多符合高斯分布，一般地，假设先验概率分布为高斯分布。该反演方法将地质统计学理论结合地震反演，通过变差函数和协方差函数之间的关系表示模型参数的先验相关性，使反演过程更加稳定，也更具有地质意义。此外反演结果的协方差矩阵还可以描述反演结果的不确定性。

① 地质统计学先验概率分布。假设速度、密度等反演参数服从多元高斯分布：

$$\boldsymbol{m} \sim \boldsymbol{N}(\boldsymbol{\mu}_m, \boldsymbol{\Sigma}_m) \tag{4.1}$$

$$P(\boldsymbol{m}) = \frac{1}{(2\pi)^{n/2}|\boldsymbol{\Sigma}_m|^{1/2}} \exp\left[-\frac{1}{2}(\boldsymbol{m}-\boldsymbol{\mu}_m)^{\mathrm{T}} \boldsymbol{\Sigma}^{-1}(\boldsymbol{m}-\boldsymbol{\mu}_m)\right] \tag{4.2}$$

其中：$\boldsymbol{m}$ 代表要求获取的地质参数，维度为 n；$\boldsymbol{\mu}_m$ 和 $\boldsymbol{\Sigma}_m$ 分别代表地质参数的先验均值向量和先验协方差矩阵；$P(\boldsymbol{m})$ 代表地质参数的先验概率密度函数。协方差矩阵的统计和求取可由两点地质统计学理论实现，它可表示为：

$$\boldsymbol{\Sigma}_m = \begin{bmatrix} \boldsymbol{\Sigma}_{pp} & \boldsymbol{\Sigma}_{ps} & \boldsymbol{\Sigma}_{p\rho} \\ \boldsymbol{\Sigma}_{ps} & \boldsymbol{\Sigma}_{ss} & \boldsymbol{\Sigma}_{s\rho} \\ \boldsymbol{\Sigma}_{p\rho} & \boldsymbol{\Sigma}_{s\rho} & \boldsymbol{\Sigma}_{\rho\rho} \end{bmatrix} \tag{4.3}$$

式（4.3）中的协方差矩阵是 $3n \times 3n$ 的对称正定矩阵，每一个元素都是不同模型参数之间的协方差矩阵。该协方差矩阵在一定程度上决定了反演效果。在反演之前应先对测井资料或者已有的反演结果进行分析，若反演三参数之间相关性不高，则通过统计出协方差矩阵的各个分量矩阵，可得到较为准确的反演先验信息；若相关性高，则可先对三参数进行去相关处理，即近似认为三参数两两之间的协方差矩阵为零矩阵，进而只保留式（4.3）所示的协方差矩阵的对角矩阵，这样有利于提高反演结果的准确度。

② 由地震记录构建似然函数。假设地震资料的噪声服从多维高斯分布，且均值为零，方差已知，噪声的各个维度不相关，则由地震记录构成的似然函数可以表示为：

$$e \sim \boldsymbol{N}(0, \boldsymbol{\Sigma}_e) \tag{4.4}$$

$$L(\boldsymbol{m}) = \frac{1}{(2\pi)^{n/2}|\boldsymbol{\Sigma}_e|^{1/2}} \exp\left[-\frac{1}{2}(\boldsymbol{d}-\boldsymbol{G}\boldsymbol{\mu}_m)^{\mathrm{T}} \boldsymbol{\Sigma}_e^{-1}(\boldsymbol{d}-\boldsymbol{G}\boldsymbol{\mu}_m)\right] \tag{4.5}$$

其中：$\boldsymbol{\Sigma}_e$ 为地震数据噪声方差项；$\boldsymbol{d}$ 为地震数据。式（4.4）为数据误差所服从的多元高斯分布，由于先验概率分布同为多元高斯分布，根据统计学理论和正演关系可知，地震记录服从式（4.5）所示的多元高斯分布：

$$\boldsymbol{d} \sim \boldsymbol{N}\left(\boldsymbol{G}\boldsymbol{\mu}_m, \boldsymbol{G}\boldsymbol{\Sigma}_m\boldsymbol{G}^{\mathrm{T}} + \boldsymbol{\Sigma}_e\right) \tag{4.6}$$

其中：$\boldsymbol{G}\boldsymbol{\mu}_m$ 为地震记录的平均值；$\boldsymbol{G}\boldsymbol{\Sigma}_m\boldsymbol{G}^{\mathrm{T}}+\boldsymbol{\Sigma}_e$ 代表地震记录的协方差矩阵，表征了地震记

录的不确定性。由于先验概率分布与似然函数均为多元高斯分布，所以后验概率分布也是多元高斯分布。根据线性贝叶斯理论，在地震数据约束下的地质参数的后验概率分布可表示为：

$$\left.\begin{aligned}\boldsymbol{\mu}_{m|d} &= \boldsymbol{\mu}_m + \boldsymbol{\Sigma}_m \boldsymbol{G}^{\mathrm{T}}\left(\boldsymbol{G}\boldsymbol{\Sigma}_m\boldsymbol{G}^{\mathrm{T}} + \boldsymbol{\Sigma}_e\right)^{-1}\left(\boldsymbol{d} - \boldsymbol{G}\boldsymbol{\mu}_m\right) \\ \boldsymbol{\Sigma}_{m|d} &= \boldsymbol{\Sigma}_m - \boldsymbol{\Sigma}_m \boldsymbol{G}^{\mathrm{T}}\left(\boldsymbol{G}\boldsymbol{\Sigma}_m\boldsymbol{G}^{\mathrm{T}} + \boldsymbol{\Sigma}_e\right)^{-1}\boldsymbol{G}\boldsymbol{\Sigma}_m\end{aligned}\right\} \tag{4.7}$$

式中：$\boldsymbol{\mu}_{m|d}$ 代表地质参数的后验概率分布的均值，理论上对应后验概率分布的最大值，即理论上的反演最优解；$\boldsymbol{\Sigma}_{m|d}$ 代表反演参数后验概率分布的协方差矩阵，可以描述反演结果的不确定性。

（2）基于线性贝叶斯理论的反演步骤。

① 从已知数据（例如井数据）中，估计弹性参数的变差函数；

② 根据变差函数，建立弹性参数的多源概率分布函数；

③ 计算合成地震记录与真实叠前地震记录的残差，根据残差项，建立反演的似然函数；

④ 在线性贝叶斯框架下，整合先验概率密度函数和似然函数，得到反演结果。

反演步骤如图 4.2 所示。

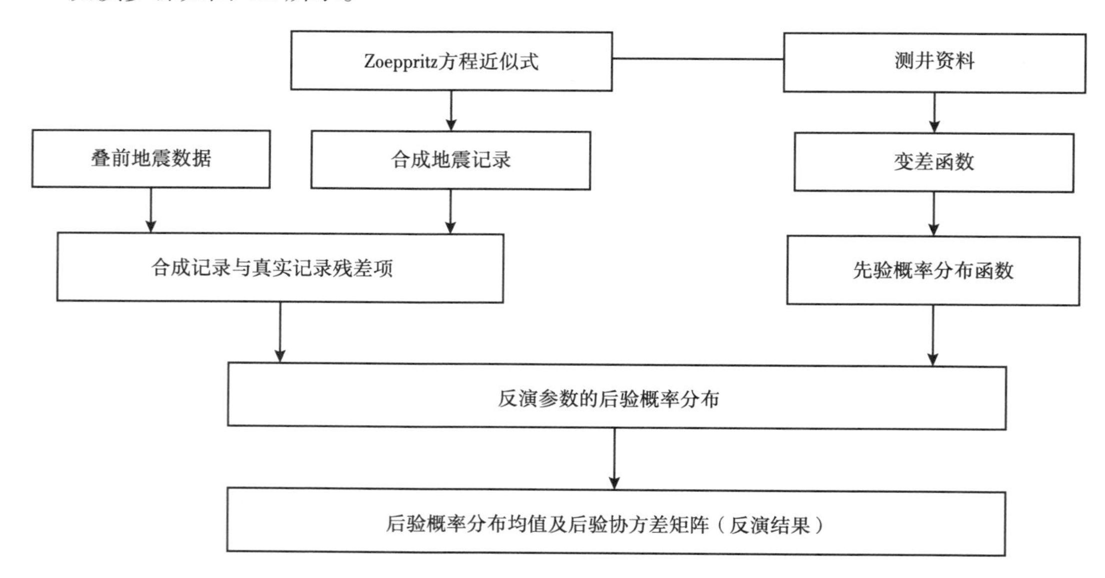

图 4.2　基于线性贝叶斯理论的反演流程图

（3）模型测试。

为测试上述反演算法的有效性，采用二维 SEG/EAGE 推覆体模型作为二维地震随机反演的测试对象对文中所述的反演算法进行验证。该模型如图 4.3 所示，显示了纵波速度模型、横波速度模型和密度模型。模型大小为：纵向上 187 个采样点，横向上 801 道。在计算过程中，利用频率为 40Hz 的雷克子波与佐普利兹方程的 Aki-Richards 近似公式合成地震记录。初始模型采用真实模型平滑的结果，如图 4.4 所示。测试中每隔 100 道取一列数据作为伪测井数据，伪测井数据用于统计弹性参数的变差函数等信息。

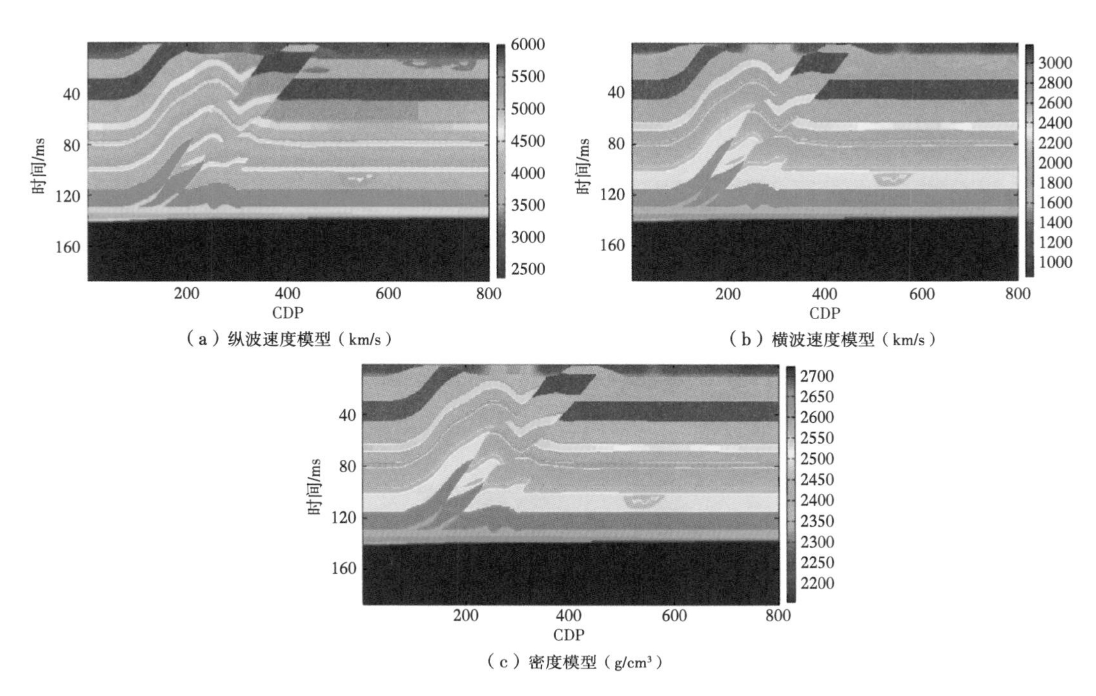

（a）纵波速度模型（km/s）　（b）横波速度模型（km/s）

（c）密度模型（g/cm³）

图 4.3　二维 SEG/EAGE 推覆体模型的真实模型

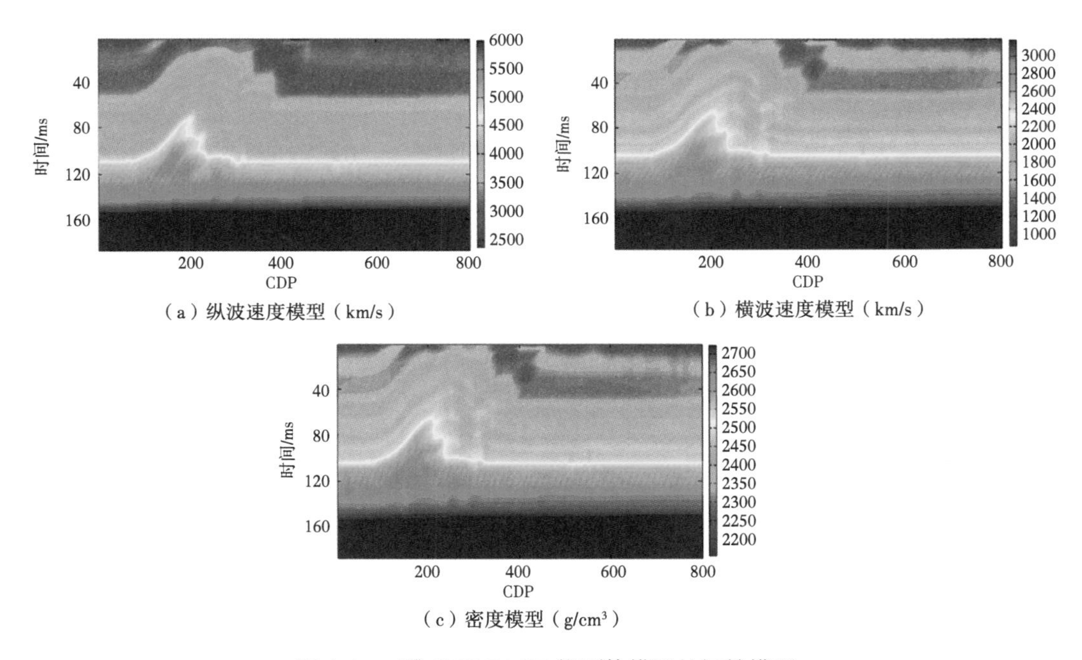

（a）纵波速度模型（km/s）　（b）横波速度模型（km/s）

（c）密度模型（g/cm³）

图 4.4　二维 SEG/EAGE 推覆体模型的初始模型

在不加噪声的情况下，利用上述方法进行反演，得到纵横波速度和密度的反演结果如图 4.5 所示。可以看出，反演结果和真实模型一致。

为了测试该方法的抗噪性，将一部分噪声加入合成的地震资料中，使地震资料的信噪比达到 6dB。然后进行反演，反演结果如图 4.6 所示。含噪数据的反演结果与真实模型基本相符。

图 4.7 是上述反演过程的一维结果展示，图中黑色线代表真实推覆体模型的第 15 道数据，红色线代表反演结果，从该图可以看出本方法的有效性。

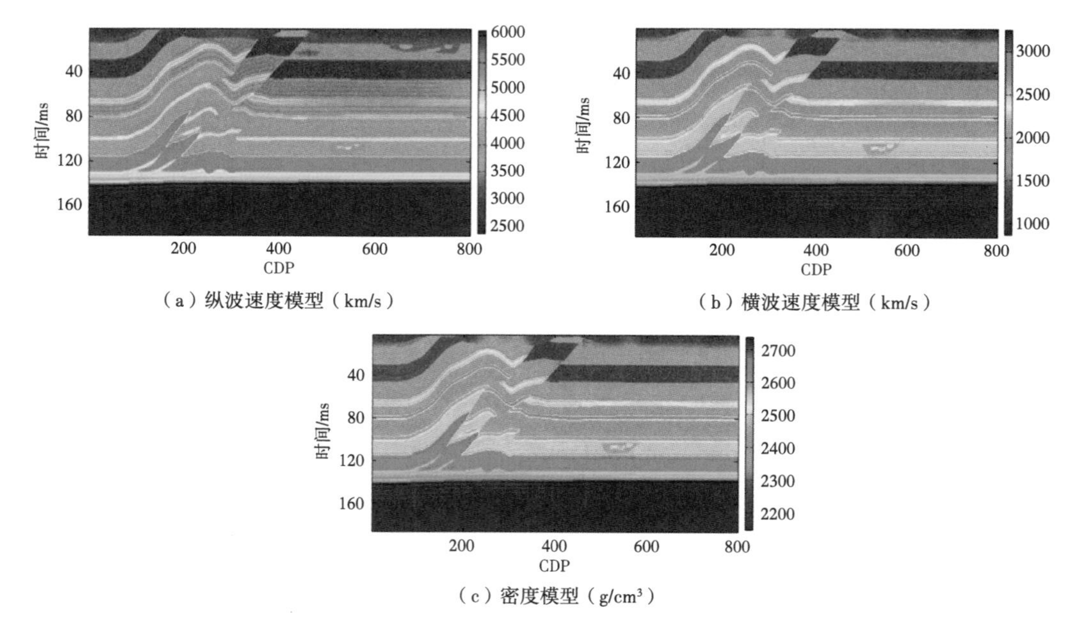

（a）纵波速度模型（km/s）

（b）横波速度模型（km/s）

（c）密度模型（g/cm³）

图 4.5 无噪反演结果

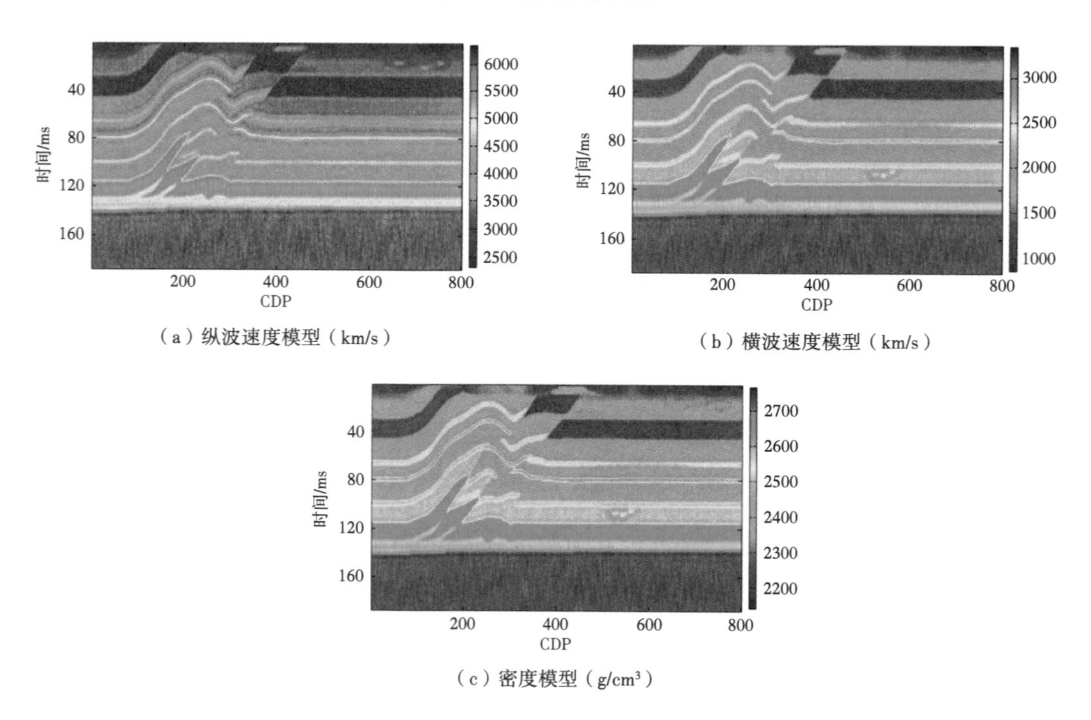

（a）纵波速度模型（km/s）

（b）横波速度模型（km/s）

（c）密度模型（g/cm³）

图 4.6 信噪比 6dB 时的反演结果

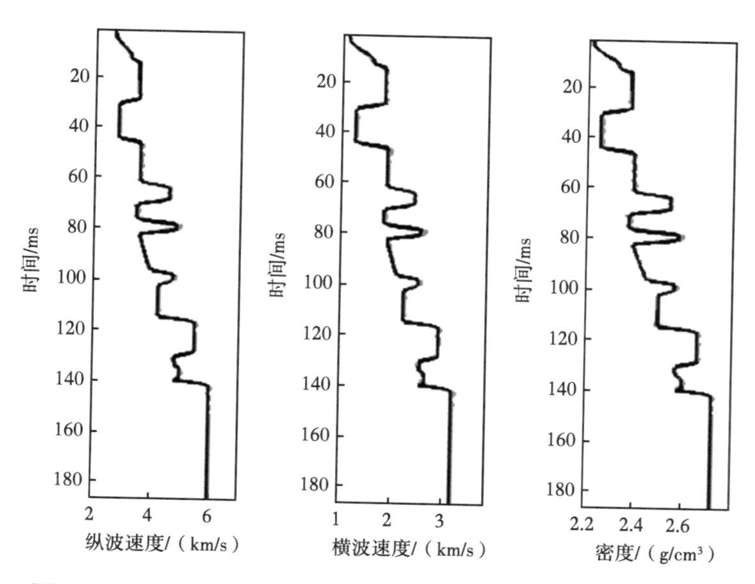

图 4.7 一维反演结果从左至右分别是纵波速度，横波速度及密度

4.3.4.2 基于随机采样的反演方法

（1）基于随机采样反演的基本原理。

基于随机采样的反演方法利用蒙特卡洛思想，对目标函数进行非线性求解，在非线性反演方法中，从模型参数的先验概率分布中抽取大量模型的更新值，在似然函数的约束下进行优选，最终得到满足条件的一组解。

蒙特卡洛方法是一种简单易懂、十分灵活的计算方法，其基本原理是产生大量的随机样本，通过随机样本的分布情况对一个概率系统的参数进行求取，得到需要的值。马尔科夫链蒙特卡洛方法（MCMC）属于蒙特卡洛方法的一种，被用于基于随机采样的反演方法中。该方法的基本原则是按待解决问题的特点构建适当的概率分布，从概率分布中随机抽取大量的随机样本，用于对需要的参数进行相关的估计。建立平稳分布是用 MCMC 方法求解问题的关键，可以利用 Metropolis-Hasting 算法建立合理的平稳分布，从而通过随机采样获取大量随机样本。

① 马尔科夫链。马尔科夫链的基本定义可以表述为：设有一随机序列 $\{x_t: t \geqslant 0\}$，该随机序列对于任意大于零时刻的任意的状态 S 都有：

$$P\left(X_{t+1}=s_j \mid X_0=s_k, \cdots, X_t=s_i\right)=P\left(X_{t+1}=s_j \mid X_t=s_i\right) \tag{4.8}$$

则 $\{x_t: t \geqslant 0\}$ 可以作为一个马尔科夫链。该表达式在实际中的意义可理解为某一状态值只与某过程的上一时刻的状态值有关，而与其他时刻无关。这种“无后效性是马尔科夫理论的核心”。马尔科夫链可以用 Chapman-Kolomogrov 方程的简化形式表示：

$$\pi(t+1)=\pi(t) P \tag{4.9}$$

$$\pi(t)=\pi(0) P^t \quad \pi(t)=\pi(0) P^t \tag{4.10}$$

上述表达式的实际意义为：对于某一分布 π，$t+1$ 时刻所处的状态可以表示为 t 时刻的状态与转移矩阵的乘积，也可以表示为最初时刻的状态值经过 $t+1$ 步转化得到。所以马尔科夫链会受到初始状态和转移变量 P 二者的影响。经过不断的状态转移之后，马尔科夫链最终会达到一个平稳状态。判断该状态是否平稳的准则为相邻两状态间可以通过转移矩阵相互转化，具体表达式为：

$$P(a,b)\pi_a(t)=P(b,a)\pi_b(t) \tag{4.11}$$

②Metroplis-Hasting 算法。在诸多的随机采样方法中，Metroplis-Hastings 算法是最为著名的算法之一。由于实际问题中遇到的概率分布大多比较复杂，并且大多属于高维分布，对其刻画十分困难。故可以通过随机采样的方法得到符合复杂概率分布的样本，对相关的问题进行求解。Metroplis-Hastings 的算法的步骤可表述为：根据问题的性质构建一个具有马尔科夫性质的平稳的分布 $\pi(x)$，给定一个转移概率 $q(x, y)$ 和一个概率接收函数 $\alpha(x, y)$（$0<\alpha\leqslant 1$），则对于两种不同的状态有：

$$p(x,y)=p(x\to y)=q(x,y)\alpha(x,y) \tag{4.12}$$

上述表达式的意义为：构建的马尔科夫链处于状态 x 时，即 $X^{(t)}=x$，会得到一个转移概率，通过接收概率 $\alpha(x, y)$ 来决定下一时刻是否进行状态的转移。简而言之，在每次更新状态之后，可以从 0 到 1 之间随机抽取一个随机数 u 与接受概率进行比较，则：

$$X^{(t+1)}=\begin{cases} y & u\leqslant\alpha(x,y) \\ x & u>\alpha(x,y) \end{cases} \tag{4.13}$$

接受概率 $\alpha(x, y)$ 的作用是使得 $p(x, y)$ 以 $\pi(x)$ 为其平稳分布，从理论推导中可知接受概率的表达式为：

$$\alpha(x,y)=\min\left\{1,\frac{\pi(y)q(y,x)}{\pi(x)q(x,y)}\right\} \tag{4.14}$$

此时，$P(x, y)$ 为：

$$p(x,y)=\begin{cases} q(x,y) & \pi(y)q(y,x)\geqslant\pi(x)q(x,y) \\ q(y,x) & \pi(y)q(y,x)<\pi(x)q(x,y) \end{cases} \tag{4.15}$$

通常，建议分布 $q(y, x)$ 的获取较难，这是 Metroplis-Hasting 方法的一个使用限制，此时简化建议分布，采用改进的 Metroplis-Hasting（M-H）方法对目标分布进行随机采样，可以略去建议分布。在该方法中，接收概率可表示为：

$$\alpha(x,y)=\min\left\{1,\exp\left[J(m^*)-J(m)\right]/T\right\} \tag{4.16}$$

常规的 MCMC 算法计算效率低，耗时多。式（4.16）中 T 是为了提高计算效率而引入的参数，即将模拟退火算法与 M-H 算法结合，在迭代过程中不断用退火因子使温度降低，从而使接收概率随着迭代的进行而降低，这样有利于提高计算效率。此时，不同时刻间的状态是否转移可由式（4.17）表示：

$$p(x \to y)=\begin{cases}1 & \pi(y)\geqslant\pi(x)\\ \exp\{[\pi(y)-\pi(x)]/T\} & \pi(y)<\pi(x)\end{cases} \tag{4.17}$$

在该算法中，建议分布用于产生新的模型更新值。建议分布的选取直接关系到MCMC方法求解的准确度和计算效率。结合地质统计学理论，用地质统计学构建模型参数的建议分布。这样的建议分布也将井资料的先验信息引入到地震反问题的求解中。要获取最优的反演解，需要对后验概率密度分布进行扰动更新，不断产生新的样本。使用序贯Gibbs算法对后验概率空间进行扰动，Gibbs采样的思想就是针对多维问题，固定某一维度，通过其他维度的变量值来对固定的维度进行采样，即利用已知的变量值建立待模拟变量的条件分布，进而随机取样。用在地质统计学随机反演上，可理解为将已经得到反演结果的点作为已知点，建立已知点和待反演点之间的条件分布，从而得到待反演的点的后验概率分布的一系列实现。两点地质统计学随机反演的流程如图4.8所示。

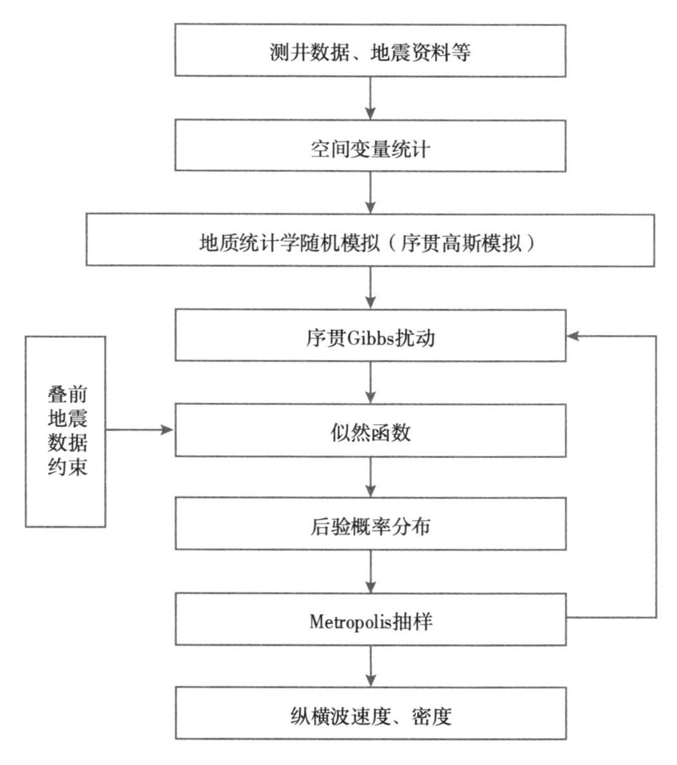

图4.8　基于Metroplis-Hasting随机采样的地质统计学随机反演流程

（2）模型测试。

为了测试上述随机反演方法的有效性，采用一个二维层状地质模型进行算法测试。该模型属于推覆体模型的一部分，真实模型如图4.9所示。由于地质统计学反演对井数据的要求较高，一般适用于井点比较密集的地区。故本次测试每隔10道取一列数据作为伪测井数据，伪测井剖面如图4.10所示。按照上述理论进行反演，得到最终的反演结果如图4.11所示，可以看出反演结果能够很好地与真实模型吻合，但在一些小层处会有抖动，这也体现了地质统计学反演的随机性。

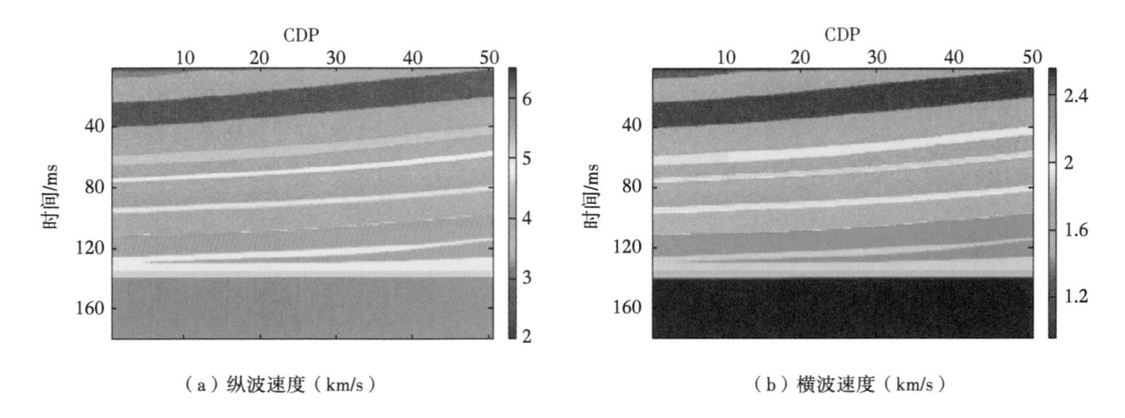

（a）纵波速度（km/s）

（b）横波速度（km/s）

（c）密度（g/cm³）

图 4.9　二维层状地质模型的真实模型

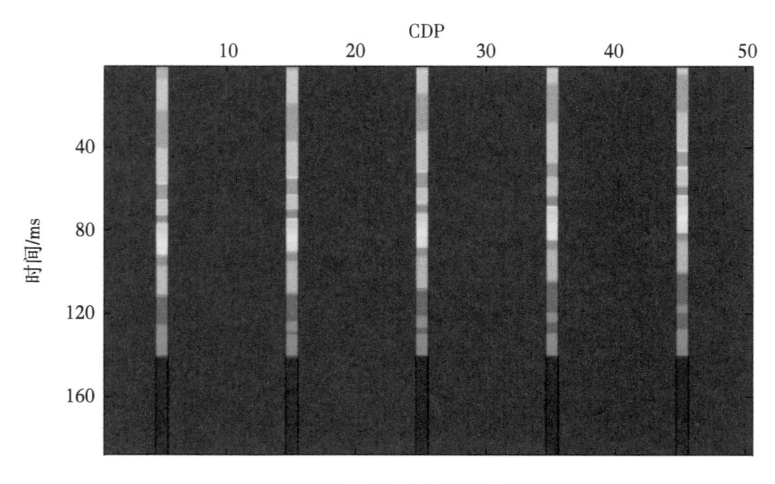

图 4.10　伪测井剖面井数据

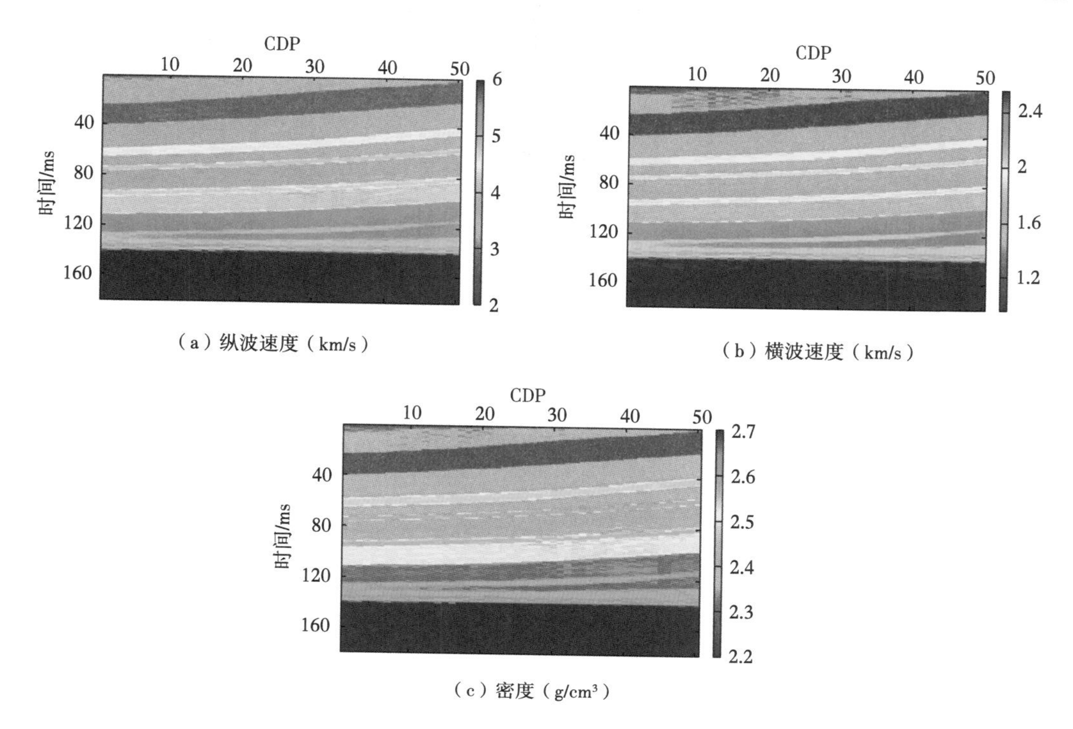

（a）纵波速度（km/s）

（b）横波速度（km/s）

（c）密度（g/cm³）

图 4.11　二维层状地质模型的反演结果

4.4　多点地质统计学叠前反演技术

地质体形态刻画是储层表征的一项重要任务，基于目标的随机模拟方法能较好地实现这一任务，但是难以将复杂地质形态参数化，也不便于利用井数据，且计算机时较长。基于像元的随机模拟方法在实际应用中得到广泛使用，其中，最受欢迎的是基于变差函数的随机模拟方法。基于变差函数的方法基本理论成熟，输入参数相对简单，运算速度快，以井数据作为条件数据进行随机模拟，不仅能够应用于连续的随机变量（如弹性参数、物性参数等），也可以用于建立离散随机变量（如岩相等）的储层模型，计算效率较高，结果忠实于条件数据。但传统地质统计学是利用变差函数描述地质变量的相关性和变异性，即通过建立在某个方向上空间中仅两点之间的变化关系来描述区域化变量的变异性，对目标体形态的再现能力相对不强，不利于刻画复杂地质体。为了让建模算法能够表征更为复杂的地质结构，学者们提出了多点地质统计学的概念，用训练图像来表示空间多个点之间的相关性的集合。

4.4.1　多点地质统计学的提出

多点地质统计学是两点地质统计学的补充和发展。多点地质统计学模拟借助“训练图像”替代两点地质统计学中的变差函数，依据空间中多个点之间的关联关系来表达地质体的空间形态，适用于表征具有复杂结构的地质体，有较好的应用前景。但目前主要用于离散的随机变量，对于连续随机变量的应用尚有待进一步研究。

Guardiano 与 Srivastava[52] 于 1993 年最先提出多点地质统计学的概念，并用训练图像进行随机模拟。在此方法中，对于每一个采样点，需要对训练图像进行扫描以获取概率分布，计算量较大。在20世纪，由于计算机的计算效率较低，因此多点地质统计学并没有得到广泛的应用。为解决该问题，Strebelle[53] 于2002年提出了多点地质统计学中最经典的SNESIM算法。在该算法中，用搜索树对训练图像中的不同模式进行存储，并不需要在每次模拟中扫描训练图像。此外，为捕获不同尺度的地质信息，Strebelle还引入了多重网格技术。Straubhaar等学者于2010年提出用列表的形式来代替搜索树对数据模式进行存储[96]。SNESIM算法对训练图像平稳性要求较高。Arpat等学者提出了SIMPAT算法[97-98]，该算法对训练图像的平稳性并没有过高的要求。多点地质统计学主要模拟对象是岩相等离散型参数，而对于孔隙度、速度和密度等连续型参数无能为力。2006年，Zhang等[99]针对该问题，提出了滤波模拟（FILTERSIM）算法，利用定义的“过滤器”对各种地质模式进行归类，进而进行多点模拟。

Honarkhah和Caers[100] 提出了多点地质统计学的距离算法。在诸多多点地质统计学随机模拟算法中，SNESIM算法应用较广，不仅计算效率高，能够综合多源信息，而且可以进行多重网格模拟，受到广大地球科学工作者的青睐。近年来，多点地质统计学在我国石油勘探开发中的应用日益增多。吴胜和[101]系统地介绍了多点地质统计学原理及其应用，国内储层建模学者逐渐将焦点转向多点地质统计学。吴胜和、尹艳树和李桂亮等也对多点地质统计学开展了研究工作[102-106]。冯国庆等[107]采用多点地质统计学模拟方法对我国东部某砂岩油藏进行岩相建模；张伟等[108]采用多点地质统计学模拟获得岩相分布，然后根据相模型来指导孔渗建模；张挺等[109]（2009）利用多点地质统计学方法中的FILTERSIM算法实现了微观孔隙图像的重构，提出了基于多点地质统计学的多孔介质重构方法；石书缘等[110]（2011）经过分析国内外多点建模方法的现状和特点，提出了一种可以用于河流相储层建模的方法，称为基于随机游走过程的多点地质统计学方法。段冬平等[111]研究了如何利用多点地质统计学随机模拟方法在三角洲前缘微相中实现相模拟。喻思羽等[112]提出了多点地质统计学的基于局部各向异性的算法，弱化了多点地质统计学建模中的平稳假设。但由于训练图像的获取较为困难，尤其是连续变量的训练图像，离散变量是目前多点方法的主要应用对象。由此可见，多点和两点地质统计学随机模拟方法各有优缺点。

4.4.2 多点地质统计学原理及算法介绍

多点地质统计学（Multiple-point Geostatistics，MPG）是在两点地质统计学的基础之上发展起来的。该方法用训练图像取代传统的变差函数来获取先验地质信息，训练图像可以提供工区内整体的多个点之间的相关性，因而不需变差函数来提供点与点之间的相关性，所以多点地质统计学可以克服基于变差函数的两点地质统计学在表征复杂地质体空间相关性时的缺陷。训练图像可以代表一种地质先验统计信息，代表工区内地质结构的一种概况，反映工区所处区域的沉积相的大体的模式以及油藏非均质性特征，在多点地质统计学算法中起到重要的作用。多点地质统计学通过定义好的数据模板扫描训练图像，得到最终的模拟结果。在描述复杂目标体形态方面，多点地质统计学比两点地质统计学更有优势。

多点地质统计学通过扫描训练图像获取未知点处的条件概率，并通过随机模拟的方式获取未知点的值，通过设定的随机路径，获取整个模拟区域的模拟结果，其算法包括以下

要点：

定义储层内的岩相 S 为类型变量。假设岩相可取 K 种状态值，表示为 $S_k(k=1,2,\cdots,K)$。数据样板在算法中可定义为工区中多个节点共同构成的组合，记为 τ_n。数据样板的中心点用于存储未知点的值，其余节点上的值可以由条件数据给定，此处假设未知点的值为 $S(u)$。图 4.12 是一个数据事件以及数据事件在训练图像中的示意图。图 4.12（a）中的中心点是未知值，四周点为已知值。

定义变量 $I(u;k)$ 表示变量 S 在位置 u 处的状态：

$$I(u;k)=\begin{cases}1 & 若\ S(u)=s_k \\ 0 & 否则\end{cases} \tag{4.18}$$

令数据样板由 n 个数据点 $S(u_1)$，$S(u_2),\cdots,S(u_n)$ 构成，则联合概率分布可以表示为：

$$\mathrm{prob}\left\{S(u_1)=S_{k_1},\cdots,S(u_n)=S_{k_n}\right\}=E\left\{\prod_{\alpha=1}^{n}I(u_\alpha;k_\alpha)\right\} \tag{4.19}$$

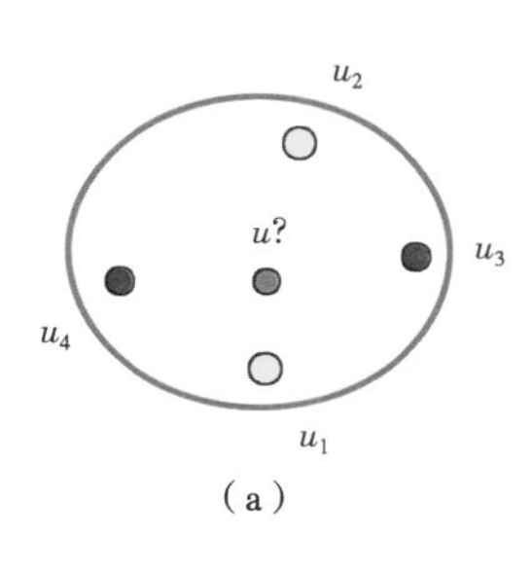

（a）

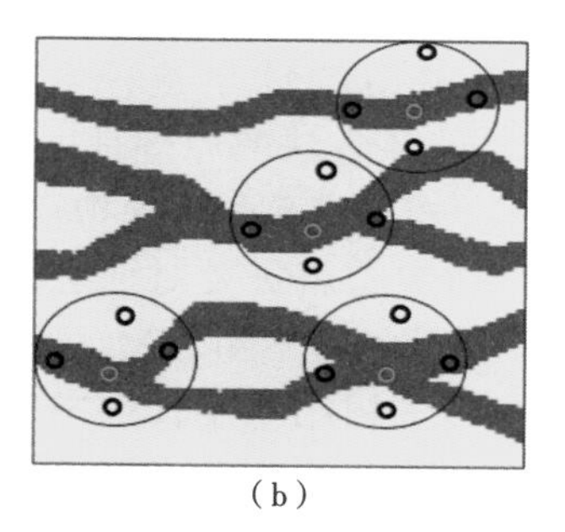
（b）

图 4.12　数据事件及扫描训练图像

随机模拟的核心是利用周围点构建中心未知点的条件概率分布，再随机取值。在多点地质统计学算法中，中心点 $S(u)$ 处的条件概率分布可表示为：

$$\mathrm{prob}\left\{S(u)=S_k\,|\,(n)\right\}=\mathrm{prob}\left\{S(u)=S_k\,|\,S(u_1)=S_{k_1},\cdots,S(u_n)=S_{k_n}\right\} \tag{4.20}$$

其中，$\left\{S(u_1)=S_{k_1},\cdots,S(u_n)=S_{k_n}\right\}$ 可称为数据事件，用d_n表示。

利用训练图像获取多点信息的方式为：定义“侵蚀的训练图像”T_n，即训练图像中所有与给定数据样板构成相同的子集构成的集合。假设“侵蚀的训练图像”的数据规模为 N_n。重复个数指的是用事先定义好的数据模板扫描训练图像时，捕获的与条件数据和待模拟点构成的数据事件结构和大小都相同的数据事件的数目。经过数据模板对整个训练图像进行扫描之后，数据事件 d_n 的概率分布可以用数据事件在侵蚀训练图像中的出现次数 $c(d_n)$ 与侵蚀训练图像大小 N_n 之比求取，即：

$$\mathrm{prob}\left\{S(u_1)=S_{k_1},\cdots,S(u_n)=S_{k_n}\right\}=\frac{c(d_n)}{N_n} \tag{4.21}$$

在贝叶斯框架下，可以得到已知条件数据时未知点状态值的概率分布

$$\begin{aligned}\operatorname{prob}\{S(u)=S_k\,|\,(n)\} &= \frac{\operatorname{prob}\{S(u)=S_k;S(u_1)=S_{k_1},\cdots,S(u_n)=S_{k_n}\}}{\operatorname{prob}\{S(u_1)=S_{k_1},\cdots,S(u_n)=S_{k_n}\}} \\ &= \frac{\dfrac{c_k(d_n)}{N_n}}{\dfrac{c(d_n)}{N_n}}=\frac{c_k(d_n)}{c(d_n)}\end{aligned} \tag{4.22}$$

因此通过用定义的数据模板扫描训练图像，得到未知点的概率分布（pdf），进而得到累计概率分布（cpdf），之后通过随机模拟得到未知点的值。图 4.12 表示了一个用定义的数据样板扫描训练图像的过程。图中蓝色代表砂岩（河道），黄色代表泥岩（漫滩），假设扫描完训练图像得到右图中所示的和左图已知数据事件相符的 4 个数据事件，这 4 个数据事件中，中心点是砂岩的有 3 个，是泥岩的有 1 个，所以，对于待模拟点的岩相的概率分布为 $P_{\text{sand}}=0.75$，$P_{\text{mud}}=0.25$。得到概率分布之后，具体的模拟值可通过随机模拟得到。下面介绍几种常用的多点地质统计学算法。

（1）SNESIM 算法。

目前关于多点地质统计学建模算法种类较多，其中最经典的是单元正态方程（SNESIM）算法[54]。该方法的原理是用定义好的数据模板对训练图像进行扫描，获取未知待模拟点的概率分布，进而随机模拟得到随机实现。由于在较早的多点地质统计学算法中，每进行一次随机模拟就需要对训练图像进行一次扫描，使得算法的计算速度变得很慢。为了提高计算效率，在 SNESIM 算法中引入了搜索树的概念[53]。将训练图像中的各种模式预先存储到搜索树结构中，这样每次进行多点模拟不需要重复扫描训练图像，从而节省了计算时间，提高了计算效率。为保证多点随机模拟时能够模拟出复杂的地质体，SNESIM 算法中运用了多重网格的概念，采用不同大小的数据模板对训练图像进行扫描，其中大的数据模板可以用来对大的地质结构体进行模拟，而小的数据模板可以捕获小的地质模式。SNESIM 算法的提出，使多点地质统计学算法能够实际地应用于实际资料的储层建模。

图 4.13 展示了一个基于 SNESIM 算法多重网格技术获取的模拟结果。可以看出随着网格重数增加，模拟的河道连续性变好，但增加到三重网格之后，第四层网格的模拟结果

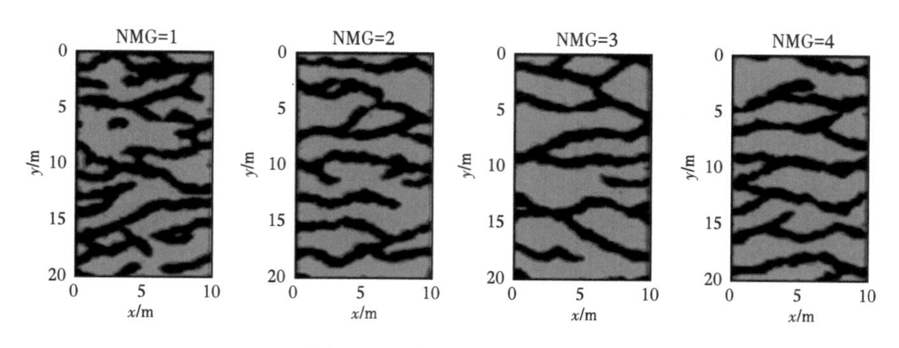

图 4.13　多重网格模拟结果

x，y—东西方向，南北方向距离；NMG—多点模拟网格重数

在连续性等方面和第三次的几乎相同。这说明多重网格数需要控制在一定标准之下。在一定范围内，网格重数越多模拟效果越好，超过范围，模拟效果没有太大改善，反而会增加不必要的计算量。

（2）Directly Sampling 随机模拟方法。

Directly Sampling（DS）算法是由瑞士学者 Mariethoz[113] 于 2010 年提出的。该算法无需计算待模拟节点的条件概率分布，根据未知点与周围的条件数据构成的数据事件，直接从训练图像中获取未知点的值。相比于 SNESIM 等多点算法，该算法可以在岩相种类很多的时候使用，并可以应用于连续型参数的模拟。DS 算法不仅计算效率十分高，且对于数据存储的要求很低，十分容易实现，并可用于处理大型数据体。

图 4.14 显示了一个训练图像和条件数据。图 4.15 代表了 DS6 次随机模拟的结果，可以看出模拟结果连续性较好，能够代表复杂河道的基本形态。

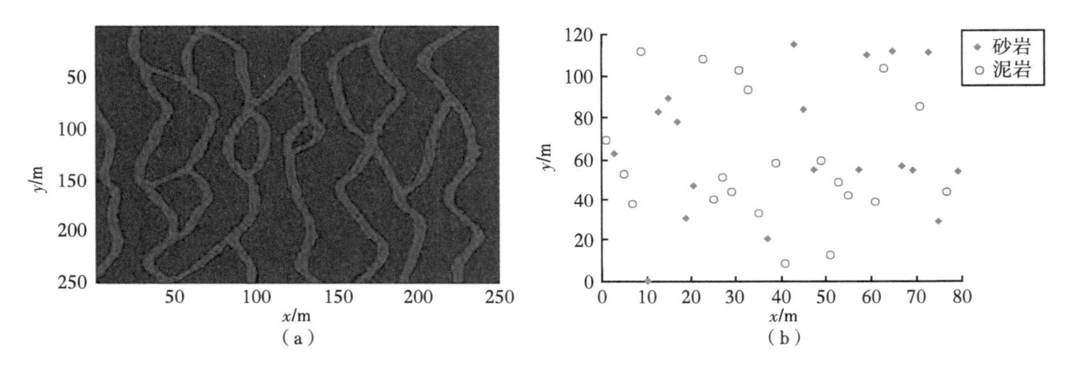

图 4.14 训练图像（a）与条件数据（b）

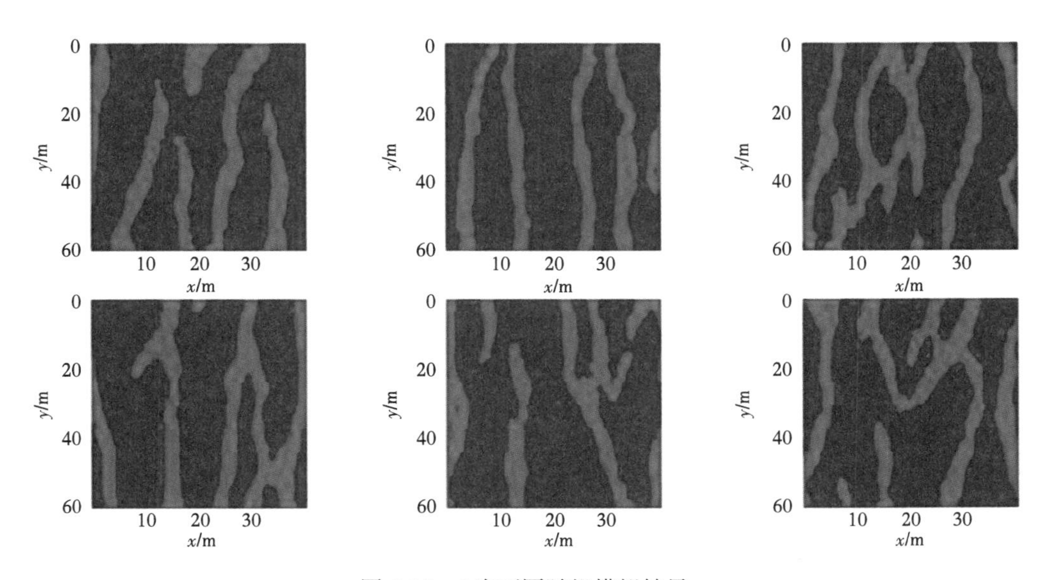

图 4.15 6 次不同随机模拟结果

4.4.3 多点地质统计学反演研究现状

多点地质统计学主要是利用空间多个点的组合模式来描述地质体。通过用定义好的数据模板对训练图像进行扫描，进而获得多点的数据事件和模式，并用这些统计信息和模式进行随机模拟。在多点地质统计学随机建模时，对每一个未知点，估计其数据事件出现的概率，随后通过概率抽样获得未知点处数值，即完成单次多点模拟，然后循环随机模拟完成所有的未知点。克服了两点地质统计学难以再现目标几何形态的不足，更适合模拟复杂结构的地质信息。

由于在建模方面，多点地质统计学有着比两点地质统计学更好的应用效果[53][97-98]，学者们也开始研究多点地质统计学反演方法[78-79]。理论上，由于多点地质统计学算法能够模拟复杂的地质体，所以多点地质统计学反演能够适用于更加复杂的地质情况，得到更加准确的、具有地质意义的反演结果。

现阶段，多点地质统计学反演主要应用在两个方面，即岩相的预测[81]与弹性参数的估计[79]。两种反演思路分别以示意图的形式展现于图 4.16。两种思路的基本原理相似，都是利用多点地质统计学建模方法模拟得到多个不同的岩相模型，根据岩石物理关系，从每一个岩相模型中，获取一个弹性参数的随机模拟结果。由弹性参数的模拟结果得到合成地震记录，与真实地震记录进行匹配，在地震数据的约束下选取最优解。不同的是两种反演思路的反演目标参数不同，分别是弹性参数的估计值和岩相的估计值。

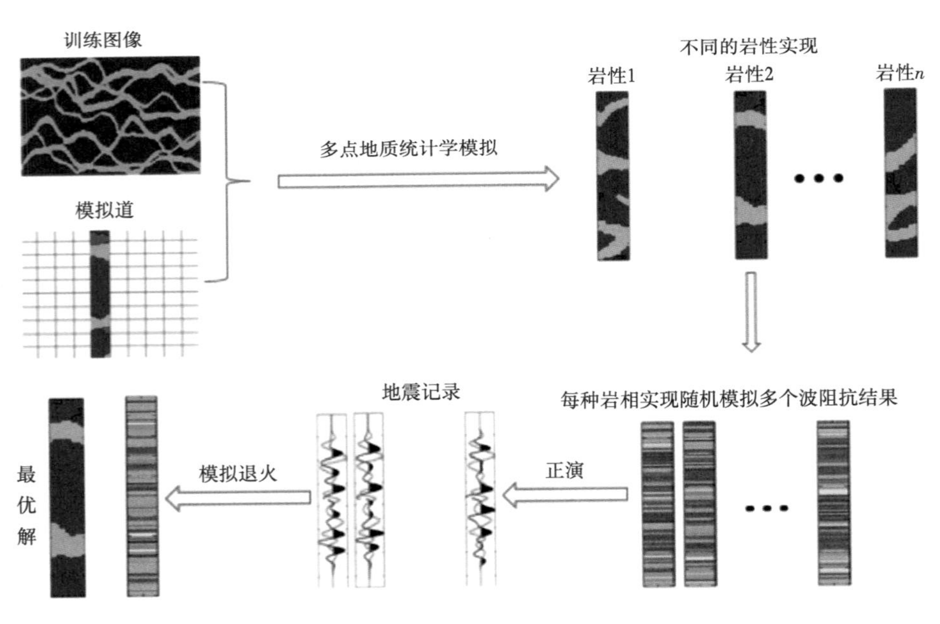

图 4.16　基于多点地质统计学的地震反演流程图

目前，对于多点地质统计学反演的研究总体较少，在实际生产中还未得到广泛应用，但作为地质统计学反演的发展方向，多点地质统计学反演开始得到国内外学者们的广泛关注，相信在不久的将来，对多点地质统计学反演的深入研究必将带动该学科的深入发展。

4.4.4 基于 FILTERSIM 的多点地质统计学的叠前反演

4.4.4.1 多点地质统计学约束的随机模拟

地质统计学反演的核心在于利用地质统计学为地震反演提供先验信息。多点地质统计学反演利用训练图像，根据地质模式之间的多点相关性来模拟先验模型。在理论上，多点地质统计学反演相比于两点地质统计学反演在反演准确度等方面更有优势。但就目前的研究情况而言，多点地质统计学算法更适合于对岩相等离散型参数进行建模，相应地，现今的多点地质统计学反演也大多是以岩相为目标参数。即使多点地质统计学反演以估计波阻抗等连续型参数为目的，其实现过程中要涉及岩相到弹性参数的转化，这增加了反演结果的不确定性[81]。因此，多点地质统计学在速度和密度等连续型参数的模拟和反演上，往往适用程度低。此外，目前的多点地质统计学反演大多属于叠后反演，从叠后数据体中获取关于岩相的信息。如何将多点地质统计学的思想用在叠前反演中，并为反演纵横波速度及密度等连续型参数服务，是目前值得研究的一个课题。

传统的多点地质统计学建模算法大多是针对于岩相等离散型参数设计的[52]，不能合理地处理速度和密度等连续型参数。为实现连续型参数的建模和随机模拟，FILTERSIM 算法被提出[99]。FILTERSIM 基本原理与 SNESIM 及 SIMPAT[100] 等算法类似，即使用搜索模板对训练图像进行扫描，获取地质模式。和以前的多点地质统计学算法不同的是，在 FILTERSIM 算法里，一系列的滤波器被用来对来自训练图像的地质模式进行转化、聚类及降维，将地质模式转化为地质得分[101]。不同模式之间的差别用其得分值之差衡量，而非两模式之间的欧几里得距离，据此进行后续的随机模拟。相比于常规多点地质统计学建模算法，FILTERSIM 不仅可以用于连续型参数的模拟，并且有较高的计算效率。

本次研究借鉴了多点地质统计学 FILTERSIM 算法的思路，以地震剖面为训练图像，利用 FILTERSIM 算法中定义的滤波器，将地震数据转化为不同的模式得分剖面，从而获取不同采样点之间的模式相关性（即多点相关性）。继而提出一种基于此多点相关性的随机模拟方法，不断得到模拟结果，并合成叠前地震记录，与真实记录进行比对，从而获取高分辨率的反演结果。

该方法的原理如下：

给定一个叠后地震剖面 S，设置一个半径为 n 的正方形数据模板，利用该模板在叠后记录中获取的一个地质模式 $\boldsymbol{p}$，可以表示为：

$$\boldsymbol{p}(i,j)=\begin{bmatrix} S_{i-m,j-m} & S_{i-m,j-m+1} & \cdots & S_{i-m,j} & S_{i-m,j+1} & \cdots & S_{i-m,j+m} \\ S_{i-m+1,j-m} & S_{i-m+1,j-m+1} & \cdots & S_{i-m+1,j} & S_{i-m+1,j+1} & \cdots & S_{i-m+1,j+m} \\ \vdots & \vdots & \ddots & \vdots & \vdots & \ddots & \vdots \\ S_{i,j-m} & S_{i,j-m+1} & \cdots & S_{i,j} & S_{i,j+1} & \cdots & S_{i,j+m} \\ S_{i+1,j-m} & S_{i+1,j-m+1} & \cdots & S_{i+1,j} & S_{i+1,j+1} & \cdots & S_{i+1,j+m} \\ \vdots & \vdots & \ddots & \vdots & \vdots & \ddots & \vdots \\ S_{i+m,j-m} & S_{i+m,j-m+1} & \cdots & S_{i+m,j} & S_{i+m,j+1} & \cdots & S_{i+m,j+m} \end{bmatrix}_{n\times n} \tag{4.23}$$

这里 $m=(n-1)/2$，i 和 j 分别代表采样点的纵坐标和横坐标。图 4.17 分别表示了一个数据模板、地震数据（训练图像）以及地质模式。

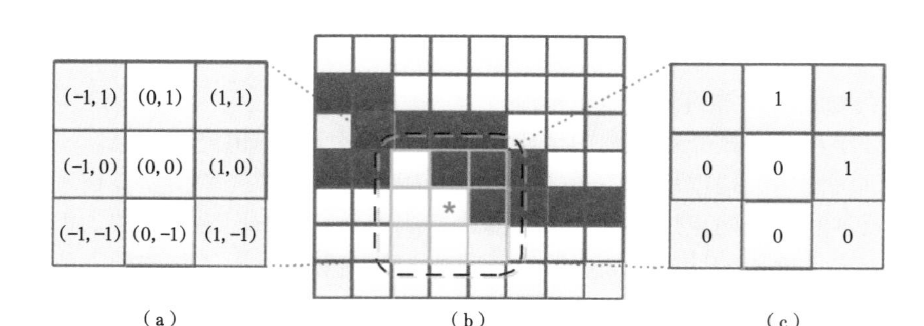

图 4.17　数据模板（a）和训练图像（b）以及地质模式（c）

基于 FILTERSIM 原理，利用该算法中定义的滤波器将地震资料转化成模式得分。对于二维剖面，在两个方向上可以设计 6 种滤波器，其表达式为：

$$\begin{cases} \boldsymbol{f}_1(i,j)=1-\dfrac{|j|}{m}\in[0,1], & \boldsymbol{f}_2(i,j)=1-\dfrac{|i|}{m}\in[0,1], & \boldsymbol{f}_3(i,j)=\dfrac{j}{m}\in[-1,1] \\ \boldsymbol{f}_4(i,j)=\dfrac{i}{m}\in[-1,1], & \boldsymbol{f}_5(i,j)=\dfrac{2|j|}{m}-1\in[-1,1], & \boldsymbol{f}_6(i,j)=\dfrac{2|i|}{m}-1\in[-1,1] \end{cases} \tag{4.24}$$

其中，$\boldsymbol{f}_1$，$\boldsymbol{f}_2$，$\boldsymbol{f}_3$，$\boldsymbol{f}_4$，$\boldsymbol{f}_5$ 和 $\boldsymbol{f}_6$ 分别是垂向均值、水平均值、垂向梯度、水平梯度、垂向曲率以及水平曲率滤波器。三维情况下与之类似，只是滤波器个数增加为 9 个。

通过这 6 个滤波器可以将从训练图像中捕获的地质模式转化为得分值：

$$\boldsymbol{S}_{\mathrm{c}}(i,j,k)=\sum_{q=-m}^{m}\sum_{s=-m}^{m}\boldsymbol{f}_k(q,s)\,\boldsymbol{p}(i+q,j+s)\qquad k\in[1,6],\ i\in[m+1,M-m],\ j\in[m+1,N-m] \tag{4.25}$$

式中，$\boldsymbol{p}$ 代表捕获的地质模式，$\boldsymbol{S}_{\mathrm{c}}$ 代表经过滤波器转换之后的得分剖面，二维情况下有 6 个得分剖面，三维情况下有 9 个。训练图像中的所有模式都会被转化成得分值，每个点处都会得到 6 个得分值（三维 9 个）。根据两种模式之间得分值的差异来判断两个模式的相似性。根据模拟节点周围模式与训练图像中模式的相似性为待模拟节点赋值。此处，对不同点之间模式的相似性给出两种定义方式：

（1）根据两节点的得分向量之间的差对两模式进行相似性评估。这也是多点地质统计学模拟方法里比较常用的一种方法。

（2）把每个节点的多个得分值组合成一个得分向量，用两得分向量的相关系数衡量两模式之间的相似性。

此处采用第二种衡量方式，假设两得分向量之间的相关系数为 ρ，则对于剖面中任意 l 个点，均可获得一个多点相关性矩阵：

$$\boldsymbol{C}_{\mathrm{MPS}}=\begin{bmatrix} \rho_{11} & \rho_{12} & \cdots & \rho_{1l} \\ \rho_{21} & \rho_{22} & \cdots & \rho_{2l} \\ \vdots & \vdots & \ddots & \vdots \\ \rho_{l1} & \rho_{l2} & \cdots & \rho_{ll} \end{bmatrix} \tag{4.26}$$

根据此矩阵，结合井数据，给出一种形如式（4.27）的随机模拟方法：

$$\begin{cases}\boldsymbol{\mu}_{m|b}=\boldsymbol{\mu}_m+\boldsymbol{C}_{\mathrm{MPS}}B^{\mathrm{T}}\left(\boldsymbol{B}\boldsymbol{C}_{\mathrm{MPS}}\boldsymbol{B}^{\mathrm{T}}+\boldsymbol{\Sigma}_e\right)^{-1}\left(\boldsymbol{b}-\boldsymbol{B}\boldsymbol{\mu}_m\right)\\ \boldsymbol{C}_{m|b}=\boldsymbol{C}_{\mathrm{MPS}}-\boldsymbol{C}_{\mathrm{MPS}}\boldsymbol{B}^{\mathrm{T}}\left(\boldsymbol{B}\boldsymbol{C}_{\mathrm{MPS}}\boldsymbol{B}^{\mathrm{T}}+\boldsymbol{\Sigma}_e\right)^{-1}\boldsymbol{B}_{\mathrm{MPS}}\end{cases}\tag{4.27}$$

式中：$\boldsymbol{b}$ 代表测井数据，$\boldsymbol{B}$ 代表测井正演矩阵，表示待模拟点和井数据之间相互关系；$\boldsymbol{\mu}_{m|b}$ 代表井数据约束下的纵横波速度及密度的后验均值；$\boldsymbol{C}_{m|b}$ 代表该均值变化范围。根据 $\boldsymbol{\mu}_{m|b}$ 与 $\boldsymbol{C}_{m|b}$ 可以获取大量叠前三参数的随机模拟结果 $\boldsymbol{\mu}'$。

4.4.4.2 叠前正演模拟

在本次研究中，叠前地震记录是根据 Zoeppritz 方程的 Aki-Richards 近似公式求得的，该公式形式如下：

$$R\left(\bar{\theta}\right)=\frac{1}{2}\sec^2\bar{\theta}r_{\mathrm{p}}-4\bar{\gamma}^2\sin^2\bar{\theta}r_{\mathrm{s}}+\frac{1}{2}\left(1-4\bar{\gamma}^2\sin^2\bar{\theta}\right)r_{\mathrm{d}}\tag{4.28}$$

其中：r_{p}，r_{s} 和 r_{d} 分别代表纵波反射率、横波反射率以及密度反射率；$\bar{\theta}$ 代表分界面处入射角度和透射角度的平均值，实际计算中用入射角的值代替即可；$\bar{\gamma}$ 表示横波速度与纵波速度的比值。

Walker 和 Ulrych[114] 研究发现，在反射系数较小，地层变化不是很剧烈的情况下，纵横波和密度的反射率可以用纵横波速度和密度的对数差表示：

$$\begin{cases}r_{\mathrm{p}}=\ln\left(v_{\mathrm{p}_{i+1}}\right)-\ln\left(v_{\mathrm{p}_i}\right)\\ r_{\mathrm{s}}=\ln\left(v_{\mathrm{s}_{i+1}}\right)-\ln\left(v_{\mathrm{s}_i}\right)\\ r_{\mathrm{d}}=\ln\left(\rho_{i+1}\right)-\ln\left(\rho_i\right)\end{cases}\tag{4.29}$$

所以 Aki-Richards 近似公式可转换为式（4.30）所示的形式：

$$R\left(t,\theta\right)=\alpha_{\mathrm{p}}\left(t,\theta\right)\frac{\partial}{\partial t}\ln v_{\mathrm{p}}\left(t\right)+\alpha_{\mathrm{s}}\left(t,\theta\right)\frac{\partial}{\partial t}\ln v_{\mathrm{s}}\left(t\right)+\alpha_{\rho}\left(t,\theta\right)\frac{\partial}{\partial t}\ln\rho\left(t\right)\tag{4.30}$$

该方程说明了在时间域进行反演时，反射系数是时间采样点和入射角度的函数。其中，式（4.30）中纵横波速度和密度关于时间导数的系数为：

$$\begin{cases}\alpha_{\mathrm{p}}\left(\theta\right)=\frac{1}{2}\sec^2\theta\\ \alpha_{\mathrm{s}}\left(\theta\right)=-4k^2\sin^2\theta\\ \alpha_{\rho}\left(\theta\right)=\frac{1}{2}\left(1-4k^2\sin^2\theta\right)\end{cases}\tag{4.31}$$

基于式（4.30），叠前正演方程可表示为：

$$\boldsymbol{d}=\boldsymbol{G}\boldsymbol{\mu}'+\boldsymbol{e}=\boldsymbol{W}\boldsymbol{A}\boldsymbol{D}\boldsymbol{\mu}'+\boldsymbol{e}\tag{4.32}$$

其中：$\boldsymbol{G}$ 为表示模型参数和地震数据之间关系的正演算子；$\boldsymbol{W}$ 代表式（4.33）所示的地震子波矩阵，有：

$$W=\begin{bmatrix} w_{n/2} & w_{n/2-1} & w_{n/2-2} & \cdots \\ w_{n/2+1} & w_{n/2} & w_{n/2-1} & \cdots \\ w_{n/2+2} & w_{n/2+1} & w_{n/2} & \cdots \\ \vdots & \vdots & \vdots & \vdots \end{bmatrix} \tag{4.33}$$

其中，n 为地震子波的采样点总数。矩阵 $\boldsymbol{A}$ 包括 Aki–Richards 近似公式系数项。

$$\boldsymbol{A}=\begin{bmatrix} \alpha_{p_1} & \alpha_{s_1} & \alpha_{\rho_1} \\ \alpha_{p_2} & \alpha_{s_2} & \alpha_{\rho_2} \\ \alpha_{p_3} & \alpha_{s_3} & \alpha_{\rho_3} \\ \vdots & \vdots & \vdots \end{bmatrix} \tag{4.34}$$

矩阵 $\boldsymbol{D}$ 表示模型参数与反射系数之间关系的一阶差分矩阵：

$$\boldsymbol{D}=\begin{bmatrix} -1 & 1 & 0 & \cdots & 0 \\ 0 & -1 & 1 & \cdots & 0 \\ 0 & 0 & -1 & \cdots & 0 \\ \vdots & \vdots & \vdots & \ddots & \vdots \\ 0 & 0 & \cdots & -1 & 1 \end{bmatrix} \tag{4.35}$$

4.4.4.3 基于 Metropolis–Hasting 的叠前多点地质统计学反演

根据上述随机模拟得到的结果，合成地震记录，结合实际地震信号，利用 Metropolis–Hasting（MH）抽样法，得到最后的多个等概率的随机反演解。假设真实地震记录为 $\boldsymbol{d}'$，理论合成记录为 $\boldsymbol{d}$，则设定目标分布为：

$$J(\mu')=\|\boldsymbol{d}'-\boldsymbol{d}\|_2 \tag{4.36}$$

根据此目标分布，设置转移概率，其表达式为：

$$p(\mu_1'\to\mu_2')=\begin{cases}1 & J(\mu_2')\geqslant J(\mu_1') \\ \exp\left[\left(J(\mu_2')-J(\mu_1')\right)/Q\right] & J(\mu_2')<J(\mu_1')\end{cases} \tag{4.37}$$

其中Q为退火因子，有利于算法加速；μ_1' 与 μ_2' 是两不同时刻的模型值。根据此转移概率，确定更新的模型，并决定是否接收，最终实现目标函数的收敛，得到多个等概率的随机解。

4.4.4.4 Metropolis–Hasting 抽样法

本算法可以分为以下步：

（1）定义数据模板，随机路径等关键参数。

（2）根据数据模板，设置滤波器，利用叠后数据体或叠加后的角道集作为训练图像，从训练图像中获得的得分值。

（3）利用井数据以及得分值计算得到的多点相关性，进行随机模拟，得到不同的随机模型。

（4）对不同的随机模型合成叠前地震记录，利用 MH 算法对随机模型进行优选，得到一系列等概率的反演解。

反演路线图和示意图分别如图 4.18 和图 4.19 所示。

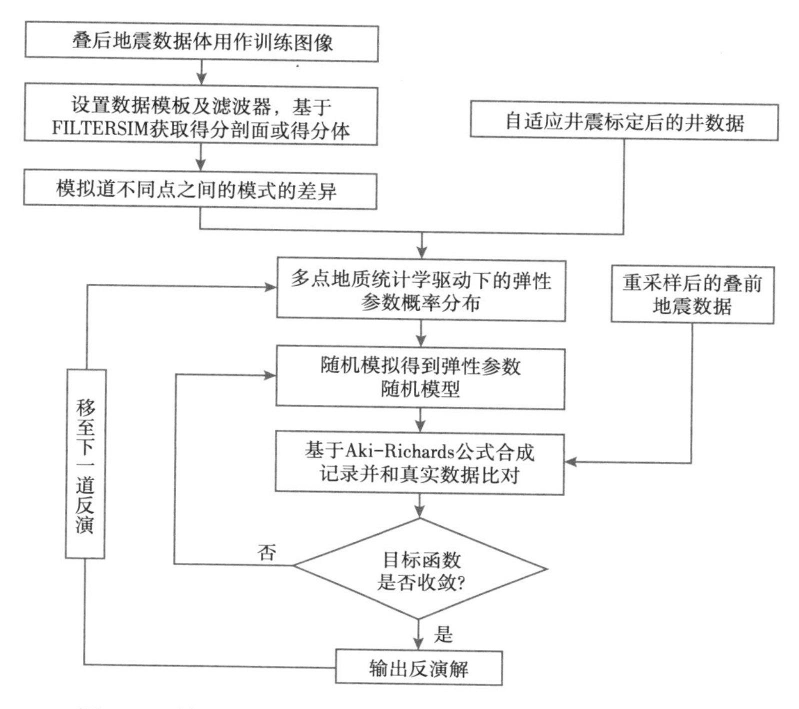

图 4.18　基于 FILTERSIM 的多点地质统计学反演技术路线图

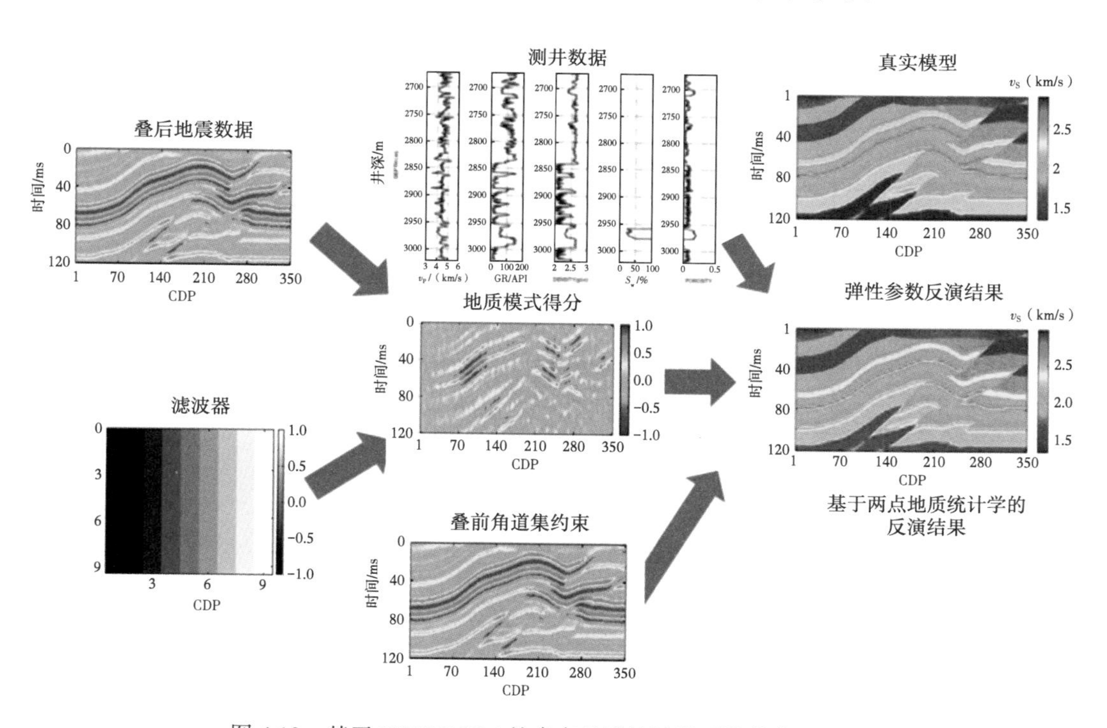

图 4.19　基于 FILTERSIM 的多点地质统计学反演技术流程图

4.4.5 模型及实际资料测试

采用推覆体模型的一部分来对反演方法进行测试，真实的纵横波速度及密度模型如图4.20所示。该模型在横向上有400道，每道有120个采样点。根据该模型得到合成的叠前含噪地震数据，如图4.21（b）(c）(d）所示，4个角道集的角度分别为9°，15°，21°和27°，信噪比为6dB。4个角道集叠加而成的叠后剖面，用作训练图像，为反演提供多点相关信息。在此次测试中，使用了4口伪井数据，这4口井的位置如图4.21（f）所示。此次测试使用9×9点的数据模板和滤波器，6个不同的滤波器如图4.22所示。经过滤波器对叠后地震数据图4.21（e）进行处理，得到6个不同的得分剖面，如图4.23所示。

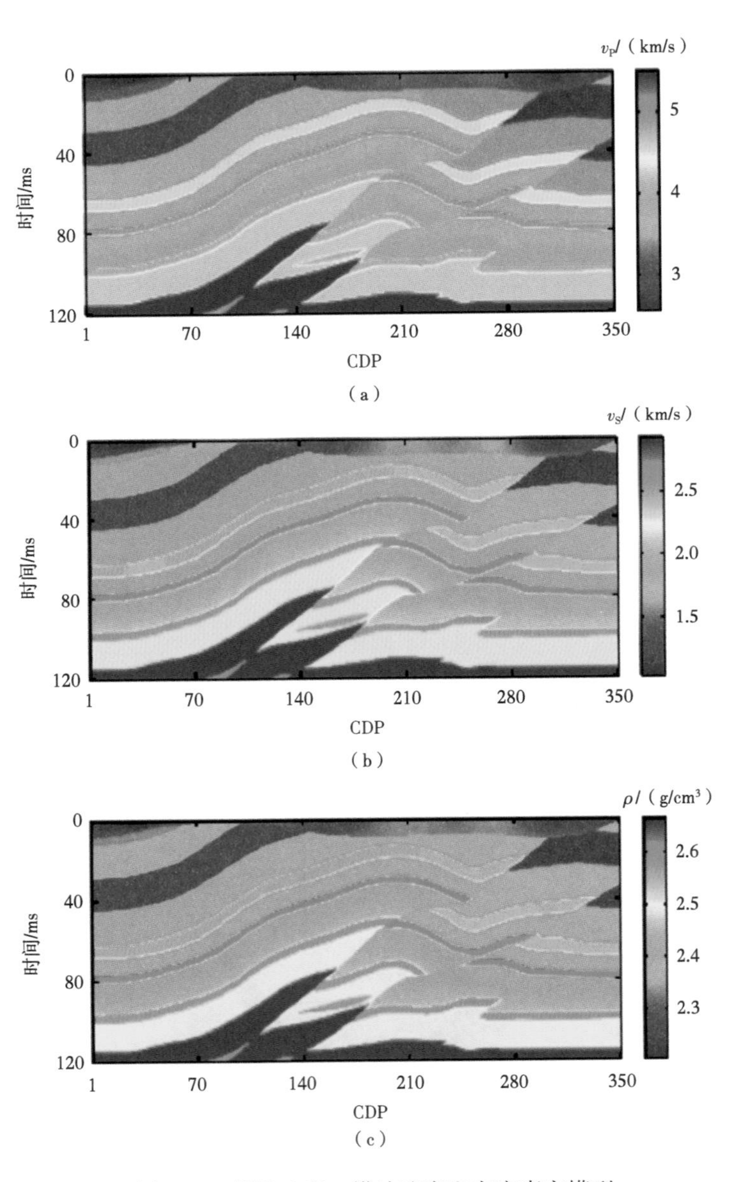

图4.20 纵波速度、横波速度和密度真实模型

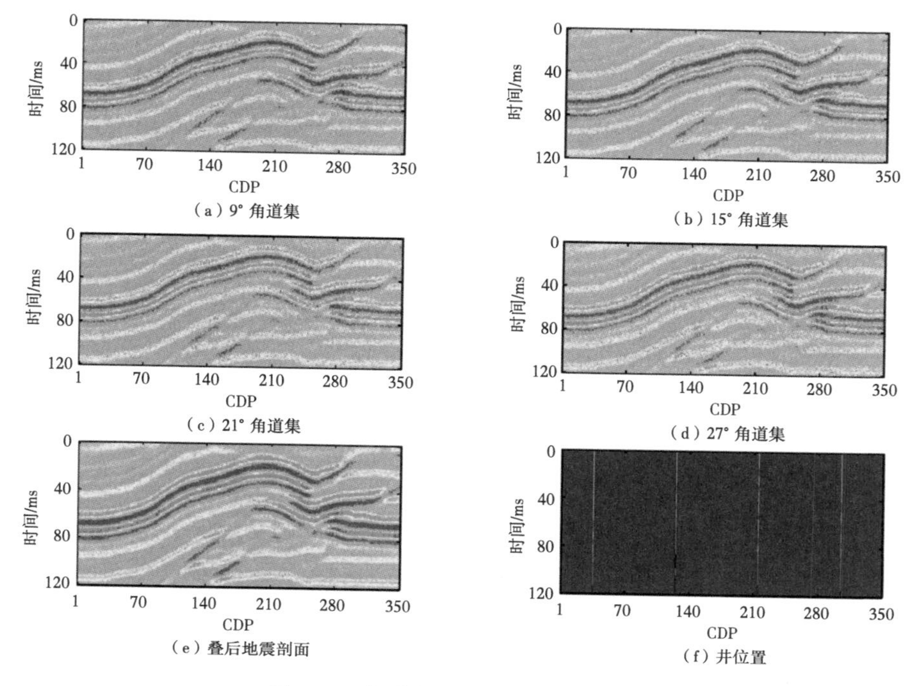

图 4.21 角道集、地震剖面和井位置

根据上述数据，进行反演算法的测试，反演结果如图 4.24 所示，与真实模型吻合，连续性较好。为进行对比，还进行了传统的基于变差函数的地质统计学反演，其结果如图 4.25 所示，可以看出，基于变差函数的反演结果，在井间连续性不好，其反映的构造特征有些模糊。

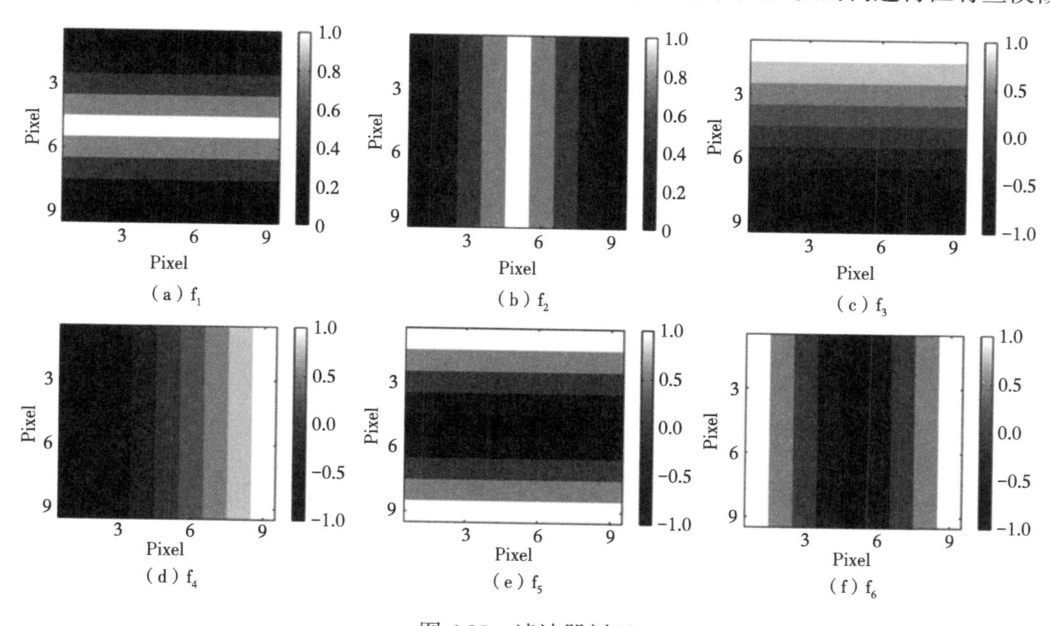

图 4.22 滤波器剖面

f_1—垂向均值滤波器；f_2—水平均值滤波器；f_3—垂向梯度滤波器；f_4—水平梯度滤波器

f_5—垂向曲率滤波器；f_6—水平曲率滤波器；Pixel—像素

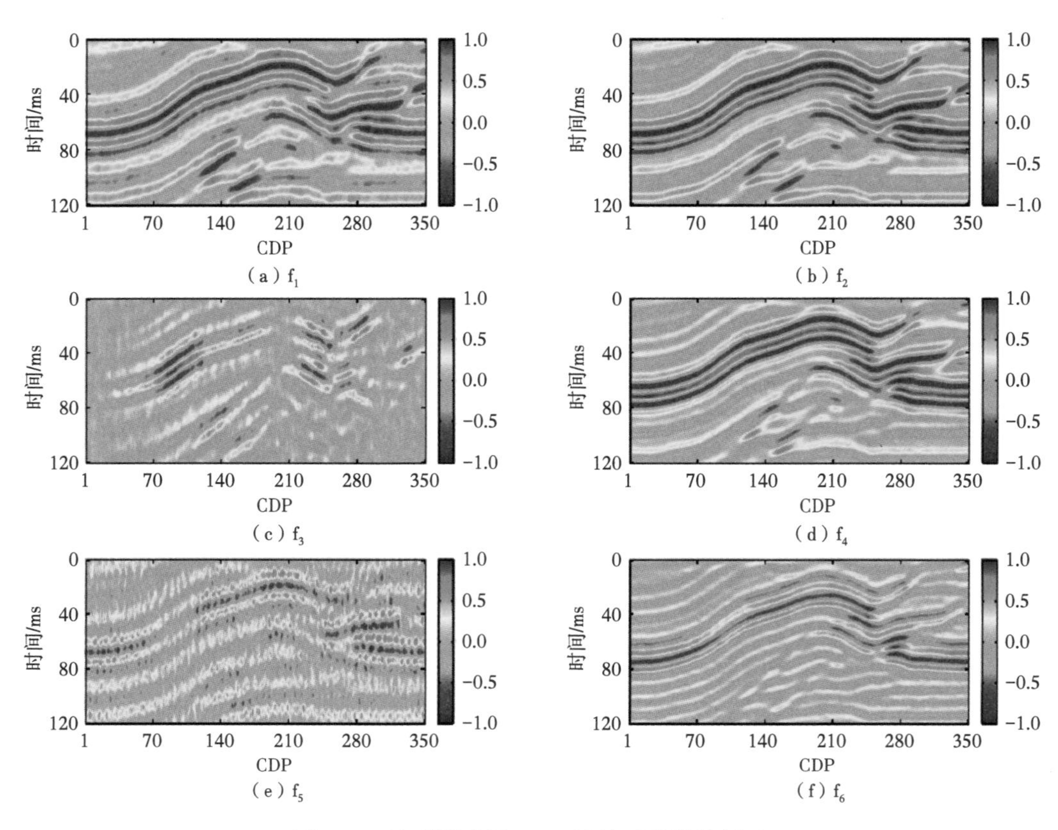

(a) f_1 (b) f_2 (c) f_3 (d) f_4 (e) f_5 (f) f_6

图 4.23 地质模式用 f_1—f_6 滤波后的得分剖面

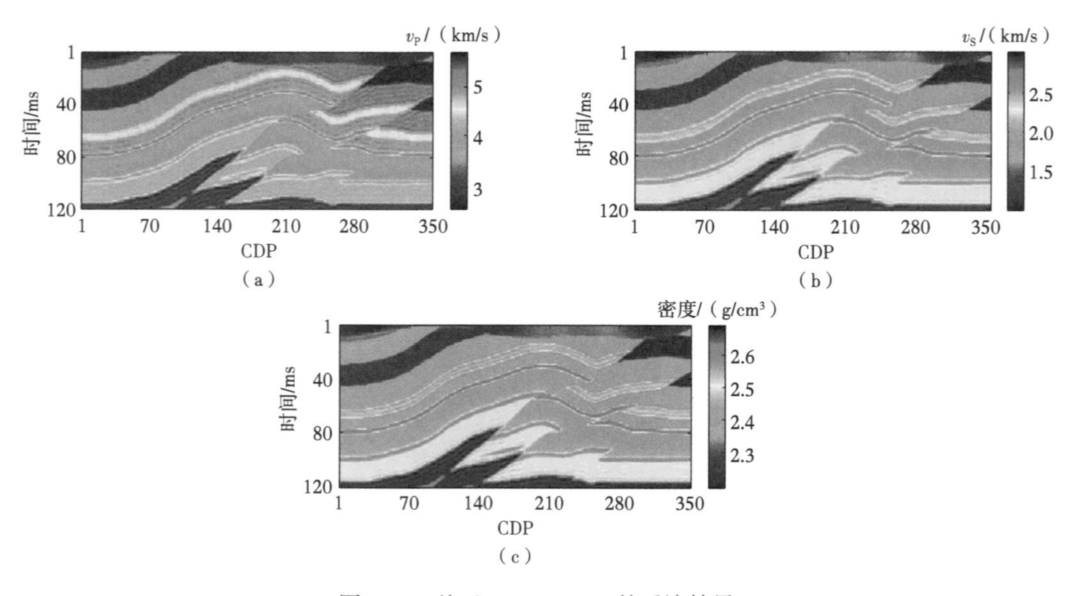

(a) (b) (c)

图 4.24 基于 FILTERSIM 的反演结果

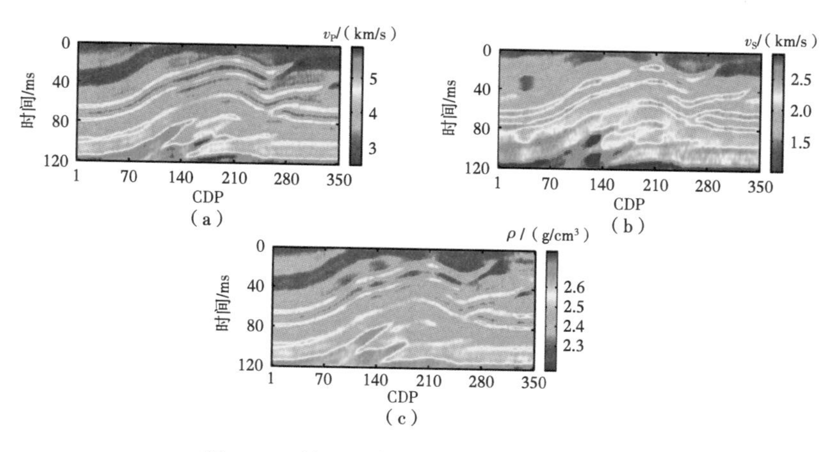

图 4.25　基于两点地质统计学的反演结果

采用来自大庆油田杏六中地区的部分实际资料对反演算法进行测试。测试数据为地下 600ms 到 1000ms 之间的一个目的层，水平距离为 8000m。经过处理之后的角道集有 4 个，角度分别为 9°，15°，21° 和 27°，如图 4.26（a）（b）（c）（d）所示。实际叠后地震剖面如图 4.26（e）所示。利用模型测试中所示的滤波器，从训练图像（叠后剖面）中获取得分剖面，得到的 6 个得分剖面如图 4.27 所示。在本次测试中，有两口井，分别位于 2300m 和 3600m 处，其中 3600m 处的井参与本次反演，2300m 处的井用作验证井。

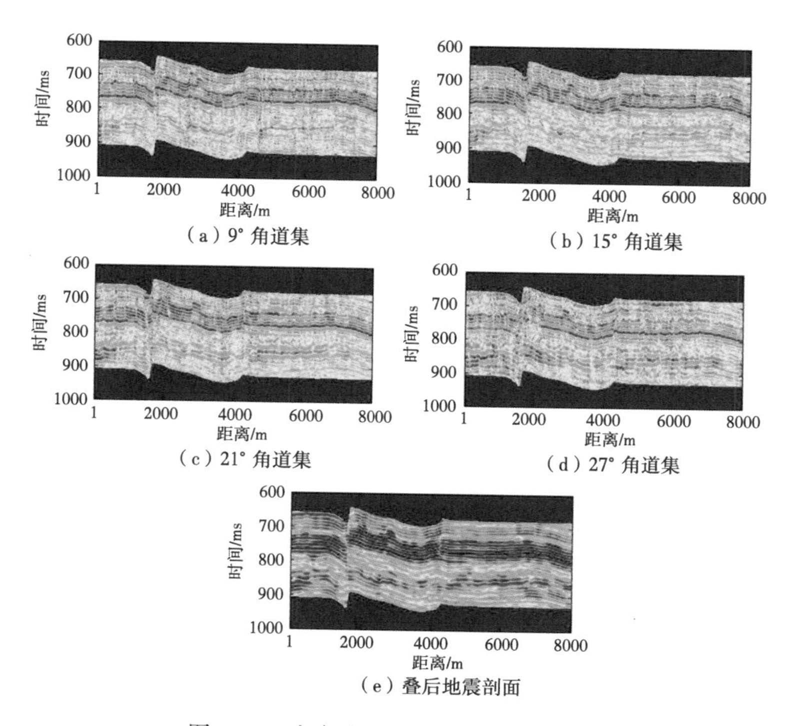

图 4.26　大庆油田杏六中地区测试数据

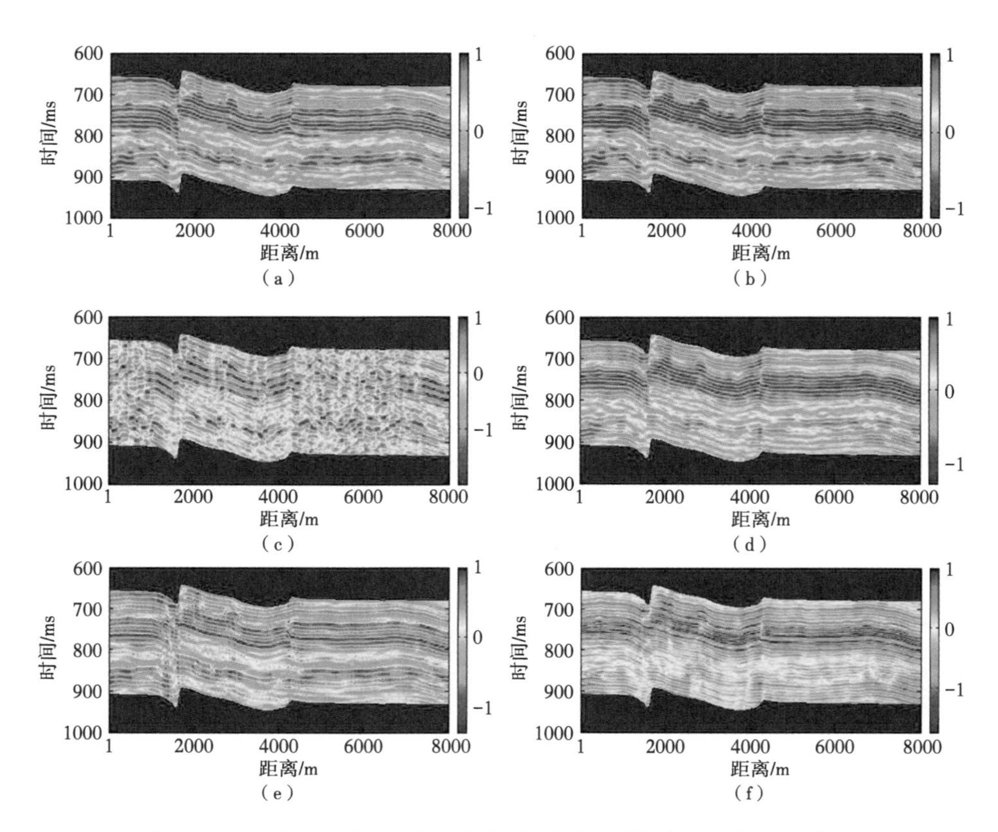

图 4.27 大庆油田杏六中地区测试数据训练图像滤波后的得分剖面

基于上述资料，进行实际资料反演测试。进行随机反演之前，先进行确定性反演，用其结果对随机反演进行质控。利用前文所述的线性贝叶斯反演的后验概率均值作为确定性反演结果。纵横波速度及密度的确定性反演结果如图 4.28 所示。

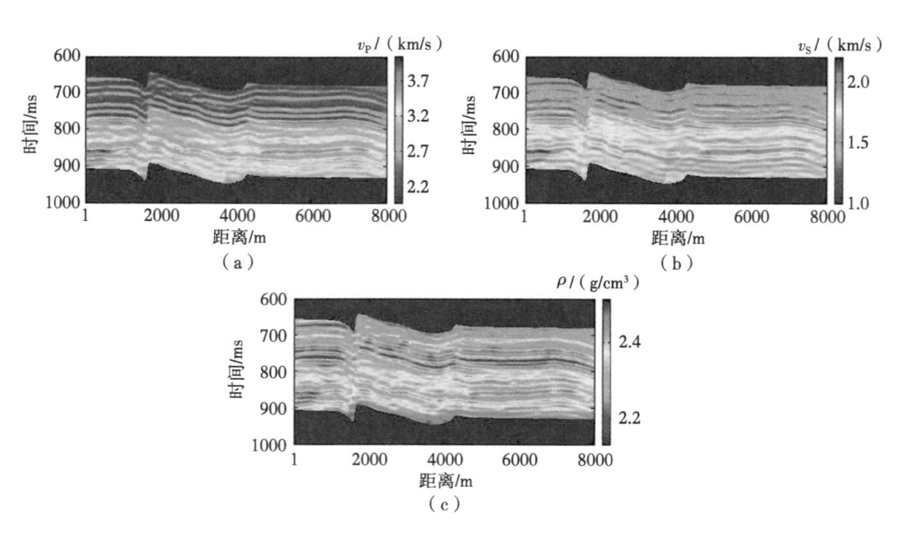

图 4.28 大庆油田杏六中地区测试数据确定性反演结果

在此基础之上，对所提出的多点地质统计学叠前随机反演方法进行测试。以确定性反演结果作质控，基于井数据和地震资料，得到叠前三参数的反演结果。图 4.29 显示了 4 次不同的纵波速度反演结果，图 4.30 显示了 4 次不同的横波速度反演结果，图 4.31 显示了 4 次不同的密度反演结果。为更加清晰地展示反演结果，将图 4.29 至图 4.31 中第一次随机反演结果，在井的位置处进行了局部放大，局部细节图均置于 4 次反演成果图之后，从图中可以看出，4 次反演结果虽然不同，但反映的地层大致形态相同，说明反演结果准确，但具有一定的不确定性。将参与反演的井（红色线）和验证井（蓝色线）的井曲线叠放到反演结果中，可以看出反演结果在验证井处能够很好地吻合。此外，本反演结果能够反映地质小层的变化规律，具有很高的分辨率，说明本方法能够利用多点地质统计学，整合地震数据和测井数据，实现高分辨率的随机反演。

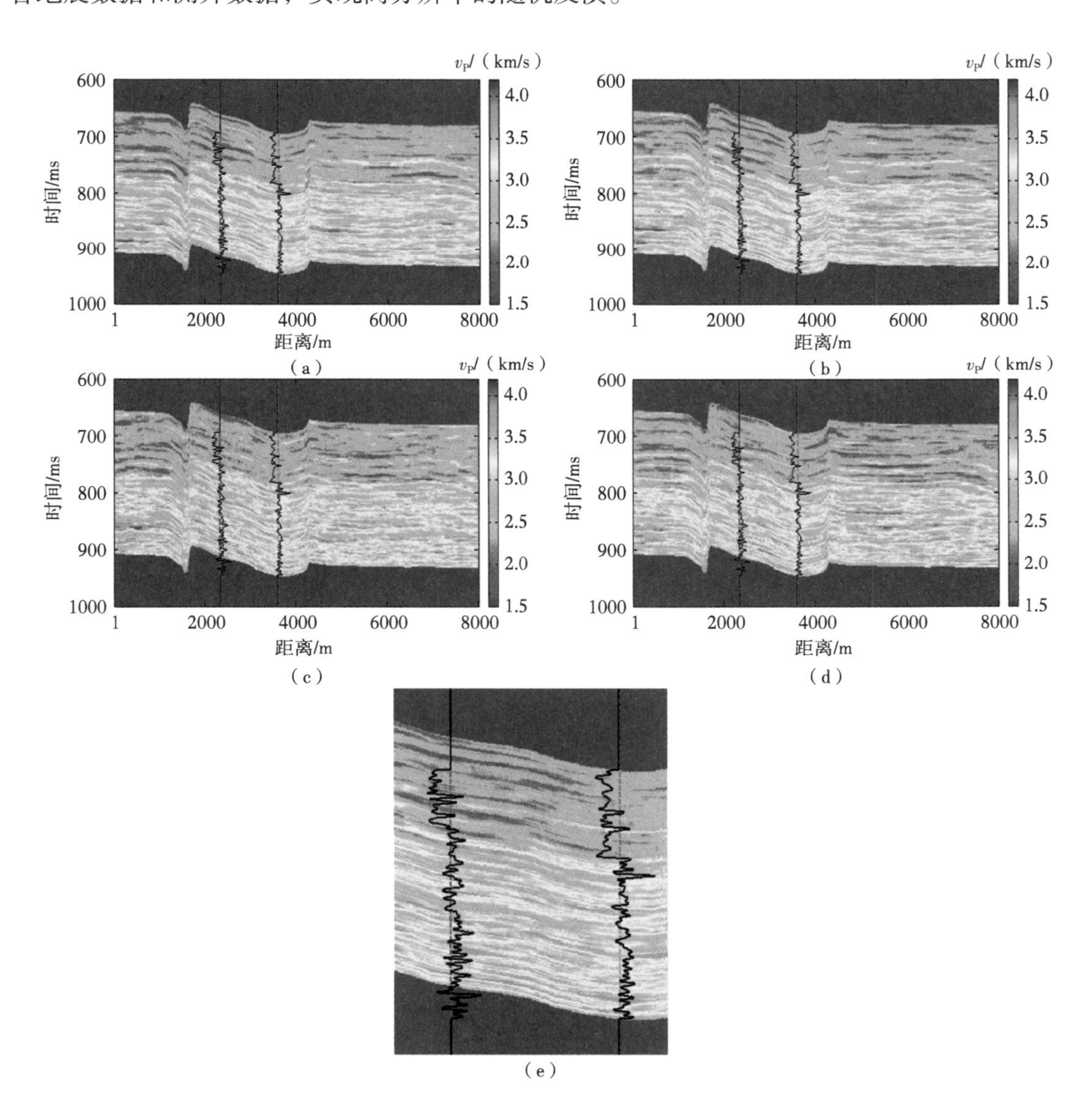

图 4.29　叠前地质统计学反演——四次纵波速度反演结果（a,b,c,d），以及第一次反演结果的局部细节图（e）

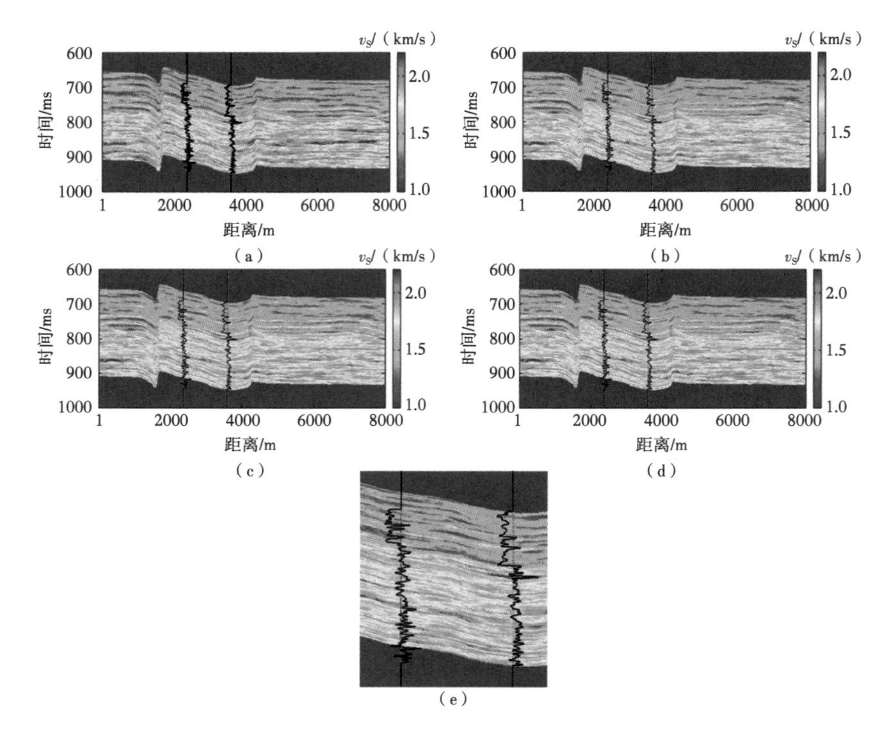

图 4.30　叠前地质统计学反演——4 次横波速度反演结果（a，b，c，d），以及第一次反演结果的局部细节图（e）

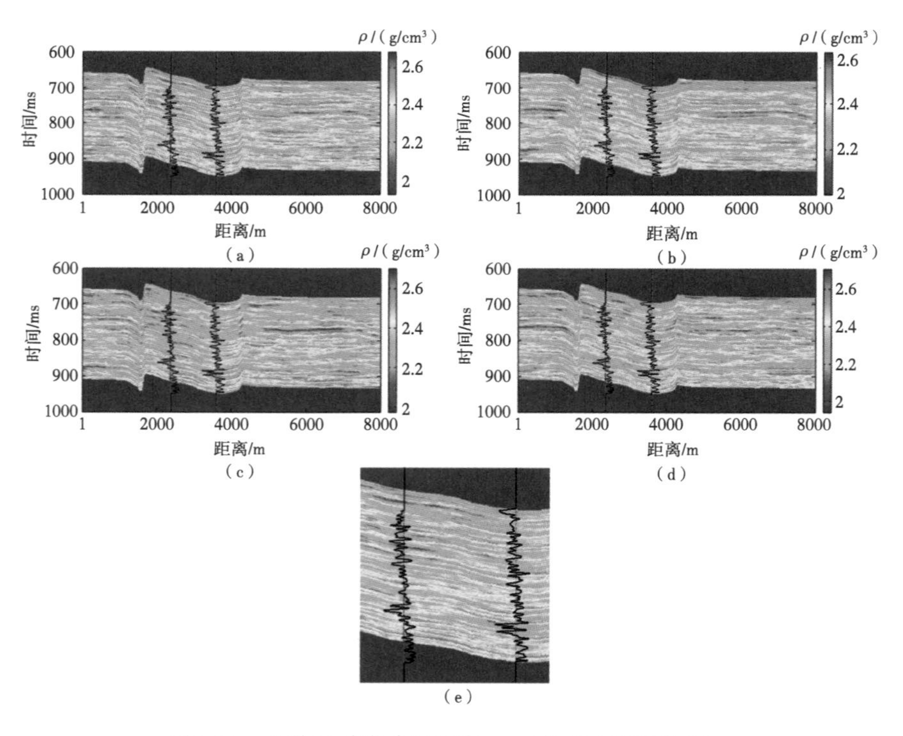

图 4.31　叠前地质统计学反演——4 次密度反演结果

4.5 基于 L1-2 范数叠前弹性参数反演技术

基于 L1-2 范数的叠前弹性参数反演方法结合了 L1-2 范数最小化问题、f—x 预测滤波的广义线性反演方法和基于贝叶斯框架的 AVO 反演。该技术综合考虑了反射系数的稀疏分布特征、地下参数的横向连续性，以及待反演参数的概率分布特征等因素。基于 L1-2 范数叠前弹性参数反演技术主要分为三部分：基于 L1-2 范数的稀疏重构、结合广义线性反演和 f—x 预测滤波的弹性阻抗反演、基于贝叶斯框架的叠前三参数反演，其流程图如图 4.32 所示。

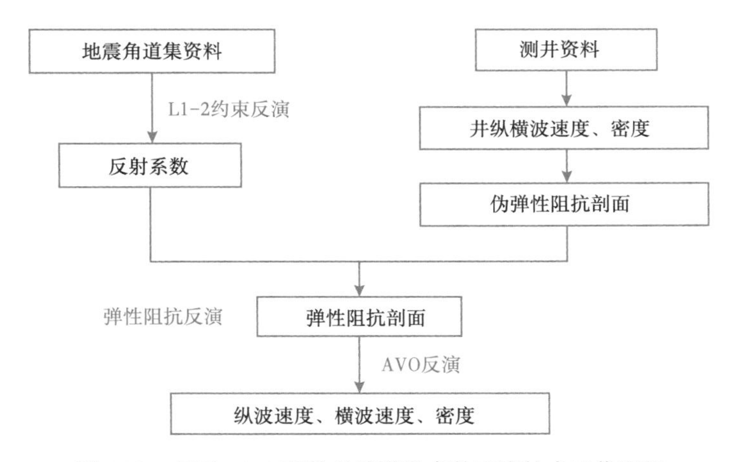

图 4.32 基于 L1-2 范数叠前弹性参数反演技术工作流程

4.5.1 反射系数重构

通常，褶积正演模型假设地下构造为一系列水平层状介质，基于褶积正演关系的角道集可以表示为[115]：

$$\boldsymbol{b}(\theta_{ia})=\boldsymbol{A}(\theta_{ia})*\boldsymbol{x}(\theta_{ia})+\boldsymbol{n}(\theta_{ia})\quad ia=1,2,\cdots,na \tag{4.38}$$

其中：θ_{ia} 为入射角度；$\boldsymbol{b}(\theta_{ia})$ 表示单道地震记录；$\boldsymbol{A}(\theta_{ia})$ 表示角度为 θ_{ia} 的子波矩阵；$\boldsymbol{x}(\theta_{ia})$ 表示反射系数；$\boldsymbol{n}(\theta_{ia})$ 表示随机噪声；符号 * 表示褶积运算；na 为角道集的角度数个。假设子波可以通过井震标定得到，即子波矩阵 $\boldsymbol{A}(\theta_{ia})$ 已知。基于 L1-2 范数的叠前弹性反演技术假设反射系数服从稀疏分布，常用的基于稀疏正则化的反射系数重构最优化问题可以表示为[47]：

$$\min f(\boldsymbol{x})=\|\boldsymbol{Ax}-\boldsymbol{b}\|_2^2+\lambda\|\boldsymbol{x}\|_1 \tag{4.39}$$

其中 λ 为超参数。在稀疏重构问题中，基于 L1 范数正则化的方法其优势在于有很多成熟的算法可以直接求解，如基追踪[47]、交替方向乘子法[116]、迭代硬阈值法[117]等。然而，L1 范数表示向量各元素绝对值的和，而 L0 范数表示向量中非零元素的个数，L1 范数对 L0 范数有偏离。由于这种偏差的存在，导致 L1 范数正则化的重构结果振幅值相比真实值小，且会损伤弱振幅反射系数来提高稀疏度。这个特征会使 L1 范数约束反演无法准确恢复出弱反射系数和薄互层反射系数。因此引入新的 L1-2 范数作为反射系数的正则项，新的目标函数可以表示为：

$$\min_{x}\frac{1}{2}\|\boldsymbol{A}\boldsymbol{x}-\boldsymbol{b}\|_2^2+\lambda\left(\|\boldsymbol{x}\|_1-\alpha\|\boldsymbol{x}\|_2\right) \tag{4.40}$$

其中，权重系数 α 的变化范围为 [0，1]，它用来减弱目标函数的不适定性 [118]。为了直观地理解 L1-2 范数相比于其他正则化范数更接近于 L0 范数的性质，以二维向量为例，分别绘制其不同范数的等值线图如图 4.33 所示，依次为 L0 范数、L1 范数、L2 范数、L3 范数、L1-2 范数和对数范数等值线图，可以看出，L1-2 范数的等值线分布形态更接近于 L0 范数，意味着 L1-2 范数可以更准确地恢复出稀疏向量，同时证明了相较于 L1 范数，L1-2 范数更近似于 L0 范数。

然而，求解非凸目标函数 [(式 4.40)] 依旧面临挑战。常规的加权重迭代算法求解非凸问题容易陷入局部极小值 [119]。为了更准确地求解该最优化问题，采用凸差分算法（DCA）将非凸目标函数分解为两个凸的子问题，再分别用交替方向乘子法（ADMM）求解 [120]。

DCA 算法是一种稳定有效的下降类算法 [121]，该方法主要求解由两个凸函数求差形式的目标函数：

$$F(\boldsymbol{x})=G(\boldsymbol{x})-H(\boldsymbol{x}) \tag{4-41}$$

其中，目标函数方程式（4.41）的求解转换为两个序列的迭代形式：

$$\begin{cases}\boldsymbol{y}^n\in\partial H\left(\boldsymbol{x}^n\right)\\ \boldsymbol{x}^{n+1}=\min\limits_{x}G(\boldsymbol{x})-\left(H\left(\boldsymbol{x}^n\right)+\left\langle\boldsymbol{y}^n,\boldsymbol{x}-\boldsymbol{x}^n\right\rangle\right)\end{cases} \tag{4.42}$$

其中 $\boldsymbol{y}^n$ 表示函数 H（$\boldsymbol{x}$）在 $\boldsymbol{x}^n$ 处的次梯度，可以表示为：

$$\boldsymbol{y}^n=\begin{cases}0 & 若\ \boldsymbol{x}^n=0\\ \alpha\lambda\dfrac{\boldsymbol{x}^n}{\|\boldsymbol{x}^n\|_2} & 否则\end{cases} \tag{4.43}$$

在每次 DCA 迭代中，$\{\boldsymbol{y}^n\}$ 可以直接获得，同时 L1 范数正则化的凸子问题表示为：

$$\boldsymbol{x}^{n+1}=\arg\min_{x}\frac{1}{2}\|\boldsymbol{A}\boldsymbol{x}-\boldsymbol{b}\|_2^2+\lambda\|\boldsymbol{x}\|_1+\left\langle\boldsymbol{x},\boldsymbol{y}^n\right\rangle \tag{4.44}$$

通过求解该目标函数更新序列 $\{\boldsymbol{x}^n\}$。为了把原问题转换成可以用 ADMM 求解的形式，引入辅助变量 $\boldsymbol{z}$，重新定义该目标函数：

$$\begin{gathered}\boldsymbol{x}^{n+1}=\arg\min_{x}\frac{1}{2}\|\boldsymbol{A}\boldsymbol{x}-\boldsymbol{b}\|_2^2+\left\langle\boldsymbol{y}^n,\boldsymbol{x}\right\rangle+\lambda\|\boldsymbol{z}\|_1\\ \text{subject to}\quad \boldsymbol{x}-\boldsymbol{z}=\boldsymbol{0}\end{gathered} \tag{4.45}$$

应用增广的拉格朗日乘子法，该最小化问题可以表示为：

$$L_{\beta}=\frac{1}{2}\|\boldsymbol{A}\boldsymbol{x}-\boldsymbol{b}\|_2^2+\left\langle \boldsymbol{y}^n,\boldsymbol{x}\right\rangle+\lambda\|\boldsymbol{z}\|_1+\boldsymbol{\omega}^{\mathrm{T}}\left(\boldsymbol{x}-\boldsymbol{z}\right)+\frac{\beta}{2}\|\boldsymbol{x}-\boldsymbol{z}\|_2^2 \tag{4.46}$$

其中 $\beta>0$ 是超参数，$\boldsymbol{\omega}$ 是拉格朗日乘子。无约束问题方程式（4.46）可以采用 ADMM 进行求解，第 $l+1$ 步内部迭代：

$$\begin{cases}\boldsymbol{x}^{l+1}=\left(\boldsymbol{A}^{\mathrm{T}}\boldsymbol{A}+\beta\boldsymbol{I}\right)^{-1}\left(\boldsymbol{A}^{\mathrm{T}}\boldsymbol{b}-\boldsymbol{y}^n+\beta\boldsymbol{z}^l-\boldsymbol{\omega}^l\right)\\ \boldsymbol{z}^{l+1}=S\left(\boldsymbol{x}^{l+1}+\boldsymbol{\omega}^l/\beta,\lambda/\beta\right)\\ \boldsymbol{\omega}^{l+1}=\boldsymbol{\omega}^l+\beta\left(\boldsymbol{x}^{l+1}-\boldsymbol{z}^{l+1}\right)\end{cases} \tag{4.47}$$

在 ADMM 和 DCA 迭代过程中，主要包含 DCA 外部循环和 ADMM 内部循环，两种迭代方法的终止标准相同：一是迭代达到预设的迭代次数，二是满足更新变量的更新值小于预设阈值。

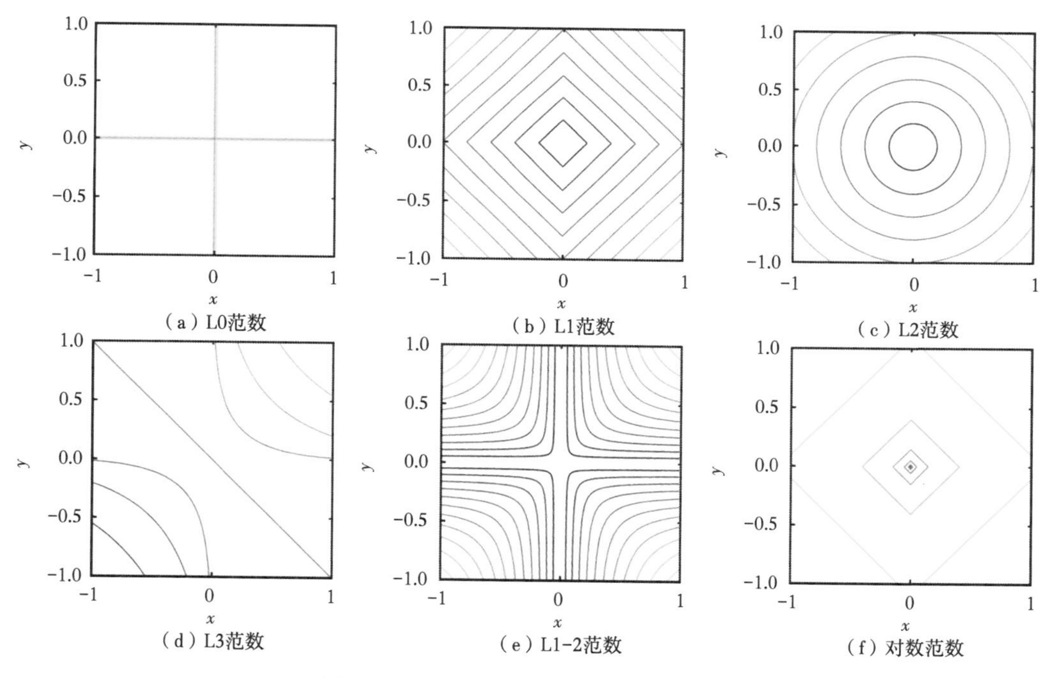

图 4.33　不同范数的二维向量等值线图

4.5.2　弹性阻抗反演

由于反射系数只能描述层位边界，它不能反映地下弹性参数的分布，所以有必要将反射系数转变为弹性阻抗，然后再转化为其他弹性参数以便于进行储层预测。重构的反射系数可以代入标准的递推公式求取不同角度的弹性阻抗。然而常规的递归类的方法获得的弹性阻抗对反射系数的准确度很敏感，存在误差累积问题，以及整体反演结果的准确性依赖于初始模型的第一个采样点。基于反射系数振幅值小于 0.3 的假设条件，反射系数和弹性阻抗之间的关系可以通过泰勒展开进行线性化[122]。在弹性阻抗反演中，结合 *f*—*x* 预测滤波和广义线性反演方法，以提高反演结果的横向连续性。利用相邻采样点的弹性阻抗，第 i 点的反射系数表示为：

$$r_i\left(\theta, EI_i, EI_{i+1}\right)=\frac{EI_{i+1}(\theta)-EI_i(\theta)}{EI_{i+1}(\theta)+EI_i(\theta)} \tag{4.48}$$

可以看出，以 θ 为入射角的第 $i+1$ 采样点的弹性阻抗可以由第 i 点的弹性阻抗和其对应的反射系数求取：

$$EI_{i+1}(\theta)=\frac{EI_i(\theta)\left[1+r_i\left(\theta, EI_i, EI_{i+1}\right)\right]}{1-r_i\left(\theta, EI_i, EI_{i+1}\right)} \tag{4.49}$$

将式（4-48）进行泰勒展开并舍弃高阶项可以得到：

$$r_i\left(\theta, EI_i, EI_{i+1}\right)=r_i^0\left(\theta, EI_i^0, EI_{i+1}^0\right)+\frac{\partial r_i\left(\theta, EI_i^0, EI_{i+1}^0\right)}{\partial EI_i}\delta EI_i(\theta)+\frac{\partial r_i\left(\theta, EI_i^0, EI_{i+1}^0\right)}{\partial EI_{i+1}}\delta EI_{i+1}(\theta) \tag{4.50}$$

其中 $r_i^0\left(\theta, EI_i^0, EI_{i+1}^0\right)$ 可以通过初始模型得到，$\delta EI_i(\theta)=EI_i(\theta)-EI_i^0(\theta)$ 为初始弹性阻抗模型的校正量，这里的反射系数通过 L1-2 范数重构得到。式（4.50）扩展到一个地震道可以写成矩阵的形式：

$$\begin{bmatrix} \delta r_1\left(\theta, EI_1, EI_2\right) \\ \delta r_2\left(\theta, EI_2, EI_3\right) \\ \vdots \\ \delta r_{N-1}\left(\theta, EI_{N-1}, EI_N\right) \end{bmatrix}=\boldsymbol{A}_E\begin{bmatrix} \delta EI_1(\theta) \\ \delta EI_2(\theta) \\ \vdots \\ \delta EI_{N-1}(\theta) \\ \delta EI_N(\theta) \end{bmatrix} \tag{4.51}$$

其中

$$\boldsymbol{A}_E=\begin{bmatrix} \frac{\partial r_1\left(\theta, EI_1, EI_2\right)}{\partial EI_1} & \frac{\partial r_1\left(\theta, EI_1, EI_2\right)}{\partial EI_1} & 0 & \cdots & 0 & 0 \\ 0 & \frac{\partial r_2\left(\theta, EI_2, EI_3\right)}{\partial EI_2} & \frac{\partial r_2\left(\theta, EI_2, EI_3\right)}{\partial EI_3} & \cdots & 0 & 0 \\ \vdots & \vdots & \vdots & \ddots & \vdots & \vdots \\ 0 & 0 & 0 & \cdots & \frac{\partial r_{N-1}\left(\theta, EI_{N-1}, EI_{N-1}\right)}{\partial EI_{N-1}} & \frac{\partial r_{N-1}\left(\theta, EI_{N-1}, EI_N\right)}{\partial EI_N} \end{bmatrix} \tag{4.52}$$

由于弹性阻抗反演和 L1-2 范数稀疏重构都是在单道上进行的，没有考虑地下介质的横向连续性，而观测资料地震记录有很高的横向连续性。利用地震记录同相轴较高的横向连续性，*f*—*x* 预测滤波目前已经广泛应用于地震记录信号插值和去噪[123-126]。在 L1-2 范数的叠前弹性反演技术中，基于地震记录同相轴具有横向连续性的假设，利用地震记录同相轴

在频率域的可预测性，对重构的反射系数进行 f—x 域滤波，并引入弹性阻抗的迭代反演中，以提高反演结果的横向连续性。假设重构的反射系数在时空域局部线性连续，在时空域反射系数可以表示为：

$$r(t,h+1)=r(t-h\psi\Delta x,1) \tag{4.53}$$

其中：ψ 表示线性反射系数序列的斜率；Δx 表示地震道间隔；h 表示地震道的数量。经过傅里叶变换后，式（4.53）在频率域可以表示为：

$$R(f,h+1)=R(f,1)\exp(-\mathrm{i}2\pi fh\psi\Delta x)=a(f,1)R(f,h) \tag{4.54}$$

其中 $R(f,h)$ 表示经过傅里叶变换的第 h 道的反射系数序列，将式（4.54）推广到用多道进行反射系数预测可以得到：

$$R(f,h+1)=\sum_{i=1}^{p}a(f,i)R(f,h+1-i) \tag{4.55}$$

其中 $a(f,i)$ 表示预测算子，从式（4.55）中可以看出，f—x 预测滤波利用相邻的 p 道反射系数加权求和预测单道反射系数，当目标区域地层沉积稳定，调整参数 p 使其变大，横向连续性更强；当目标区域地层复杂，参数 p 相应减小，防止模糊断层、边界等信息。最后，采用正向、反向预测滤波，分别用符号 F 和 B 表示，对两次的结果取均值，正向、反向 f—x 预测滤波可以表示为：

$$R_h^F(f)=\sum_{j=1}^{L}a_j^F(f)R_{h-j}^F(f) \qquad h=L+1,L+2,\cdots,N_{tr} \tag{4.56}$$

$$R_h^B(f)=\sum_{j=1}^{L}a_j^B(f)R_{h+j}^B(f) \qquad h=1,2,\cdots,N_{tr}-L \tag{4.57}$$

综上，结合 f—x 预测滤波的弹性阻抗反演方法可以分为三步：

（1）使用式（4.56）和式（4.57），将正向和反向 f—x 预测滤波应用到重构的反射系数序列，并将滤波后的反射系数序列作为广义线性反演的输入；

（2）计算弹性阻抗初始模型的反射系数，使用式（4.51）计算弹性阻抗修正量并更新初始模型；

（3）重复步骤（2），并且把更新得到的弹性阻抗模型作为步骤（2）的初始模型，直到弹性阻抗更新量小于预设阈值或达到迭代次数。

4.5.3　叠前三参数反演

弹性阻抗的概念最初于 1998 年由 Connolly 提出[26]，其表达式为：

$$EI(\theta)=v_{\mathrm{P}}^{a}v_{\mathrm{S}}^{b}\rho^{c} \tag{4.58}$$

其中

$$a=1+\tan^2\theta, b=-8K\sin^2\theta, c=1-4K\sin^2\theta, K=\left(v_S/v_P\right)^2 \tag{4.59}$$

如果获得了至少三个角度的弹性阻抗道集，纵横波速度和密度可以通过下述方程组求取：

$$\begin{pmatrix} \ln EI(\theta_1) \\ \ln EI(\theta_2) \\ \vdots \\ \ln EI(\theta_{na}) \end{pmatrix} = \begin{pmatrix} 1+\tan^2\theta_1 & -8K\sin^2\theta_1 & 1-4K\sin^2\theta_1 \\ 1+\tan^2\theta_2 & -8K\sin^2\theta_2 & 1-4K\sin^2\theta_2 \\ \vdots & \vdots & \vdots \\ 1+\tan^2\theta_{na} & -8K\sin^2\theta_{na} & 1-4K\sin^2\theta_{na} \end{pmatrix} \begin{pmatrix} \ln v_P \\ \ln v_S \\ \ln\rho \end{pmatrix} \tag{4.60}$$

然而，在数值计算中，褶积模型是基于自激自收的假设条件（即入射角为 0°），而且 Aki-Richards 近似公式在小角度范围内更接近 Zoeppritz 方程的精确解，因此小角度范围的叠前反演更加准确，同时实际生产中角度范围通常是有限的，但是小角度范围的反演会造成方程（4-60）系数矩阵条件数低，使解不稳定。为了获得唯一、稳定解，这里采用贝叶斯框架下的统计学模型，基于最大后验概率求取纵横波速度和密度。将单个采样点的三参数求解推广到单道反演，可以写成以下矩阵的形式：

$$\begin{bmatrix} \ln \boldsymbol{EI}_1 \\ \ln \boldsymbol{EI}_2 \\ \vdots \\ \ln \boldsymbol{EI}_{na} \end{bmatrix} = \begin{bmatrix} \boldsymbol{A}_1 & \boldsymbol{B}_1 & \boldsymbol{C}_1 \\ \boldsymbol{A}_2 & \boldsymbol{B}_2 & \boldsymbol{C}_2 \\ \vdots & \vdots & \vdots \\ \boldsymbol{A}_{na} & \boldsymbol{B}_{na} & \boldsymbol{C}_{na} \end{bmatrix} \begin{bmatrix} \ln \boldsymbol{v}_P \\ \ln \boldsymbol{v}_S \\ \ln\boldsymbol{\rho} \end{bmatrix} \tag{4.61}$$

其中，$\ln\boldsymbol{EI}_i$ 表示第 i 个入射角的对数弹性阻抗，$\ln\boldsymbol{v}_P$，$\ln\boldsymbol{v}_S$ 和 $\ln\boldsymbol{\rho}$ 表示单道的对数纵波速度，横波速度和密度，$\boldsymbol{A}_i$，$\boldsymbol{B}_i$ 和 $\boldsymbol{C}_i$ 表示 $N\times N$ 的对角矩阵，其中 N 表示采样点个数。式（4.61）右端的系数矩阵表示为 $\boldsymbol{G}$，左端对数阻抗和右端待反演参数的向量表示为 $\boldsymbol{d}$ 和 $\boldsymbol{m}$。根据贝叶斯理论，待反演参数 $\boldsymbol{m}$ 的后验概率可以表示为：

$$P(\boldsymbol{m}|\boldsymbol{d})=\frac{P(\boldsymbol{d}|\boldsymbol{m})P(\boldsymbol{m})}{P(\boldsymbol{d})}\propto P(\boldsymbol{d}|\boldsymbol{m})P(\boldsymbol{m}) \tag{4.62}$$

其中，$P(\boldsymbol{d}|\boldsymbol{m})$ 是似然函数，$P(\boldsymbol{m})$ 表示先验分布，$P(\boldsymbol{d})$ 表示边缘概率分布，假设观测地震记录的误差服从均值为 0 的高斯分布，似然函数可以表示为：

$$P(\boldsymbol{d}|\boldsymbol{m})=P_0\exp\left[-\left(2\sigma_n^2\right)^{-1}(\boldsymbol{d}-\boldsymbol{Gm})^{\mathrm{T}}(\boldsymbol{d}-\boldsymbol{Gm})\right] \tag{4.63}$$

其中 $P_0=1/(2\pi)^{N_{tr}N/2}\sigma^{N_{tr}N}$，$N_{tr}$ 表示地震道数，σ_n 表示误差的标准差。先验分布如何是高斯型的，则可以表示为：

$$P(\boldsymbol{m})=\frac{1}{(2\pi)^{3N/2}|\boldsymbol{\Sigma}|^{N/2}}\exp\left[-\frac{1}{2}\sum_{i=1}^{N}(\boldsymbol{m}_i-\boldsymbol{\mu}_m)^{\mathrm{T}}\boldsymbol{\Sigma}^{-1}(\boldsymbol{m}_i-\boldsymbol{\mu}_m)\right] \tag{4.64}$$

其中 $\boldsymbol{\Sigma}$ 是 3×3 的协方差矩阵，$\boldsymbol{m}_i$ 表示第 i 个采样点的纵横波速度和密度三个弹性参数，$\boldsymbol{\mu}_m$ 表示来自井数据的三参数的均值。将式（4.63）和式（4.64）代入式（4.62），可以得到最大后验概率的解[127]：

$$\min_{m}\left\{\left(\boldsymbol{d}-\boldsymbol{G}\boldsymbol{m}\right)^{\mathrm{T}}\left(\boldsymbol{d}-\boldsymbol{G}\boldsymbol{m}\right)+\sigma_n^2\sum_{i=1}^{N}\left(\boldsymbol{m}_i-\boldsymbol{\mu}_m\right)^{\mathrm{T}}\boldsymbol{\Sigma}^{-1}\left(\boldsymbol{m}_i-\boldsymbol{\mu}_m\right)\right\} \tag{4.65}$$

通过求解目标函数式（4.65），可以得到对数的纵横波速度和密度三参数，对该结果取自然指数，可以得到最终的反演解。

4.5.4 模型测试

在模型测试中，采用 SEG/EAGE 推覆体模型进行测试。该模型含有 181 个采样点，采样间隔 1ms，共 801 道。利用 50Hz 主频的雷克子波与真实模型褶积合成 0°，15° 和 30° 的角道集。为了检验该技术的抗噪性，在三个合成的角道集中加入信噪比为 6 的随机噪声。图 4.34（a）（b）（c）分别表示推覆体模型的真实纵波速度、横波速度和密度，图 4.34（d）（e）（f）分别表示 0°，15° 和 30° 角道集剖面。对真实模型进行低通滤波，得到用于反演的初始模型，如图 4.35 所示。在模型测试中，采用均方根误差衡量反演结果的准确性，并在 L1-2 范数的叠前反演中检验 *f*—*x* 预测滤波对提高反演结果横向连续性的效果进行测试。没有加入 *f*—*x* 预测滤波的 L1-2 范数叠前反演结果和加入 *f*—*x* 预测滤波的叠前反演结果如图 4.36 所示，其中图 4.36（a）（b）（c）为未加入 *f*—*x* 预测滤波的反演结果，图 4.36（d）（e）（f）为加入 *f*—*x* 预测滤波的反演结果。可以看出，结合 *f*—*x* 预测滤波的 L1-2 范数的叠前反演可以有效提高反演结果的横向连续性。最终的反演结果表明，推覆体模型中一些小的构造如薄层、尖灭、河道等可以清晰地表现出来。同时，反演结果的均方根误差见表 4.1 所示，其表达式为：

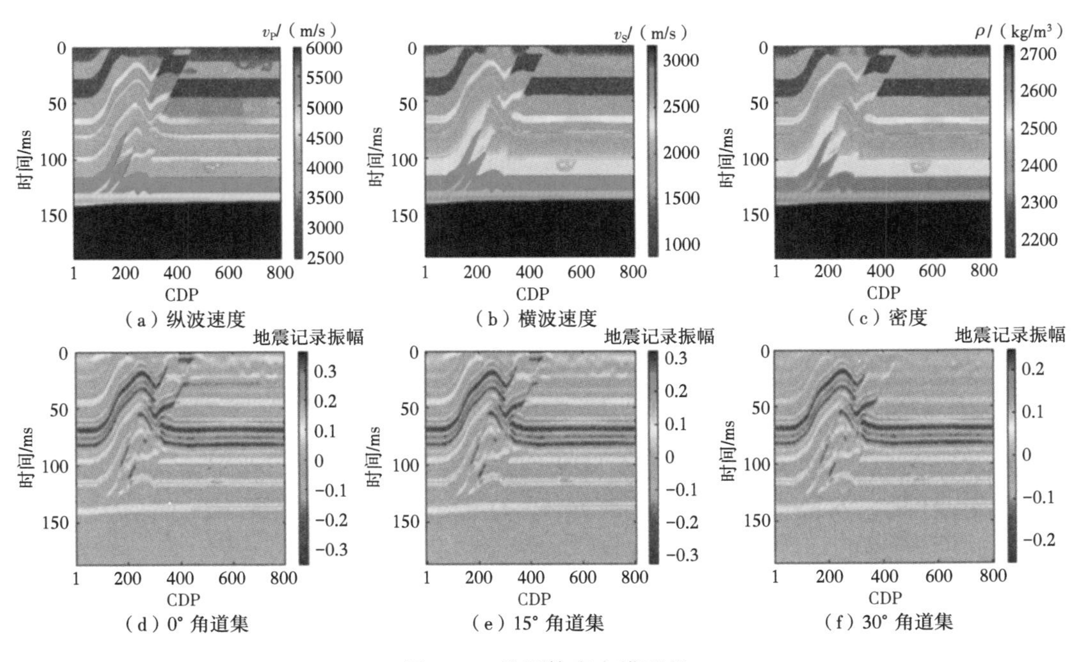

图 4.34　推覆体真实模型的

（a）（b）（c）为纵波速度、横波速度和密度的反演结果；（d）（e）（f）为信噪比为 6 的合成角道集

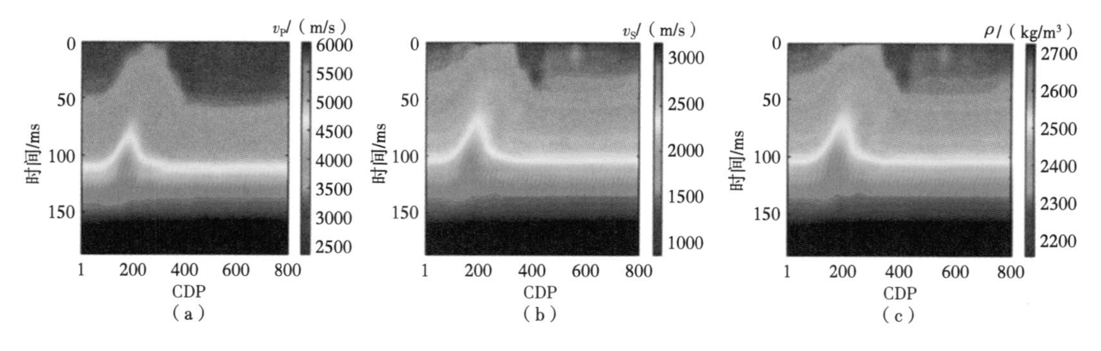

图 4.35　纵横波速度和密度的初始模型

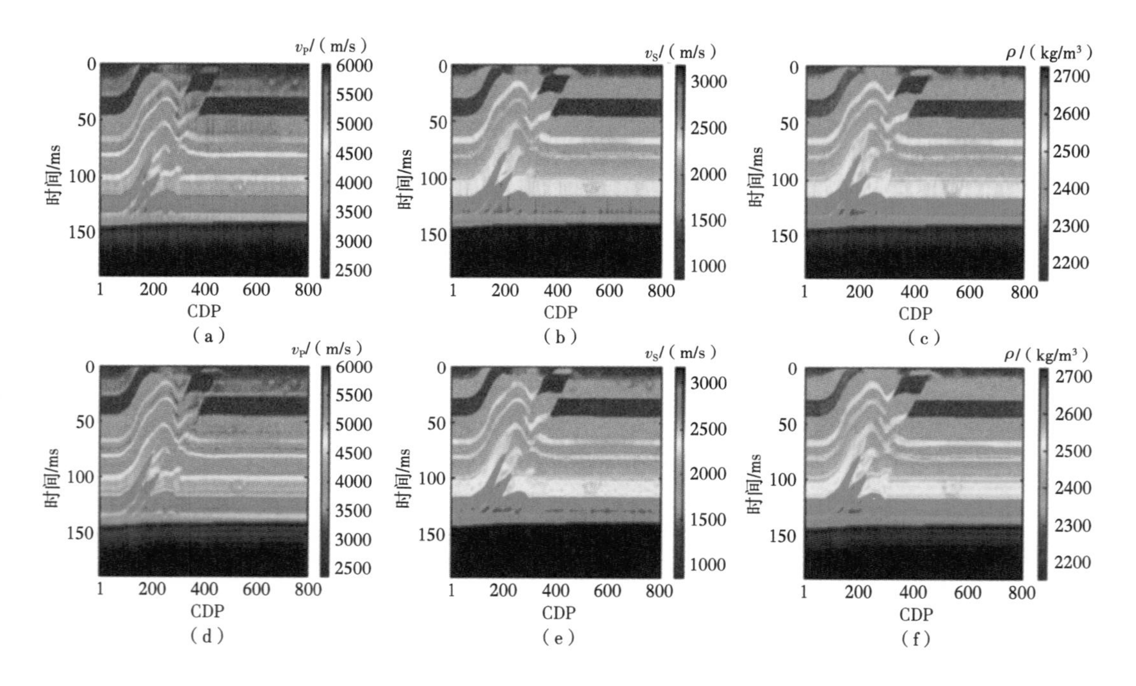

图 4.36　未加入 *f*—*x* 预测滤波的 L1-2 范数叠前反演结果（a）（b）（c）和加入 *f*—*x* 预测滤波的 L1-2 范数叠前反演结果（d）（e）（f）

$$\varepsilon=\sqrt{\frac{1}{n_t n_x}\sum_{i=1}^{n_x}\sum_{j=1}^{n_t}\left(\left(v_{\mathrm{P}}^{\text{true}}\right)_{i,j}-\left(v_{\mathrm{P}}^{\text{estimation}}\right)_{i,j}\right)^2} \tag{4-66}$$

三个弹性参数的均方根误差单位与对应参数一致。模型测试结果表明，基于 L1-2 范数叠前弹性反演技术可以较为准确地恢复出地下纵横波速度和密度，*f*—*x* 预测滤波可以从视觉上提高反演结果的横向连续性，并在量值上可以提高反演结果的准确性。如表 4.1 所示，纵波速度均方根误差相对于其他两个参数较大，主要是由于纵波速度变化范围较大的影响，而横波速度和密度变化范围较小，表现为其反演结果的均方根误差也较小。

表 4.1 基于 L1–2 范数叠前弹性反演结果的均方根误差

方法	纵波速度（m/s）	横波速度（m/s）	密度（kg/m³）
未引入 f—x 预测滤波	148.22	94.41	22.19
引入 f—x 预测滤波	141.73	84.73	21.21

选取 strata 软件中的 demo 数据进行了单井反演测试。位于该井处的角道集角度范围从 0° 到 45° 以 5° 为间隔，所有角度角道集用于反演。合成角道集使用由井震标定提取的 50Hz 主频子波与测井数据褶积获得，如图 4.37（a）所示。采用 L1–2 范数叠前弹性反演技术得到纵横波速度和密度如图 4.37（c）所示，其中蓝色曲线为井数据经过高截频为 10~15Hz 低通滤波得到的初始模型，黑色曲线为井数据，红色曲线为反演结果。反演得到的三参数与测井数据的相关系数分别为 0.9638，0.9017 和 0.9476。可以看出反演结果基本与测井数据匹配。为了检验该技术的抗噪性，在合成的角道集中加入高斯随机噪声使数据的信噪比为 2，如图 4.37（b）所示，其对应的反演结果如图 4.37（d）所示。由于在反演流程中引入初始模型，使得反演结果与测井数据趋势基本一致，反演得到的三参数与测井数据的相关系数分别为 0.8772，0.8281 和 0.8553，基本可以反映地层的弹性参数变化。

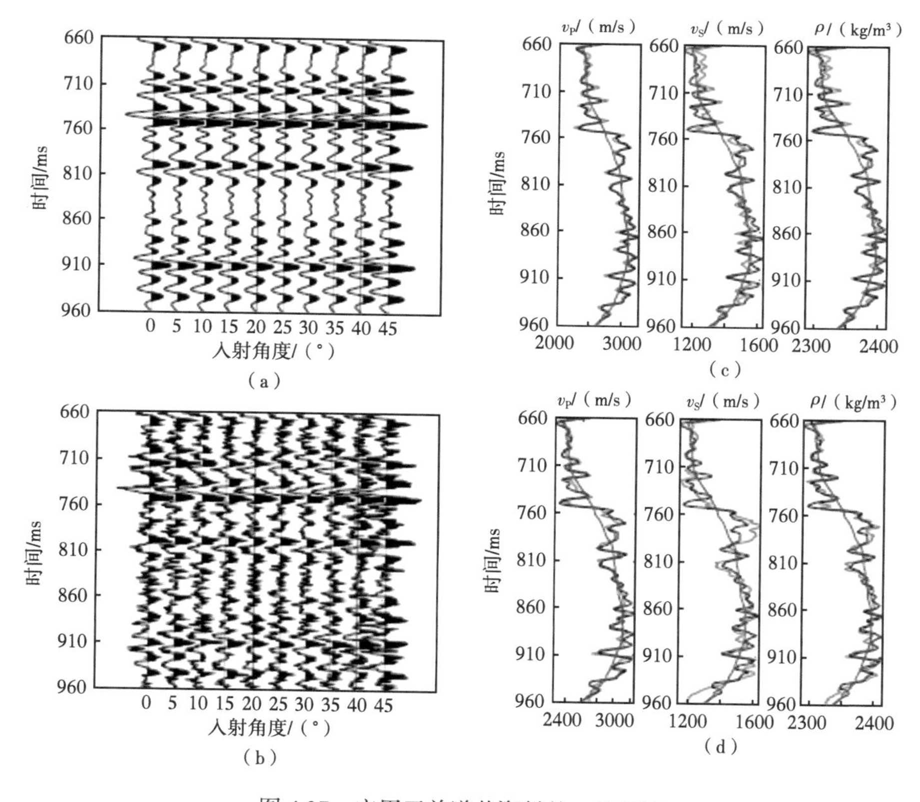

图 4.37 应用于单道井资料的一维反演

（a）合成无噪角道集；（b）合成信噪比为 2 的含噪角道集；（c）无噪角道集反演得到的纵横波速度和密度；（d）含噪角道集反演得到的纵横波速度和密度；（c）和（d）中的红线为反演结果，黑线为测井数据，蓝线为初始模型

但是，横波速度和密度反演结果相对较差，一方面是由于角道集角度范围限制和密度量级相对较小而导致密度反演效果相对较差；另一方面，由于 Aki-Richards 近似公式中纵横波速度比直接赋值为常数，导致横波速度反演结果相对较差，但三参数的反演结果基本可以反映地层弹性参数变化。在信噪比为 2 的情况下，反演结果的相关系数大于 0.8，表明反演结果精度可以接受。

参考文献

[1] 刘文岭．油藏地球物理学基础与关键解释技术［M］．北京：石油工业出版社，2014.

[2] 陆基孟，王永刚．地震勘探原理［M］．东营：中国石油大学出版社，2011.

[3] Knott C G. Reflexion and refraction of elastic waves，with seismological application[J]. The London，Edinburgh，and Dublin Philosophical Magazine and Journal of Science，1899，48（290）：64-97.

[4] Zoeppritz K. On the reflection and penetration of seismic waves through unstable layers[J]. Gottinger Nachrichten，1919，1：66-84.

[5] Bortfeld R. Approximation to the reflection and transmission coefficients of plane longitudinal and transverse waves[J]. Geophysical Prospecting，1961，9（4）：485-502.

[6] Aki K，Richards P G. Quantitative seismology，2nd Edition[M]. New York：W.H. Freeman and Company，2002.

[7] Shuey R T. A simplification of the Zoeppritz equations[J]. Geophysics，1985，50（4）：609-614.

[8] Smith G C，Gidlow P M. Weighted stacking for rock property estimation and detection of gas[J]. Geophysical Prospecting，1987，35（9）：993-1014.

[9] Gray D. Bridging the gap：using AVO to detect changes in fundamental elastic constants[C]. Ann Internet Expanded Abstract of 59th SEG Mtg. ,1999：852-855.

[10] Gelfand，V，et al. Seismic lithologic modeling of amplitude-versus-offset data[C]. Proceedings of the 56th Annual Meeting of the SEG，1986：334-336.

[11] Fatti J L，Smith G C，Vail P J，et al. Detection of has in sandstone reservoirs using AVO analysis：a 3D seismic case history using the geostack technique[J]. Geophysics，1994，59（9）：1362-1376.

[12] 陈建江 . AVO 三参数反演方法研究：[D]. 青岛：中国石油大学（华东），2007.

[13] Castagna J P，Backus M M. Offset-dependent reflectivity theory and practice of AVO analysis [M]. Tulsa：Society of Exploration Geophysicists，1993.

[14] Gray D. P-S converted-wave AVO[C]. 73rd Ann. Internet Mtg. Soc. of Expl. Geophys，2003：165-168.

[15] Jin S，Cambois G，Vuillermoz C. Shear-wave velocity and density estimation from PS-wave AVO analysis：application to an OBS dataset from the North Sea[J]. Geophysics，2000，65（5）：1446-1454.

[16] Landro M. Discrimination between pressure and fluid saturation changes from time-lapse seismic data[J]. Geophysics，2001，66（3）：836-844.

[17] Larsen J，Margrave G，Lu H X. AVO analysis by simultaneous P-P and P-S weighted stacking applied to 3C-3D seismic data[C]. 69th Ann Internat Mtg Soc of Expl Geophys，1999：721-724.

[18] Tarantola A. Inversion of seismic reflection data in the acoustic approximation[J]. Geophysics，1984，49（8）：1259-1266.

[19] Mora P. Nonlinear two-dimensional elastic inversion of multioffset seismic data[J]. Geophysics，1987，52（9）：1211-1228.

[20] Mora P. Elastic wave-field inversion of reflection and transmission data[J]. Geophysics，1988，53（6）：750-759.

[21] Tarantola A. A strategy for nonlinear inversion of seismic reflection data[J]. Geophysics，1986，51（10）：1893-1903.

[22] Crase E，Pica A，Noble M，et al. Robust elastic nonlinear waveform inversion：Application to real data[J]. Geophysics，1990，55（5）：527-538.

[23] Crase E，Wideman C，Noble M T A. Nonlinear elastic waveform inversion of land seismic reflection data[J]. Journal of Geophysical Research，1992，97（B4）：4685-4703.

[24] Bunks C，Saleck F，Zaleski S，et al. Multiscale seismic waveform inversion[J]. Geophysics，1995，60(5)：1457-1473.

[25] Boonyasiriwat C P，Valasek P，Routh W，et al. An efficient multiscale method for time-domain waveform tomography[J]. Geophysics，2009，74（6）：WCC59- WCC68.

[26] Connolly P. Elastic impedance[J]. The Leading Edge，1999，18（4）：438-452.

[27] 张进．地震叠前数据的弹性阻抗非线性反演方法研究 [D]. 青岛：中国海洋大学，2009.

[28] Whitcombe D N. Elastic impedance normalization[J]. Geophysics，2002，67（1）：60-62.

[29] Cambois G. AVO inversion and elastic impedance[C]. 70th Ann. Internet. Mgt.，Soc. Expl. Geophys. Expanded Abstract，2000：142-145.

[30] Verwest B，Masters R，Sena A. Elastic impedance inversion[C]. Expanded Abstracts of 70th SEG Mtg. 2000：1580-1582.

[31] Mallick S. AVO and elastic impedance[J]. The Leading Edge，2001，20（10）：1094-1104.

[32] Santos L T，Tygel M，Ramos A C B. Reflection Impedance[C]. SEG Technical Program，Expanded Abstract，2002：225-228.

[33] Quakenbush M，Shang B，Tuttle C. Poisson impedance[J]. The Leading Edge，2006，25（2）：128-138.

[34] 王保丽．基于 Gray 近似的弹性波阻抗方程及反演．石油地球物理勘探 [J]. 2007，42（4）：435-439

[35] 王保丽．基于 Fatti 近似的弹性阻抗方程及反演．地球物理学进展 [J]. 2008，23（1）：192-197.

[36] Ozdemir H，Ronen S，Olofsson B，et al. Simultaneous multicomponent AVO inversion[C]. Expanded Abstracts of 71st Annual Internat SEG Mtg，2001：269-272.

[37] Ma X Q. Simultaneous inversion of prestack seismic data for rock properties using simulated annealing[J]. Geophysics，2002，67（10）：1877-1885.

[38] 苑书金，盆宁，于常青．叠前联合反演 P 波阻抗和 S 波阻抗的研究及应用 [J]. 石油地球物理勘探，2005，40（3）：339-342.

[39] Contreras A，Verdin C T，Fasnacht T. AVA simultaneous inversion of partially stacked seismic amplitude data for the spatial delineation of lithology and fluid units of deepwater hydrocarbon reservoirs in the central Gulf of Mexico[J]. Geophysics，2006，71（4）：41-48.

[40] 杨培杰，穆星，印兴耀．叠前三参数同步反演方法及其应用 [J]. 石油学报，2009，30（2）：232-236.

[41] Tikhonov A N. Solution of incorrectly formulated problems and the regularization method[J]. Soviet Mathematical Doklady，1963，4: 1035–1038.

[42] Buland A，Omre H. Bayesian linearized AVO inversion[J]. Geophysics，2003，68：185–198.

[43] Alemie W，Sacchi M D. 2011，High-resolution three-term AVO inversion by means of a trivariate Cauchy probability distribution[J]. Geophysics，76（3）：R43–R55.

[44] Hansen T，Cordua K，Mosegaard K. Inverse problems with non- trivial priors：Efficient solution through

sequential Gibbs sampling[J]. Computational Geoscience，2012，16：593–611.
[45] Connolly P，Hughes M. Stochastic inversion by matching to large numbers of pseudo-wells[J]. Geophysics，2016，81（2）：7–22.
[46] Siri M H，Deutsch C V. Multivariate stochastic seismic inversion with adaptive sampling[J]. Geophysics，2018，83（5）：429–448.
[47] Zhang R，Castagna J. Seismic sparse-layer reflectivity inversion using basis pursuit decomposition[J]. Geophysics，2011，76（6）：147–158.
[48] Yuan S，Wang S，Luo C，et al. Simultaneous multitrace inversion with transform-domain sparsity promotion[J]. Geophysics，2015，80（2）：71–80.
[49] She B，Wang Y，Liang J，et al. A data-driven amplitude variation with offset inversion method via learned dictionaries and sparse representation[J]. Geophysics，2018，83（6）：725–748.
[50] Bortoli L J，Alabert F，Haas A，et al. Constraining stochastic images to seismic data [M]. Netherlands：Springer，1993.
[51] Caers J，Zhang T F. Multiple-point Geostatistics：a quantitative vehicle for integrating geologic analogs into multiple reservoir models[J]. AAPG Memoir，2002，80（80）：383-394.
[52] Guardino F B，Srivastava R M. Multivariate geostatistics：beyond bivariate moment[M]. Netherlands：Springer，1993.
[53] Strebelle S. Conditional simulation of complex geological structures using multiple-Point statistics[J]. Mathematical Geology，2002，34（1）：1-21.
[54] Liu Y. Using the snesim program for multiple-point statistical simulation[J]. Computers & Geoences，2006，32（10）：1544-1563.
[55] 王华忠，郭颂，周阳．“两宽一高”地震数据下的宽带波阻抗建模技术 [J]. 石油物探，2019，58(1)：5-12.
[56] 宗兆云，印兴耀，张峰，等．杨氏模量和泊松比反射系数近似方程及叠前地震反演 [J]. 地球物理学报，2012，55（11）：3786-3794.
[57] 曹丹平，印兴耀，张繁昌．井间地震约束下的高分辨率波阻抗反演方法研究 [J]. 石油物探，2010，49（5）：425-429.
[58] Haas A，Dubrule O. Geostatistical inversion：a sequential method of stochastic reservoir modeling constrained by seismic data[J]. First Break，1994，12（11）：561-9.
[59] Debeye H W J，Sabbah E，Made P M V D. Stochastic Inversion[C]. SEG Expanded Abstracts，1996：1212.
[60] Hansen T M，Journel A G，Tarantola A，et al. Linear inverse gaussian theory and geostatistics[J]. Geophysics，2006，71（71）：R101-R11.
[61] Alvaro G C，Carlos T V，Van D P. Geostatistical inversion of 3D seismic data to extrapolate wireline petrophysical variables laterally away from the well [C]. SPE Annual Technical Conference and Exhibition，2000：1-4.
[62] Contreras A，Kvien K，Fasnacht T，et al. T-15 AVA stochastic inversion of pre-stack seismic data and well logs for 3D reservoir modeling[C]. 67th EAGE Conference & Exhibition，2005：1-4.
[63] Cordua K S，Hansen T M，Mosegaard K. Nonlinear AVO inversion using geostatistical a priori information[C]. 14th Annual Conference of the International Association for Mathematical Geoscience，2010：264-275.
[64] Grana D，Fjeldstad T，Omre H. Bayesian Gaussian mixture linear inversion for geophysical inverse problems[J]. Mathematical Geosciences，2017，49（4）：493-515.

[65] Grana D，Mukerji T，Dovera L，et al. Sequential simulations of mixed discrete-continuous properties：sequential gaussian mixture simulation. Geostatistics Oslo 2012[M]. Netherlands：Springer，2012：239-250.

[66] Grana D，Mukerji T，Dvorkin J，et al. Stochastic inversion of facies from seismic data based on sequential simulations and probability perturbation method[J]. Geophysics，2012，77（4）：53-72.

[67] Grana D，Rossa E D. Probabilistic petrophysical-properties estimation integrating statistical rock physics with seismic inversion[J]. Geophysics，2010，75（3）：O21-O37.

[68] Pereira P，Bordignon F，Azevedo L，et al. Strategies for integrating uncertainty in iterative geostatistical seismic inversion[J]. Geophysics，2019，84（2）：207-219.

[69] 张广智，王丹阳，印兴耀. 利用 MCMC 方法估算地震参数 [J]. 石油地球物理勘探，2011，46（4）：605-609，667，496-497.

[70] 张广智，王丹阳，印兴耀，et al. 基于 MCMC 的叠前地震反演方法研究 [J]. 地球物理学报，2011，54（11）：2926-2932.

[71] 邹雅铭，关守军. 基于序贯高斯模拟的随机地震反演方法 [C]. 中国地球物理学会年会 2013——第二十分会场论文集，2013.

[72] 肖张波. 地震数据约束下的贝叶斯随机反演方法研究 [D]. 青岛：中国石油大学（华东），2013.

[73] 孙瑞莹，印兴耀，王保丽，等. 基于 Metropolis 抽样的弹性阻抗随机反演 [J]. 物探与化探，2015，39（1）：203-210.

[74] 张广智，潘新朋，孙昌路，等. 纵横波联合叠前自适应 MCMC 反演方法 [J]. 石油地球物理勘探，2016，51（5）：938-946.

[75] 董奇，卢双舫，张学娟，等. 地质统计学反演参数选取及反演结果可靠性分析 [J]. 物探与化探，2013，37（2）：328-332.

[76] González E F，Mukerji T，Mavko G. Seismic inversion combining rock physics and multiple-point geostatistics[J]. Geophysics，2007，73（1）：11.

[77] Journel A G. Combining knowledge from diverse sources：an alternative to traditional data independence hypotheses[J]. Mathematical Geology，2002，34（5）：573-596.

[78] 杨培杰. 地质统计学反演——从两点到多点 [J]. 地球物理学进展，2014，29（5）：2293-2300.

[79] 李宁. 基于模拟退火的地质统计学反演方法研究 [D]. 青岛：中国石油大学（华东），2013.

[80] 王芳芳，陈小宏，李景叶. 多点地质统计学整合地震数据的方法研究 [C]. 中国石油学会 2012 年物探技术研讨会，2012.

[81] Liu X Y，Chen X H，Li J Y，et al. A stochastic inversion method based on multi-point geostatistics[C]. The 79th EAGE Conference and Exhibition，2017：1-5.

[82] Lange K，Frydendall J，Cordua K S，et al. A Frequency matching method：solving inverse problems by use of geologically realistic prior information[J]. Mathematical Geosciences，2012，44（7）：783-803.

[83] Grana D，Mukerji T，Dovera L，et al. Sequential simulations of mixed discrete-continuous properties：sequential gaussian mixture simulation[M]. Netherlands：Springer，2012，

[84] Grana D，Monte A A D. A probabilistic approach to 3D joint estimation of reservoir properties based on Gaussian Mixture Models[C]. Proceedings of the SEG Technical Program Expanded，2010.

[85] Dowd P，Sarac C. A neural network approach to geostatistical simulation[J]. Mathematical Geology，1994，26（4）：491-503.

[86] Zhang TF，Tilke P，Dupont E，et al. Generating geologically realistic 3D reservoir facies models using deep learning of sedimentary architecture with generative adversarial networks[J]. Petroleum Science，2019，16（3）：1-9.

[87] Liu M, Grana D. Accelerating geostatistical seismic inversion using TensorFlow : A heterogeneous distributed deep learning framework[J]. Computers & Geosciences, 2019, 124: 37-45.

[88] Chan S, Elsheikh A H. Parametric generation of conditional geological realizations using generative neural networks[J]. Computational Geosciences, 2019, 23 (5): 925-952.

[89] Chen L, Ren C, Li L, et al. A comparative assessment of geostatistical, machine learning, and hybrid approaches for mapping topsoil organic carbon content [J]. ISPRS International Journal of Geo-information, 2019, 8 (4): 174.

[90] Das V, Pollack A, Wollner U, et al. Convolutional neural network for seismic impedance inversion [C]. SEG Technical Program Expanded Abstracts 2018. Society of Exploration Geophysicists. 2018: 2071-2075.

[91] Hoversten G, Chen J, Commer M. Machine-learning enhanced AVA inversion for flow model generation[C]. Proceedings of the 81st EAGE Conference and Exhibition 2019.

[92] Laloy E, Linde N, Ruffino C, et al. Gradient-based deterministic inversion of geophysical data with generative adversarial networks : is it feasible [J] Computers & Geosciences, 2019, 133: 1-12.

[93] 何琰，殷军，吴念胜 . 储层非均质性描述的地质统计学方法 [J]. 西南石油学院学报，2001，23（3）: 13-15.

[94] 李东安，宁俊瑞，刘振峰 . 用神经网络和地质统计学综合多元信息进行储层预测 [J]. 石油与天然气地质，2010，31（4）: 493-498.

[95] 刘小亮，于兴河，李胜利 . BP 神经网络与多点地质统计相结合的井震约束浊积水道模拟 [J]. 石油天然气学报，2012，34（6）: 36-42.

[96] Straubhaar J, Renard P, Mariethoz G, et al. An improved parallel multiple-point algorithm using a list approach[J]. Mathematical Geosciences, 2011, 43 (3): 305-328.

[97] Arpat G B. Sequential simulation with patterns[D]. California, Stanford : Stanford University, 2005.

[98] Arpat G B, Caers J. Conditional simulation with patterns[J]. Mathematical Geology, 2007, 39 (2): 177-203.

[99] Zhang T, Switzer P, Journel A. Filter-based classification of training image patterns for spatial simulation[J]. Mathematical Geology, 2006, 38 (1): 63-80.

[100] Honarkhah M, Caers J. Stochastic simulation of patterns using distance-based pattern modeling[J]. Mathematical Geosciences, 2010, 42 (5): 487-517.

[101] 吴胜和 . 储层表征与建 [M]. 北京：石油工业出版社，2010.

[102] 吴胜和，李文克 . 多点地质统计学——理论、应用与展望 [J]. 古地理学报，2005，7（1）: 137-144.

[103] 尹艳树，吴胜和，张昌民，等 . 基于储层骨架的多点地质统计学方法 [J]. 中国科学，2008（S2）: 160-167.

[104] 尹艳树，吴胜和，翟瑞，等 . 利用 SIMPAT 模拟河流相储层分布 [J]. 西南石油大学学报（自然科学版），2008，30（2）: 19-22.

[105] 尹艳树，张昌民，李玖勇，等 . 多点地质统计学研究进展与展望 [J]. 古地理学报，2011，13（2）: 245-252.

[106] 李桂亮 . 多点地质统计学储层建模的实用展望 [J]. 石油石化节能，2009，25（11）: 1-2.

[107] 冯国庆，陈浩，张烈辉，等 . 利用多点地质统计学方法模拟岩相分布 [J]. 西安石油大学学报（自然科学版），2005，20（5）: 9-11.

[108] 张伟，林承焰，董春梅 . 多点地质统计学在秘鲁 D 油田地质建模中的应用 [J]. 中国石油大学学报（自然科学版），2008，32（4）: 24-28.

[109] 张挺 . 基于多点地质统计的多孔介质重构方法及实现 [D]. 合肥：中国科学技术大学，2009.
[110] 石书缘，尹艳树，和景阳，等 . 基于随机游走过程的多点地质统计学建模方法 [J]. 地质科技情报，2011，30（5）：127-131.
[111] 段冬平，侯加根，刘钰铭，等 . 多点地质统计学方法在三角洲前缘微相模拟中的应用 [J]. 中国石油大学学报（自然科学版），2012，36（2）：22-26.
[112] 喻思羽，李少华，段太忠，等 . 基于局部各向异性的非平稳多点地质统计学算法 [J]. 物探与化探，2017，41（2）：262-269.
[113] Mariethoz G，Renard P，Straubhaar J. The direct sampling method to perform multiple-point geostatistical simulations[J]. 2010，46（11）：13-22.
[114] Walker C，Ulrych T J. Autoregressive recovery of the acoustic impedance[J]. Geophysics，1983，48：1338–1350.
[115] Yilmaz O. Seismic data analysis：Processing，inversion，and interpretation of seismic data[C]. SEG，2001.
[116] Boyd S，Parikh N，Chu E，et al. Distributed optimization and statistical learning via the alternating direction method of multipliers[J]. Foundations and Trends in Machine Learning，2010，3：1-122.
[117] Du X，Li G，Zhang M，et al. Multichannel band-controlled deconvolution based on a data-driven structural regularization[J]. Geophysics，2018，83（5）：401-411.
[118] Lou Y，Osher S，Xin J. Computational aspects of constrained L1-L2 minimization for compressive sensing[J]. Journal of Infectious Diseases，2015，198：1327–1333.
[119] Sacchi M D，Ulrych T J. High-resolution velocity gathers and offset space reconstruction[J]. Geophysics，1995，60：1169–1177.
[120] Wang Y，Zhou H，Ma X，et al. L1-2 minimization for extract and stable seismic attenuation compensation[J]. Geophysical Journal International，2018，213：1629-1646.
[121] Tao P D，An L T H. A DC optimization algorithm for solving the trust-region subproblem[J]. SIAM Journal on Optimization，1998，8：476–505.
[122] Stolt R，and Weglein，A，Migration and inversion of seismic data. Geophysics[J]. 1985，50（12）：2458-2472.
[123] Canales L. Random noise reduction[C]. 54th Annual International Meeting，SEG，Expanded Abstracts，1984：525-527.
[124] Spitz S. Seismic trace interpolation in the *f*—*x* domain[J]. Geophysics，1991，56：785-794.
[125] Porsani M J. Seismic trace interpolation using half-step prediction filters[J]. Geophysics，1999，64：1461-1467.
[126] Chen Y，Ma J. Random noise attenuation by *f*—*x* empirical-model decomposition predictive filtering[J]. Geophysics，2014，79（3）：81-91.
[127] 霍国栋，杜启振，王秀玲，等 . 纵向和横向同时约束 AVO 反演 [J]. 地球物理学报，2017，60（1）：217-282.

5 多信息融合复杂沉积储层刻画技术

地震反演是目前储层预测技术中表征储层在三维空间展布的最有效的技术手段。针对薄互层储层地震反射相互干涉，地震属性分析难以刻画地质小层级储层分布等问题，为进一步提高储层预测精度，研究发展了井控岩性综合解释技术，以降低单一方法岩性预测的多解性。通过将属性数据、拟声波反演数据、相对密度反演数据等属性进行优选，按权系数融合；同时，结合井中岩性信息，建立概率属性与岩性信息之间的对应关系，将多属性转化为岩性数据，以此为基础，得到不同地质小层砂地比图件。

5.1 复杂断块油藏储层刻画难点问题

我国东部渤海湾地区在湖盆断陷期构造运动强烈，物源体系复杂，相类型多样，储层横向变化快；受地层差异压实效应的影响，导致地震速度、密度等属性无法有效区分砂泥岩性，传统的纵波阻抗反演技术不能区分砂泥岩。

以大港王徐庄油田为例，该油田油藏类型属于典型的复杂断块油藏，特别是储层披覆于古潜山构造之上，发育有生物灰岩和砂岩两套储层，为开展地震反演带来以下诸多难点问题：

（1）古潜山类型构造区域范围内纵深跨度大，绝对波阻抗变化大，反演结果难以有效表达。

（2）沙二段和沙三段砂泥岩波阻抗值范围重叠（图 5.1），依靠波阻抗值无法有效区分砂泥岩，需要开展储层物理特征曲线重构。

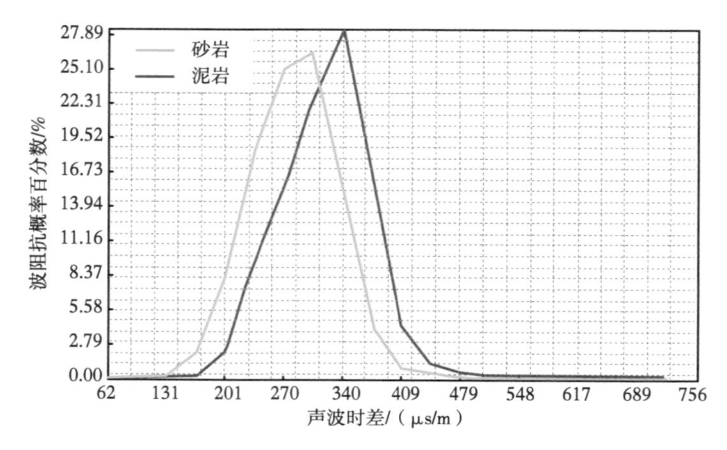

图 5.1 砂泥岩声波时差分布图

（3）如图 5.2 所示，王徐庄油田沙二段和沙三段储层为砂岩沉积，受孔隙、泥质含量等因素的影响，声波时差曲线（AC 曲线）不能刻画砂岩，伽马曲线（GR 曲线）刻画砂泥岩整体效果也不好。

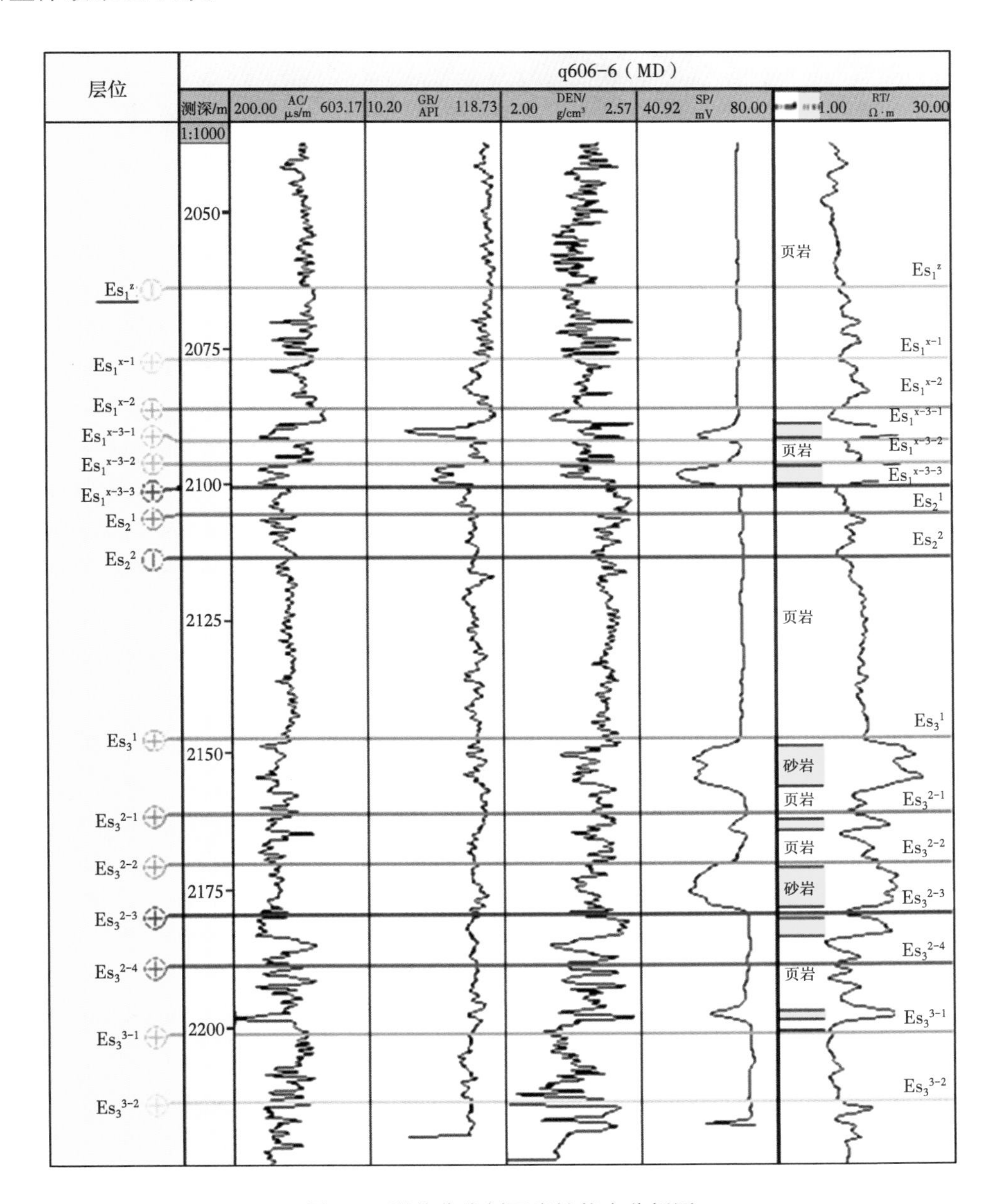

图 5.2 测井曲线刻画岩性能力分析图

（4）井资料的时间跨度大，不同系列测井曲线存在系统误差，测井资料校正难。

（5）建立反演模型难，南大港断层及其支离破碎的派生断层，很难精细刻画。

（6）沙三段砂岩段顶面地震反射时间大致在 1750~3470ms，目的层埋深大，随着深度的增加，地震资料品质降低，目的层段主频在 25Hz 左右（图 5.3），地震资料主频较低，地震资料品质影响地震反演精度的提高。

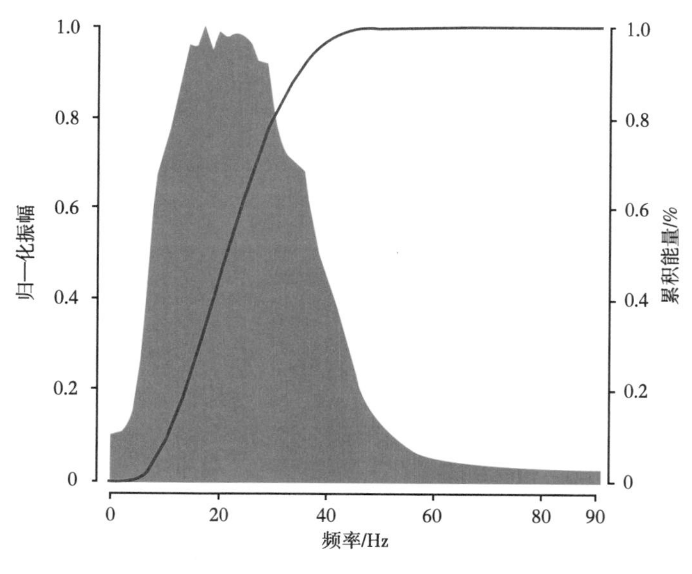

图 5.3　目的层地震资料频谱图

5.2　地震属性分析技术

地震属性是指由叠前或叠后地震数据，经数学变换而导出的有关地震波的几何形态、运动学特征、动力学特征和统计学特征。长期以来人们对地震数据的使用仅仅局限于对地震波同相轴的拾取以实现对油气储集体的几何形态、构造特征的描述[1-2]。事实上，地震数据中隐藏着更加丰富的有关岩性、物性及流体成分的信息。众所周知，地震信号的特征是由岩石物理特性及其变异直接引起的，所以储层岩性、物性、流体成分等相关信息，虽然可能发生各种畸变，甚至是不可恢复的扭曲，但确实是隐藏于地震数据之中。进行地震属性分析，并作出标定，消除数据畸变，拾取隐藏在这些数据中的有关岩性和物性的信息，从而充分发挥地震数据的潜质一直是人们的追求[3-4]。

5.2.1　地震属性技术现状与发展趋势

地震属性分析技术研究和应用始于 20 世纪 70 年代，最早主要是以振幅为基础的瞬时属性，用来直接指示油气，随后经历了一个曲折的发展历程。70 年代早期，Nigel Anstey 发现了含气砂岩波阻抗的异常变化，使用了反射波振幅变化特征——亮点、暗点，对含气砂岩储集体进行预测。Turhan Taner 继承了 Anstey 的工作，并在此基础上提出了全新的地震属性计算方法——复数地震道分析[5-6]。

20 世纪 80 年代，地震属性的数量迅速增加，这些属性中的许多在数学上得到了很好的定义，并且在其他学科中有明确的意义（如第一主频或 K-L 信号复杂度），但是它们的地质意义却含糊不清。尽管为了更好地理解地震属性，多元属性分析技术被使用，但地震属性的混乱不清还是最终导致了人们对它的不信任。80 年代晚期，多维属性如倾角和方位角的初步发展，使得三维连续属性在 90 年代广泛应用。其成功得益于清楚和明确的地质含义，也就是说它能反映具体的地质特征，这与过去经常设计的带有精致的数学定义、留给解释者去臆测地质含义的随意属性有着显著的差别。

90年代地震属性技术的蓬勃发展同样得益于全三维解释技术的发展。随着石油工业的发展，工程的时效性越来越强，要求地震工作不断缩小解释周期，要在一个短时间内给出合理的地质解释。因此，发展一套快速、准确的地震数据分析技术来取代烦琐的手工解释是十分必要的，这就是基于三维可视化的全三维解释技术。而全三维解释技术的基础就是三维地震数据属性检测与拾取，同时全三维解释技术的发展又反过来促进了三维地震体属性的广泛应用，如相干数据体技术（一种特殊的属性体）的断层自动化解释和地质异常体检测。目前三维地震属性体的提取方法已由单道提取方式发展为基于面元的多道提取方法，其处理成果在地震资料自动化解释和地质效果检测方面，如研究断层，识别古河道、冲积扇，突出岩性突变区，压制数据体内固有的噪声，都较常规的三维地震数据体有明显的优势。三维地震属性体是从三维地震数据体中提取的反映运动学、动力学或统计学特征的信息，利用三维地震属性体可以更准确地反演油藏特征参数，预测储层参数的空间变化，为油气储量计算和油田开发服务。

三维连续性属性的成功应归功于其明确的地质和地球物理含义，因此有着明确地质意义的新属性不断被推出，而那些仅仅带有精致数学定义的属性正在被扬弃；新的地震属性和属性分析方法的提出正在使地震相分析走向定量和半定量；属性分析方法由线性方法逐渐向非线性方法发展，通过聚类、神经网络或协方差进行多元属性分析，已经广泛应用于储层特征分析和地质建模中。三维可视化技术与属性分析技术的结合，使得地震体属性分析与解释更加直观和高效，同时各种分析手段高度集成化，使得地震属性分析在油藏监测中有了成功的应用[1, 5]。

5.2.2 地震属性分类

随着数学、信息科学等领域新知识的引入，从地震数据中提取的地震属性越来越丰富，可以提取有关时间、振幅、频率、吸收衰减等方面的地震属性有几十到上百种，并且新的地震属性还在不断从地震数据中提取出来。为了便于优化地震属性，需要提取较多的地震属性供选择[6]。

地震属性的类型很多，在此先根据属性的提取方式、应用领域等进行分类。然后再对各种属性的具体含义进行描述。

（1）按提取方式、应用领域可分为以下两类：

① 建立在运动学和动力学基础上的地震属性类型，包括振幅、波形、频率、衰减特性、相位、相关分析、能量、比率等。

② 以油藏特征为基础的地震属性类型，包括表征亮点、暗点、AVO特性、不整合圈闭或断块隆起异常、含油气异常、薄层油藏、地层间断、构造不连续、岩性尖灭、特殊岩性体等的地震属性。

（2）按不同数据对象可分为以下三类：

① 以剖面为基础的属性，这种属性一般进行整道处理。如传统的瞬时类属性，又如线积分、道微分和能量半时等；经速度和波阻抗等特殊处理后的剖面。

② 以同相轴为基础的属性，提供了在地质分界面上或分界面之间的地震属性的变化信息，如沿层或层间瞬时属性、单道时窗的沿层或层间属性、多道时窗的沿层或层间属

性。在三维数据体中提取其相应的地震属性，可以采用不同的地震道空间组合模式，这些模式可以从不同的侧面反映储层的特征，如非均质性、裂缝发育方向、断层类型、岩性及含油气性的空间变化等。实践表明，用不同的地震道空间组合模式提取的多道地震属性有两方面的优越性：第一，由于可得到各道互相关值，主元素等分析方法就可应用于相关矩阵，以便获取反映地震或地质信息是否连续的映像，同时也减少了属性提取中的随机干扰的影响；第二，用于互相关分析的不同空间组合模式有助于揭示油藏构造、裂缝或断层方式的各向异性特征。

③ 以数据体为基础的属性，由三维地震数据体得到的相关类型的属性体具有很大的研究价值，例如可提供地震信号相似性和连续性方面的最佳信息。

（3）将地震属性划分为物理属性和几何属性两大类。其中物理属性用于岩性及属性特征解释，本身又可分为由解析地震道计算的属性和由叠前资料计算出来的属性两类[3-9]。

由解析地震道计算的属性，这是最常用的一些属性，包括：道包络振幅及其一阶二阶导数、瞬时相位、瞬时频率、瞬时 Q 值等，以及它们沿界面在一个时窗中的统计量，另外还有地震道的频谱属性、相关系数以及由它们派生出来的属性。

由叠前资料计算出来的属性，如振幅及其与炮检距的关系、正常时差、纵波及横波层速度、波的到达时差，以及几何属性或反射结构，用于地震地层学、层序地层学及断层与构造解释。如旅行时、同相轴倾角、横向相干性等。这些属性提供地震同相轴的几何特征，确定反射层的中断、连续性、曲率、整一、杂乱、不整合、斜交、平行、发散、收敛以及断层等各种特征，用于确定地震相、体系域等。

此外，A.R.Browns 将地震属性分为 4 类，即时间属性、振幅属性、频率属性和吸收衰减属性。源于时间的属性提供构造信息，源于振幅的属性提供地层和储层信息，源于频率的属性提供其他有用的信息，吸收衰减属性有可能提供渗透率信息。

将经常应用到的地震属性作简单描述，经过物理分析与长期应用地震属性实践中认识到的地震属性潜在应用情况进行了总结，主要有以下种属性[10]。

① Average Reflection Strength　平均反射强度：识别振幅异常，追踪三角洲、河道、含气砂岩等引起的地震振幅异常；指示主要的岩性变化、不整合、天然气或流体的聚集；该属性为预测砂岩厚度的常用属性。

② Slope Half Time　能量半衰时的斜率：突出砂岩 / 泥岩分布的突变点；该属性为预测砂岩厚度的常用属性。

③ Average Signal-to-Noise Ratio　平均信噪比：量化分析窗口的数据品质，可以较好地识别岩性或地质体形态的变化；该属性为预测砂岩厚度的常用属性。

④ Number of Thoughs　波谷数：该属性可以有效地识别薄层，为预测砂岩厚度的常用属性。

⑤ Average Trough Amplitude　平均波谷振幅：用于识别岩性变化、含气砂岩或地层。可以有效地区分整合沉积物、丘状沉积物、杂乱的沉积物等；该属性为预测含油气性的常用属性。

⑥ Average Instantaneous Phase　平均瞬时相位：由于相位的横向变化可能与地层中的流体成分变化相关，因此该属性可以检测油气的分布；同时该属性还可以识别由于调谐效应引起的振幅异常，该属性为预测含油气性的常用属性。

⑦ Absorption　能量吸收属性：以滑动摩擦形式出现的内摩擦和孔隙流体之间的黏滞损失可能是波动能量转换为热能最重要的形式，其中在高渗透率岩石中，孔隙流体的黏滞损失更严重。因此认为吸收类的属性可以作为预测含油气性的常用属性。

⑧ Slope Reflection Strength　反射强度的斜率：分析垂直地层的变化趋势，识别流体成分在垂直方向的变化；该属性为预测砂岩厚度的常用属性。

⑨ Percent Greater Than Threshold　大于门槛值的百分比：区分进积/退积层序，该属性有助于分析主要的沉积趋势，区分整合沉积物、丘状沉积物、杂乱的沉积物等；对层序或沿反射轴进行振幅异常成图；该属性为预测砂岩厚度的常用属性。

⑩ Energy Half Time　能量半衰时：区分进积/退积层序，该属性的横向变化指示地层或由于流体成分、不整合、岩性变化引起的振幅异常；该属性为预测砂岩厚度的常用属性。

⑪ Effective Bandwidth　有效带宽：识别复合/单反射的变化区域，该属性高值指示相对尖锐的反射振幅和复杂的反射，低值指示各项同性；该属性为预测砂岩厚度的常用属性。

⑫ Dominant Frequency　F_1 主频 F_1（低频成分）：采用最大熵功率谱算法，主频在横向上的变化通常是由含气饱和度、断裂的变化引起的频率吸收；该属性揭示由于地层、岩性或调谐变化引起的隐蔽的频率趋势。

⑬ Dominant Frequency　F_2 主频 F_2（中间频率）：侦测由于叠加异常引起的频率吸收；主频的横向变化通常由于含气饱和度或断裂系统的变化；可以揭示由于地层、岩性或调谐变化引起的隐蔽的频率趋势。

⑭ Dominant Frequency　F_3 主频 F_3（高频成分）：侦测由于叠加异常引起的频率吸收；主频的横向变化通常由于含气饱和度或断裂系统的变化；可以揭示由于地层、岩性或调谐变化引起的隐蔽的频率趋势。

⑮ Correlation Length　相关长度：识别地层横向的连续性；常常用于连续沉积相（特别是泥岩）的识别；通常用于预测砂岩厚度。

⑯ Thickness 目的层的时间厚度：该属性可以较好地反应目的层岩性的变化，因此可以用于预测砂岩厚度的变化。

⑰ Negative Magnitude　剖面负极值的平均值：该属性用于识别岩性变化、含气砂岩或地层，是用于预测含油气性和砂岩厚度的属性。

⑱ FunAutoCorr Width　自相关函数的主宽度：当研究时窗过小（小于 5 个采样点）时，该属性及其不稳定；该属性对地层层序的变化敏感。

⑲ Total Energy　总能量：识别振幅异常或层序特征，有效识别岩性或含气砂岩的变化；区分整合沉积物、丘状沉积物、杂乱的沉积物等；该属性为预测含油气性的常用属性。

⑳ Total Amplitude　总振幅：识别振幅异常或层序特征，有效识别岩性或含气砂岩的变化；区分整合沉积物、丘状沉积物、杂乱的沉积物等；该属性为预测含油气性的常用属性。

㉑ Total Absolute Amplitude　总绝对振幅：识别振幅异常或层序特征，有效识别岩性或含气砂岩的变化；区分整合沉积物、丘状沉积物、杂乱的沉积物等；该属性为预测含油气性的常用属性。

㉒ Mean Amplitude　平均振幅：识别振幅异常或层序特征，有效识别岩性或含气砂岩的变化；区分整合沉积物、丘状沉积物、杂乱的沉积物等；该属性为预测含油气性的常用属性。

㉓ Maximum Trough Amplitude　最大波谷振幅：识别岩性或含气砂岩的变化振幅异

常，特别是层附近；该属性是层序内或沿指定反射进行振幅异常成图的最佳属性之一；该属性通常用于储层的油气预测。

㉔ Maximum Peak Amplitude　最大波峰振幅：识别岩性或含气砂岩的变化振幅异常，特别是层附近；该属性是层序内或沿指定反射进行振幅异常成图的最佳属性之一；该属性通常用于储层的油气预测。

㉕ Maximum Absolute Amplitude　最大绝对振幅：识别岩性或含气砂岩的变化振幅异常，特别是层附近；该属性是层序内或沿指定反射进行振幅异常成图的最佳属性之一；该属性通常用于储层的油气预测。

㉖ Energy Half Time　能量半衰时：区分进积 / 退积层序，该属性的横向变化指示地层或由于流体成分、不整合、岩性变化引起的振幅异常；该属性为预测砂岩厚度的常用属性。

㉗ Average Peak Amplitude　平均波峰振幅：用于识别岩性变化、含气砂岩或地层。可以有效地区分整合沉积物、丘状沉积物、杂乱的沉积物等；该属性为预测含油气性的常用属性。

㉘ Average Energy　平均能量：识别振幅异常或层序特征，有效识别岩性或含气砂岩的变化；区分整合沉积物、丘状沉积物、杂乱的沉积物等；该属性为预测含油气性的常用属性。

㉙ Average Absolute Amplitude　平均绝对振幅：识别振幅异常或层序特征，有效识别岩性或含气砂岩的变化；区分整合沉积物、丘状沉积物、杂乱的沉积物等；该属性是描述层序内振幅特征的有力工具。

㉚ Peak Spectral Frequency　频谱峰值：最大熵谱分析结果，为峰值主频，提供了一种追踪由于含气饱和度、断裂、岩性或地层变化引起的相关的频率吸收特征的变化，例如含气砂岩吸收地震高频，因此在该情况下只能看到低的频谱峰值。

㉛ Average Instantaneous Frequency　平均瞬时频率：检测振幅吸收异常，追踪由于含气饱和度、断裂、岩性或地层变化引起的相关的频率吸收特征的变化；低值常常对应于亮点（高 RMS 振幅）指示含气砂岩。

㉜ Time Maximum　时间最大值：该属性反映目的层的构造信息，一般认为与岩性及其含油气性相关。

㉝ Ratio of Positive to Negative Samples　正负采样的变化率：识别地层的变化，在特定的窗口内能够检测层序的厚薄；该属性通常用于预测砂岩厚度。

㉞ Number of Peaks　波峰数：可以有效地识别薄层，该属性为预测砂岩厚度的常用属性。

㉟ Correlation Widow Time Shift to Next CDP　相邻两道之间计算互相关时的时移：该属性用于突出地层倾角的突变，例如断层、不整合、尖灭等；该属性通常用于预测断裂系统的分布。

㊱ Covariance Coefficient to Next CDP　相邻两道之间计算互相关时的协方差系数，概属性的计算默认为地震数据不包括直流成分；该属性通常用于预测断裂系统的分布和砂岩厚度。

㊲ Amplitude of Maximum　最大振幅：识别岩性或含气砂岩的变化振幅异常，特别是层附近；是层序内或沿指定反射进行振幅异常成图的最佳属性之一；该属性通常用于储层的油气预测。

㊳ Positive Magnitude　剖面正极值的平均值：用于识别岩性变化、含气砂岩或地层。该属性为用于预测含油气性和砂岩厚度的属性。

㊴ Interval Energy　层间能量：识别振幅异常或层序特征，有效识别岩性或含气砂岩的变化；区分整合沉积物、丘状沉积物、杂乱的沉积物等；该属性为预测含油气性的常用属性。

㊵ Zero Cross Frequency　平均零相交频率：该属性类似于瞬时频率，然而它在测量上相对稳定，当时窗较小时平均零相交频率相对平均瞬时频率对波形的变化更加敏感；该属性与平均富氏频谱粗略相关。

㊶ Percent Less Than Threshold　小于门槛值的百分比：区分进积 / 退积层序，该属性有助于分析主要的沉积趋势，区分整合沉积物、丘状沉积物、杂乱的沉积物等；对层序或沿反射轴进行振幅异常成图；该属性为预测砂岩厚度的常用属性。

㊷ Correlation Components　相关成分：P1 第一主组分用于度量同相轴的线性相干、P2 第二主组分用于指示剩余特征、P3 第三主组分也用于指示剩余特征；该属性通常用于预测断裂系统的分布。

㊸ Arc Length　弧长：该属性为一种频率与振幅的混合属性，用于区分强振幅 / 高频与强振幅 / 低频或者弱振幅 / 高频与弱振幅 / 低频的反射特征；由于泥岩到砂岩的界面通常有更高的阻抗差异，Arc Length 可以用于区分泥岩层序或者是高砂岩组分的层序，该属性与带宽相近，同时更接近总绝对振幅。

㊹ Maximum Though Amplitude　最大波谷振幅：识别岩性或含气砂岩的变化振幅异常，特别是层附近；该属性是层序内或沿指定反射进行振幅异常成图的最佳属性之一；该属性通常用于储层的油气预测。

㊺ RMS Amplitude　均方根振幅：识别振幅异常或描述层序；追踪地层地震异常，例如三角洲、河道及含气砂岩引起的振幅异常，区分整合沉积物、丘状沉积物、杂乱的沉积物等，该属性可应用于预测储层的含油气性。

㊻ Slope Instantaneous Frequency　瞬时频率的斜率：侦测层间频率吸收的变化情况，对储层流体成分的变化和断裂系统的变化比较敏感；该属性通常用于预测天然气的聚集与分布。

㊼ Slope Spectral Frequency　从波峰到最大频率的斜率：可以识别频率的“阴影带”，进而预测油气。

㊽ Kurtosis in Amplitude　态振幅：识别振幅异常或描述层序；追踪地层地震异常，例如三角洲、河道及含气砂岩引起的振幅异常，区分整合沉积物、丘状沉积物、杂乱的沉积物等，可应用于预测储层的含油气性；当计算窗口较大时，该属性结果将失去地质意义；相对 Variance in Amplitude 及 Skew in Amplitude 对振幅异常具有更强的夸张作用。

㊾ Skew in Amplitude　振幅走偏：识别振幅异常或描述层序；追踪地层地震异常，例如三角洲、河道及含气砂岩引起的振幅异常，区分整合沉积物、丘状沉积物、杂乱的沉积物等，可应用于预测储层的含油气性；相对 Variance in Amplitude 对振幅异常具有更强的夸张作用。

㊿ T_0 层的时间深度：构造信息，与目的层的砂岩分布和油气分布有间接关系；具体使用时需要具体分析，其在预测中起到一定的相控作用。

(51) Width Spectrum（Func_11）　频谱宽度：参考频率与平均加权频率的比值，反映地层由于岩性或流体的变化引起的频率变化，可以应用于岩性与油气的预测。

㊾ Mean Frequency　振幅加权平均频率（Hz）：该属性是一个振幅与频率的混合属性。

㊿ Spectral Energy（Func_9）　截频范围内的能量：对于引起反射振幅变化的岩性、含油气性等的改变比较敏感，主要应用于获得低频含气砂岩、断层的预测，特别适用于薄储层。

(54) Absorption S_{sw}/S_{ww}　能量吸收属性：参考频率到低截频范围内的能量（S_{sw}）与参考频率到高截频范围内的能量（S_{ww}）的比值，可识别含气砂岩。

(55) Absorption S_{sw}/S_{w} 能量吸收属性：参考频率处的相对能量，低频范围内的能量比截频范围内的能量（S_{w}），通常用于识别含气砂岩。

(56) Signal Compression　信号压缩，参考频率 S_{w} 与矩形区域功率谱的比例，识别由于岩性、流体变化引起的频率的变化，用于油气预测。

(57) Effective Amplitude　在 64ms 时窗内的有效振幅：识别振幅异常或描述层序；追踪地层地震异常，例如三角洲、河道及含气砂岩引起的振幅异常，区分整合沉积物、丘状沉积物、杂乱的沉积物等，可应用于预测储层的含油气性。

(58) Left Spectrum Area　低截频到参考频率 S_{w} 间的能量 S_{sw}：应用于获得低频含气砂岩、断层的预测，特别适用于薄储层，是预测砂岩与砂岩含油气性的有效属性。

(59) Right Spectrum Area　参考频率 S_{w} 到高截频间的能量 S_{ww}：用于岩性变化的预测，对于砂岩中流体的变化也较敏感。

(60) Decrement of Absorption　吸收消耗，相邻两层的吸收特征：识别由于砂岩含油气后不同层位对能量的吸收特性，通过判断吸收的突变点来发挥作用，该属性通常应用于预测储层的含油气性。

(61) Amplitude of Maximum　最大极值：用于识别由于岩性变化或者烃类聚集引起的振幅异常，主要用于预测储层的含油气性。

(62) Ratio of Amplitude squared to Effective Amplitude（Func_8）　地震采样振幅与有效振幅的比率：用于识别由于岩性变化或者烃类聚集引起的振幅异常，主要用于预测储层的含油气性。

5.2.3　地震属性应用实例

以大港王徐庄油田沙一下亚段生物灰岩、沙二段和沙三段砂岩为目标，开展储层地震属性分析。

5.2.3.1　沙一下亚段生物灰岩地震属性分析

如图 5.4 所示，沙一下亚段生物灰岩声波测井曲线（AC 曲线）在 Es_1^{x-3-2} 底界，也就是在沙一下亚段底部主力油层生物灰岩的顶界，具有较大幅度呈台阶状的回返特征。这一回返现象表明，在主力油层生物灰岩顶界声波时差数值由大变小，即速度由小变大，存在一相对很大的正值地震反射系数，会产生地震强反射。在图 5.5 中，采用地质分层数据刻度地震剖面技术，将地质层位标到地震剖面上，可以清楚地看到五断块 q636 井 Es_1^{x-3-2} 底界标识的地震强反射轴。由此可知，这一地震强反射轴是沙一下亚段底部生物灰岩反射产生的，且因该地层声波时差较上下地层明显减小（生物灰岩地层速度高），由其产生的强反射系数受上下地层数值较小的反射系数干涉较小。为此，通过开取包含这一地震强反射轴的时窗，提取合理的地震属性（图 5.6），可以预测储层的分布范围，特别是在沙一下亚段生物灰岩以下存在一段较长泥岩段时，沙一下亚段底部生物灰岩地震反射受到来自下部地层的干涉会更小，其预测的生物灰岩分布范围则具有更高的置信度。

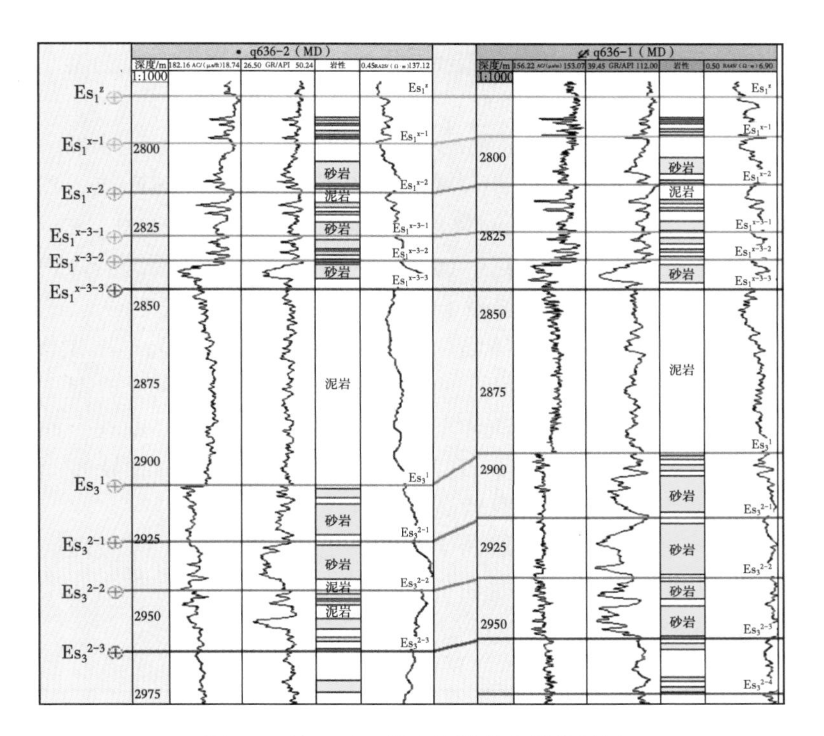

图 5.4　沙一下亚段声波测井曲线特征图

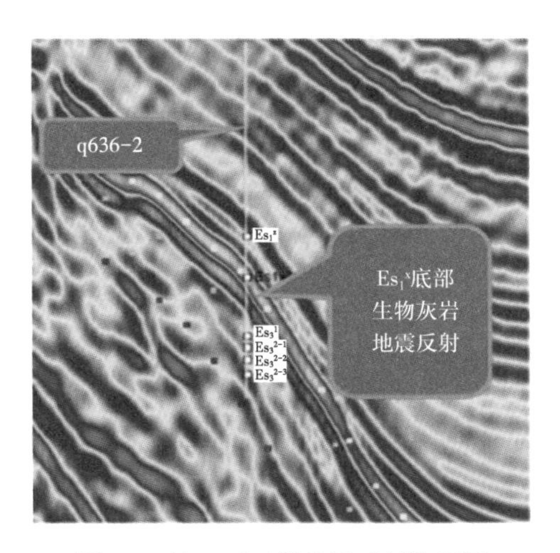

图 5.5　沙一下亚段地震反射特征图

前人研究表明，沙一下亚段为浅湖相斜坡带生物灰岩沉积，分为 3 个油组，底部的 3 油组为主力层。沙一下亚段底部生物灰岩分布随着构造和水体的深度变化，根据沉积生物的不同分为 3 个沉积带：

（1）构造顶部生物碎屑灰岩带。沉积较薄甚至被冲刷，生物碎屑包括螺化石及介形虫碎屑，胶结物为隐晶方解石，发育溶蚀孔洞，岩性细，物性差，产能低。

（2）构造腰部螺碎屑灰岩带。螺碎屑灰岩和含螺的鲕状灰岩孔洞发育，多为螺体溶蚀孔洞和鲕粒间孔洞，连通性好，物性好，是高产油井分布的主要相带。

（3）构造翼部鲕粒灰岩带。岩性为鲕粒石灰岩、白云岩，鲕核多为隐晶方解石，孔洞发育少，产能低。

图 5.7 是根据图 5.6 地震属性图预测的沙一下亚段底部生物灰岩分布图。其中涂黄绿色和粉色区域为位于构造顶部和腰部，黄绿色的区域为王徐庄主体断块，粉色区域为扣村地台高部位；涂淡蓝色区域位于构造的翼部。淡蓝色区域经 q71-1 井、扣 49 断块各井和 q69 井等标定为水层。根据上述前人对生物灰岩有利区带在构造腰部的认识，采取地震属性 RMS 小于 15000 涂蓝重新绘图，预测了沙一下亚段底部有利生物灰岩的分布范围（图 5.8），图中涂黄绿色区域为王徐庄主体断块，涂粉色区域为扣村高地。由图 5.8 可见，地震属性揭示沙一下亚段底部有利生物灰岩主要发育于南大港断层的上升盘主体断块（一断块、二断块、三四六断块）、歧 26 断块和下降盘的五断块和歧 119 断块，而在南中段七断块（图 5.9）、歧 41 断块、歧 50 断块和歧 55 断块等古构造高部位和歧 85 断块不太发育，或者说不发育，这和油田生产认识具有较高的一致性。

值得指出的是上述预测的有利区域，体现的是王徐庄油田沙一下亚段底部有利生物灰岩发育的整体规律，个别井位可能会存在与预测结论不符的情况，但这并不影响对全区有利生物灰岩整体分布规律的认识。

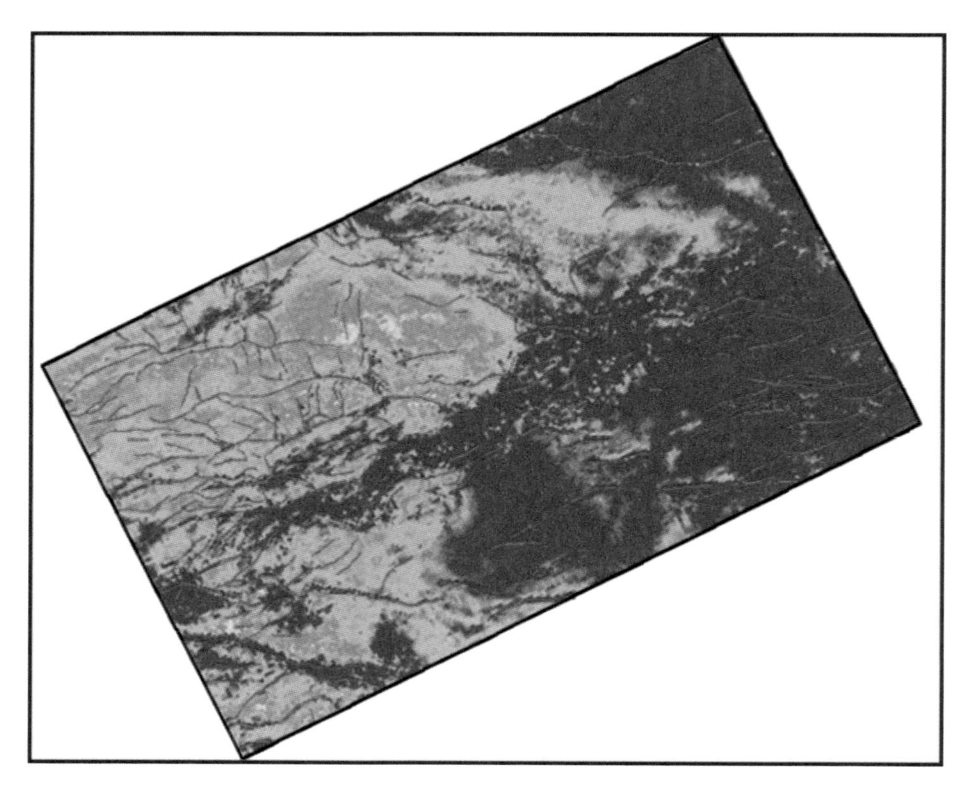

图 5.6　沙一下亚段生物灰岩 RMS 分析图

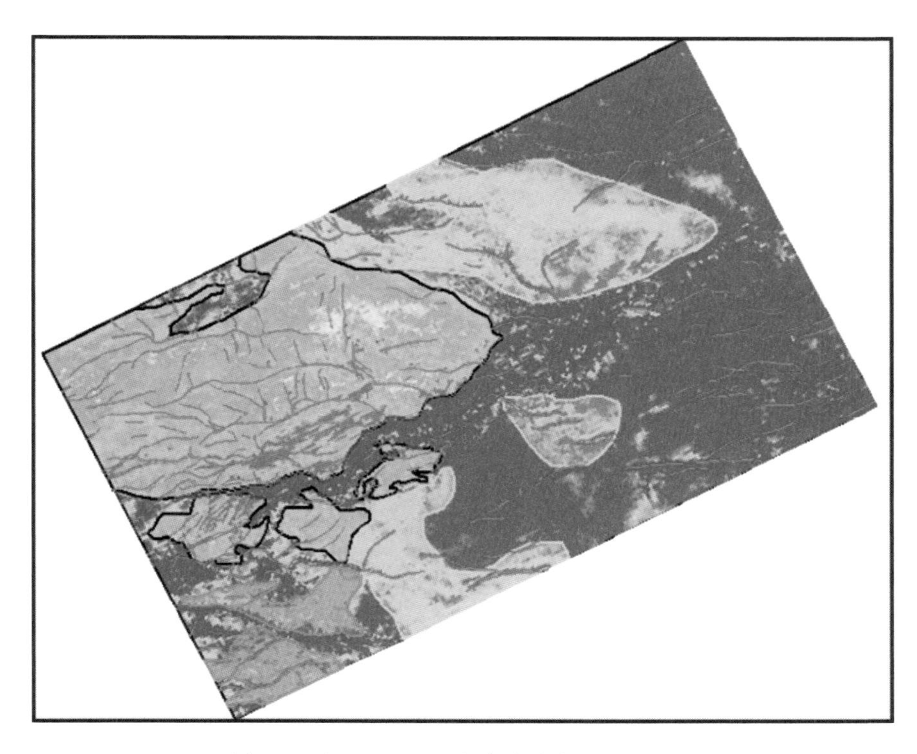

图 5.7 沙一下亚段生物灰岩分布范围预测图

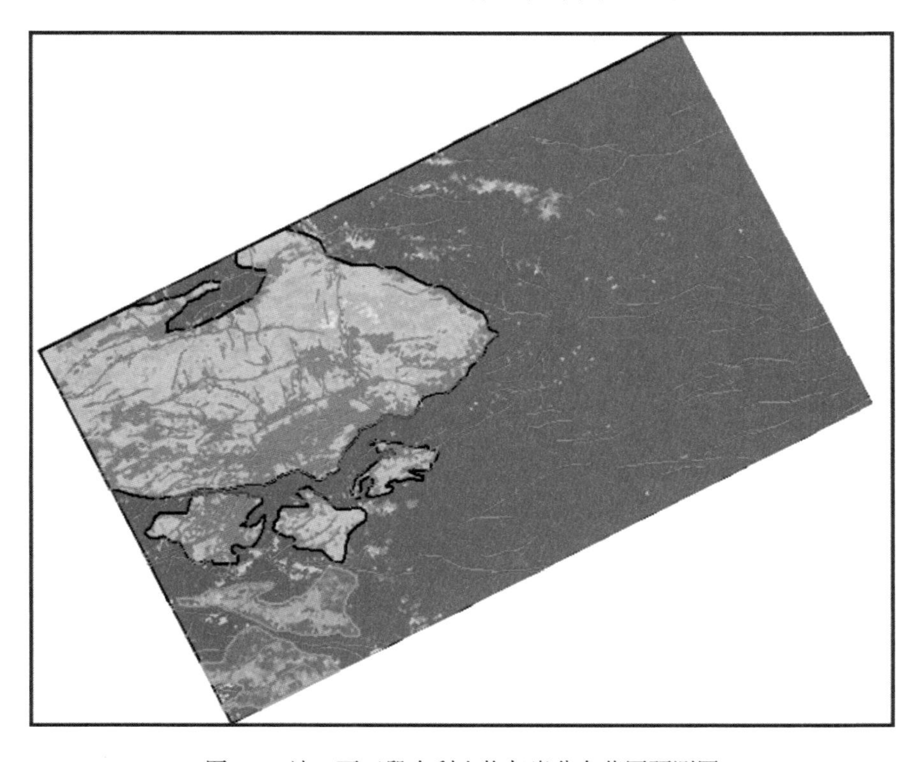

图 5.8 沙一下亚段有利生物灰岩分布范围预测图

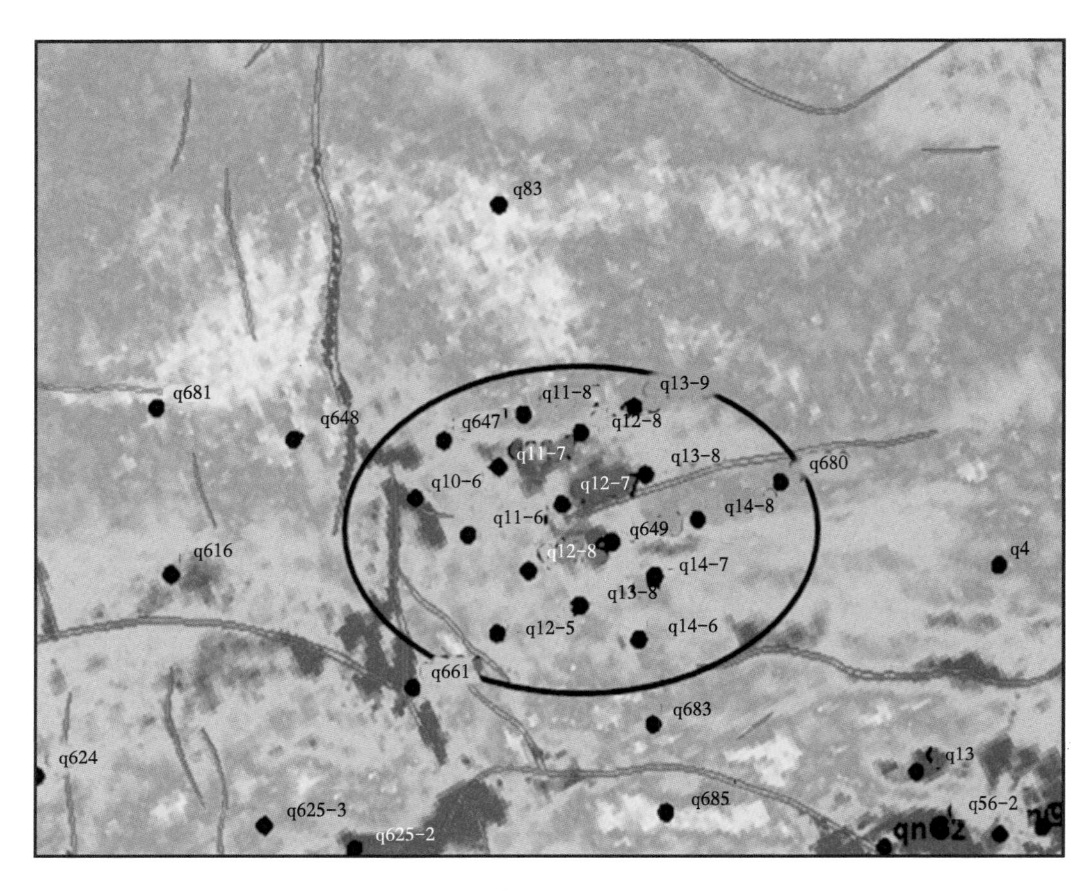

图 5.9　七断块地震属性平面图

5.2.3.2　沙二段砂岩地震属性分析

如图5.10至图5.12所示（图5.12是图5.10连井剖面和图5.11连井地震剖面的位置图），王徐庄油田现今构造整体上西高东低，古构造呈现两侧低、中间高的特点。从沙三段进入沙二段沉积时期后，该区古气候进入干旱期，早期水体仅覆盖于构造的底部，中后期开始水进，这造成沙二段沉积在两侧构造低部位厚度大，高部位厚度小，且高部位主要分布的是沙二段沉积后期的地层。沙二段在全区范围内厚度变化大，这种向上呈现楔型的较薄的水进沉积特征（图 5.11 白色线和黄色线之间的地层），给开展近 400km^2 区域范围很大的全区地震属性分析，合理地开取提取地震属性的时窗带来很大困难。从图 5.13 局部放大的地震剖面，能够更加清楚地看到图 5.14 中 q690 和 q653 井的地层厚薄在地震剖面上表现出的地震反射轴数量是非常不同的。为此，对沙二段开展地震属性分析以分区采取有针对性的时窗为宜。

另外，因沙二段底部是一套广泛分布的厚度较大的沙三 1 泥岩段，这使得沙二段底部的砂岩地震反射受到来自下部的干涉较少，从沙二段底界向上开取窗口提取地震属性，有望能够反映沙二段底部砂体的分布规律。

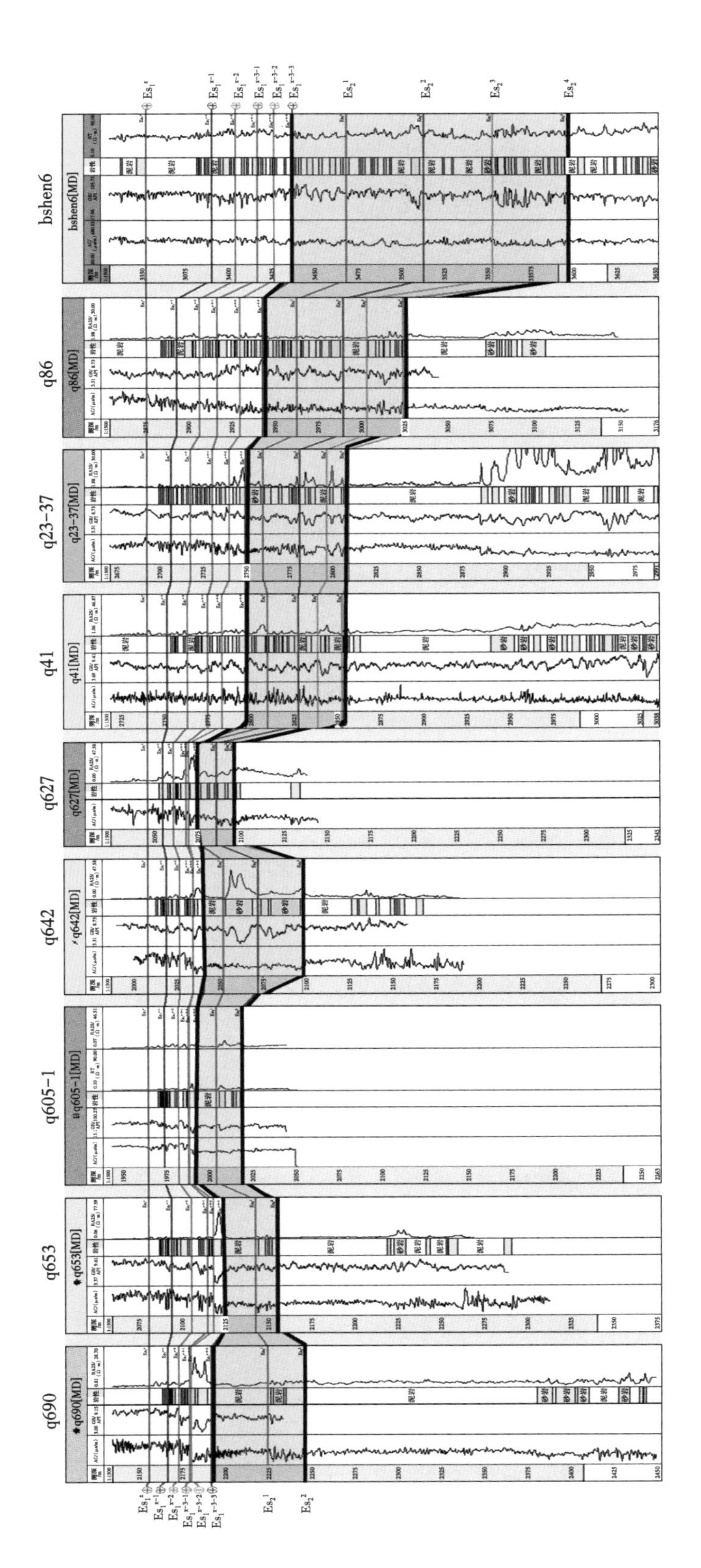

图 5.10　q690 至 bshen6 连井剖面

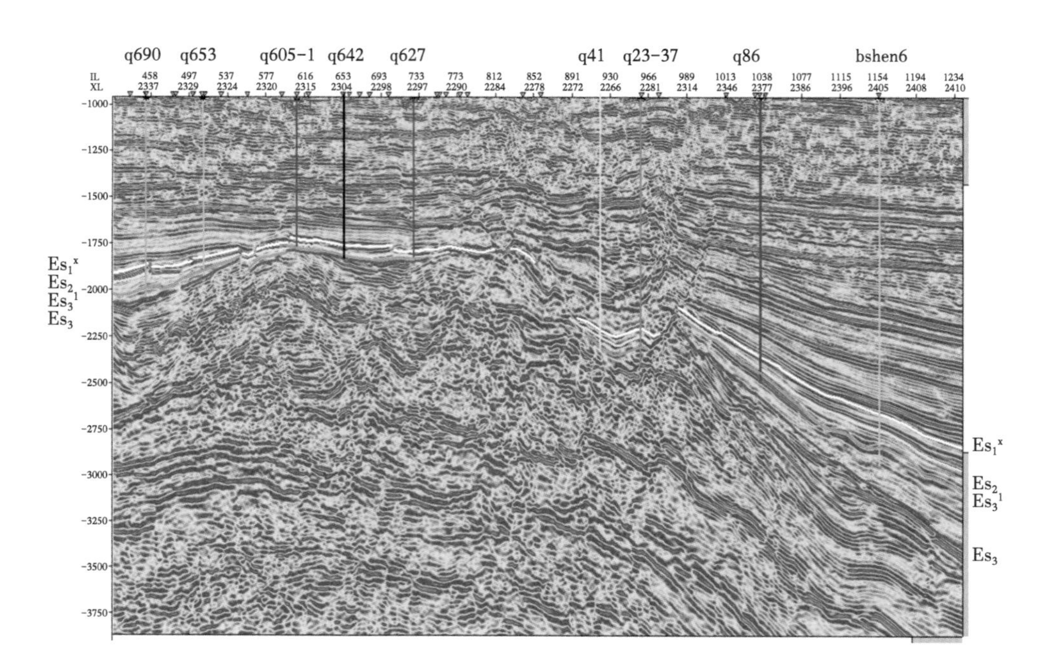

图 5.11　q690 至 bshen 6 连井地震剖面

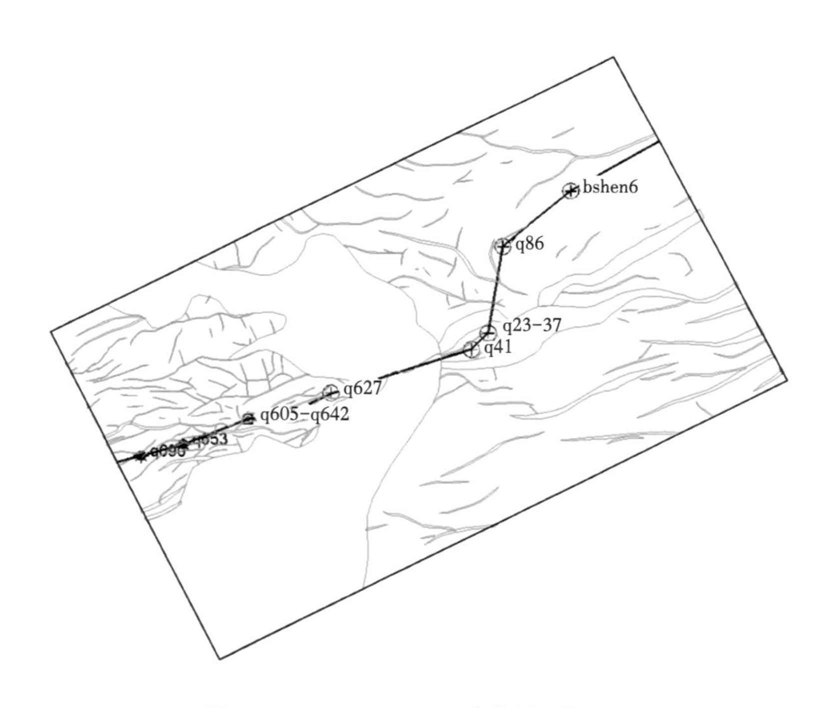

图 5.12　q690 至 bshen 6 连井剖面位置图

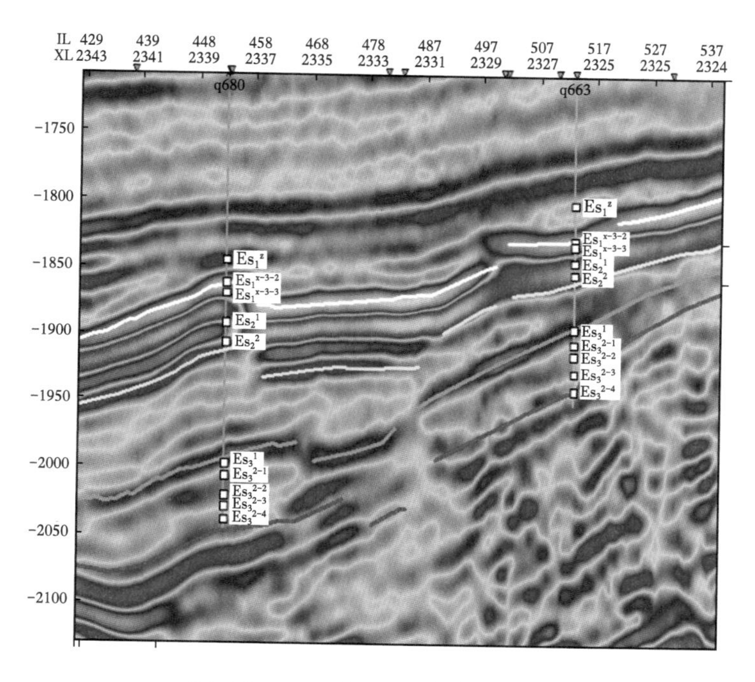

图 5.13 q690 与 q653 连井地震剖面

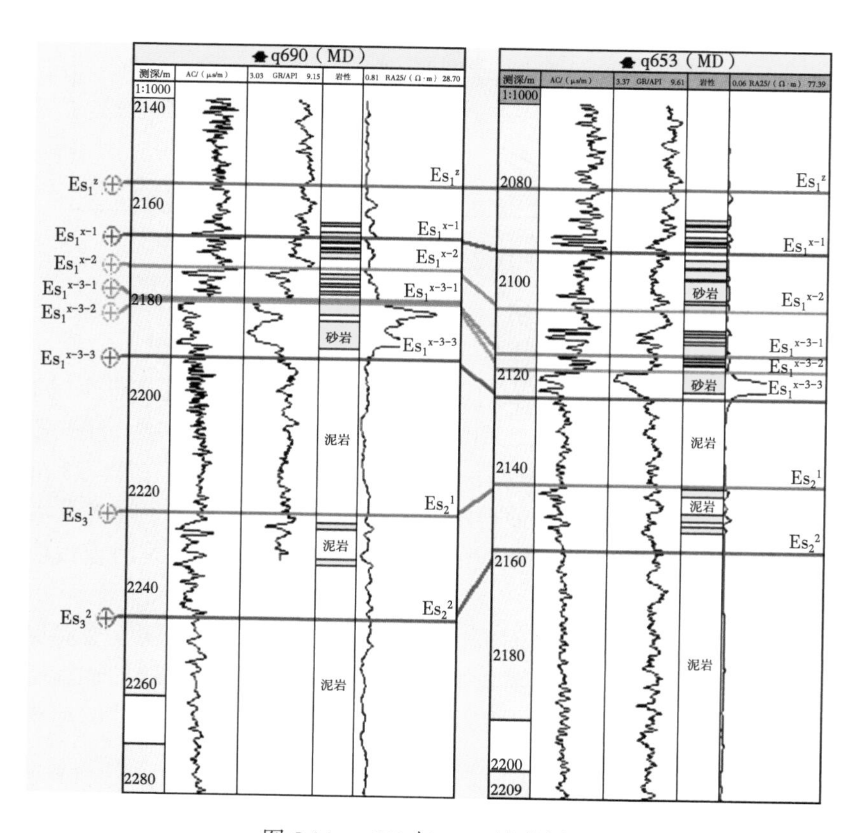

图 5.14 q690 与 q653 连井剖面

基于上述认识，在对沙二段底界进行地震层位解释的基础上，采取向上开取一定长度的时窗，对沙二段底部地层进行了地震属性分析。如图 5.15 所示，该图揭示了全区沙二段底部的砂体整体分布规律。这里所说的沙二段“底部”是相对的概念，它在西侧主体断块构造高部位预测的是沙二段顶部砂体的整体分布规律（因没有 Es_2^4，多数也没有 Es_2^3），而在东侧斜坡部位预测的是沙二段底部的砂体。由图 5.15 可见，地震属性分析图预测的沙二段底部砂体具有古潜山顶部相对连片，斜坡部位围绕山顶呈现条带环状分布的特点。

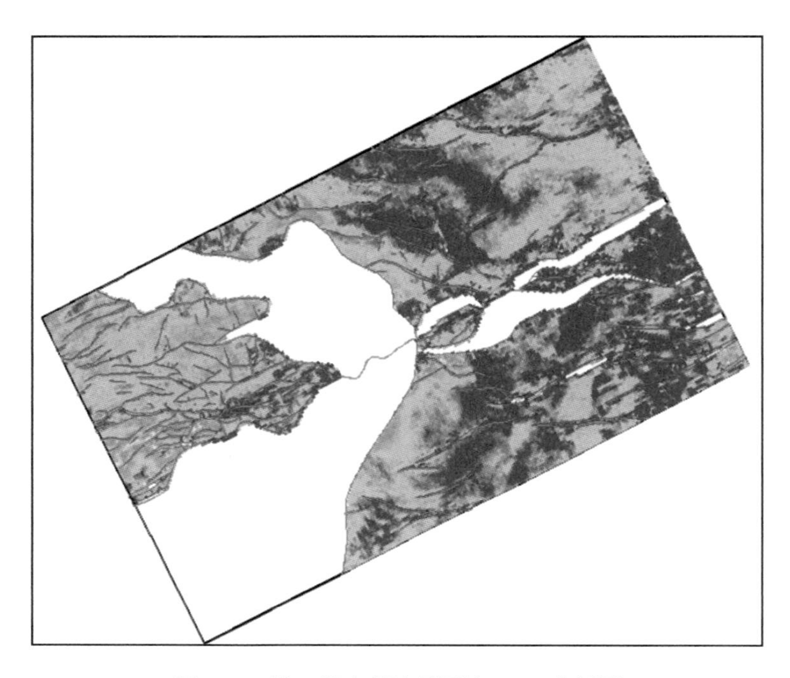

图 5.15　沙二段底部地震属性 RMS 分析图

5.2.3.3　沙三段顶部砂岩地震属性分析

沙三段地震属性分析和沙二段一样具有以下两个方面的不利因素：

（1）难以开取合理的地震属性提取时窗。沙三段分为 3 个层组，即沙三 1（Es_3^1）、沙三 2（Es_3^2）和沙三 3（Es_3^3），而沙三 2 和沙三 3 各自又分为 4 个小层。沙三段整体呈现水进特征，在构造斜坡低部位砂体厚度较大，沉积序列较为完整，存在沙三 3 沉积，而在构造高部位通常仅存在沙三 2 沉积。这使得沙三段和沙二段一样具有上述的开展地震属性分析的不利因素，即就整体而言，为向上楔形地层沉积，很难开取合理时窗提取特定目标层位的地震属性。

（2）地质小层相互干涉。就整体而言，沙三段为薄互层储层，薄互层储层各个小层砂体的地震反射特征相互干涉，一个时窗段的地震反射波或者沿层提取的地震属性切片往往包含多个地质小层的信息，也就是说提取到的地震属性不代表任何具体的地质层位，而反映的是多个层位的整体反射特征。

但是在存在不利因素的同时，沙三段也存在提取地震属性的有利因素，主要有以下两个方面：

（1）与沙二段底部砂岩地震属性分析具有的有利因素相似，沙三段顶部砂岩在全区范围内广泛披覆着一套厚度较大的沙三 1（Es_3^1）泥岩段，这使得沙三段顶部砂岩的地震反射受到来自上部的干扰较少，其对应的地震反射同相轴携带的储层信息能够反映沙三段顶部砂岩的分布规律（图 5.16）。也就是说沙三段内部各小层受干涉影响，难以提取到特定层位的地震属性，但是对沙三段顶部砂体提取地震属性受其他层位干涉小，提取的地震属性能够反映沙三段顶部砂体的分布规律。

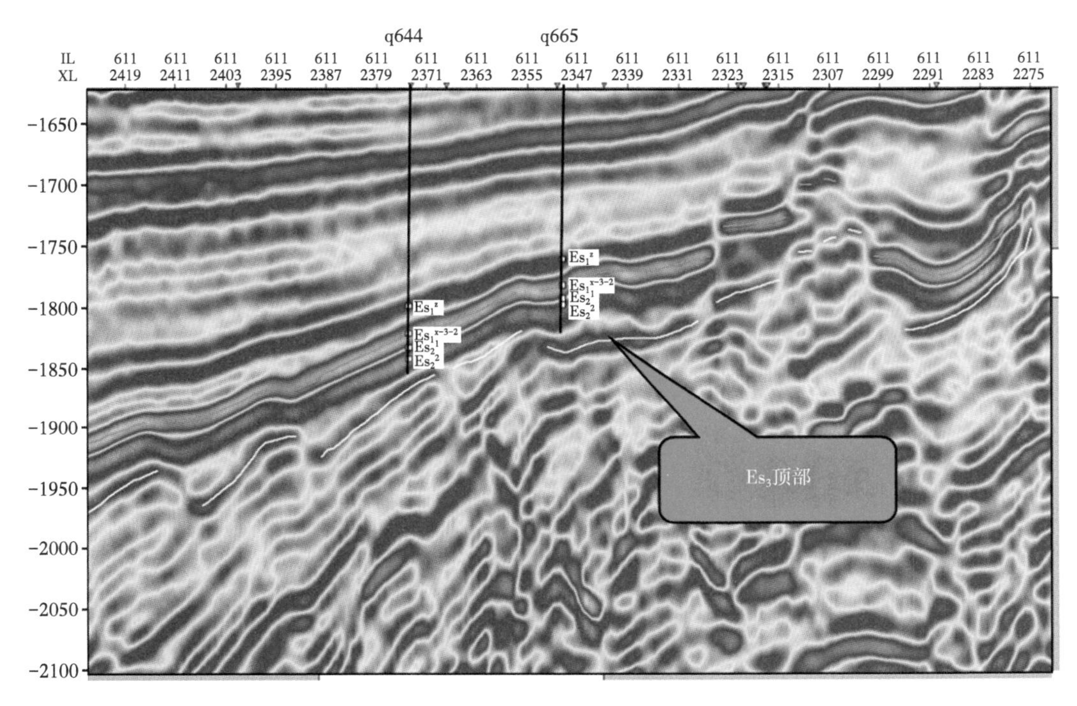

图 5.16 沙三段顶部地震反射特征

（2）在一些局部区域内，沙三段单砂层或相邻单砂层组成的砂层组相对较厚，地震剖面上具有清晰的地震响应，呈现“亮点”或“暗点”地震反射特征，采取地质分层数据刻度地震剖面技术识别“亮点”或“暗点”对应的层位后，即可开取合理的时窗提取目标层位的地震属性，进而刻画砂体的分布范围。对于这部分砂体进行的地震属性提取将在后文潜力分析部分述及，这里不再赘述。

通过上述分析，在开展沙三 1 底界，即沙三段砂岩顶界的精细地震层位解释的基础上，提取了沙三段顶部 Es_3^{2-1} 小层砂体对应的地震属性（图 5.17）。由图 5.17 可见，一断块、二断块和三四六断块整体而言砂体发育较差或较薄，五断块、歧 119 断块、歧 9X1 断块、七断块、歧 85 断块和歧 71（歧 5-5）断块 Es_3^{2-1} 小层砂体相对发育，这完全符合油田长期生产实践对沙三段砂体分布规律积累的地质认识。值得重视的是图 5.17 地震属性分布揭示的砂体分布规律显示，在七断块周边较大范围内发育有 Es_3^{2-1} 小层砂体（图 5.17 黄色圆圈范围），而 Es_3^{2-1} 小层是王徐庄油田砂岩主力层位，这对油田滚动增储具有重要的指导意义。在东部 q86 至 q39 井区一带，如图 5.18 所示，地震属性分析还预测存在两组呈现鸭蹼状分布的砂体（图 5.17 黑色圆圈范围）。

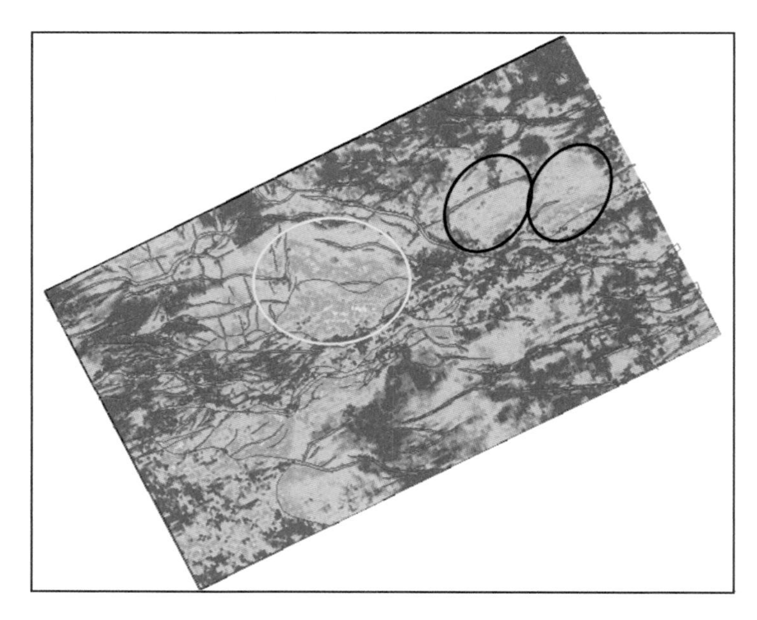

图 5.17　沙三段顶部地震属性 RMS 分析图

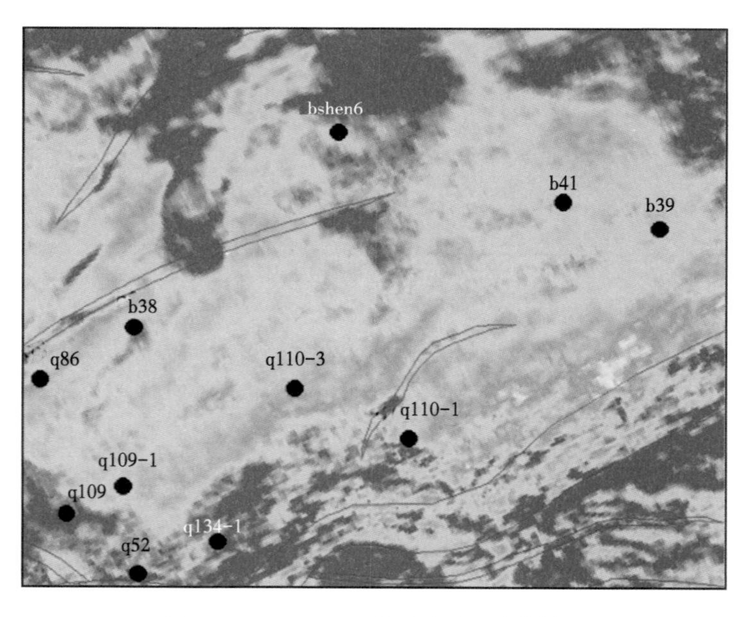

图 5.18　q86 至 q39 井区地震属性分析图

5.3　基于地震反演的多属性融合分析技术

5.3.1　基于模型的井约束地震反演策略

地震反演综合运用地震、测井、地质等资料以揭示地下目标层（储层、油气层、煤层

等）的空间几何形态（包括目标层厚度、顶底构造形态、延伸方向、延伸范围、尖灭位置等）和微观特征，它是将大面积的连续分布的地震资料与具有高分辨率的井点测井资料进行匹配、转换和结合的过程。地震反演的目标就是根据已经获得的地震反射波形，以已知地质规律和钻井和测井资料为约束，对地下岩层空间结构和物理性质所进行的成像（求解）。叠后地震反演主要是利用叠后纯波地震处理成果的纵波信息预测储层[1-5]。

叠后地震道反演的方法较多，包括递推反演、稀疏脉冲波阻抗反演、基于模型的波阻抗反演等。但不管怎样，拓宽频带，提高分辨率和稳定性以及提高反演结果的精度，永远是叠后反演方法所追求的目标。基于这一原则，R.Brain（1993）根据数值模拟和实际资料的计算结果说明了模型法是最好的。根据测井资料在其中所起作用的大小又可分成：（1）地震直接反演；（2）测井控制下的地震反演；（3）测井—地震联合反演；（4）地震控制下的测井内插外推。其中，基于考虑构造、地层地质模型的测井和地震联合反演方法是目前主流[11-13]。

基于模型的测井—地震联合反演以采用全局寻优的快速反演算法（宽带约束反演和模拟退火）为主。

宽带约束反演的基本思想是要寻找一个最佳的地球物理模型，使得该模型的响应与观测数据（地震道）的残差在最小二乘意义下达到最小[14]。宽带约束反演方法与以往的广义线性方法（GLI）有本质上的不同：首先，它是严格意义上的非线性反演；其次，在反演过程中，它受地质、测井先验知识的约束[15]。

定义目标函数：

$$o(m)=\|D-F\|_P+W_I\left\|M_I-M_I^{\mathrm{pri}}\right\|+W_C\left\|\nabla_x M_I-\nabla_x M_I^{\mathrm{pri}}\right\|_P \tag{5.1}$$

式中：D和F分别表示实际地震记录和合成记录；M_I为波阻抗模型参数；M_I^{pri}为波阻抗模型参数的先验值；∇_x表示横向梯度；W_I和W_C分别为波阻抗模型先验值以及波阻抗横向连续性的约束权系数；$\|\cdot\|_P$表示L_p模。

约束反演化问题可描述为寻找 $M^{\mathrm{OPT}}=\begin{pmatrix}M_I\\M_r\end{pmatrix}^{\mathrm{OPT}}$

使式（5.1）所表示的目标函数 $O(M)=\min$。M_r—反射时间模型参数，（•）OPT 表示最优值；将 M 表示成（$\dfrac{M_I}{M_r}$），说明求解过程中采用的是延迟脉冲模型。

在目标函数表达式中：第一项表示记录残差，即要使反演结果的模型响应（F）尽可能逼近实际记录（D）；第二项表示先验约束，即反演解不能偏离先验值太远；第三项是要保证反演结果具有一定的横向连续性，使解更合理。

EPoffice 采用模拟退火方法解上述约束最优化问题，无论在勘探初期只有少量钻井，或在开发阶段有很多钻井的情况下，都可以得到高分辨率反演结果。

模拟退火是一种全局最优化技术，模拟退火方法能够克服传统最优化方法的缺点，获得全局最优解。基于宽带约束的模拟退火反演方法，在模拟退火算法的基础上，将已知条件转化成具体约束，以实现对反演过程的控制。所以，在用模拟退火方法解决全局寻优问题的同时，又能合理利用约束条件提高反演的精度和收敛速度。约束主要体现在两个方面：首先是反演中参数取值范围的确定，可以参考测井等资料形成这种约束；其次是利用测井和地震解释资料形成合理的初始地质模型[15]。在初始地质模型建立过程中，采用地质统计学技术把地质、测井、地震等多元地学信息统一到同一模型上，实现各类信息在模型空间的有机融合，来提高反演的信息使用量、信息匹配精度和反演结果的可信度。

在反演过程中，通过采用子波反演和层位标定交互迭代技术，获取最佳层位标定和最佳子波。在复杂构造框架和多种储层沉积模式的约束下，采用全局寻优的快速反演算法（宽带约束和模拟退火反演），对初始地质模型进行反复的迭代修正，得到高分辨率的波阻抗反演结果，其地震反演结果符合工区的构造、沉积和地层特点。

实际应用表明，该地震反演方法能够适应复杂地质模型的反演计算，反演结果精度高，具有较宽的频带，适用范围广，并且具有较强的抗干扰能力，能够适应含噪声的地震资料。

基于模型的地震反演方法的技术路线如图 5.19 所示。这种方法从地质模型出发，采用模型优选迭代扰动算法，通过不断修改更新模型，使模型正演合成地震资料与实际地震资料数据最佳吻合，最终的模型数据便是反演结果，这种反演思路被称为“模型约束下的全局寻优迭代”。在薄储层地质条件下，由于地震频带宽度的限制，基于普通地震分辨率的直接反演方法都不能满足油田勘探开发的要求。基于模型的地震反演技术以测井资料所含有的丰富的高频信息和完整的低频成分补充地震有限带宽的不足，可获得高分辨率的地层波阻抗资料，为薄层油（气）藏精细描述创造了有利条件。

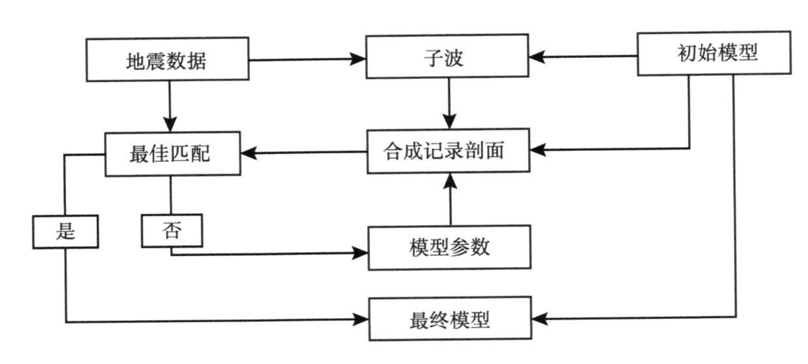

图 5.19　基于模型反演方法技术路线

5.3.2　地震反演关键步骤

（1）测井曲线分析。

从对测井曲线的分析可以看出（图 5.2），沙河街组砂岩和泥岩在密度及伽马曲线有一定的区分效果，因此通过叠后去压实密度反演及伽马拟声波反演对于岩性识别具有较好的区分效果，能较好地识别砂岩储层，达到“去泥留砂”的目的[16-17]。

（2）拟声波曲线的构建。

由于波阻抗反演是对叠后地震资料反演的唯一有效手段，在声波时差不能较好地刻画岩性的情况下，如果直接进行伽马等参数反演在理论上站不住脚。因此可以基于声波测井曲线，有效地综合各种信息，利用信息融合技术把它们统一到同一个模型上，从而把反映地层岩性变化比较敏感的自然伽马和自然电位曲线转换具有声波量纲的拟声波曲线，使其具备自然伽马和自然电位的高频信息，同时结合声波的低频信息，合成拟声波曲线，使它

既能反映地层速度和波阻抗的变化，又能反映地层岩性等的细微差别，从而更好地反映储层特征与地震之间的关系。

自然伽马（GR）、自然电位曲线（SP）、密度曲线（DEN）和电阻率曲线（RT）能够较好地刻画砂泥岩。考虑到电阻率类曲线遇到砂岩是零值或最大值起跳，而不是像声波曲线那样砂岩边界对应曲线波形的半幅点，特别是因其受流体变化的影响较大，尤其是在高含水老油田不同阶段测量的曲线对应着流体不同的变化情况，为此不选用电阻率类测井曲线进行储层物理特征曲线重构。鉴于自然伽马、自然电位曲线和密度曲线受流体变化影响小，区分砂泥效果好，能够反映储层泥质含量的变化，与孔隙度有一定关系，为此可以采用自然伽马、自然电位曲线和密度曲线开展储层物理特征曲线重构，在利用 AC 曲线建立时深关系的基础上，进行地震反演[18]。

把声波中的地层背景速度低频信息与反映地层岩性变化比较敏感的非声波测井曲线的高频信息调制成储层特征曲线。合成拟声波曲线的关键是如何将声波曲线的低频信息和自然伽马以及自然电位等其他曲线的高频信息"调制"到一起，利用小波多分辨率分解和信息融合等技术进行拟声波曲线合成能够取得较好效果。

在拟声波反演的结果基础上，去除掉声波低频反演得到的阻抗信息，使反演结果仅仅反演伽马的高频信息，能有效区分岩性的变化。

（3）子波提取与合成记录标定。

层位标定的好坏直接影响到子波的反演结果，而子波的正确性又对层位的准确标定具有重大影响，正因为它们之间的相互制约，所以只有通过子波反演和层位标定交互迭代，才能获取最佳标定效果和最佳子波。采用商业软件中子波反演和层位标定自动迭代扫描技术，有利于提高子波提取和层位标定的精度和效率。在子波反演过程中，保持声波曲线标定好的时深关系不变，以目的层的合成记录与井旁道地震波组特征有较好的对应关系为原则，提取各井的声波和拟声波曲线子波。

（4）地质建模。

地质模型中的地层模型是根据精细的层位解释结果建立地层框架表，地层框架表是定义井或速度数据在每个地层如何进行内插。地层框架表对反演目的层段的地层特征应具有代表性，建立合适的地层框架表是井或速度数据进行内插的关键。具体做法是根据地震解释层位，按沉积体的沉积规律在大层之间内插出很多小层，建立地质小层级的框架结构。在这个地质框架结构的控制下，根据一定的插值方式对测井数据沿层进行内插和外推，产生一个平滑、闭合的实体模型（如波阻抗模型）。

5.3.3　拟声波地震反演

利用基于伽马曲线和密度曲线重构的拟声波曲线开展地震反演，揭示砂体三维空间分布规律。

由于研究区发育南大港断层，断层上升盘和下降盘存在较大的埋深差异，受压实作用影响，埋深大的地层速度和密度较大，埋深浅的地层速度和密度较小，需要去除埋深造成的压实效应，为此研究中建立了地层的速度低频趋势，开展地层速度体归一化运算，再将归一化之后的速度体与反演得到的密度体进行运算，最终得到沙河街组相对密度数据体，通过图 5.20 和图 5.21 可以看出，相对密度体对区分砂泥岩有较好的效果，泥岩具有较高的相对密度而砂岩具有较低的相对密度。

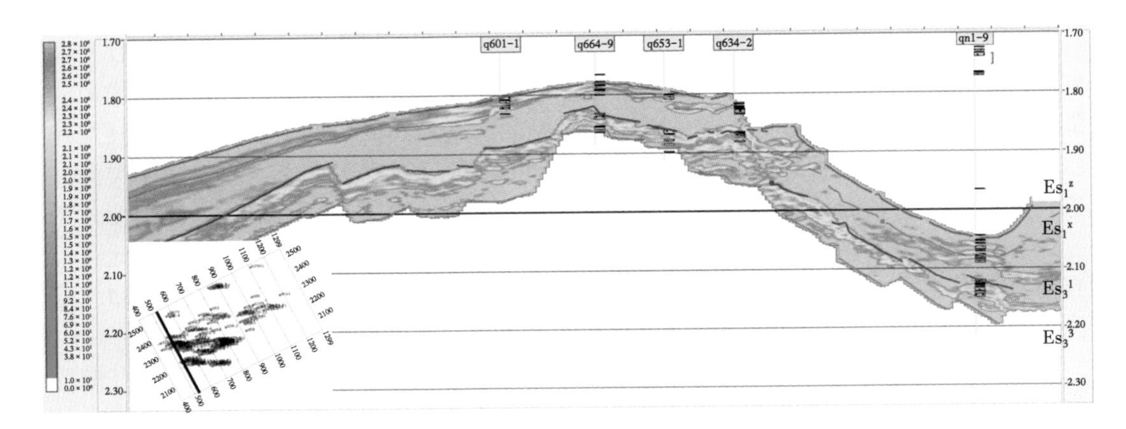

图 5.20　Inline530 线相对密度反演剖面

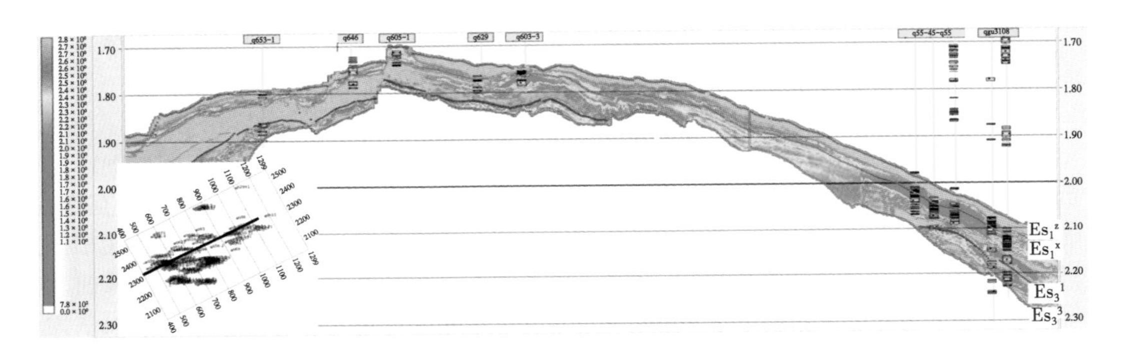

图 5.21　Crossline2320 线相对密度反演剖面

图 5.22 和图 5.23 是 Inline640 线和 Crossline2300 线伽马拟声波反演剖面，从反演结果可以看出，砂岩对应伽马拟声波高值，泥岩对应伽马拟声波低值，二者具有较好的识别效果。

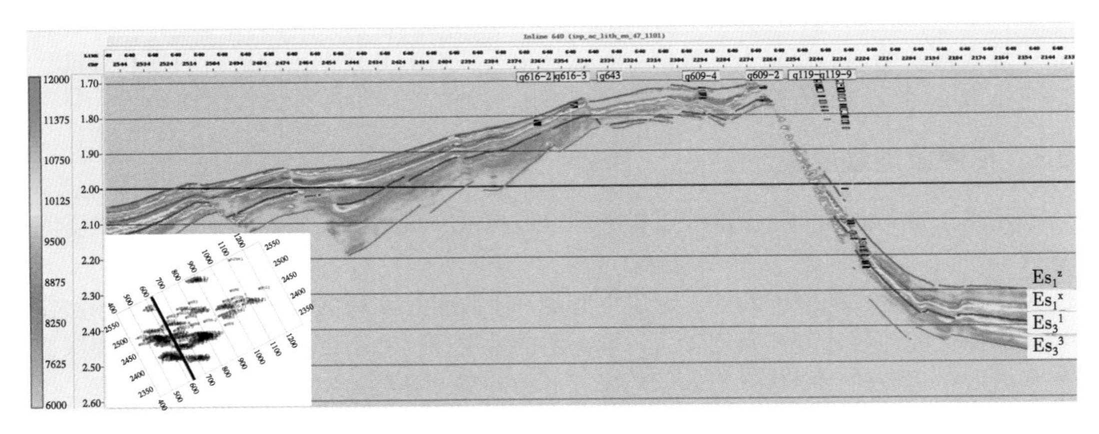

图 5.22　Inline640 线伽马拟声波反演剖面

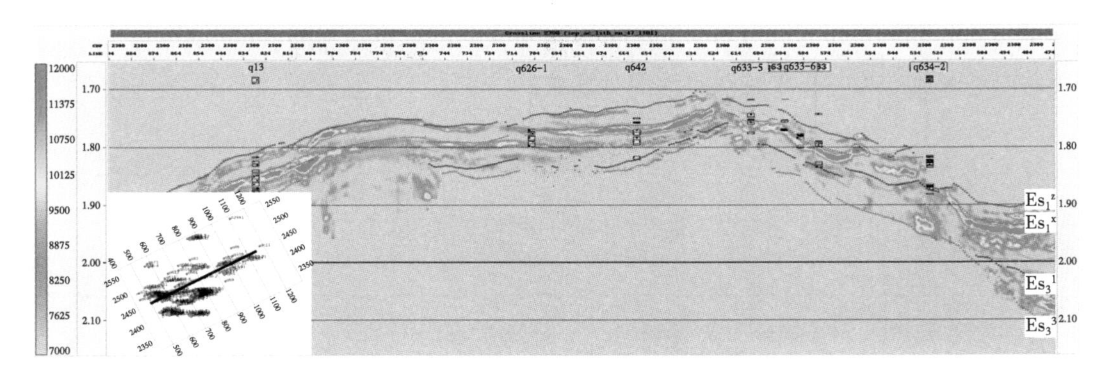

图 5.23　Crossline2300 线伽马拟声波反演剖面

5.3.4　多属性融合预测岩性

在项目研究过程中，由于研究区石灰岩、砂岩和泥岩在测井曲线上重叠较多，单一曲线对岩性识别能力较弱，因此准确预测储层较难，针对目的层沙河街组岩性预测采用多种技术手段，各种技术手段各有优势，为了更好地描述目的层段岩性，利用信息融合手段进行综合分析，在应用中则着重从不同角度研究各属性间的关系[19-27]。信息融合方法是有利于对大量地质观测资料进行分析并作出较为合理解释的一种多变量统计方法，可以从以下三个方面为成果分析提供帮助：

第一，压缩原始数据。针对大量的复杂的数据，通过信息融合统计分析可以精简原始数据但又不损失数据中包含的成因信息，有利于地质人员进行综合分析。

第二，指示推理方向。通过信息融合统计分析能够把庞杂纷乱的原始数据按照权重的大小进行归纳、整理、精炼和分类，理出客观的成因线索。

第三，分解叠加的地质过程。现实所观测到的地质现象往往是多种成因过程叠加的产物，信息融合提供了一个分解叠加过程进而识别每个单一地质过程的手段。

根据计算得到的属性数据，并分析数据之间内在的相关程度，重点使用三个属性数据体来进行有岩性综合分析：

（1）叠后吸收衰减属性，数据来源于叠后纯波数据体，主要反映的是地层中含流体以后高频段衰减，砂岩较泥岩具有更高的物性，因此砂岩更可能含有流体，该属性具有较好的横向分辨率。

（2）叠后相对密度反演属性，数据来源于地震反演，在消除掉压实效果之后，砂岩较泥岩密度略低，利用密度差异预测岩性，具有较好的纵向分辨率。

（3）叠后伽马拟声波反演属性，数据来源于地震反演，由于泥岩伽马值较砂岩伽马值高，利用伽马曲线的高频信息对砂泥岩有较好的区分效果，结合声波曲线的低频趋势，拟合成拟声波曲线，该曲线对砂泥岩有较好的区分效果，开展叠后伽马拟声波反演，该属性具有较好的纵向分辨率。

选择这三种属性数据体，如前所述，主要考虑到在原始数据体来源上，它们具有相关最小性质，而在所代表的物理意义和地质意义上，又具有最大的同一性的性质。

图 5.24 和图 5.25 分别为 Inline730 线和 Crossline2320 线岩性概率反演剖面，从图中可

以看出，砂岩岩性概率通常大于72%，泥岩岩性概率通常低于72%，该属性既具有高频衰减数据体的高横向分辨率，又具有相对密度及伽马拟声波属性高纵向分辨率，将三者的优势进行融合处理，提高岩性预测纵横向分辨率。

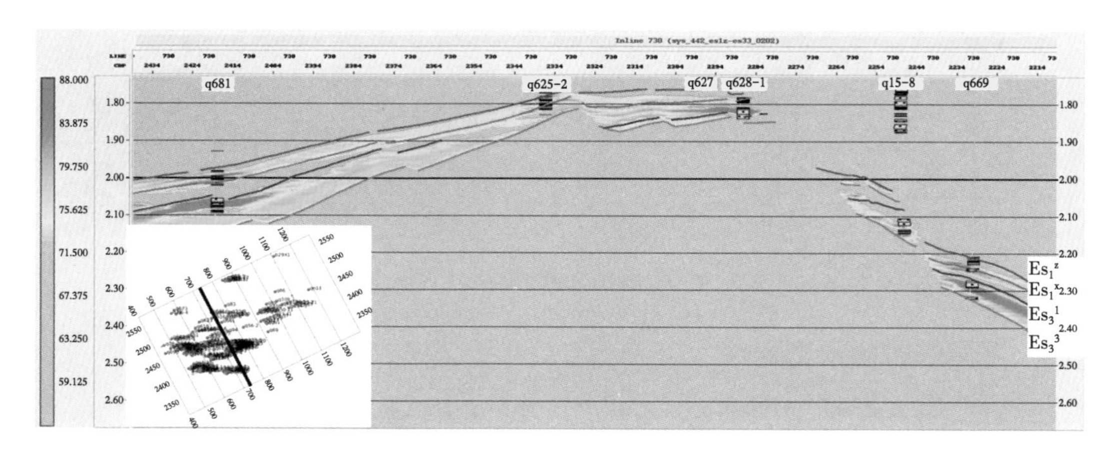

图 5.24　Inline730 线岩性概率反演剖面

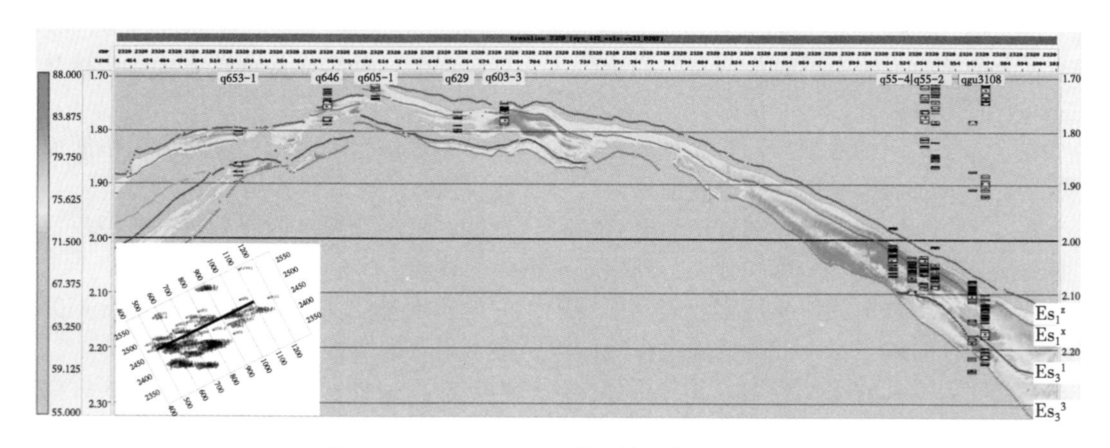

图 5.25　Crossline2320 线岩性概率反演剖面

5.4　井控岩性综合解释技术

一般认为地震参数如反射结构、几何外形、振幅、频率、连续性和层速度，代表产生其反射的沉积物的一定的岩性组合、层理和沉积特征。因此地震属性的岩性与岩相预测方法就是建立地震属性与岩性、岩相之间的统计关系，通过分析地震数据的反射特征和波动力学特征预测岩性和沉积相的平面分布。

5.4.1　技术原理

在地质研究工作中，经常碰到岩性类型归属问题，确定一个样品是属于已知类型中的哪一类，即对样品进行分类，把样品所属的类统称为总体，判别分析就是根据从已知的 G

个总体中所取出的 G 组样品的观测值，建立样品总体与样品变量之间的定量关系，即判别函数的一种多元统计分析方法。当 $G=2$ 时，称为两总体判别分析；当 $G>2$ 时，称为多总体判别分析。

多总体判别分析一般采用贝叶斯（Bayes）方法，把 m 维空间划分为互不相交的多个区域，使错判的平均损失为最小。多个区域互不相交是指彼此间没有重叠部分，每一个样本只能归属于多个区域的某一个区域，而不能同时落在两个或更多个区域中。贝叶斯准则即：计算一个待判样品 X 属于各组的条件（后验）概率 $P(ag/X)$（$g=1，2，\cdots，G$），依据概率值的大小，把待判样品 X 归属于概率值最大的那个总体。

贝叶斯准则数学模型要求各组变量服从多维正态分布，如果从 G（$G>2$）个总体中分别取出 n_1，n_2，…，n_g 个样品，并且每个样品有 m 个变量，那么样品构成的观测样品为：

$$\boldsymbol{X}_{gk}=\begin{bmatrix} x_{gk}^{1} \\ x_{gk}^{2} \\ \vdots \\ x_{gk}^{m} \end{bmatrix} \quad \left(g=1,2,\cdots,G;k=1,2,\cdots,n_g\right) \tag{5.2}$$

式中 x^i_{gk} 为总体 a_g 中第 k 个（$k=1，2，\cdots，n_g$）个样品第 i（$i=1，2，\cdots，m$）个变量的观测值。

假设各组样品都是相互独立的正态随机向量，即服从 $\boldsymbol{N}$（$\boldsymbol{\mu}_g$，$\boldsymbol{\Sigma}_g$）。

这里 $\boldsymbol{\mu}_g$ 是第 G 组 m 个变量的数学期望向量，$\boldsymbol{\Sigma}_g$ 是协方差矩阵。在多总体判别分析中，进一步假定 G 个组的协方差矩阵一样。根据多元正态分布密度表达式，得到各组的 m 个变量的联合概率分布密度为：

$$f_g\left(\boldsymbol{X}\right)=\frac{1}{\left(2\pi\right)m/2\left|\boldsymbol{\Sigma}^{-1}\right|^{1/2}}\exp\left[-\frac{1}{2}\left(\boldsymbol{X}-\boldsymbol{\mu}_g\right)^t\boldsymbol{\Sigma}^{-1}\left(\boldsymbol{X}-\boldsymbol{\mu}_g\right)\right] \tag{5.3}$$

其中 $\boldsymbol{\Sigma}^{-1}$ 为协方差矩阵的逆矩阵，$|\boldsymbol{\Sigma}^{-1}|$ 为协方差逆矩阵行列式。（$\boldsymbol{X}-\boldsymbol{\mu}_g$）^{T} 为（$\boldsymbol{X}-\boldsymbol{\mu}_g$）的转置向量。采用观测样品的估计值 $\overline{\boldsymbol{X}_g}$ 和协方差矩阵 $\boldsymbol{S}$ 近似代替期望向量 $\boldsymbol{\mu}_g$ 和协方差矩阵 $\boldsymbol{\Sigma}$。

样本的期望向量：

$$\overline{\boldsymbol{X}_{\mathrm{g}}}=\begin{bmatrix} \overline{x_{\mathrm{g}}^{1}} \\ \overline{x_{\mathrm{g}}^{2}} \\ \vdots \\ \overline{x_{\mathrm{g}}^{m}} \end{bmatrix} \quad \left(g=1,2,\cdots,G\right) \tag{5.4}$$

其中

$$\overline{x_{\mathrm{g}}^{i}}=\frac{1}{n_{\mathrm{g}}}\sum_{k=1}^{n_{\mathrm{g}}}x_{gk}^{i} \quad \left(i=1,2,\cdots,m\right) \tag{5.5}$$

样本的协方差矩阵：

$$\boldsymbol{S}=\begin{bmatrix} s_{11} & s_{12} & \cdots & s_{1m} \\ s_{21} & s_{22} & \cdots & s_{2m} \\ \cdots & \cdots & \ddots & \vdots \\ s_{m1} & s_{m2} & \cdots & s_{mm} \end{bmatrix} \tag{5.6}$$

其中

$$s_{ij}=\frac{1}{N-G}\sum_{g=1}^{G}\sum_{k=1}^{n_g}\left(x_{gk}^{i}-\overline{x_g^{i}}\right)\left(x_{gk}^{j}-\overline{x_g^{j}}\right) \tag{5.7}$$

对于待判别的一个样品X，首要目的是计算该样品属于总体 a_g 的后验概率 $P(a_g/\boldsymbol{X})$。依据贝叶斯公式，有：

$$\begin{aligned} P(a_g/\boldsymbol{X}) &= P(a_g)P(\boldsymbol{X}/a_g)/\sum_{i=1}^{G}P(a_i)P(\boldsymbol{X}/a_i) \\ &= P_g f_g(\boldsymbol{X})/\sum_{i=1}^{G}P_i f_i(\boldsymbol{X}) \end{aligned} \tag{5.8}$$

式中 $P(a_g)$ 和 $P\left(X\middle|a_g\right)$ 分别是总体a_g的先验概率和联合概率密度。P_g为第g组的先验概率，实际应用中用各组的样品频率为其估计值，即：

$$P_g=n_g/\sum_{k=1}^{g}n_k \qquad (g=1,2,\cdots,G) \tag{5.9}$$

$P(\boldsymbol{X}/a_g)$ 由前述各组联合概率密度求出。

将待判样品的观测值代入式(5.9)，可计算出 G 个概率值，据此对未知样品 X 的总体作出判断。按照概论论法则，把待判样品 X 归属于概率值最大的那个总体，判错概率最小。于是建立判别函数如下：

$$F_g(\boldsymbol{X})=\max\left\{P\left(a_g/\boldsymbol{X}\right)\right\} \tag{5.10}$$

通过判别函数的检验进行质量控制，在实际工作中，通常认为总体之间的差异是显著的。但是对已知的来自 G 个总体的 N 个样品进行判别验证后，出现一些样品被错判，出现这种情况的主要原因：一是原来的样本归类有误；二是所选取的描述样本的变量不能充分体现各类的差异。

5.4.2 技术流程

贝叶斯判别分析的基本思路即贝叶斯岩性反演流程如图5.26所示。

在建立模型过程中，依据专业知识和经验，结合变量相关系数大小和各总体均值，选取合适的变量，相关系数越小、均值差异越大，说明进一步通过显著性检验方法分别对变量的可区分能力和模型的判别效果进行了检验。通过反复的检验和重新选取变量的过程，最终建立较好的概率模型。采用马哈拉诺比斯距离检验法对变量的区分能力进行检验；采用正判率法对模型的判别效果进行检验。这些是质量控制的必要手段。

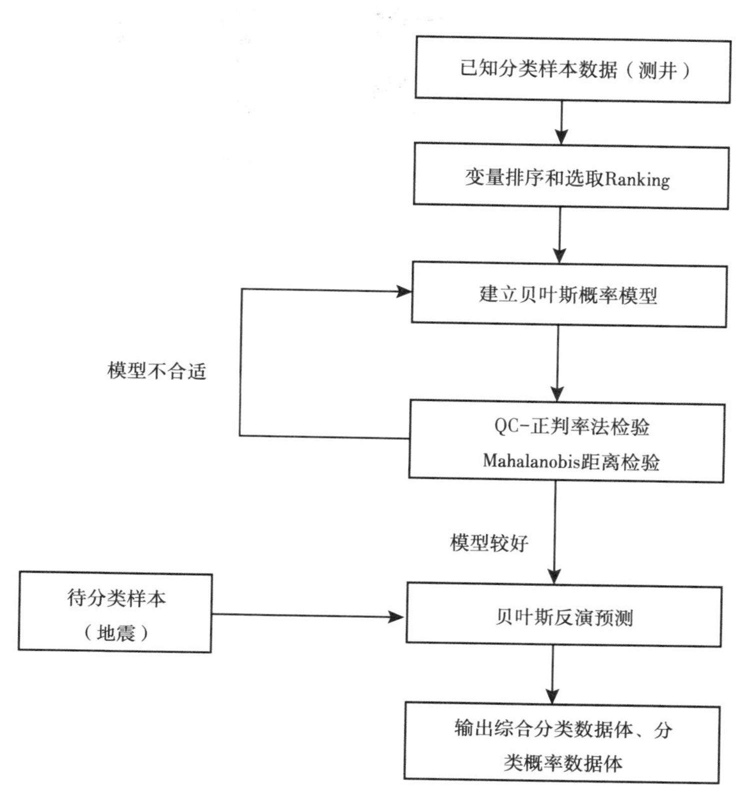

图 5.26　贝叶斯岩性反演流程

贝叶斯模型建立之后，按照贝叶斯公式，反演预测地震数据体各采样点属于各个总体的后验概率，同时建立判别函数，将待预测点判定为后验概率中最大的那个总体，并输出各总体的概率数据体和综合分类数据体。概率数据体数值上是属于某类的概率值（0.0~1.0），综合分类数据体是以整数形式表示的分类结果[28-29]。

5.4.3　应用实例

图 5.27 为井控综合解释技术流程图，利用测井和录井资料识别地层岩性，通过岩性类别划分，将研究区岩性分为泥岩和砂岩两大类；参考测井资料岩石物理和井旁地震道地震属性分析结果，优选高频衰减、伽马拟声波反演和相对密度反演三类地震属性进行信息融合岩性概率反演，最终利用岩性分类得到的二类岩性约束解释岩性概率属性，将地震属性转化为地质人员较熟悉的岩性数据体，减少多属性交互解释的不便和多解性，深化地层岩性认识。

图 5.28 和图 5.29 分别是 Inline530 线和 Crossline2210 线井控岩性综合解释剖面，从剖面可以看出与井上岩性吻合较好，沙一段主要发育石灰岩和泥岩，沙二段和沙三段主要发育砂泥岩互层，其中沙二段泥岩相对较发育，沙三段砂岩相对较发育，与井上实钻结果较吻合，从岩性综合解释剖面可以看出具有较高的纵横向分辨率，有利于地质研究人员直观地接受，避免多属性交互解释的不便。

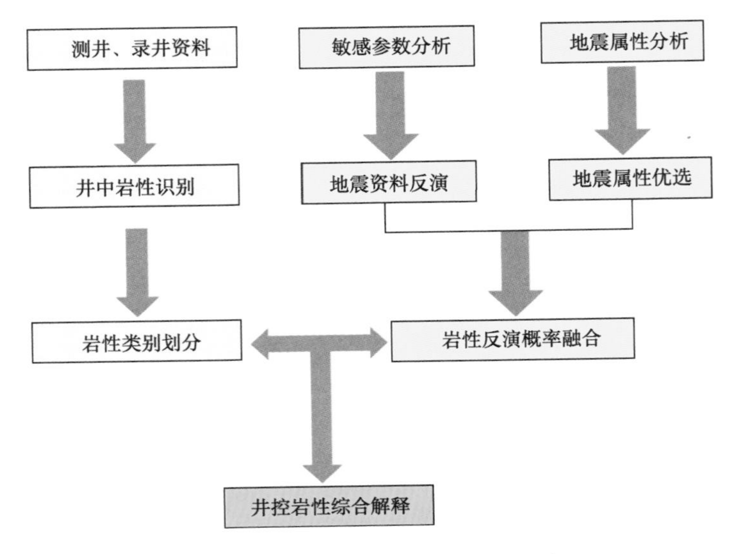

图 5.27 井控综合解释技术流程图

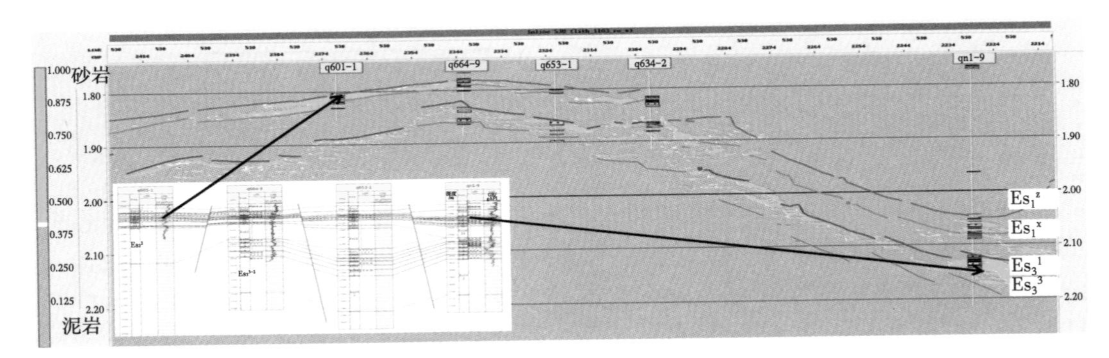

图 5.28 Inline530 线井控岩性综合解释剖面

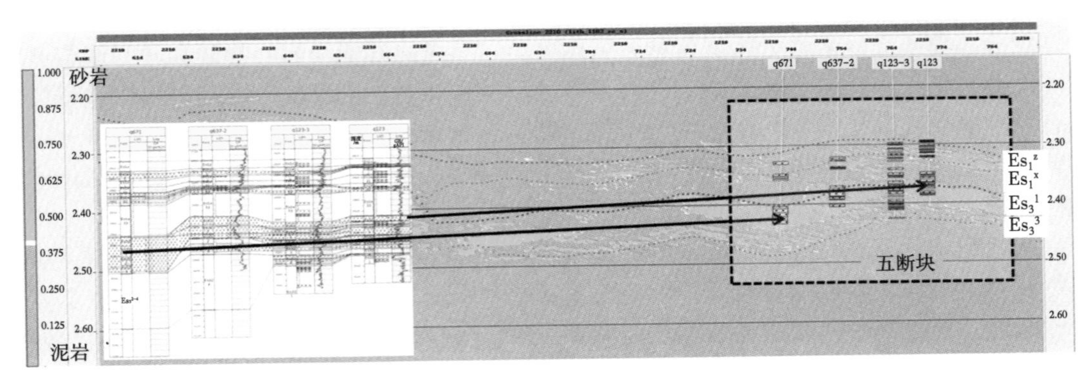

图 5.29 Crossline2210 线井控岩性综合解释剖面

基于上述岩性综合解释数据体计算层段砂地比平面分布图，有利于在平面上把岩性体分布规律。

图 5.30 是研究区 Es_3^{2+3} 段时间—厚度平面图，图 3.31 是 Es_3^{2+3} 段砂地比平面分布图。从图中可以看出该段地层砂体发育，砂地比较高，砂体主要分布在南大港断层北侧的七断块、岐 41-50-55-56 块，主要以三角洲河道和河口坝沉积为主，南大港断层南侧砂体主要分布在扣 49 块和五断块等区域，主要以水下扇沉积为主。

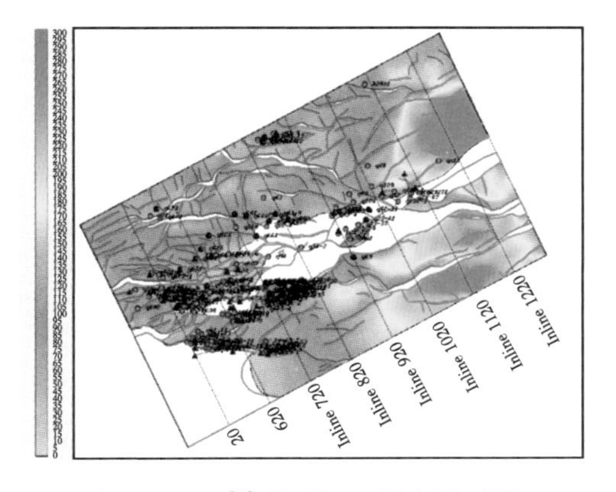

图 5.30　Es_3^{2+3} 段时间—厚度平面图

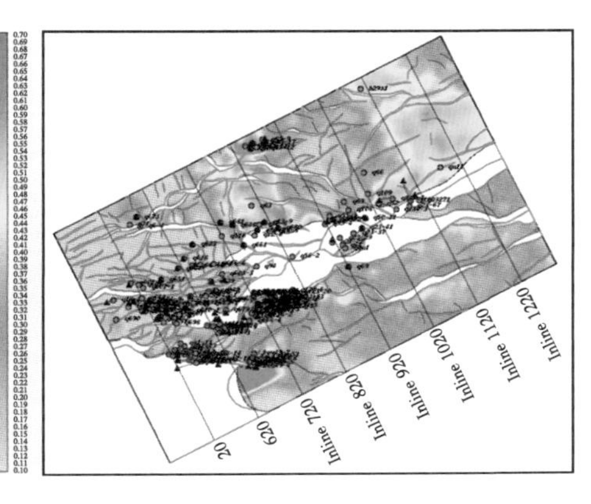

图 5.31　Es_3^{2+3} 段砂地比平面分布图

图 5.32 研究区 Es_3^1 段时间—厚度平面图，图 5.33 是 Es_3^1 段砂地比平面分布图。从图中可以看出该段地层砂岩欠发育，砂地比较低，湖泊扩展强烈，沉积物供给减少，沉积体收缩强烈，主要以泥岩沉积为主，结合区域水体变化，该段位于高位域，以泥岩沉积为主，砂体零星发育于南大港断层附近，与区域认识一致。

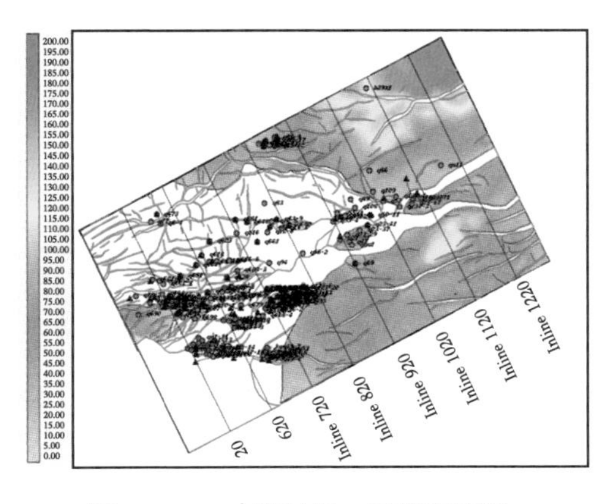

图 5.32　Es_3^1 段时间—厚度平面图

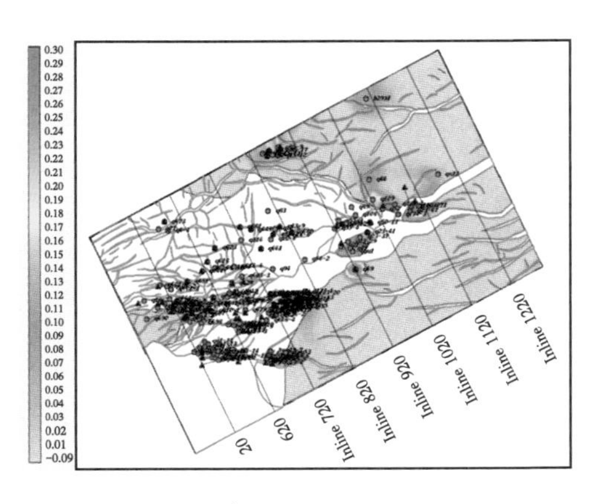

图 5.33　Es_3^1 段砂地比平面分布图

图 5.34 是研究区 Es_2 段时间—厚度平面图，图 5.35 是 Es_2 段砂地比平面分布图。该段地层湖泊收缩强烈，砂体较发育，辫三角洲和水下扇再次发育，从图中可以看出砂地比较 Es_3^1 段高，砂体主要分布在南大港断层附近的岐 41-50-55-56 块、岐 85-26 块附近，南大港断层北侧主要以三角洲河道和河口坝沉积为主，南大港断层南侧砂体主要以水下扇沉积为主。

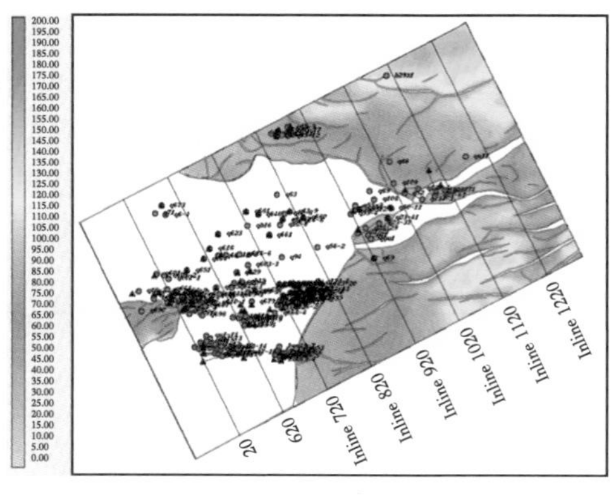

图 5.34　Es_2 段时间—厚度平面图

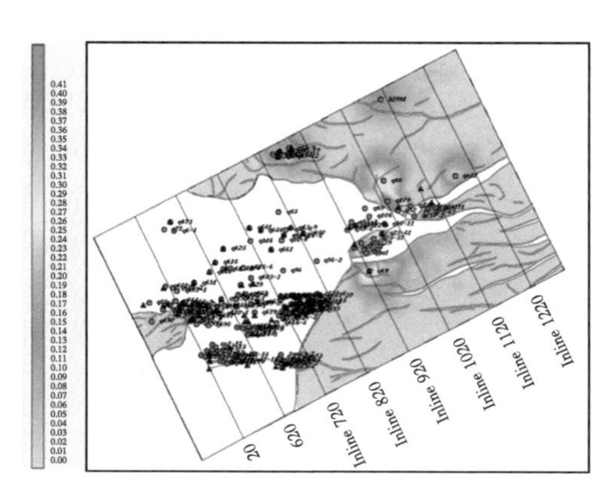

图 5.35　Es_2 段砂地比平面分布图

图 5.36 是研究区 Es_1 段石灰岩时间—厚度平面图，图 5.37 是 Es_1 段灰地比平面分布图。该段整体水侵，形成石灰岩沉积，在区域高部位，发育大规模条带状灰岩，主要分布在南大港断层附近，远离断层附近局部高部位，发育点状灰岩，从图中可以看出灰地比高值区主要分布在断层北侧的 1-2-3-4-6 块、岐 5-5 块、岐 41-50-55-56 块及断层南侧五断块和扣 49 块。

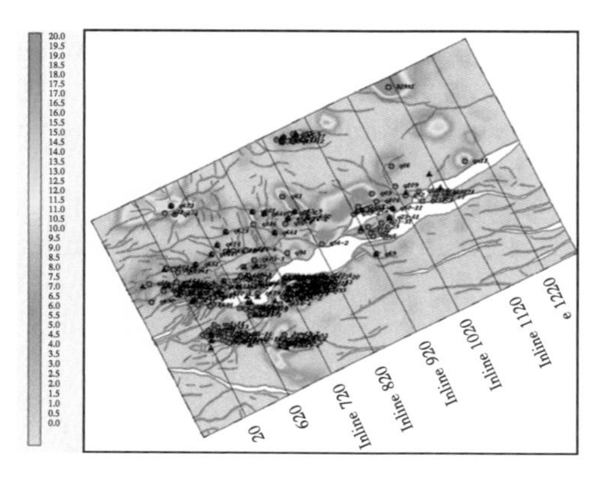

图 5.36　Es_1 段石灰岩时间—厚度平面图

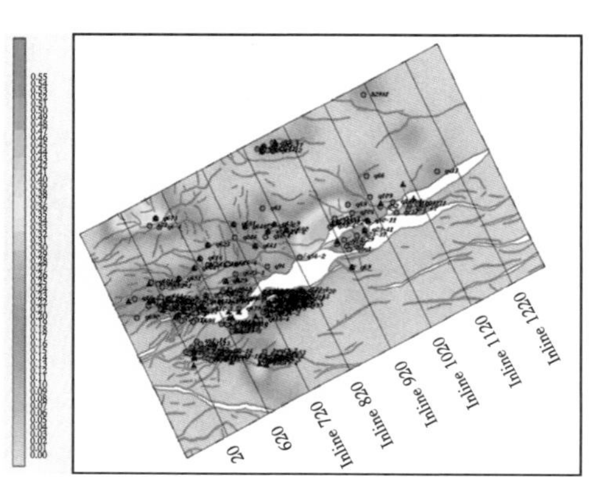

图 5.37　Es_1 段灰地比平面分布图

5.5　多属性融合储层沉积特征综合分析技术

研究区大港王徐庄油田属于典型的箕状断陷盆地，其北部为缓坡带，南部为陡坡带。受断层幕式活动，以及缓坡带的掀斜，使得地层充填结构，剥蚀区分布，沉积体类型及展布范围非常难以确定。同时，构造及地层条件的复杂性，为地球物理资料的剖面地震相解读与平面属性成像刻画，带来了很多的多解性及不确定性。如何正确地认识地震资料的特征，与地质的钻井资料匹配，揭示沉积相展布规律，是复杂沉积储层刻画研究的关键。

针对地震资料在地质方面解释的复杂性，研究中采用了多方面、多尺度地质规律和

地震资料解释的衔接，主要包括以下几个方面：(1) 根据断陷盆地构造对地层充填的控制作用，以构造演化机制为基础，恢复地层充填类型，指导地震资料地层切片方法的选择；(2) 根据断陷盆地的地形特征对沉积类型的控制作用，指导剖面地震相的识别；(3) 根据断陷盆地的沉积模式及与现代沉积的对比，指导分析地震资料平面属性、平面反演属性，并转化为沉积类型及分布。通过框架—剖面—立体的空间维度分析，现代沉积和古地理环境的时间维度分析，层层递进地建立地震成像和地质规律的联系，总结沉积体类型及分布位置的控制规律，识别砂体的展布范围，分析研究区的沉积演化历程。

5.5.1 沉积模式控制要素分析

(1) 断陷盆地的沉积具有普遍规律性。根据经典的断陷盆地沉积模式，沉积相类型受坡度控制作用明显，陡缓坡沉积类型不同，缓坡带主要发育三角洲，陡坡带主要发育近岸水下扇（图 1.38）。

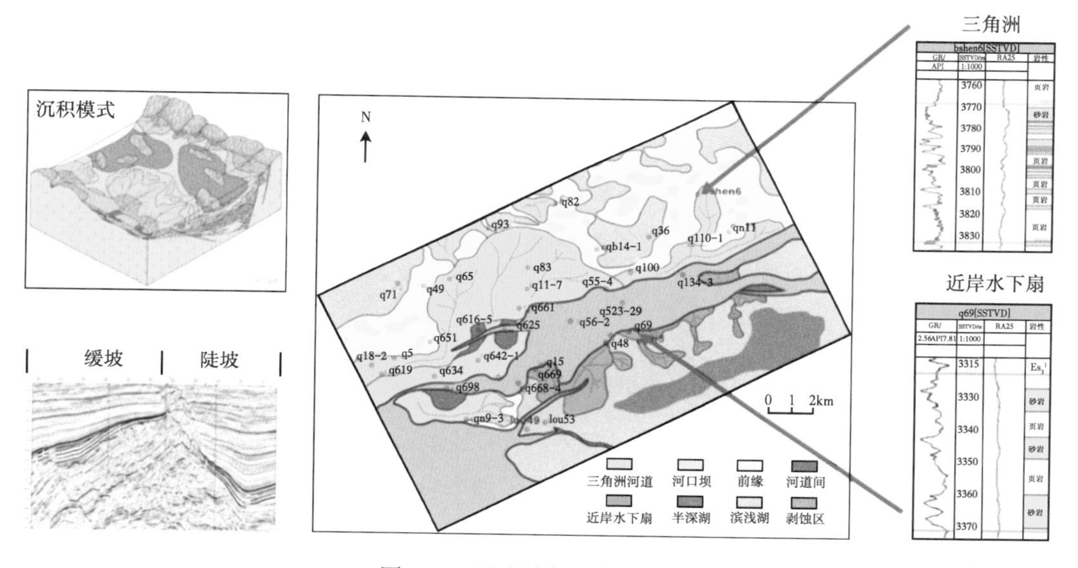

图 5.38 坡度控相机制示意图

(2) 根据区域构造纲要图可知，研究区主要物源来自西部孔店潜山，西南羊三木和扣村潜山，凹陷东部的沉积物如何搬运过去，是研究沉积模式的一个难点。

如图 5.39 所示，与我国现代山间盆地的沉积环境对比，识别沉积物的搬运方式。北部为黄河，可作为主要物源供给，因此，在湖泊北部形成了大型的三角洲。而分支流能够沿着古地貌较高区带，形成河流的支流，并沿着斜坡进入湖泊，形成沉积，但其规模远远小于主要物源（图 5.39）。

根据这样的沉积模式，在研究区也有所响应，距离物源的远近，控制了沉积微相的类型。缓坡带中，西侧靠近物源区，能够形成大型三角洲沉积，向东侧，远离物源，形成三角洲前缘外侧，以小型沙坝沉积类型为主。陡坡带中，西侧靠近物源区，能够形成砂体聚合近岸水下扇体，向东侧远离物源，泥岩明显增加，形成近岸水下扇和湖泊泥岩互层沉积（图 5.40）。

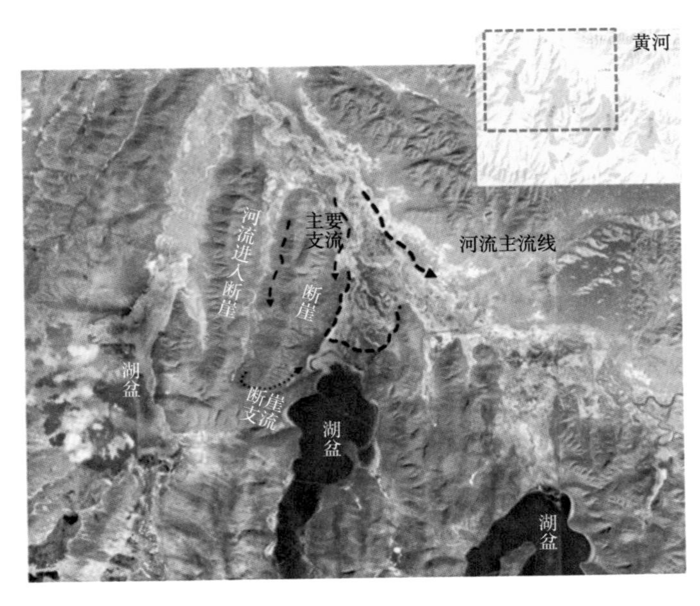

图 5.39　物源控制亚相模式

（3）南大港断层延伸长度大，近岸水下扇在何部位卸载，滑塌形成扇体。根据断陷盆地构造调节带的概念，能够识别“沟—砂对应”的疏导体系。一般而言，构造调节带控制物源的方向和通道，在研究区，通过断层的组合方式，在缓坡带识别了 2 个调节带，在陡坡带识别了 5 个调节带。根据调节带和钻井对比，能够识别砂体展布的部位（图 5.40）。

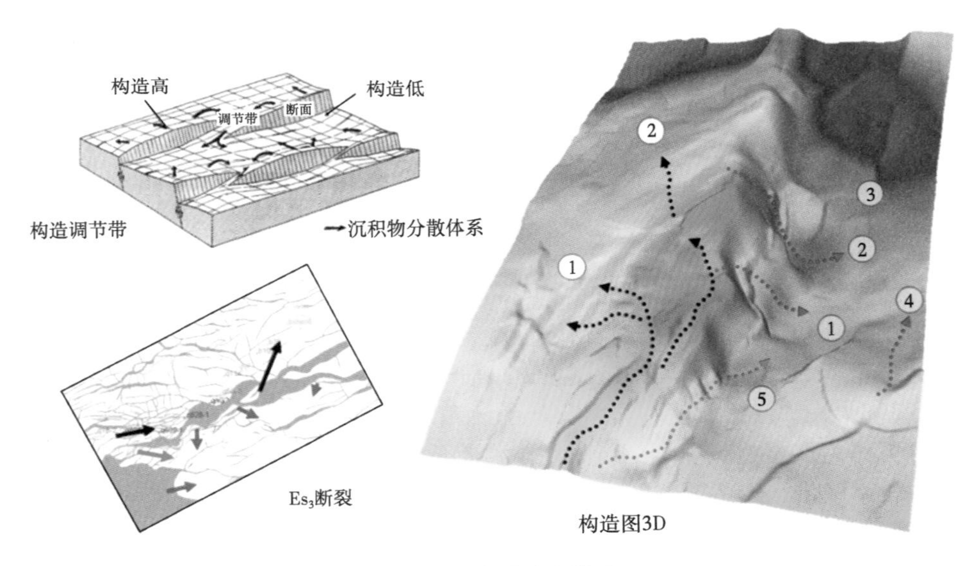

图 5.40　沟砂响应模式

（4）通过分析沉积类型及砂体展布的控制要素，建立的沉积模式主要包括三个方面（图 5.41）：第一，坡度控制沉积相类型，缓坡带发育三角洲，陡坡带发育近岸水下扇；第二，物源远近控制微相类型，靠近物源以河道、三角洲内前缘为主，远离物源以三角洲外前缘、小型沙坝为主；第三，根据“沟—砂对应”的疏导体系，识别砂体展布部位。

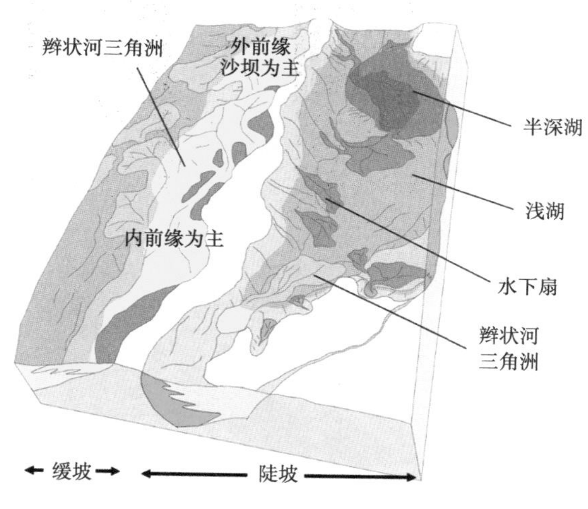

图 5.41 沉积模式立体图

5.5.2 沉积相平面发育特征表征

在上述沉积模式控制要素分析的基础上，运用沉积学原理和方法，通过岩心观察、粒度分析资料和测井资料进行单井沉积微相分析，结合地震属性分析结果，在单井相约束下，勾绘出目的层的沉积相平面图。

（1）Es_3^{2+3} 平面沉积特征。

Es_3^{2+3} 沉积时期，王徐庄地区处于湖盆裂陷期，南大港断层活动剧烈，整体上分割湖盆为两部分。此时湖泊发育，物源供给充足，北部缓坡带，沿着斜坡发育三角洲，主要由西向东变细，向东北入湖，整个河道砂体大面积展布，局部河口坝砂体发育；南部陡坡带，水体西浅东深，陡坡断崖发育水下扇，西部缓坡发育三角洲，该三角洲沉积体和北部缓坡带沉积体一样，均为孔店凸起供源（图 5.42 和图 5.43）。

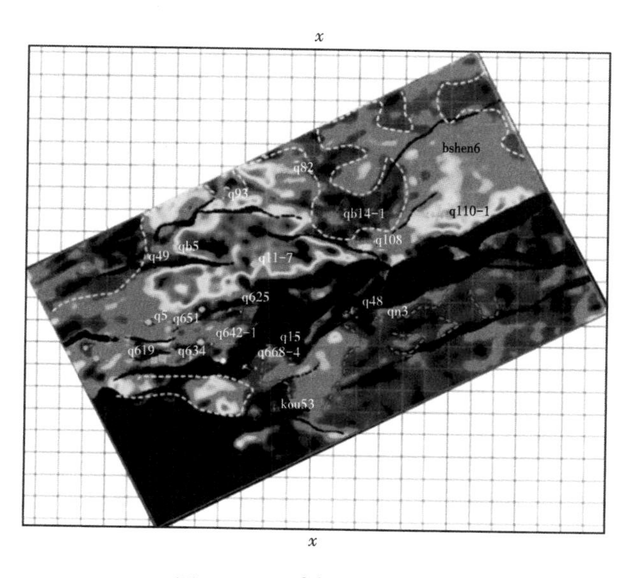

图 5.42 Es_3^{2+3} 地震属性图

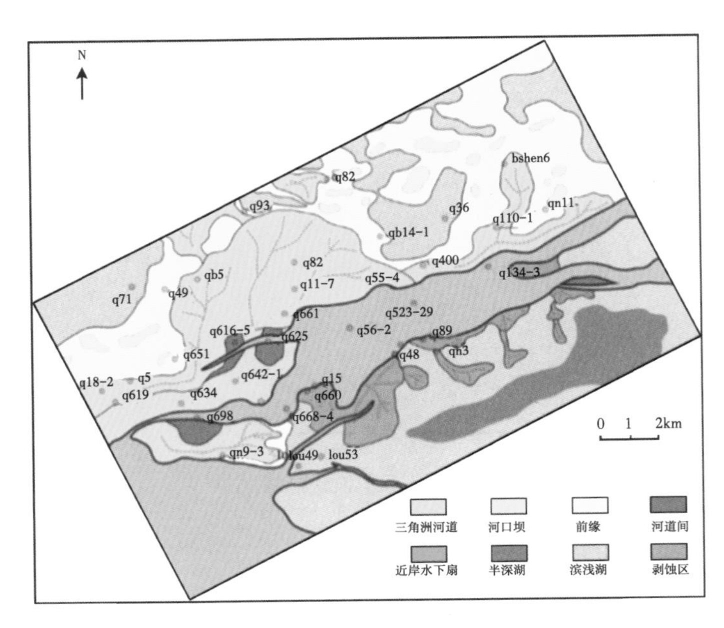

图 5.43 Es_3^{2+3} 平面沉积特征

（2）Es_3^1 平面沉积特征。

Es_3^1 沉积时期湖泊水体快速上升，同时湖盆仍扩展强烈，沉积物供给减少，整个盆地处于欠补偿状态。断层两侧出现大范围的厚层湖泊泥岩沉积，两侧沉积体大范围收缩。隆起带附近（大断层周边，中部隆起剥蚀区，西南剥蚀区，以及缓坡局部剥蚀区周边），形成近岸水下扇砂体（图 5.44 和图 5.45）。

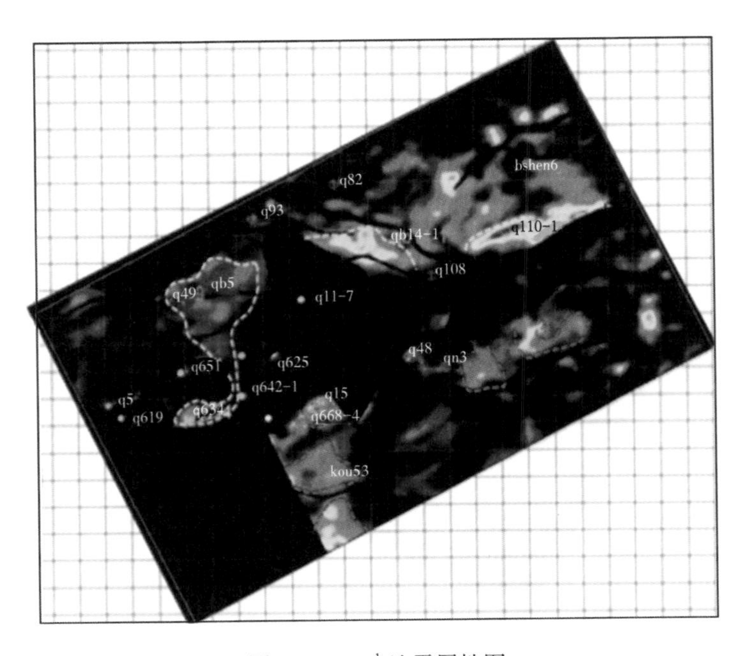

图 5.44 Es_3^1 地震属性图

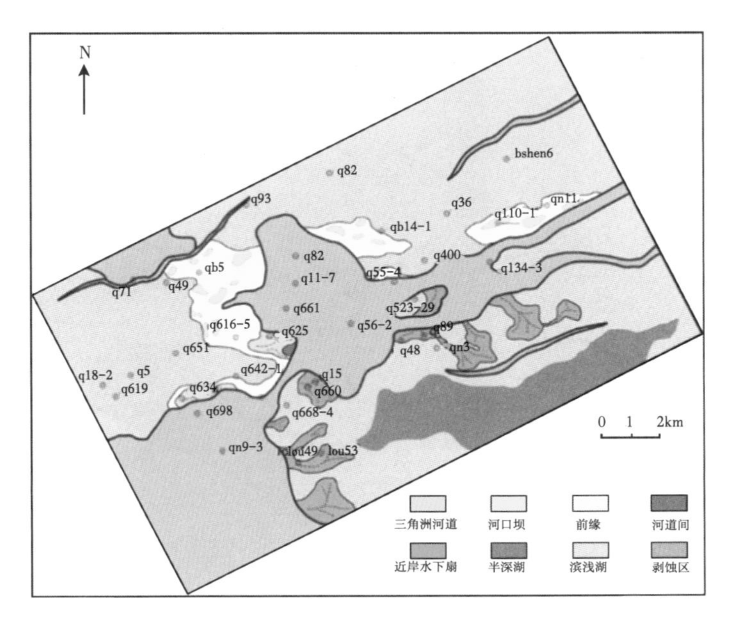

图 5.45　$Es_3{}^1$ 平面沉积特征

（3）Es_2 平面沉积特征。

至 Es_2 沉积时期，构造再次活动，整体坡度变陡，湖泊收缩强烈，物源充足。在北部缓坡带，三角洲大规模发育。由于坡度略有增加，砂体向东北较深部位卸载。在南部陡坡带，沿着南大港断层的斜坡，以及次级断裂的斜坡，发育水下扇（图 5.46 和图 5.47）。

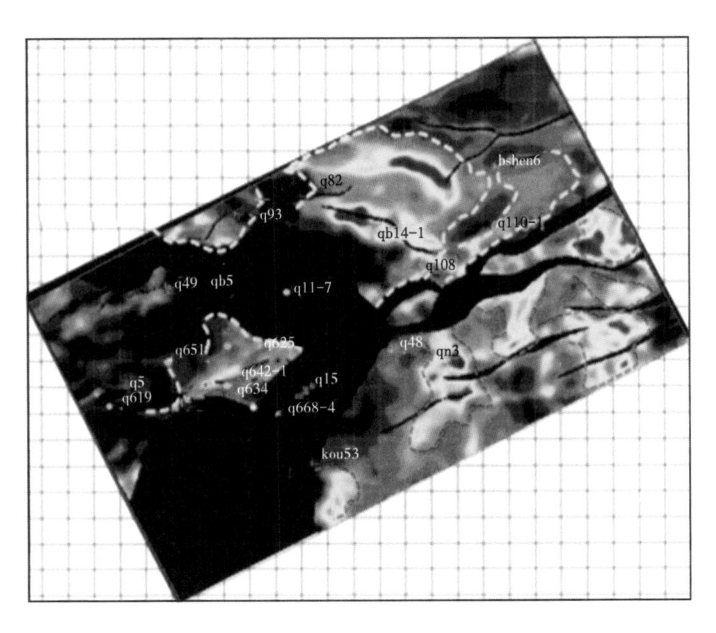

图 5.46　Es_2 地震属性图

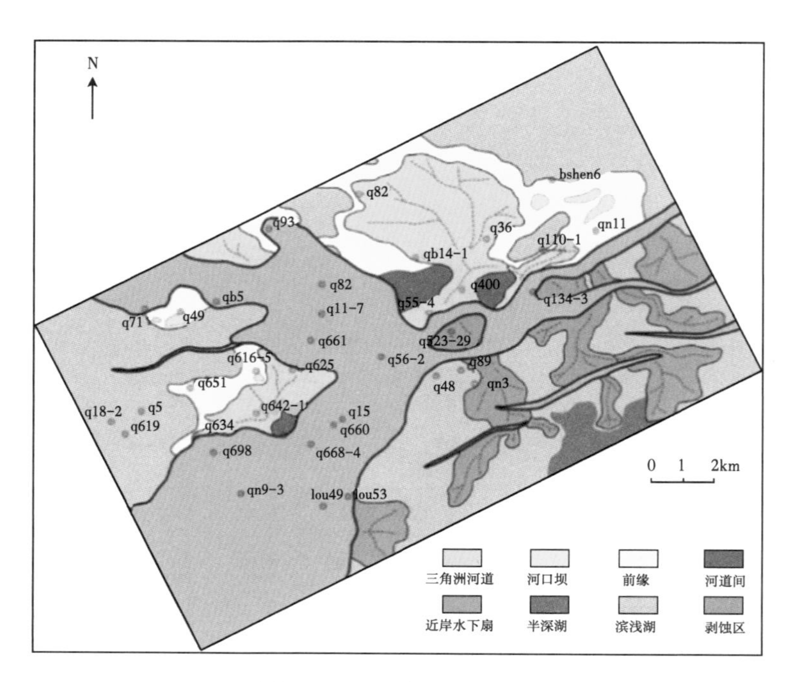

图 5.47　Es_2 平面沉积特征

（4）Es_1^x 平面沉积特征。

针对石灰岩层段，根据其厚度与古地貌的相关性，结合反演特征，表征沉积体平面展布特征（图 5.48 和图 5.49）。

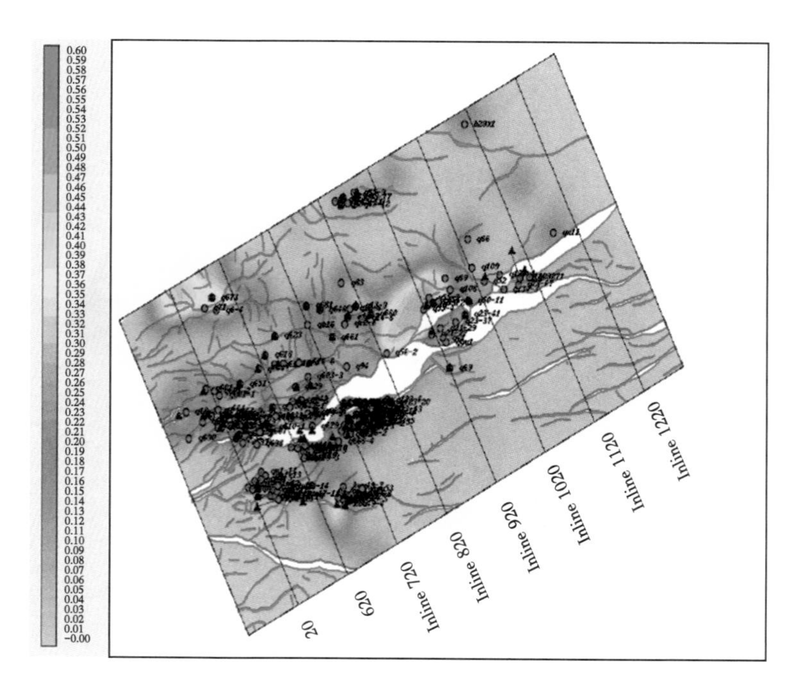

图 5.48　Es_1^x 地震反演平面图

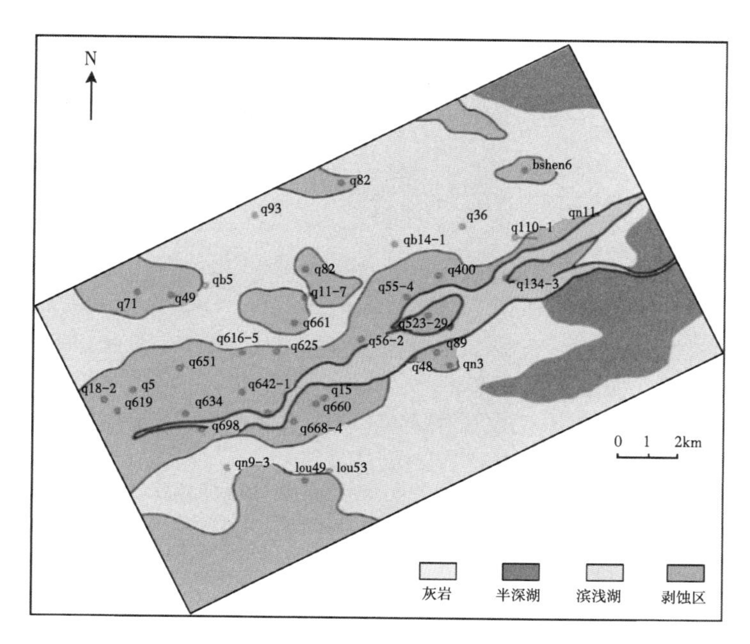

图 5.49 Es_1^x 平面沉积特征

参 考 文 献

[1] 邹才能，张颖，等 . 油气勘探开发实用地震新技术 [M]. 北京：石油工业出版社，2002.

[2] 张永刚 . 油气地球物理技术新进展 [M]. 北京：石油工业出版社，2003.

[3] 程建远，等 . 三维地震资料微机解释性处理技术 [M]. 北京：石油工业出版社，2002.

[4] 曲寿利，等 . 国内外物探技术现状与展望 [M]. 北京：石油工业出版社，2003.

[5] 刘雯林 . 油气田开发地震技术 [M]. 北京：石油工业出版社，1996.

[6] 倪逸，杨慧珠，郭玲萱等，储层油气预测中地震属性优选问题探讨 [J]. 石油地球物理勘探，1999（6）：614-626，734.

[7] Quincy Chen，Steve Sidney. Seismic attribute technology for reservoir forecasting and monitoring[J]. TLE，1997（5）.

[8] Kurt J Marfurt. 3D seismic attributes using a semblance-based coherency algorithm，Geophysics，1998，63.

[9] Bruce S Hart，Robert S Balch，Approaches to defining reservoir physical properties from 3-D seismic attributes with limited well control : an example from the Jurassic Smackover Formation，Alabama，Geophysics [J]. Geophysics，2000，65（2）：368-376.

[10] Alistair R Brown. 地震属性及其分类 [J]. 严又生，译 . 国外油气勘探，1997（4）：529-530.

[11] 姚逢昌，等 . 测井约束反演技术在油田开发中的应用 [M]. 北京：北京石油学会青年科技论文选，北京：石油工业出版社，1996.

[12] 殷积峰，果二扬 . InverMod 反演技术及在储层地震描述中的应用 [C]// 北京石油学会第三界青年学术年会论文集 [M]. 北京：石油工业出版社，2000.

[13] 黄绪德 . 反褶积与地震道反演 [M]. 北京：石油工业出版社，1994.

[14] 马劲风，王学军，贾春环，等，波阻抗约束反演中的约束方法研究 [J]. 石油物探，2000（2）：52-63.

[15] 赵鹏飞，刘财，冯晅，等，基于神经网络的随机地震反演方法 [J]. 地球物理学报，2019（3）：1172-1180.

[16] Berkhout A J.Seismic inversion in steps [J]. Leading Edge，2012，18（8）：933-939.

[17] 毛丽华，李军，李峰峰 . 储层反演精准度提高方法研究——以歧口凹陷南缘埕北低断阶沙二段为例 [J]. 资源与产业，2016（4）：43-52.

[18] 许正龙 . 曲线重构技术在储层横向预测工作中的应用 [J]. 石油实验地质，2002，24（4）：337-380，384.

[19] 余为维，冯磊，杜艳艳，等 . 测井约束与神经网络联合反演储层预测技术 [J]. 地球物理学进展，2016（5）：2232-2238.

[20] 符力耘等，地震波阻抗反演的 ANNLOG 技术及其应用效果 [J]. 石油地球物理勘探，1997（1）：34-44，154.

[21] 刘瑞林，马在田 . 神经网络在油气评价和预测方面的研究现状 [J]. 地球物理学进展，1995，10（2）：75-84.

[22] 张玉池，张兆京，温佩琳 . 人工神经网络在地球物理勘探中的应用概论 [J]. 矿产与地质，1999，13（74）：321-323.

[23] 王永刚，曹丹平，朱兆林 . 神经网络方法烃类预测中的问题探讨 [J]. 石油物探，2004，43（1）：94-98.

[24] 刘力辉，常德双，殷学军 . 人工神经网络在预测储层中的应用 [J]. 石油地球物理勘探，1995，30(增刊 1）：90-95.

[25] 施继承，聂勋碧 . 基于神经网络的油气预测系统 [J]. 石油地球物理勘探，1996，31（5）：685-692.

[26] 杨建礼，周杰 . 如何应用人工神经进行油气预测 [J]. 石油地球物理勘探，1998，33（增刊 1）：141-144.

[27] Treitel S，Lines L. Past present，and future of geophysical inversion：A new millennium analysis[J]. Geophysics，2001，66（1）：21-24.

[28] 胡瑞卿 . 基于 Bayes 理论的遗传退火反演方法研究 [D]. 荆州：长江大学 .

[29] 李祺鑫，罗亚能，张生，等 . 高分辨率波阻抗贝叶斯序贯随机反演 [J]. 石油地球物理勘探，2020，55（2）：389-397.

6 断陷湖盆水下扇单砂体及内部构型表征技术

水下扇是断陷湖盆中一种重要的沉积类型，也是重要的含油气沉积体系。20 世纪 80—90 年代，我国学者结合重力流的研究进展，总结出了独具特色的断陷湖盆水下扇的多种沉积模式与油气分布特点[1]。虽然国内相关人员已经认识到水下扇砂体是重要的含油气储集体，但从研究深度与层次上，还并未像河流与三角洲砂体那样深入单砂体及内部构型研究。本章以渤海湾盆地南大港地区典型水下扇为研究对象，论述断陷湖盆水下扇单砂体及内部构型表征技术与应用实效。

6.1 断陷湖盆水下扇单砂体及内部构型表征技术研究现状

6.1.1 水下扇研究现状

水下扇这一概念源于人们对海洋深水沉积中一种典型重力流沉积 submarine fan 的研究[2]。由于这种重力流沉积在水下常呈扇状分布，故称之为水下扇，狭义上又称海底扇（submarine fan），但实际上水下扇可以包括盆底扇（basinfloor fan，其下部可包括块体搬运沉积）、斜坡扇（slope fan）、低位进积楔等层序地层学中定义的位置不同的水下扇体，也包括滑塌扇、浊积扇等由沉积机理不同形成的沉积体[3-7]。

水下扇一词最早出现在国外的研究文献中，是出现于 Sullword 的一篇关于深水海底扇研究的文章中[8]。随后，Jacka 等第一次提出了水下扇模式的概念[9]，Walker 提出了水下扇的定义——“与水道相联系的粗粒碎屑相”[10]。Richard 等对水下扇的测井特征进行了研究[11]，Posamentier 等对水下扇的地震特征进行了总结[12]。国外学者提及的水下扇实际上是层序地层学中提及的海底扇，主要在低位体系域较发育，且沉积物粒度较粗[13-14]。

随着我国断陷湖盆（典型如渤海湾盆地、二连盆地等）中水下扇沉积体的不断发现，国内科技人员对水下扇的研究也越来越深入，关于其沉积特征的描述也多种多样。在水下扇的定义方面，随着时间的推移，水下扇的定义也更为精细。在早期，孙永传等从发育部位和粒度上出发，认为水下扇是一种发育于断层陡坡带且与细粒沉积互层的直接入湖的粗碎屑岩体[15]。在近期，王星星等从发育部位、沉积方式、沉积部位和形态上对水下扇进行了比较明确的定义，认为“水下扇是一种发育于断裂活动复杂地区的，以重力流为主且快速于湖底堆积的粗碎屑扇形体”[16]。薛叔浩等认为湖泊中的重力流成因砂体一般可笼统称为水下扇，但均为相对深水背景下沉积的，并根据形成机制与分布位置，可分成4类，即近岸水下扇、缓坡远岸湖底扇、滑塌浊积扇与轴向重力流水道[1]。李胜利等研究了国内外的海底扇、湖底扇、斜坡扇、滑塌浊积扇和重力流水道等沉积体，认为其应该都属于水下扇，并将水下扇的定义分为狭义和广义两种[17]。一般情况下以狭义的水下扇为主。

在水下扇的沉积相带划分上，研究较早的丘东洲和朱筱敏对水下扇进行了亚相上的划分，分别将其定名为扇根（内扇）、扇中（中扇）和扇端（外扇）3个亚相。李胜利等进行了更加深入的划分，认为水下扇可分为主水道、分支水道、漫溢、朵叶和决口等微相[17]。

6.1.2 单砂体及其构型研究现状

单砂体是指自身垂向上和平面上都连续，但与上、下砂体间有泥岩或不渗透夹层分隔的砂体[18]。然而在沉积学与实际开发中，人们对单砂体这一概念存在不同的认识[19]，导致储层精细构型研究与流动单元划分的合理接轨还存在需要解决的问题。近年来，众多学者对地下储层构型进行了大量研究工作，研究对象从河流相到三角洲相、扇三角洲相、冲积扇相、浊积水道相等沉积相，尤其对河流及三角洲砂体构型的研究已经较为成熟，而针对水下扇储层构型研究甚少[20-38]。

当前，随着沉积勘探开发的逐步加深，关于沉积体的研究越来越深入，已由原来的沉积亚相分析到了更加精细的对单砂体的研究[39]。

单砂体研究起源于对河流沉积体系的精细解剖。Allen对河流中的沙坝进行了详细的研究，研究中的沙坝即相当于单砂体[40]。在研究河流相时，Miall进行了河流构型级次的研究，主要将构型级次分为6级[39]。其中，一级和二级主要为层系组内部的结构，迄今，除了岩心和露头之外依然没有较好的方法对其进行刻画。所以，三级构型（单砂体）被视为可研究最小的构型单元。Miall的研究揭示，单砂体研究是构型研究最基础和最重要的对象，其研究思路和方法与构型研究大同小异。单砂体研究主要以河流相的野外露头和现代沉积为基础，经过多年的发展，取得了一系列的成果。

国内的学者根据Miall和Allen等提出的河流储层构型理论，结合国内的河流相沉积特征，首先对河流相的储层构型进行了研究，随着研究的深入，逐渐由河流相向三角洲相、河口坝相等方面发展。

在河流研究方面，张昌民将储层构型和储层层次二者结合，提出了层次分析法[41]。于兴河等提出了成因单元为依据、界面分级为主旨、岩相组合为重点三体合一的研究思路[42]。吴胜和等通过使用大量基础资料和生产资料，采用层次分析法和模式拟合法对曲流河单砂体进行了精细解剖[43]。王玥等从野外露头、室内模拟和密井网解剖3个方面出发，对辫状河单砂体进行了定性的研究[44]。

在三角洲研究方面，赵翰卿等利用层次分析和模式分析法，配合密井网资料，描述了河流—三角洲的沉积模式，将单砂体的研究从河流转向了三角洲[45]。李云海等在河口坝中划分出3~5级构型界面，证明了三角洲中也存在构型界面，属于定性的研究[46]。吕端川等对三角洲水下分流河道单砂体水驱程度进行了定量化分析[47]。李俊飞等对三角洲复合河口坝砂体进行了定量表征，并为后续的剩余油分布进行了指导[48]。郭瑞对滩坝砂体内部的单砂体进行了刻画[49]。

随着时间的推移，储层构型的研究经历了多方面的发展与进步。在沉积相带上，从河流到三角洲；在研究维度上，构型级次逐渐变小，现今已稳定在单砂体方面的研究；在研究精细程度上，从定性的研究转移为定量的刻画。其研究程度越来越深入，越来越成熟。但是，单砂体的研究依旧存在一些方面的问题：一是对单砂体的研究主要集中于露头、岩心方面的认识，缺少对地下单砂体的刻画方法；二是主要集中进行了浅水沉积单砂体的研究，对于深水沉积体的单砂体研究几乎为空白；三是主要集中于研究河流、三角洲体系的单砂体，对其他类型沉积体，尤其是水下扇单砂体类型及其构型较为系统的研究目前还未见[50-51]。因此，水下扇单砂体及构型表征研究是对单砂体构型研究的有益补充与完善。

6.2 断陷湖盆水下扇单砂体期次划分及类型

单砂体是在特定环境下，由一些相似的沉积体组成的砂体单元。单砂体在垂向上被非渗透的泥质隔夹层分隔，在平面上可被稳定追溯对比，是具备独立油水渗流系统的最小砂体单元[52]。单砂体期次是指一个大的单砂体内部可以分为明显不同的几期单砂，单砂体类型是指不同沉积部位所沉积的不同的单砂体。

6.2.1 水下扇单砂体期次划分

虽然水下扇形成由于重力流的影响，具有一定的事件性特点，但垂向上受地层叠覆的控制，也有先后顺序，因此单砂体在垂向上也有期次性。以南大港地区五断块远源水下扇为例，其主要发育在沙河街组Es_3^2沉积时期，Es_3^2层组又可分为Es_3^{2-1}、Es_3^{2-2}、Es_3^{2-3}和Es_3^{2-4}共4个沉积时期。通过对五断块52口井的数据进行分析，发现水下扇主要发育于前两个时期。首先，通过对研究区测井曲线更加细致的观察，发现在两个小层内部也可以明显识别出分隔层，应该存在细分期次的单砂体；其次，单砂体是更加精细的构型单元，需要在沉积相分层的基础进行更加精细的划分；再结合单井的岩性特征和层序特征，也可以在小层的基础上识别出更加精细的层位。因此，结合五断块测井曲线、层序、岩性等特征，将Es_3^{2-1}和Es_3^{2-2}小层分为Es_3^{2-1-1}、Es_3^{2-1-2}、Es_3^{2-2-1}和Es_3^{2-2-2}四个子层（单砂体沉积期），共分为4期单砂体（图6.1和图6.2）。

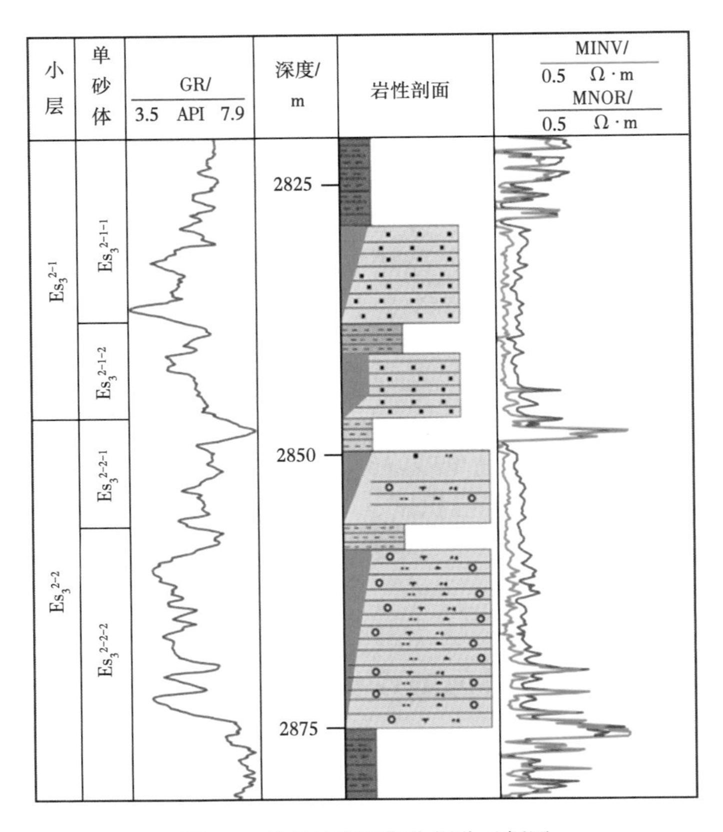

图 6.1　单砂体沉积期次划分示例图

6.2.2　水下扇单砂体类型

水下扇单砂体类型受控于沉积作用（沉积微相），通常发育类似深水扇的水道、块体搬运沉积、天然堤、席状砂、朵叶沉积等类型，但不同沉积背景与不同类型水下扇的单砂体类型可能有所不同[53]。以南大港五断层远源水下扇为例，其主要发育主水道砂、分支水道砂、漫溢砂、天然堤砂和朵叶砂等 5 类单砂体，其中主要发育主水道砂、分支水道砂和漫溢砂，其余类型砂体发育较少。以五断块为例，分述主要类型的水下扇单砂体的特点。

（1）主水道砂。

主水道砂主要位于内扇主水道区域，整体连通性强、厚度较大，代表井为 q15 井。主水道砂在测井曲线上主要表现为大段的箱形和钟形，测井曲线齿化不明显，中间可以识别出夹层，上下分布隔层；地震剖面上可识别出明显的下切现象（图 6.3）。

（2）分支水道砂

分支水道砂主要位于中扇分支水道区域，表现为多个连通性较强的单砂体的叠置，代表井为 q123-3 井。分支水道砂在测井曲线上主要表现为多个钟形的叠置，测井曲线齿化中等，中间可以识别出夹层，上下分布隔层；地震剖面上可识别出明显的水道分支现象（图 6.4）。

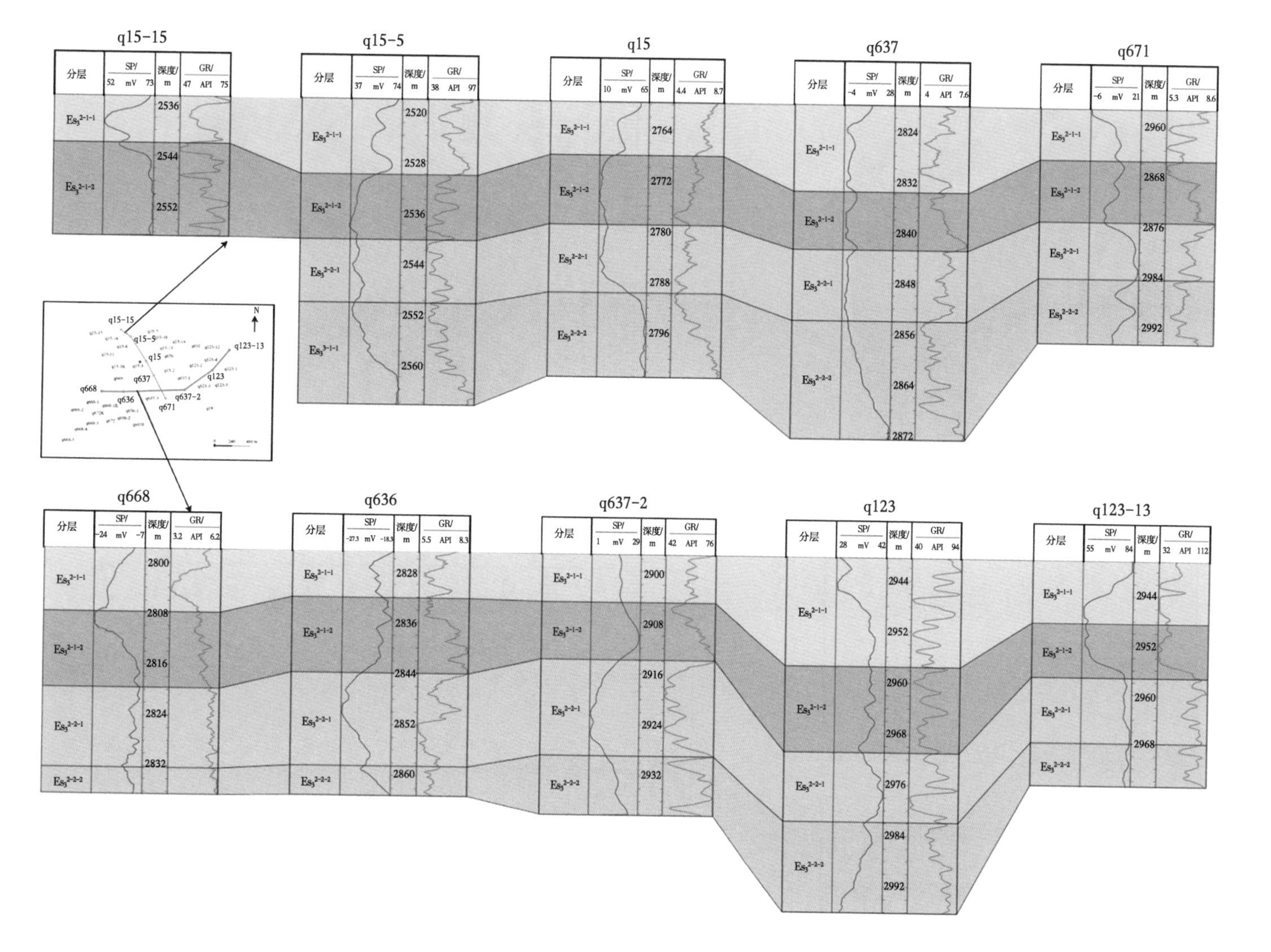

图 6.2 五断块单砂体沉积期次对比图

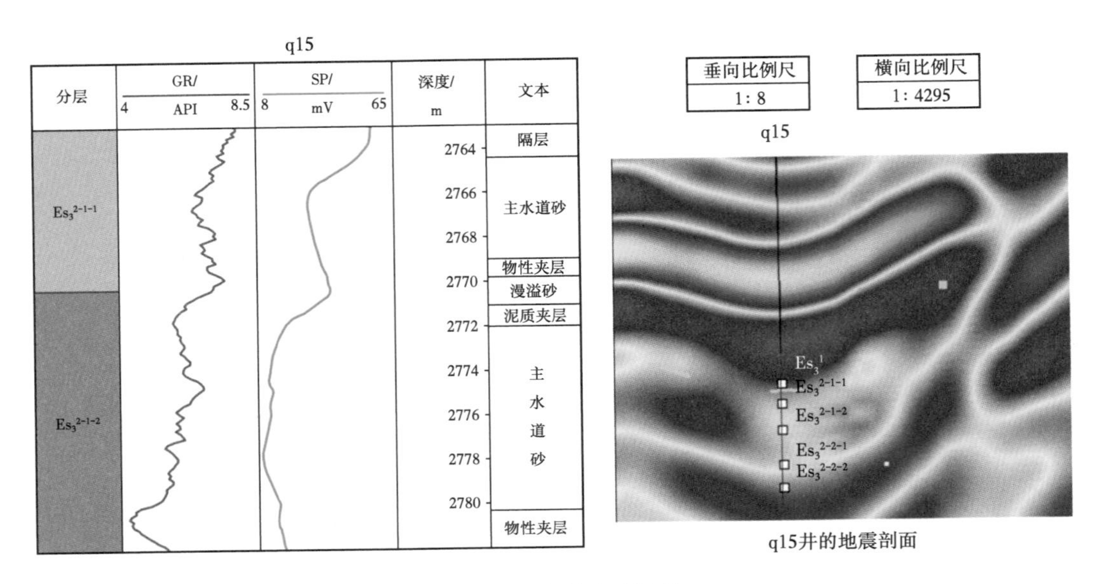

图 6.3　主水道砂示例图

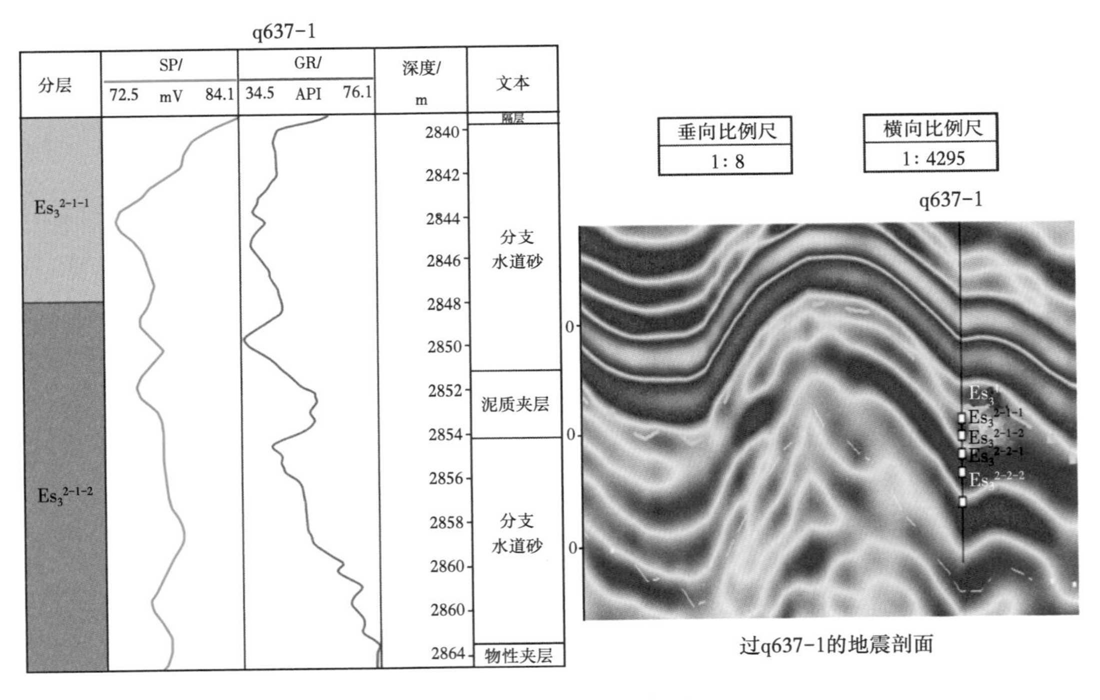

图 6.4　分支水道砂示例图

（3）漫溢砂。

漫溢砂在研究区广泛存在，主要表现为多个连通性较弱的单砂体的叠置，代表井为q15-14井。漫溢砂在测井曲线上主要表现为高值和低值间互的锯齿形，测井曲线齿化严重，中间可识别出夹层，上下分布隔层；地震剖面上表现不明显，略显杂乱（图 6.5）。

（4）天然堤砂。

天然堤砂主要位于内扇和中扇水道边缘处，为连通性较强、厚度薄的单个砂体，在研究区五断块分布也较少，代表井为 q15-17 井。天然堤砂在测井曲线上主要表现为大段平直形和钟形，测井曲线齿化较轻，上下分布隔层；地震剖面上无明显特征（图 6.6）。

（5）朵叶砂。

朵叶砂主要位于分支水道前端处，主要表现为连通性较强、厚度薄、横向延伸较远的单个砂体，在研究区五断块分布较少，代表井为 q668 井。朵叶砂在测井曲线上主要表现为大段平直形和漏斗形，测井曲线齿化不明显，上下分布隔层（图 6.7）。

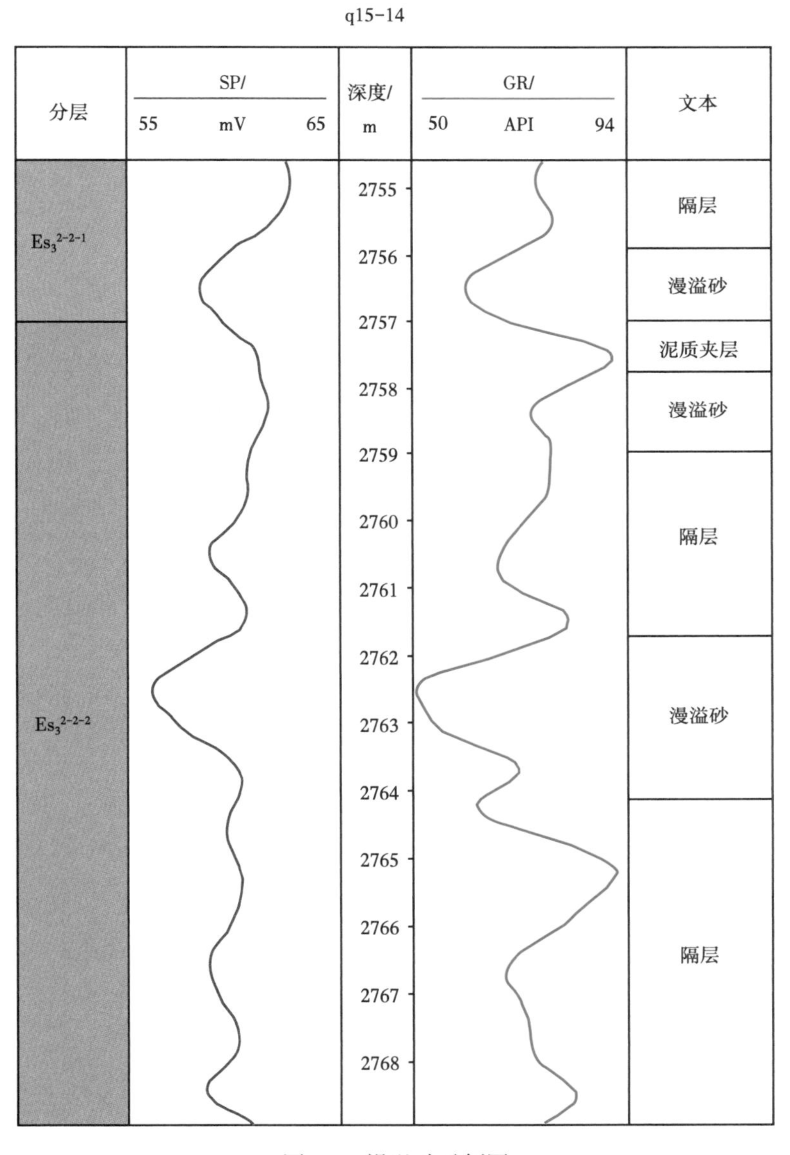

图 6.5　漫溢砂示例图

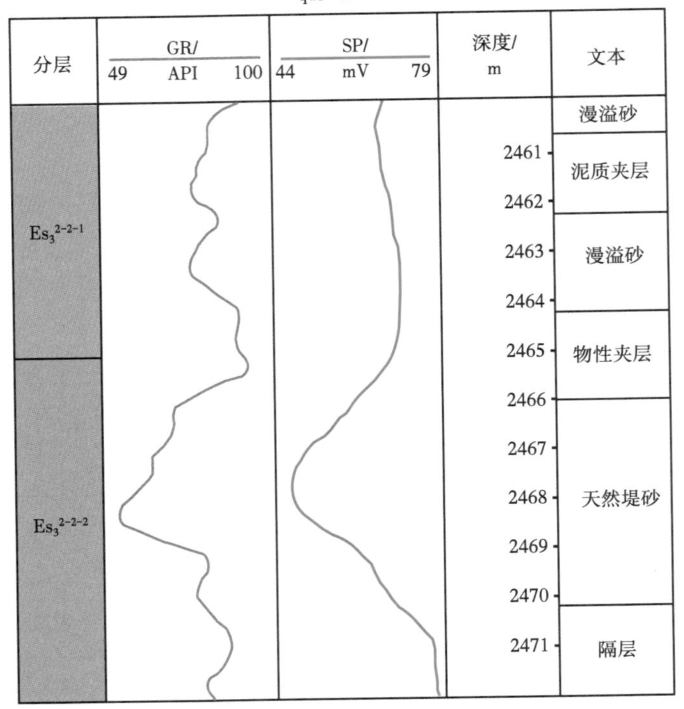

图 6.6　天然堤砂示例图

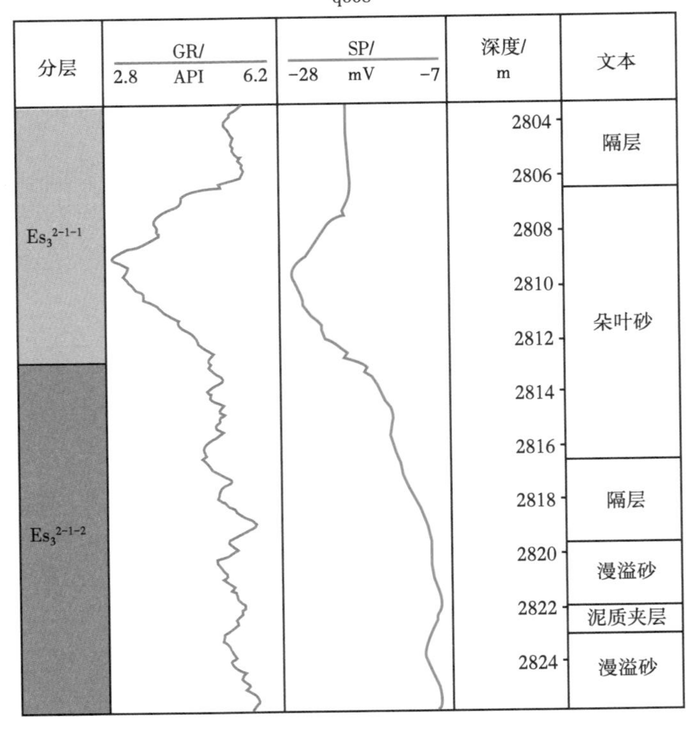

图 6.7　朵叶砂示例图

6.3 断陷湖盆水下扇单砂体构型样式与内部夹层模式

6.3.1 构型单元与界面划分

参考 Maill 提出的河流相构型界面分级系统，将断陷湖盆水下扇储层分为 6 级内部构型（表 6.1）：第 6 级为多期水道（漫溢、堤岸）砂体的叠置体边界；第 5 级为同期水道复合体边界；第 4 级为单期水道砂体中单一水道砂体或其他单成因砂体边界面；第 3 级为单成因砂体（单一水道、单一堤岸）内增生体的界面；第 2 级和第 1 级分别为交错纹层组和交错纹层的界面，仅在岩心上才能够识别出来。

表 6.1　不同级次水下扇储层构型单元与边界划分表

界面级别	构型单元	成因
第 6 级	水下扇扇体	多期水道（堤岸、漫溢 / 水道间）叠加
第 5 级	同期水道（堤岸）复合体	同期单一水道（堤岸、水道间）叠加
第 4 级	单一水道（堤岸、水道间）	水道（堤岸）
第 3 级	单一水道（堤岸、水道间）内的增生体	季节性沉积事件
第 2 级	交错纹层组	底形迁移
第 1 级	交错纹层	底形迁移

在构型界面与单元划分中，通常根据区域性湖泛泥和底冲刷面及泥质隔层找到 5 级界面，划分出多期的复合水道，在复合水道内找出 4 级界面，用泥岩类岩性界面划分出多个单一水道，由于 GR 曲线对砂泥岩显示较为灵敏，在单一水道内据 GR 测井曲线形态的突变点找出 3 级界面来确定单一水道内的多个增生体（图 6.8）。

6.3.2 单砂体构型样式

水下扇单砂体的主要构型单元有主水道砂、分支水道砂、漫溢砂和朵叶砂等，其中分布范围较广的砂体有主水道砂、分支水道砂和漫溢砂 3 种。

（1）主水道砂。

主水道砂主要分布于内扇主水道区域，以 q15-11—q15-8—q15-5—q15-7 井连井剖面为例（图 6.9），此连井剖面为垂直于物源的 4 口井的连井剖面，可以看出 Es_3^{2-2-1}—Es_3^{2-2-2} 4 个小层地层厚度整体变化不大，主水道砂体呈相隔式叠置。相隔式是上下两单砂体之间由漫溢砂这种细粒砂体间隔开，上下单砂体之间不可以发生流体流动；平面上，主水道砂主要呈交切条带式发育，砂体的长宽比大于 1∶1 小于 3∶1，条带内部存在不同期次水道侧向交切，顺物源方向砂体连通性较好。

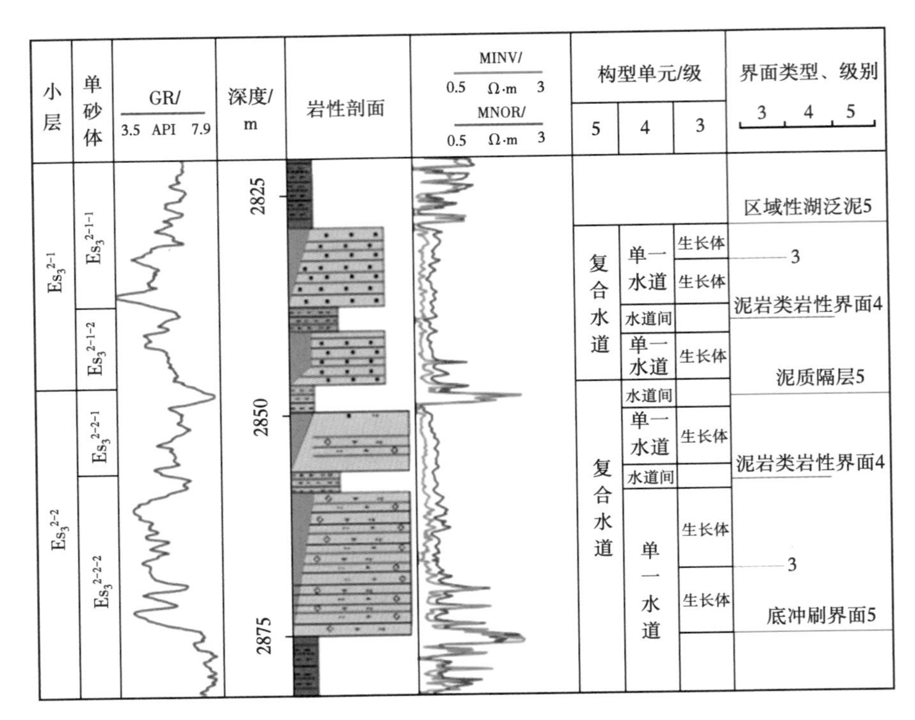

图 6.8　水下扇构型界面识别与构型单元划分

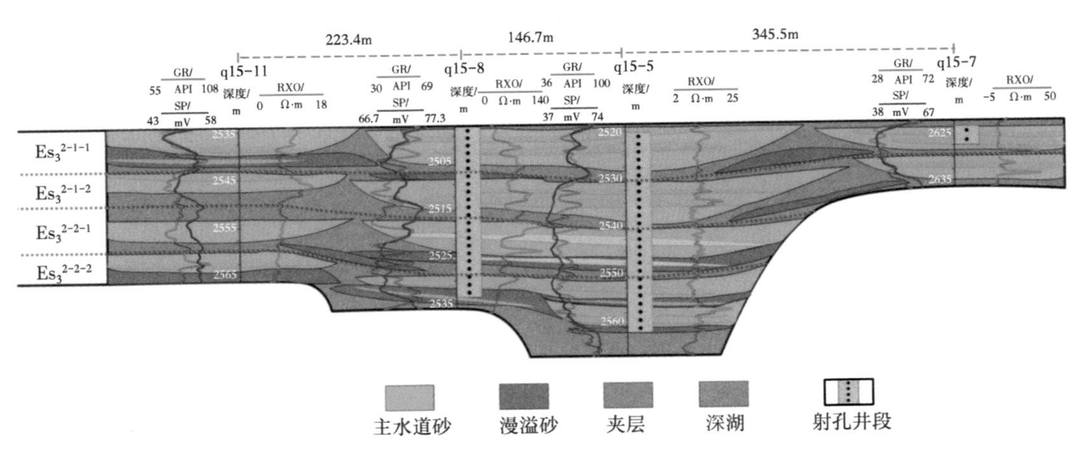

图 6.9　水道砂单砂体连井图

（2）分支水道砂。

分支水道砂位于中扇分支水道区，以垂直于物源方向的连井剖面为例，从图 6.10 可以看出分支水道砂的叠置样式为相隔式和下切式。相隔式单砂体上下砂体之间被漫溢砂分隔，连通性较差。下切式单砂体是后期砂体迁移切割前期单砂体，砂体之间连通性较好，可发生流体流动。平面上，分支水道砂呈交切连片式和交切条带式发育。交切连片式是指由于各期水道之间侧向交切，砂体形成发面积的连片式交切区，片状产出，砂体连通性较好，横向连通性可达 1000m。交切条带式单砂体是指水道分叉后，单期水道向不同方向推进，水道之间被细粒砂体分隔，顺物源方向砂体连通性好。

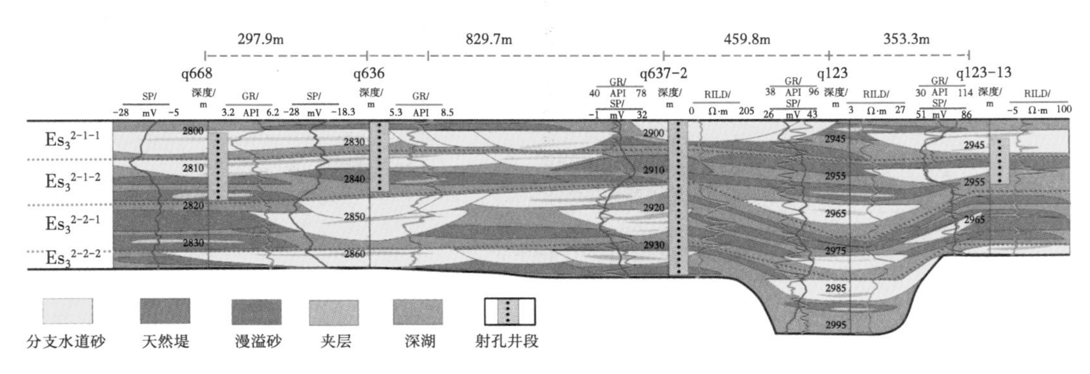

图 6.10　分支水道砂单砂体连井图

（3）漫溢砂。

漫溢砂分布于整个区域，从单砂体连井图可见（图 6.11），顺物源方向，漫溢砂体之间互不连通，剖面上漫溢砂体呈相隔式叠置，砂体内部连通性较好，上下砂体之间被泥质分隔，上下砂体之间连通性不好。平面上，漫溢砂呈连片式发育。

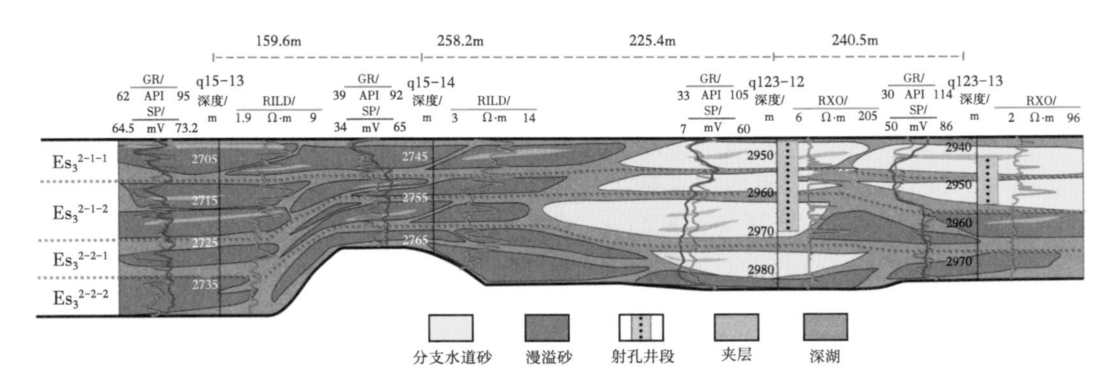

图 6.11　漫溢砂单砂体连井图

通过以上地震剖面宏观约束分析，井上测井曲线纵横向对比，将水下扇构型样式划分为水道与水道、水道与堤岸、水道与漫溢、堤岸与漫溢 4 类（图 6.12）。水道与水道在横向上可表现为接触式，主要出现于主水道分叉为分支水道初期多个水道的叠加，多个水道砂的横向连通性好，由于顶部多为泥岩沉积导致顶部物性差、连通性差；水道在横向上存在沉积物隔挡的情况下会有分离式情况，本次研究区分隔沉积物多为堤岸、水道间泥沉积，则在横向上由于隔层的存在导致横向连通性较差。水道与水道在垂向上表现为切割式和分离式，当前后两期水道发育间隔时间较短，后期洪水强烈，后期水道侵蚀前期水道，此时呈现切割式，垂向连通性好；前期水道发育后，发育一段相对稳定期的泥岩沉积，较长时间后发育一期水道沉积，则水道砂垂向连通性较差。水道与堤岸的砂体通常表现为堤岸发育水道边上部，堤岸物性相对较差，同时水道顶部披覆泥的存在，从而水道和堤岸砂的连通性较差。漫溢砂通常是沉积物漫出沟谷形成的，规模相对较少，在堤岸不发育时其可以与水道相连，在堤岸发育时常与堤岸相连，为此这两种情况由于接触面积有限，砂体间的连通性较差。

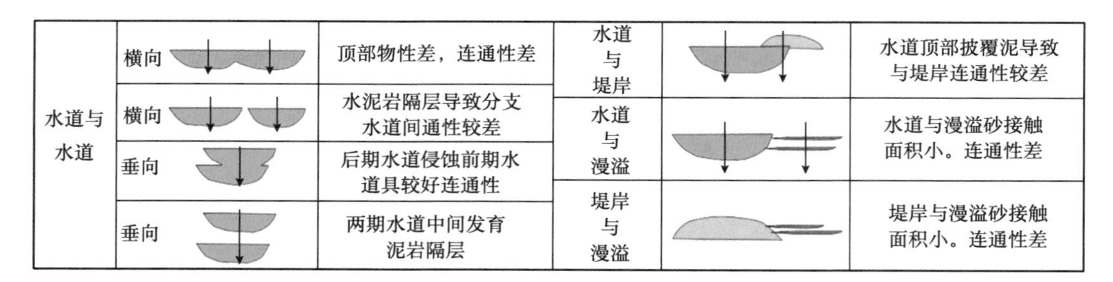

图 6.12　五断块水下扇单砂体构型样式图

6.3.3　单砂体内部夹层模式

夹层指分布在单一砂体内部的连续性较弱的能起到阻隔流体运动的非渗透岩层。夹层厚度变化比较小，一般夹层的厚度在几厘米到十几厘米之间，岩性通常以泥岩、粉砂质泥岩和泥质粉砂岩为主。

（1）夹层类型和识别标志。

泥质夹层一般形成于水动力较弱的沉积环境之下，岩性主要以泥岩、粉砂质泥岩为主。测井曲线响应特征为自然电位位于泥岩基线附近、自然伽马值明显增大、电阻率值降低，幅度差异很小或几乎为零。以南大港五断块为例，自然电位幅度异常平均值为 -10%，自然伽马幅度异常平均值为 -70%（高自然伽马砂岩），电阻率平均值为 20Ω • m。低孔低渗透，平均孔隙度为 1%，平均渗透率为 1.5mD（表 6.2）。

物性夹层是陆相储层中最为常见的夹层类型，岩性主要为泥质粉砂岩、粉砂岩。多数以含砂的泥质条带形式存在，对于储层内流体运移起到阻碍作用。在测井曲线上主要表现为自然伽马值增大，电阻率数值降低的特点，具有一定的幅度差。南大港五断块衡量标准为自然电位幅度异常平均值为 -30%，自然伽马幅度异常平均值为 -50%，电阻率平均值为 50Ω • m。有一定程度的孔渗，平均孔隙度为 2%，平均渗透率为 10mD（表 6.2）。

表 6.2　单砂体夹层定量识别标准表

识别标准 / 夹层类如	自然电位幅度异常 / %	自然伽马幅度异常 / %	平均电阻率 / Ω • m	平均孔隙度 / %	平均渗透率 / mD
泥质夹层	-10	-70	20	1%	1.5
物性夹层	-30	-50	50	2%	10

（2）夹层发育模式。

通过对研究区顺物源和垂直物源的连井上的夹层进行刻画，对单砂体内部夹层的厚度、倾角和前积模式进行总结，建立夹层主要模式。以下主要对主水道砂区域、分支水道砂区域以及两者交接区域的夹层进行描述。

图 6.13 表明，主水道区域顺物源方向夹层主要表现为前积，具有一定角度，角度通常低于 2°；垂直物源剖面上夹层主要表现为叠置关系且夹层夹角较小。

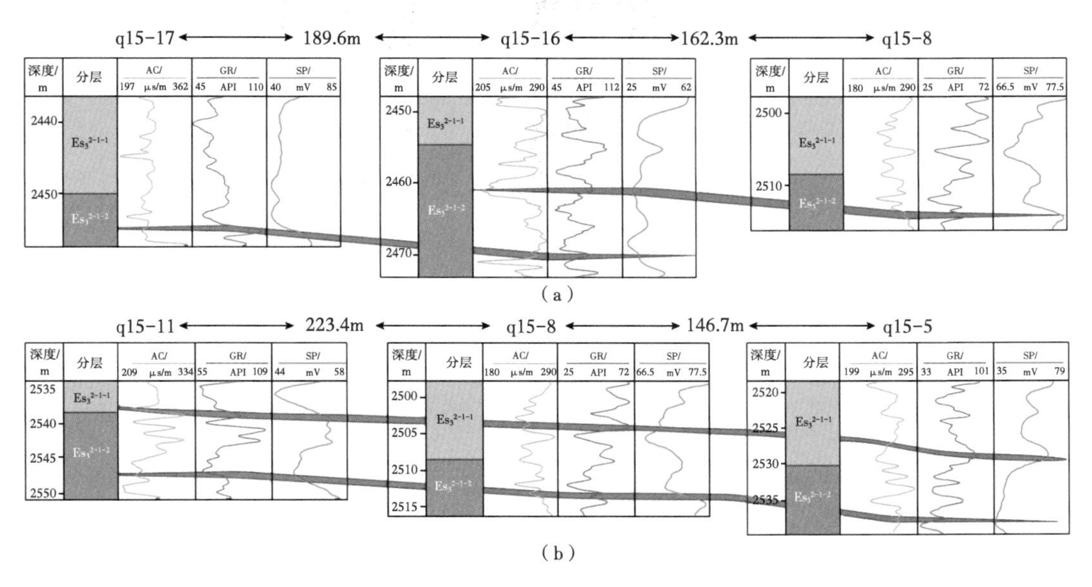

图 6.13 主水道区域顺物源（a）和垂直物源（b）夹层模式图

通过分支水道区域顺物源剖面可以看出，分支水道夹层与主水道夹层表现出相近似的特征，顺物源方向夹层也主要展现为前积，具有一定的角度；垂直物源的分支水道剖面上，夹层主要表现为叠置关系且夹层夹角较小（图 6.14）。

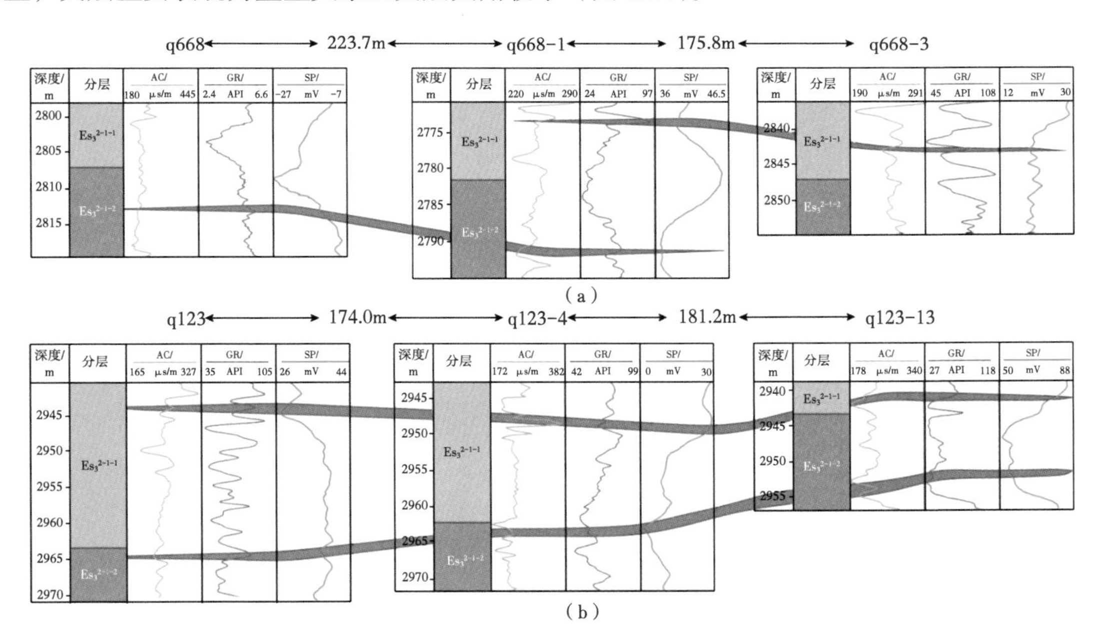

图 6.14 分支水道区域顺物源（a）和垂直物源（b）夹层模式图

通过对研究区大部分区域的夹层模式进行研究可知，位于主水道区域的夹层厚度薄、倾角大，顺物源方向为前积式，垂直物源方向为叠置式；位于分支水道区域的夹层厚度较厚、倾角较小，顺物源方向为前积式，垂直物源方向为叠置式；位于交界处的夹层厚度在主水道区域薄，分支水道处薄，倾角在主水道大，分支水道处小，主要表现为连通式；位于漫溢砂的夹层一般都比较薄，砂体内部的夹层比较难以刻画（图 6.15）。

夹层位置	夹层厚度	夹层倾角	垂向夹层模式	模式图	平面夹层模式
主水道	薄	大	前积式	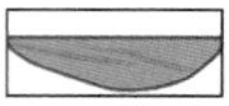	环带状
			叠置式	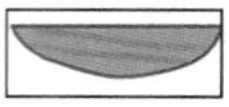	
分支水道	厚	小	前积式	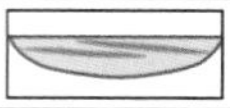	连片状、环带状
			叠置式	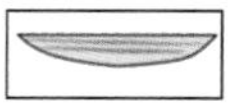	
交接处	主水道薄 分支水道厚	主水道大 分支水道小	连通式	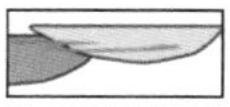	连片状、环带状
漫溢砂	漫溢 砂一般较薄，砂体内部夹层较难刻画				

图 6.15　各类砂体夹层模式图

6.4　断陷湖盆水下扇不同类型单砂体定量规模地质知识库

单砂体规模地质知识库用于对单砂体规模的一般性常量分析，对研究区块的砂体进行定量认识，对单砂体建模起到定量约束作用。本节主要从研究区发育的比较广泛的主水道砂、分支水道砂以及漫溢砂的宽度、厚度和宽厚比进行了多个数据的统计，对研究区的砂体的规模有了一定的认识。

6.4.1　主水道砂的规模

通过对研究区 25 个主水道单砂体进行宽度、厚度和宽厚比的统计可知，主水道砂的砂体宽度范围为 100~600m，主要集中在 100~300m，约占总数的一半以上；砂体厚度范围为 5~13m，普遍厚度为 7~13m，约占总数的 80% 以上；通过计算，砂体的宽厚比范围为 10~60 不等，主要集中在 20~50，占总数的一半以上（图 6.16）。

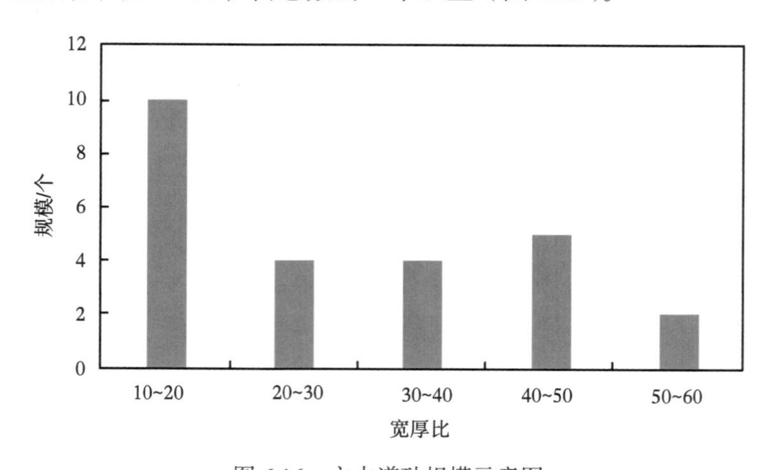

图 6.16　主水道砂规模示意图

6.4.2　分支水道砂的规模

通过对研究区 43 个分支水道单砂体进行宽度、厚度和宽厚比的统计可知，分支河道砂砂体宽度范围为 100~700m，主要集中在 100~500m，占总数的 80% 以上；砂体厚度范围为 5~15m 内，普遍厚度为 5~11m，占总数的 75% 以上；通过计算，砂体的宽厚比范围在 10~90 不等，主要集中在 30~50，约占一半左右。(图 6.17)。

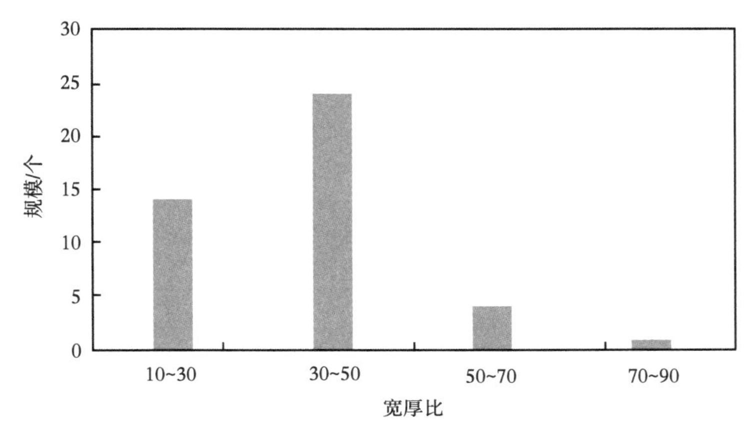

图 6.17　分支水道砂规模示意图

6.4.3　漫溢砂的规模

通过对研究区 70 个漫溢砂单砂体进行宽度、厚度和宽厚比的统计可知，漫溢砂砂体宽度范围为 100~500m，主要集中在 100~300m，约占 70% 以上；砂体厚度范围为 1~10m 内，普遍厚度为 3~7m，约占 70% 以上；通过计算，砂体的宽厚比范围在 10~100 不等，主要集中在 30~50，约占 50% 左右 (图 6.18)。

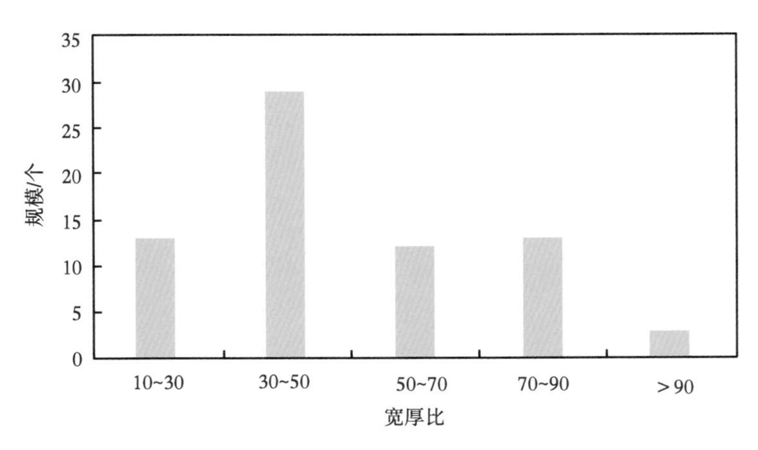

图 6.18　漫溢砂规模示意图

6.5 断陷湖盆水下扇单砂体内部及构型表征技术流程

断陷湖盆水下扇单砂体内部及构型表征研究基于水下扇平面沉积模式、测井、地震、隔夹层和生产动态等资料，在沉积学和储层地质学等理论的指导下，开展水下扇单砂体类型和期次研究，建立水下扇单砂体垂向和侧向展布模式，明确水下扇单砂体隔夹层分布，编制每小层的单砂体展布图（图 6.19），技术流程（图 6.19）如下：

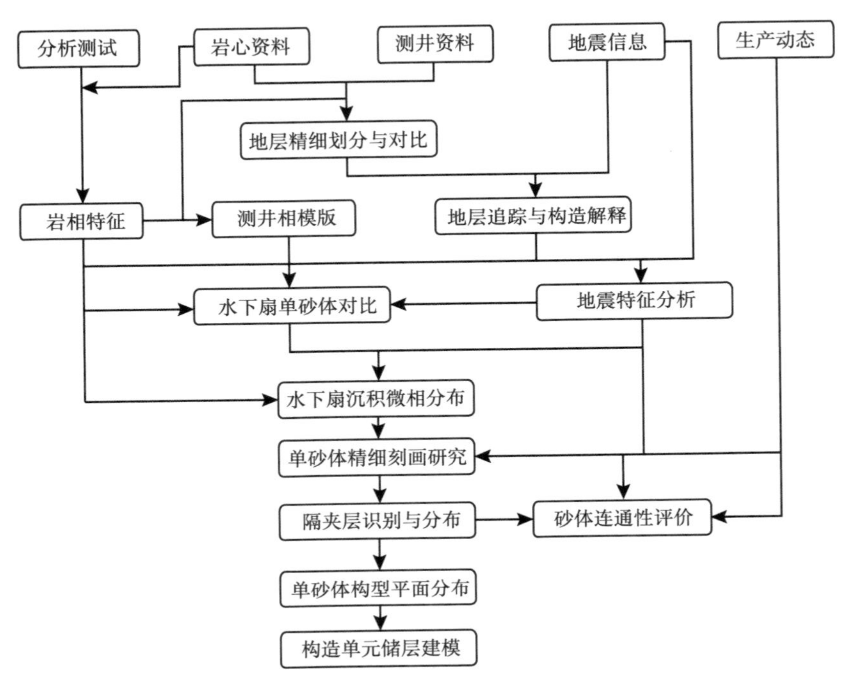

图 6.19　断陷湖盆水下扇单砂体内部及构型表征技术流程图

（1）通过基础测井资料、基础地震资料和前人沉积微相资料对研究区单砂体的类型和期次进行总结，明确研究区单砂体类型和发育期次。

（2）通过隔夹层基本数据对单砂体内部分布进行研究；通过隔夹层对子井和隔夹层叠加模式的分析，明确单砂体内部的夹层倾角及发育模式。

（3）通过地震特征分析，结合生产动态信息（尤其是示踪剂技术）和注采关系确定单砂体的连通性。

（4）通过连通关系的确立以及连井单砂体展布的刻画，对单砂体的平面展布规模和夹层模式进行研究。

（5）建立单砂体构造模型、属性模型和构型模型。

砂体精细刻画具体内容如下：

（1）单砂体类型与期次分析。在前人成果的基础上，利用沉积微相平面图、测井基础资料、地震基础资料等，在单砂体划分原理的指导下，对研究区水下扇单砂体类型与期次进行综合分析。

（2）单砂体构型精细刻画。通过测井曲线进行分析识别，在井上刻画出单砂体叠置关系，通过对隔夹层数据的精细解剖，对单砂体内部隔夹层的发育状况进行描述，得出夹层平面分布图。通过对子井和夹层模式的研究，明确研究区夹层倾角和夹层发育模式。

（3）单砂体连通性的刻画。主要采用示踪剂法和注采关系法对单砂体的连通性进行精细刻画，明确研究区单砂体之间的相互连通关系。

（4）平面单砂体图件的绘制。绘制单砂体类型图、单砂体垂向叠置图、单砂体平面展布图等。

6.6　应用实例

以大港王徐庄油田五断块为例，开展应用研究。王徐庄油田五断块地理位置位于河北省沧州市南大港管理区，构造位置处于南大港潜山构造带下降盘的一个断鼻半背斜构造，主要发育馆陶组、东营组、沙一下亚段和沙三段 4 套含油层系，以沙一下亚段和沙三段开采为主。截至 2019 年 7 月底，五断块共有采油井 21 口，开井 15 口，日产油 24.26t，综合含水 97.07%，采油速度 0.15%，采出程度 21.17%；共有注水井 17 口，开井 11 口，日注水 596.03m^3，累计注采比 0.845。五断块沙河街组属构造岩性油气藏，地质认识的局限性严重制约区块的开发调整，有必要开展单砂体及其内部构型刻画研究，深化地质认识。

通过开展五断块单砂体及其内部构型刻画与建模，实现了研究区单砂体及其内部构型的量化表征，取得以下结论与认识：

（1）通过研究区五断块 52 口井的测井曲线形态、隔层分布与层序特征分析，对单砂体期次进行了划分，将其分为 4 个期次；基于沉积相类型，对单砂体的类型进行了划分，共分出了 5 类砂体：主水道砂、分支水道砂、漫溢砂、朵叶砂和天然堤砂。其中，主要以主水道砂、分支水道砂和漫溢砂为主；朵叶砂和天然堤砂发育较少。

（2）通过示踪剂资料、注水井和采油井关系以及地震资料，对单砂体的连通性进行了刻画。三种方式以示踪剂和注采关系为主，地震为辅，共同对单砂体进行刻画。研究表明，五断块地区顺物源方向连通性较强，以高效连通和中等连通为主，垂直物源方向连通性较弱，以中等连通和低效连通为主。

（3）通过对多种测井曲线值的分析，数据筛选，该区隔夹层主要可分为两类：物性夹层和泥质夹层，主要以发育物性夹层为主，泥质夹层次之。对主水道砂、分支水道砂和漫溢砂的对子井进行分析表明，研究区砂体内夹层角度较小，为 1°~2°。主水道砂内部夹层厚度小、角度大；分支水道砂内部夹层厚度大、角度小。顺物源方向以前积式为主、垂直物源方向以叠置式为主，连接部分为连通式。

（4）主水道砂主要为含砾砂岩，测井曲线为大段箱形，地震剖面上主要可见明显的水道下切。分支水道砂主要为泥质粉砂岩，测井曲线为大段齿化钟形，地震剖面上主要可见明显的水道分叉。典型连井剖面绘制，并结合示踪剂、注采关系、地震资料特征分析，对五断块的单砂体进行了刻画。五断块 4 期单砂体平面展布特征研究表明，研究区主要以主水道砂、分支水道砂和漫溢砂为主，主水道砂一般呈孤立状，连片性较差，分支水道砂一般为集合状，连片性较好；漫溢砂则主要以离散状为主。

（5）采用构型约束进行储层地质建模，由模型结果可以看出，研究区呈西北部高、东南部低的趋势；单砂体模型反映研究区主要发育主水道砂、分支水道砂和漫溢砂，约占全区的一半以上；渗透率和孔隙度模型反映研究区孔隙度为0~24.9%，平均值为8.95%。渗透率值为0~278mD，平均值为50mD。

6.6.1 生产需求问题

近年来，油田开发领域对储层研究的级次越来越深入，从以往的沉积相带刻画发展到对单砂体内部构型精细表征。随着油田开发的深入，对于歧口凹陷南大港构造带五断块，简单的沉积微相的划分已经不足以满足生产开发的需求，需要进行更加细致的单砂体划分和构型建模，以此来指导后续的开发。存在以下三个方面的生产需求问题：

（1）水下扇单砂体类型及期次不明，需要对单砂体类型和期次进行刻画；

（2）水下扇的隔夹层解释还停留在隔夹层类型及数量的基础之上，需要对单砂体内部的隔夹层进行有效和细致的刻画；

（3）水下扇储层构型建模难度大，难以实现单砂体及其内部构型量化表征。

6.6.2 单砂体与构型表征结果

研究区主要分布有主水道砂、分支水道砂、漫溢砂和少量的朵叶砂。主水道砂主要表现为单个厚层砂体，分支水道砂和漫溢砂主要为多个单砂的叠置，朵叶砂为单个长条形的形态。其中，砂体间的隔层可识别，内部夹层较难识别，其主要特征见表6.3。

表6.3 砂体类型识别样式表

砂体类型	曲线形态	地震剖面	构型样式	识别精度
主水道砂	大段箱形 	明显下切现象 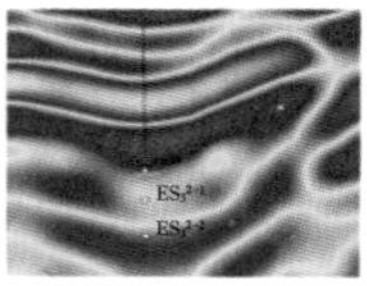	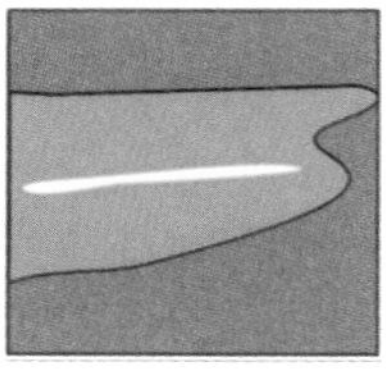	SP和GR曲线能识别单砂体中的夹层，精度高，反演剖面只能识别出单个砂体，中间小夹层难以识别
分支水道砂	多个钟形叠置 	明显水道分支现象 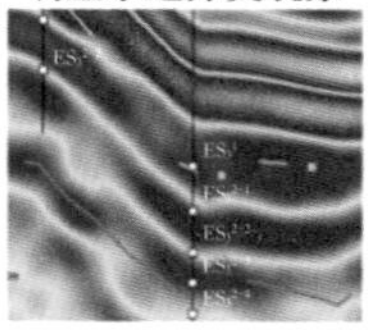	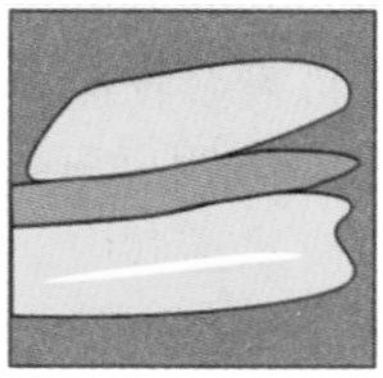	SP和GR曲线能识别单砂体之间的隔层，精度高，反演剖面只能也可识别出砂体之间隔层，中间小夹层难以识别
漫溢砂	锯齿形 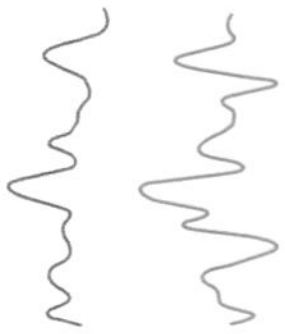	现象不明显 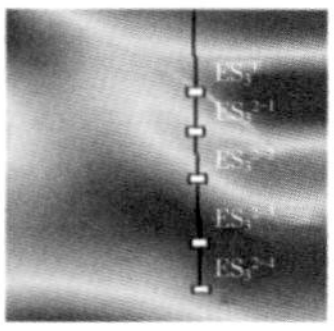	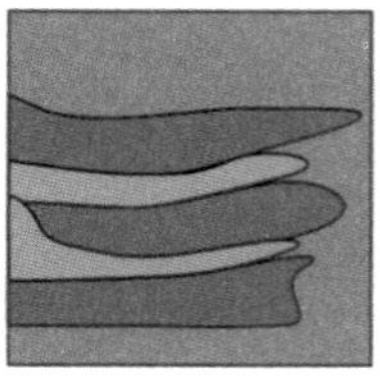	SP和GR曲线能识别单砂体中的隔层，精度高，反演剖面也能识别出砂体间的隔层

续表

砂体类型	曲线形态	地震剖面	构型样式	识别精度
朵叶砂	大段平直形漏斗	现象不明显		SP 和 GR 曲线能识别单砂体，且能识别上下夹层精度高，反演剖面能识别出单个砂体，上下夹层也可识别

主水道砂主要分布于内扇，分支水道分布于中扇，朵叶砂分布于外扇，漫溢砂在全区范围内都有分布，单砂体分布都受控于单层沉积相分布。纵向上小层之间可识别出隔层，在单砂体刻画中，以隔层为界划分单砂体期次，平面上通过测井曲线和地震反射特征来识别单砂体，通过平面沉积相展布来约束平面上单砂体的展布范围，绘制小层平面单砂体分布图（图 6.20 和图 6.21）。

Es_3^{2-1-1} 沉积时期内扇发育主水道微相与内扇天然堤微相；中扇发育分支水道微相和中扇天然堤微相；外扇主要发育水道前端朵叶微相，朵叶砂和天然堤砂发育较少（图 6.20）。Es_3^{2-1-2}沉积时期发育有主水道砂、分支水道砂、漫溢砂和朵叶砂。此时，主水道砂开始有连接，分支水道砂范围有所减少，漫溢砂依旧全区分布（图 6.21）。

结合各井在 Es_3^{2-1-1} 小层的电测曲线以及地震响应，通过示踪剂资料、注水井和采油井关系分析，对单砂体的连通性进行了刻画（图 6.22），总结了各类单砂体平面上的分布形状和剖面上的叠置方式。以注水井 q15-2 井与油井 q123-1 井为例，2015 年 8 月至 2016 年 8 月，注水井 q15-2 井注水量明显增加，在此期间油井 q123-1 井产液量却缓速减少，注采不相关，说明两井之间砂体不连通，砂体类型不同。平面上主要为交切条带式和交切连片式产出；剖面上主要为相隔式和下切式叠置。

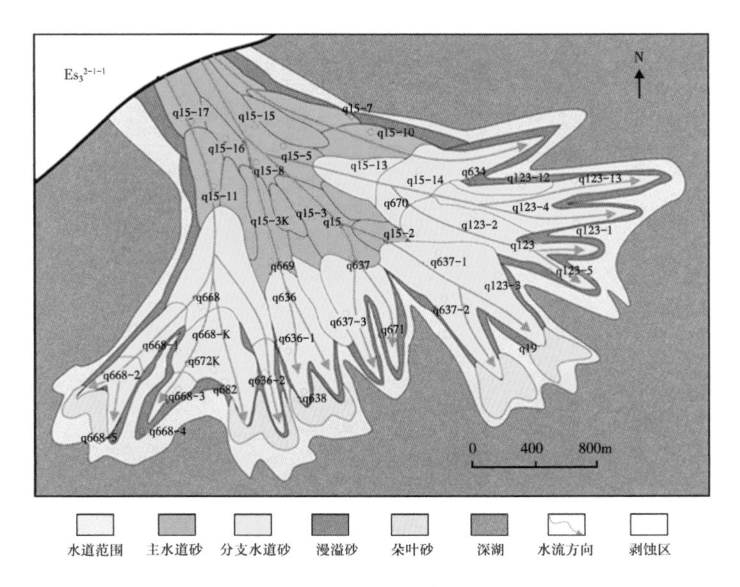

图 6.20 南大港地区五断块水下扇 Es_3^{2-1-1} 单砂体构型单元分布图

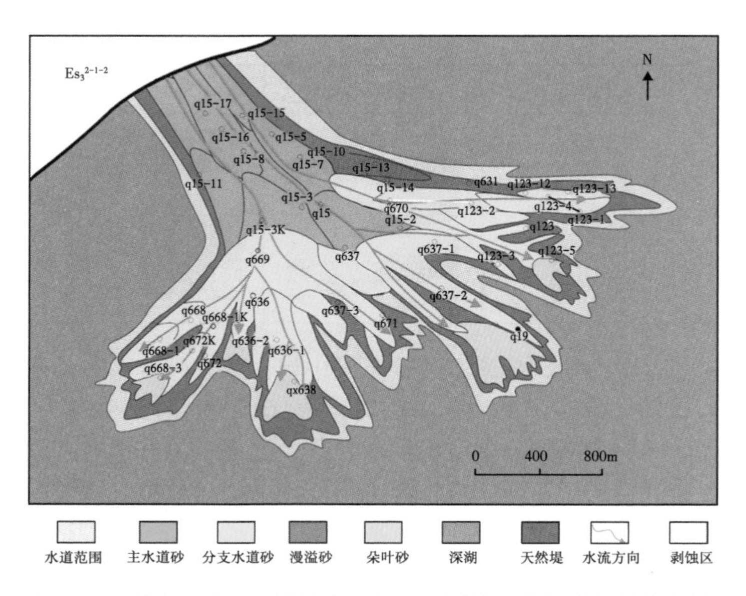

图 6.21 南大港地区五断块水下扇 Es_3^{2-1-2} 单砂体构型单元分布图

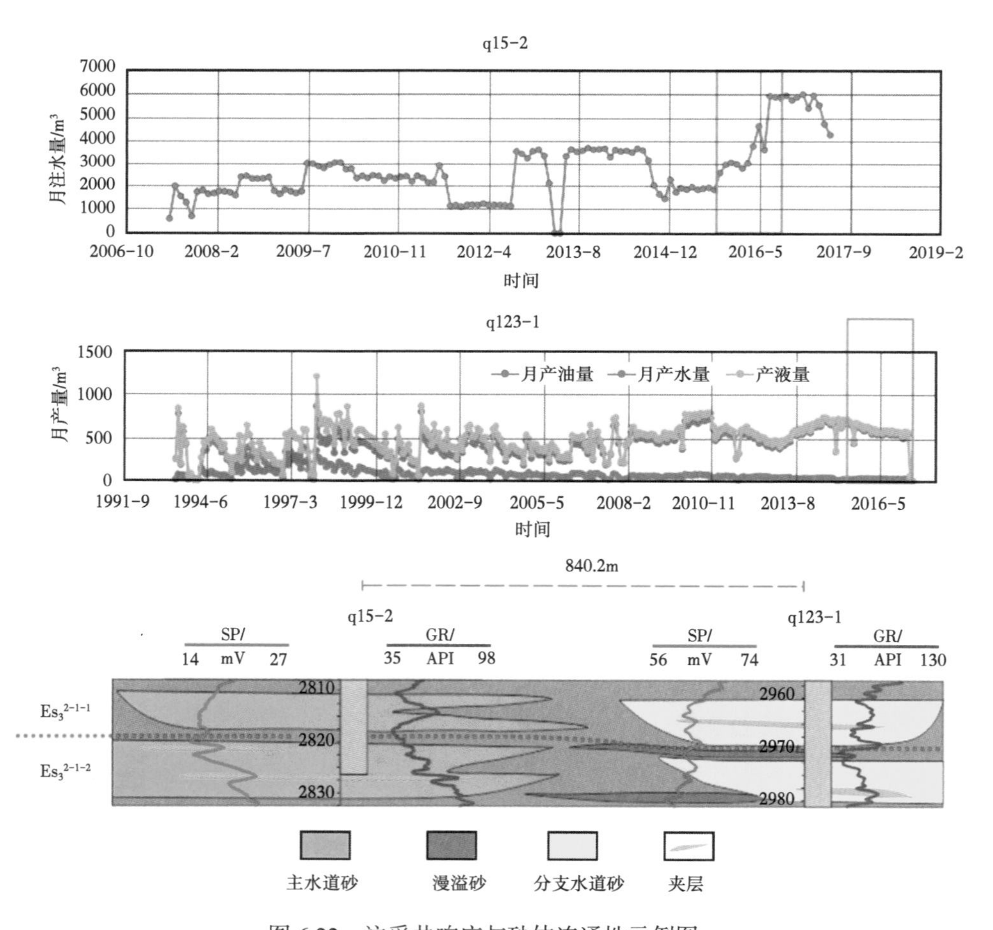

图 6.22 注采井响应与砂体连通性示例图

6.6.3 夹层分布特征

通过对研究区4个小层2种类型的夹层累计厚度进行刻画，明确了研究区夹层分布特征。

（1）Es_3^{2-1-1}小层夹层平面展布。

物性夹层累计厚度在0~10m之间，主要分布在0~6m之间。从图6.23上可以看出，物性夹层在研究区西北部比较发育，东南部发育较少。在q15-5井、q669井和q123井处存在几处高值区，夹层厚度都达到了6m以上，往往夹层厚度大的地方都是主水道砂和分支水道砂集中分布的地方，反映了砂体发育，夹层也随之发育的特征。

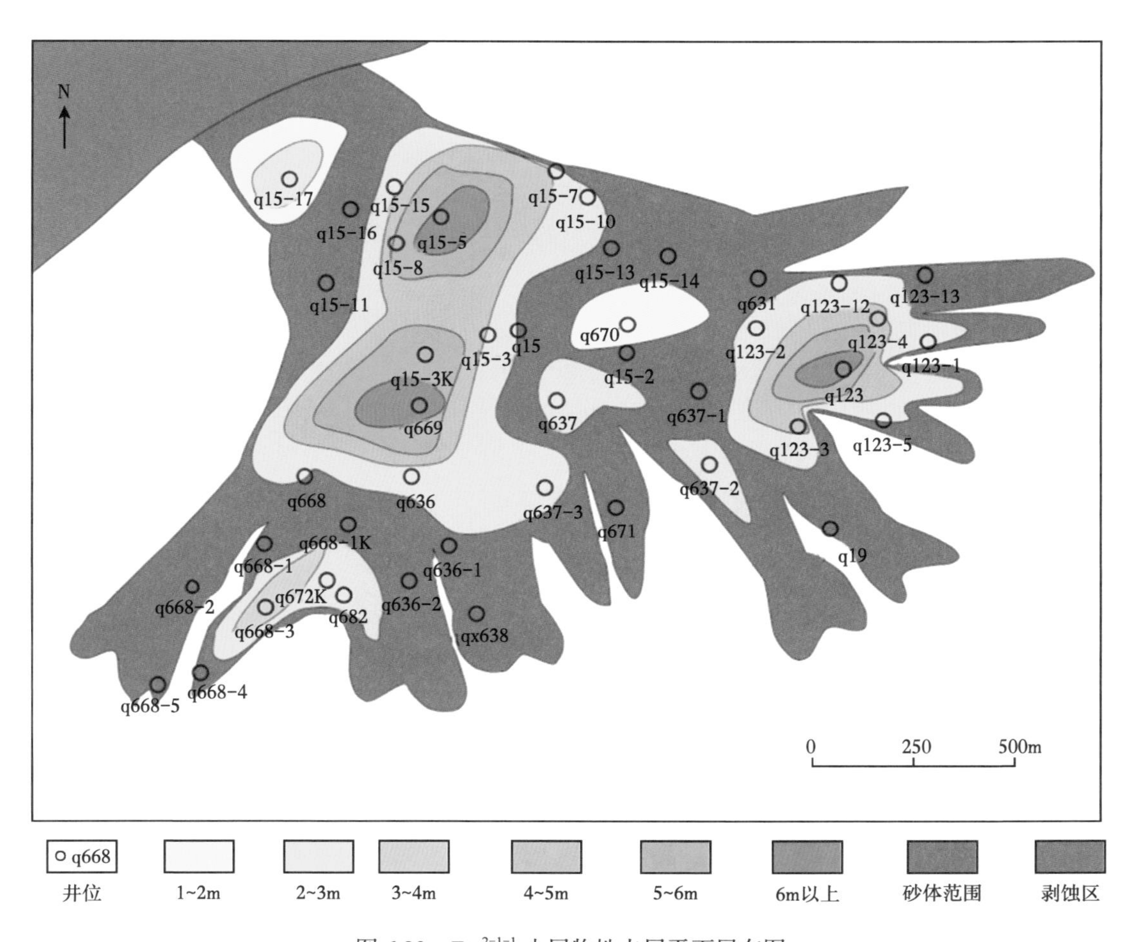

图6.23 Es_3^{2-1-1}小层物性夹层平面展布图

Es_3^{2-1-1}夹层的分布特征，反映了砂体从西北部开始发育，逐渐往东南部扩张的特点。Es_3^{2-1-1}泥质夹层累计厚度在0~5m之间，主要分布在0~2.5m之间，为研究区相对不甚发育的夹层。泥质夹层相对于物性夹层来说，泥质含量相对较多，在研究区西北部和东南部都有发育，主要还是位于西北部（图6.24）。在q15-3K井、q668-1井和q123-2井处存在几个高值区，夹层厚度达到了3m左右，厚度较大的地方都集中在主水道砂、分支水道砂和朵叶砂发育的地方，在漫溢砂处略有发育。

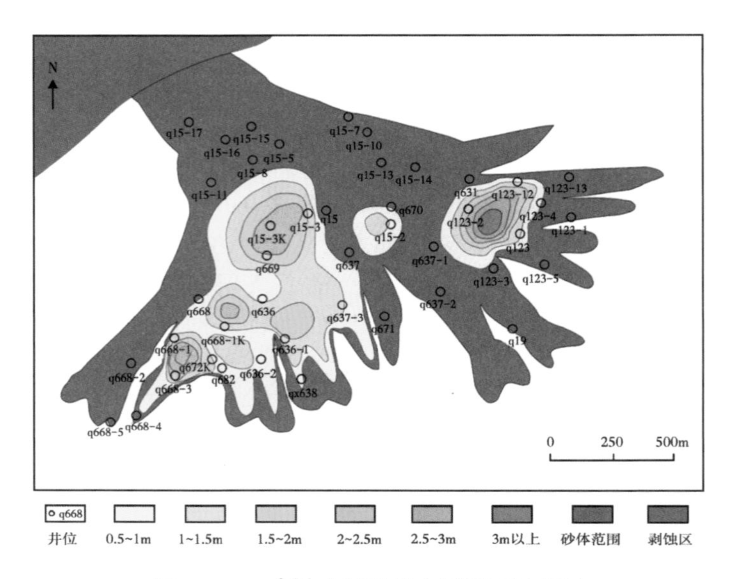

图 6.24 Es_3^{2-1-1} 小层泥质夹层平面展布图

（2）Es_3^{2-1-2} 小层夹层平面展布。

Es_3^{2-1-2} 物性夹层累计厚度在 0~14m 之间，主要分布在 0~10m 之间（图 6.25），随着单砂体的发育，夹层分布也由刚开始的独立分布变为连片分布，反映砂体开始漫延。物性厚度较大的地方都是主水道砂、分支水道砂和朵叶砂集中分布的地方，反映砂体发育夹层随之发育的特点。

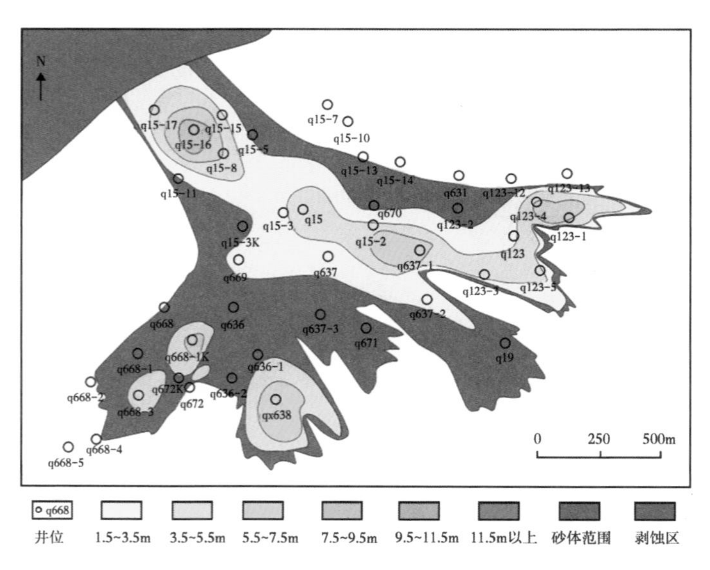

图 6.25 Es_3^{2-1-2} 小层物性夹层平面展布图

Es_3^{2-1-2} 泥质夹层累计厚度在 0~5m 之间，主要分布在 0~2.5m 之间，为研究区相对不发育的夹层。从图 6.26 上可以看出，在这一期，泥质夹层继承了前一期的特点，由于泥质夹层相对于物性夹层来说，泥质含量相对较多，在研究区西北部和东南部都有发育，主要还是位于西北部。

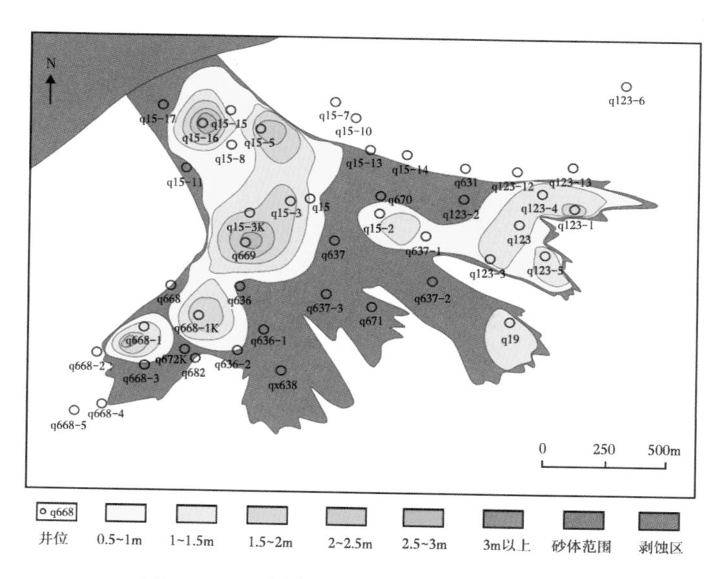

图 6.26 Es_3^{2-1-2} 小层泥质夹层平面展布图

（3）Es_3^{2-2-1} 小层夹层平面展布。

Es_3^{2-2-1} 物性夹层累计厚度在 0~12m 之间，主要分布在 0~10m 之间。从图 6.27 上可以看出，相较于前两期来说，物性夹层主要分布于研究区的东南部，在西北部比较少，反映单砂体进一步发育的特征。物性夹层高值区，夹层厚度可达 10m 左右，厚度较大的地方为分支水道砂集中分布的地方，反映夹层随砂体发育的特点。

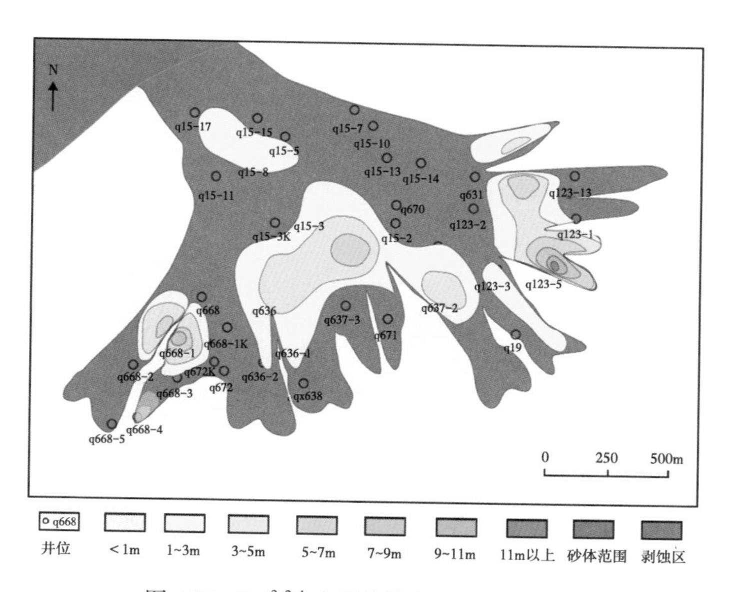

图 6.27 Es_3^{2-2-1} 小层物性夹层平面展布图

Es_3^{2-2-1} 泥质夹层累计厚度在 0~4m 之间，主要分布在 0~2.5m 之间，为研究区相对不甚发育的夹层。从图 6.28 上可以看出，在这一期，泥质夹层和物性夹层一样，主要分布于研究区的西南部，分布范围略有缩小，反映单砂体发育中期，砂体不甚发育夹层也不发育的特点。在 q669 井、q668-5 井和 q123-5 井处存在几个高值区，夹层厚度达到了 3m 左右，厚度较大的地方都集中在分支水道砂和朵叶砂发育的地方，在漫溢砂处略有发育。

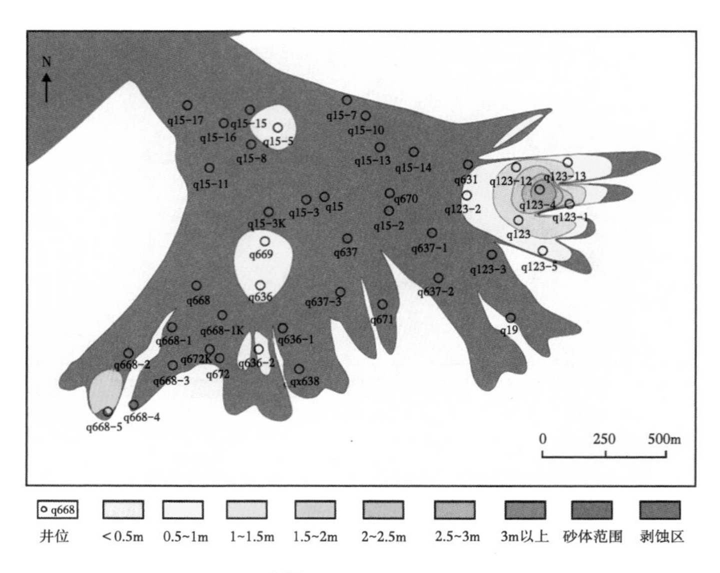

图 6.28　Es_3^{2-2-1} 小层泥质夹层平面展布图

（4）Es_3^{2-2-2} 小层夹层平面展布。

Es_3^{2-2-2} 物性夹层累计厚度在 0~8m 之间，主要分布在 0~6m 之间（图 6.29），相较于前三期来说，物性夹层主要分布于研究区的东南部，在西北部比较少。物性高值区，夹层厚度可达 6m 左右，厚度较大的地方为分支水道砂集中分布的地方，反映砂体发育夹层也随之发育的特点。

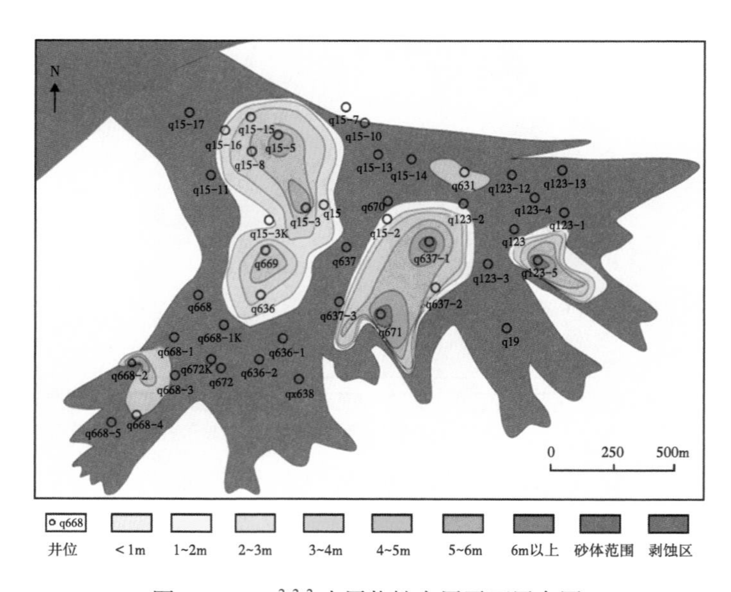

图 6.29　Es_3^{2-2-2} 小层物性夹层平面展布图

Es_3^{2-2-2} 泥质夹层累计厚度在 0~4m 之间，主要分布在 0~2.5m 之间，为研究区相对不甚发育的夹层。从图 6.30 上可以看出，在这一期，泥质夹层和物性夹层一样，主要分布于研究区的西南部，分布范围略有缩小，反映单砂体发育中期，砂体不发育夹层也不发育的特点。厚度较大的地方都集中在分支水道砂和朵叶砂发育的地方。同时，泥质夹层分布的部位反映了单砂体发育的末期，由主水道砂向分支水道砂演化的特征。

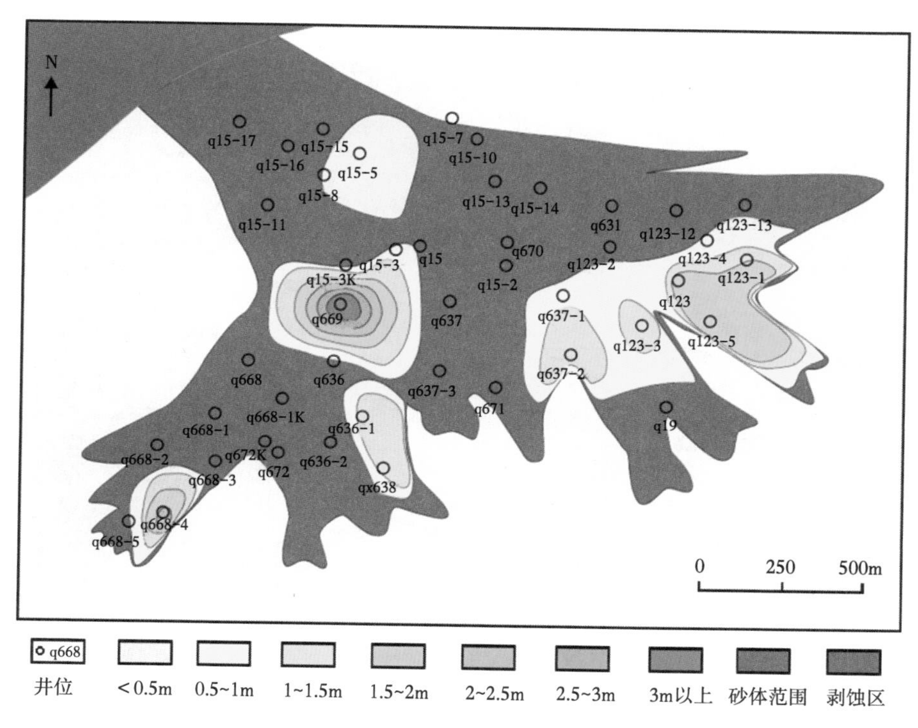

图 6.30 Es_3^{2-2-2} 小层泥质夹层平面展布图

6.6.4 基于水下扇构型的储层建模

单砂体模型是相模型的一种，是在研究区构造模型的基础上建立起来的反映研究区单砂体分布的模型。通过单砂体模型可以了解研究区单砂体的类型、展布规律和发育特征等情况。建立单砂体级的储层地质模型对油藏的数值模拟也具有积极的意义。

在构造模型基础之上，开展单砂体构型建模研究（图 6.31）。构型建模算法可以分为两类：基于目标的算法和基于像元的算法，其中前者受目标体复杂程度的影响，对于特别复杂的目标体将其进行数据化比较困难，同时对于同一目标体被多井钻遇时，存在算法收敛上的问题，所以运用程度不是很高[27-28]。基于像元的随机建模方法是指建立待模拟网格的条件累积概率分布函数，再对其进行随机模拟，即随机提取某网格的条件累计概率分布函数的分位数，就得到了该网格的随机模拟实现。

在建模过程中，为了更好地指导单砂体模型的建立，使之更加符合地质真实，更好地指导后续随机模型的建立，从点、面两个方面来对单砂体基础数据进行处理：

对研究区 48 口井的单砂体解释数据进行处理，在井上对有井位控制的单砂体数据进行确定，这是单砂体模型的主要数据。对于单砂体模型的建立，主要采取序贯高斯的方法，如果只有井位上的数据，只能知道井点周围的小部分地区，对大量的井间区域不能有效地进行控制，纯粹是简单地数学插值法，无法有效地预测反映地质真实。因此，需要在平面上对单砂体范围进行约束。所以，另一类数据主要为 Es_3^{2-1-1}，Es_3^{2-1-2}，Es_3^{2-2-1} 和 Es_3^{2-2-2} 4 个沉积时期的单砂体平面展布图，通过平面图的单砂体展布可以对单砂体模型的井间区域进行约束，使单砂体模型能更加符合地质情况，指导后续随机模型的建立（图 6.32）。

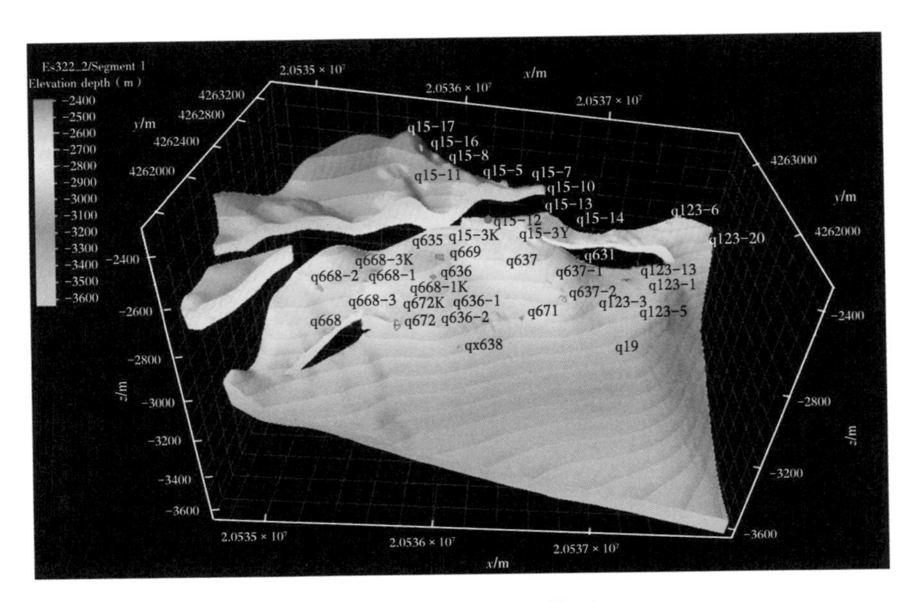

图 6.31　五断块构造模型

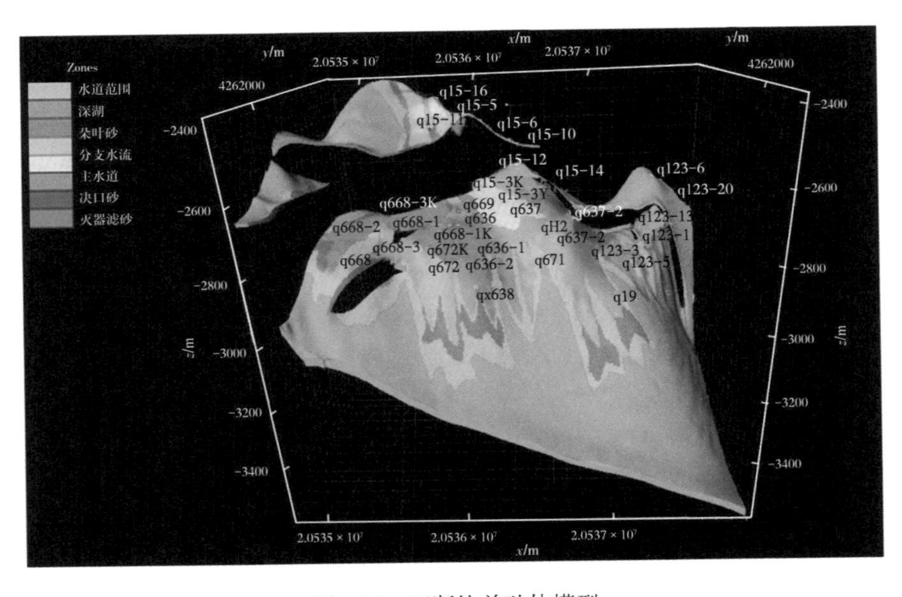

图 6.32　五断块单砂体模型

关于变差函数的调整，主要包括主变程、次变程、基台值、块金值的调整以及主方向、垂直方向和次方向的调整。对于主变程和次变程来说，主要表示不同相带下的沉积相波及的范围，主要通过井点的多少进行控制。因此，主要对三类砂体，即主水道砂、分支水道砂和漫溢砂的主变程和次变程进行调整。在调整的过程中，因过夹层的井较少，需参考绘制的夹层平面分布图，设置调整夹层的变程参数。通过试验得出主水道区域的主变程为 500，次变程为 350；分支水道区域的主变程为 800，次变程为 600；漫溢砂区域的主变程为 600，次变程为 400（图 6.33）。

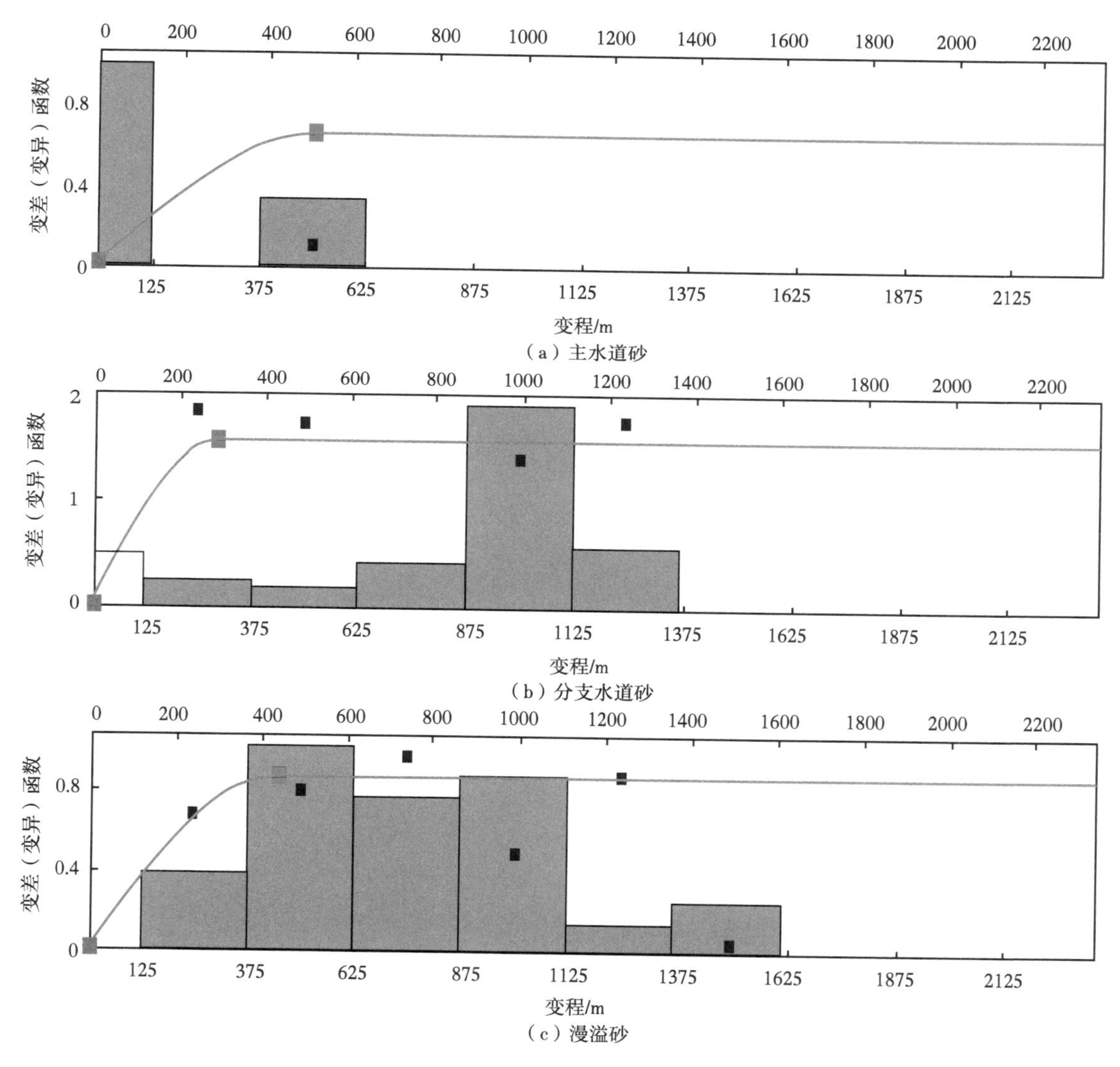

图 6.33 五断块各类单砂体的变差函数

研究区单个隔夹层的厚度相对较薄（大部分厚度小于 1m），因此，在单砂体模型的基础上，对模型的垂向网格进行了加密，由原来的单层 10 个网格变为了 20 个网格，并用平面隔夹层分布图进行了井间的约束，建立了单砂体构型模型（图 6.34 和图 6.35），实现了单砂体构型级次的地质建模。

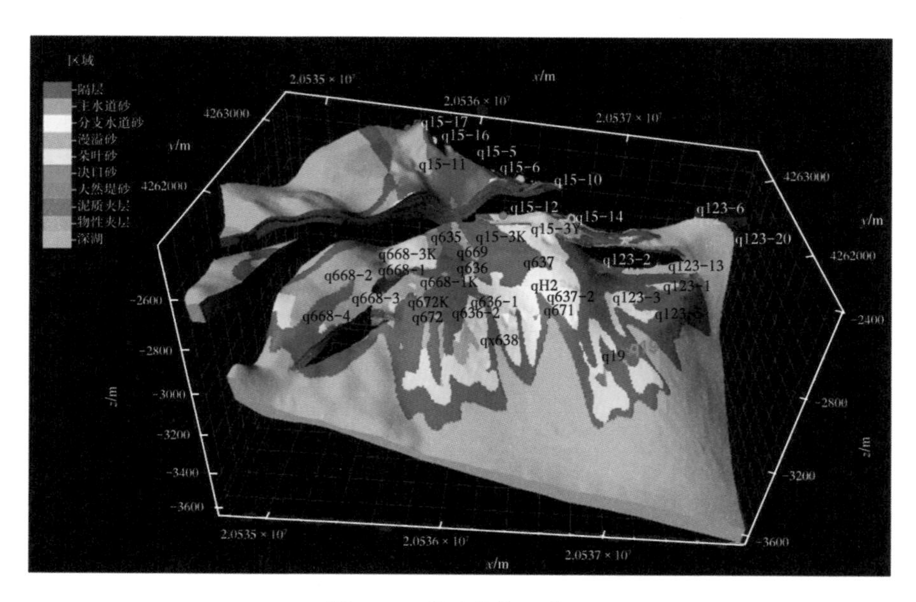

图 6.34　单砂体构型模型

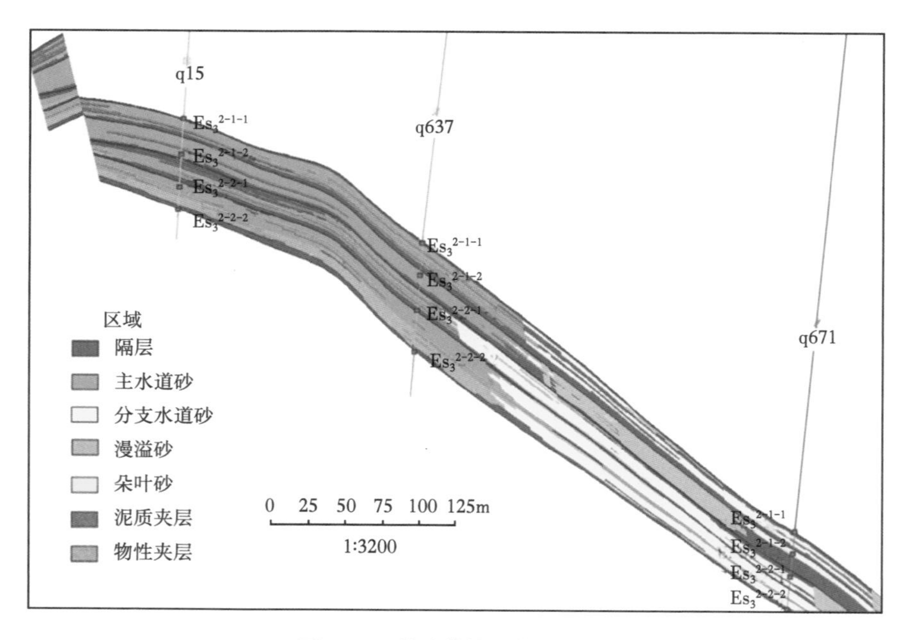

图 6.35　单砂体构型模型剖面

由图 6.35 过 q15 井、q637 井和 q671 井三井的连井单砂体构型剖面可见，q15 井和 q637 井主要发育主水道砂，q671 井主要发育分支水道砂，漫溢砂在井间较发育。图 6.35 中可见隔层较发育，主要发育在小层之间，连续性很强，共识别出明显的 4 套隔层，为小层之间的分界；夹层发育较少，连续性较弱，仅在砂体间发育。另外，由于 3 口井大部分位于主水道区域，构造活动较强，有明显断层的发育（图 6.35）。

研究区的原始孔隙度在 0~20% 之间，主水道砂部分的孔隙度为 10%~18%，渗透率为 30~100mD；分支水道砂部分的孔隙度为 8%~18%，渗透率为 20~70mD；漫溢砂的孔隙度在 5%~15% 之间，渗透率在 10~30mD 之间。在单砂体构型模型的约束下，建立了研究区的孔隙度和渗透率模型（图 6.36 和图 6.37）。

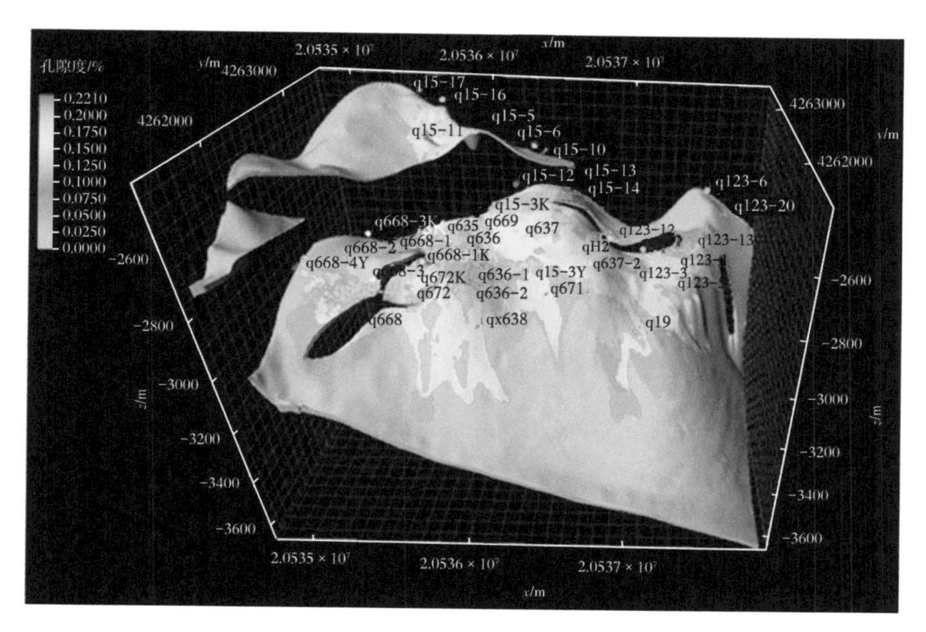

图 6.36 五断块孔隙度模型

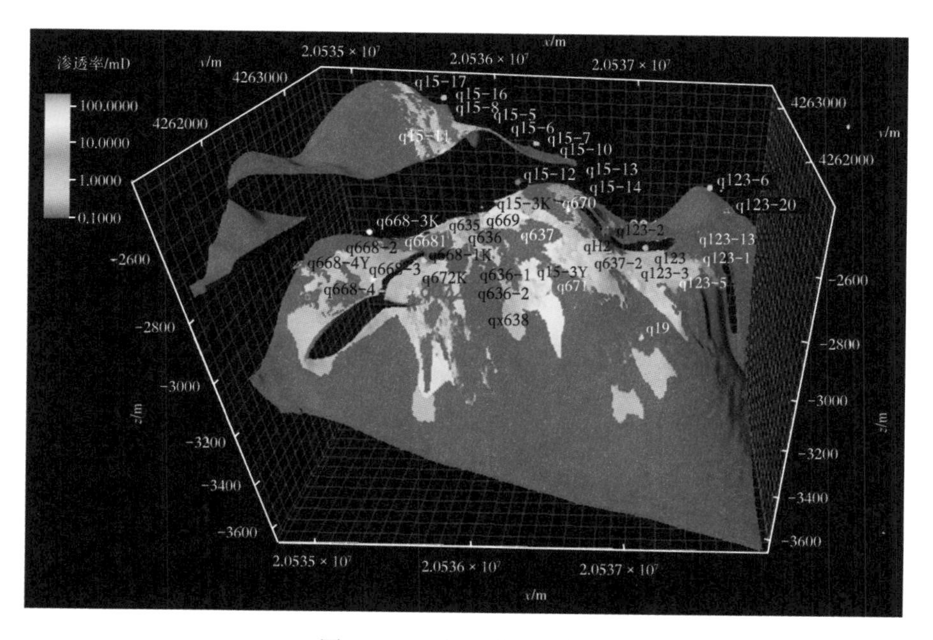

图 6.37 五断块渗透率模型

参考文献

[1] 薛叔浩，刘雯林，薛良清，等 . 湖盆沉积地质与油气勘探 [M]. 北京：石油工业出版社，2002.

[2] 刘招君 . 湖泊水下扇沉积特征及影响因素——以伊通盆地莫里青断陷双阳组为例 [J] . 沉积学报，2003，21（1）：148-154.

[3] 郑荣才，文华国，韩永林，等 . 鄂尔多斯盆地白豹地区长 6 油层组湖底滑塌浊积扇沉积特征及其研究意义 [J]. 成都理工大学学报（自然科学版），2006（6）：566-575.

[4] 邓毅林，王天琦，曹正林，等 . 二连盆地乌里雅斯太凹陷下白垩统湖底扇沉积特征及成因分析 [J]. 天然气地球科学，2010，21（5）：786-792.

[5] 剧永涛，刘豪，辛仁臣，等 . 2011. 黄河口凹陷西北部滑塌浊积扇沉积特征 [J]. 西南石油大学学报（自然科学版），2011，33（6）：31-37.

[6] Xu Q H，Shi W Z，Xie X Y，etal.Deep-lacustrine sandy debrites and turbidites in the lower Triassic Yanchang Formation，southeast Ordos Basin，central China：Facies distribution and reservoir quality[J]. Marine and Petroleum Geology，2016，77：1095-1107.

[7] 于兴河，李顺利，谭程鹏，等 . 粗粒沉积及其储层表征的发展历程与热点问题探讨 [J]. 古地理学报，2018，20（5）：713-736.

[8] Sullword H H，Jr.Tarzana fan-deep submarine fan of late Miocene age，Los Angeles County，Califirnia[J]. AAPG Bull，1960，44：433-457.

[9] Jacka A D，Beck R H，St germain L C，et al.Permian deep-sea fans of the Delaware mountain group（Guadalupian），Delaware basin [J].Soc Econ Paleontol Mineral Permian，Basin Section Publication，1968，68-11：49-90.

[10] Walker R G. Deep-water sandstone facies and ancient submarine fans：models for exploration for stratigraphic traps[J].AAPG Bulletin，1978，62（6）：932-966.

[11] Richard M，Bowman M.Submarine fans and related depositional Ⅱ：Variability in reservoir architecture and wire line log character [J] .Marine and Petroleum Geology，1998，15：821-839.

[12] Posamentier H W，Kolla V. Seismic geomorphology and stratigraphy of depositional elements in deep-Water settings[J]. Journal of Sedimentary Research，2003，73（3）：367-388.

[13] Cross T A，Lessenger M A. Sediment volume partitioning：rationale for stratigraphic model evalution and high-resolution stratigraphic correlation// Gradstein F M，Sandvik K O，Milton N J，ed al. Sequence stratigraphy concepts and applications[J]. NPF Special Publication，1998：171-195.

[14] Flint S S，Hodgson D M，Sprague A R. Depositional architecture and sequence stratigraphy of the Karoo basin floor to shelf edge succession，Laingsburg depocentre，South Africa[J]. Marine and Petroleum Geology，2011，28：658-674.

[15] 孙永传，郑浚茂，王德发，等 . 湖盆水下冲积扇——一个找油的新领域 [J]. 科学通报，1980（17）：799-801.

[16] 王星星，朱筱敏，张明君，等 . 洪浩尔舒特凹陷下白垩统近岸水下扇沉积特征 [J]. 沉积学报，2015（3）：568-577.

[17] 李胜利，李贤兵，晋剑利，等 . 断陷湖泊水下扇类型与分布模式 [J]. 古地理学报，2018，20（6）：963-972.

[18] 李兴国 . 陆相储集层沉积微相与微型构造 [M]. 北京：石油工业出版社，2000.

[19] 张昌民，尹太举，张尚锋，等，泥质隔层的层次分析——以双河油田为例 [J]. 石油学报，2004，25（3）：48-52.

[20] 胡光义，范廷恩，陈飞，等 . 从储层构型到“地震构型相”——一种河流相高精度概念模型的表征

方法 [J]. 地质学报，2017，91（2）：465-478.

[21] 胡荣强，马世忠，马迪 . 河道砂体内部夹层岩性与遮挡性识别 [J]. 地质论评，2016，62（2）：277-284.

[22] 吴胜和，岳大力，刘建民，等 . 地下古河道储层构型的层次建模研究 [J]. 中国科学（D 辑：地球科学），2008（S1）：111-121.

[23] 马世忠，孙雨，范广娟，等 . 地下曲流河道单砂体内部薄夹层建筑结构研究方法 [J]. 沉积学报，2008（4）：632-639.

[24] 刘钰铭，侯加根，王连敏，等 . 辫状河储层构型分析 [J]. 中国石油大学学报（自然科学版），2009，33（1）：7-11，17.

[25] 徐中波，申春生，陈玉琨，等 . 砂质辫状河储层构型表征及其对剩余油的控制——以渤海海域 P 油田为例 [J]. 沉积学报，2016，34（2）：375-385.

[26] 卢虎胜，林承焰，程奇，张宪国 . 东营凹陷永安镇油田沙二段三角洲相储层构型及剩余油分布 [J]. 东北石油大学学报，2013，37（3）：40-47，126.

[27] 辛治国 . 河控三角洲河口坝构型分析 [J]. 地质论评，2008（4）：527-531，581.

[28] 封从军，鲍志东，单启铜，等 . 三角洲平原复合分流河道内部单砂体划分——以扶余油田中区南部泉头组四段为例 [J]. 石油与天然气地质，2012，33（1）：77-83.

[29] 温立峰，吴胜和，王延忠，等 . 河控三角洲河口坝地下储层构型精细解剖方法 [J]. 中南大学学报（自然科学版），2011，42（4）：1072-1078.

[30] 周银邦，吴胜和，岳大力，等 . 复合分流河道砂体内部单河道划分——以萨北油田北二西区萨Ⅱ 1+2b 小层为例 [J]. 油气地质与采收率，2010，17（2）：4-8-111.

[31] 徐丽强，李胜利，于兴河，等 . 辫状河三角洲前缘储层构型分析——以彩南油田彩 9 井区三工河组为例 [J]. 油气地质与采收率，2016，23（5）：50-57，82.

[32] 林煜，吴胜和，王星，等 . 深水浊积水道体系构型模式研究——以西非尼日尔三角洲盆地某深水研究区为例 [J]. 地质论评，2013，59（3）：510-520.

[33] 宋璠，杨少春，苏妮娜，等 . 扇三角洲前缘储层构型界面划分与识别——以辽河盆地欢喜岭油田锦 99 区块杜家台油层为例 [J]. 西安石油大学学报（自然科学版），2015，30（1）：7-13，4.

[34] 伊振林，吴胜和，杜庆龙，等 . 冲积扇储层构型精细解剖方法——以克拉玛依油田六中区下克拉玛依组为例 [J]. 吉林大学学报（地球科学版），2010，40（4）：939-946.

[35] 冯文杰，吴胜和，印森林，等 . 准噶尔盆地西北缘三叠系干旱型冲积扇储层内部构型特征 [J]. 地质论评，2017，63（1）：219-234.

[36] 赵晓明，吴胜和，刘丽 . 尼日尔三角洲盆地 Akpo 油田新近系深水浊积水道储层构型表征 [J]. 石油学报，2012，33（6）：1049-1058.

[37] 林煜，吴胜和，岳大力，等 . 扇三角洲前缘储层构型精细解剖——以辽河油田曙 2-6-6 区块杜家台油层为例 [J]. 天然气地球科学，2013，24（2）：335-344.

[38] 王丙震，张文彪，段太忠，等 . 深水浊积水道构型及岩石类型划分与三维地质建模——西非下刚果盆地 A 油田为例 [J]. 科学技术与工程，2018，18（36）：26-35.

[39] Miall A D. Architecture element analysis：a new method of facies analysis applied to fluvial deposits. Earth Science Reviews，1985，22（4）：261-308.

[40] Allen J R L. Studies in fluviatile sedimentation：bars，bar complexes and sandstone sheets（lower-sinuosity braided streams）in the Brownstones（L.Devonian），Welsh Borders. Sedimentary Geology，1983，33：237-293.

[41] 张昌民 . 储层研究中的层次分析法 [J]. 石油与天然气地质，1992（3）：344-350.

[42] 于兴河，王德发 . 陆相断陷盆地三角洲相构形要素及其储层地质模型 [J]. 地质论评，1997（3）：

225-231.
[43] 吴胜和，岳大力，刘建民，等．地下古河道储层构型的层次建模研究 [J]. 中国科学（D辑：地球科学），2008（S1）：111-121.
[44] 王玥，何宇航，王元庆，等．辫状河储层单砂体及构型表征技术研究 [J]. 内蒙古石油化工，2017，43（10）：81-85.
[45] 赵翰卿，付志国，吕晓光．储层层次分析和模式预测描述法 [J]. 大庆石油地质与开发，2004（5）：74-77.
[46] 李云海，吴胜和，李艳平，等．三角洲前缘河口坝储层构型界面层次表征 [J]. 石油天然气学报，2007（6）：49-52.
[47] 吕端川，孟琦，宋金鹏，等．杏六东三元复合驱对储层改造及驱替效率评价 [J]. 断块油气田，2018，25（2）：222-226.
[48] 李俊飞，叶小明，尚宝兵，等．三角洲前缘河口坝单砂体划分及剩余油分布 [J]. 特种油气藏，2019（1）：1-8
[49] 郭瑞．滩坝储层单砂体构型模式 [J]. 石化技术，2018，25（12）：45.
[50] Plint A G. Sequence stratigraphy and paleogeography of Cenomanian deltaic complex：the Dunvegan and lower Kaskapa formations in subsurface and outcrop，Alberta and Britis Columbia，Canada. Bulletin of Canadian Petroleum Geology，2000，4（1）：43-79.
[51] Olariu C，Bhattacharya J P. Terminal distributary channels and delta front architecture of river-dominated delta systems [J]. Journal of Sedimentary Research，2006，76（2）：212-233.
[52] 熊兆川．S392 油田长 6_1 油藏单砂体精细刻画及三维地质建模研究 [D]. 西安：西北大学，2018.
[53] 姚根顺，吕福亮，范国章，等．深水油气地质导论 [M]. 北京：石油工业出版社，2012.

7 断陷湖盆三角洲单砂体及内部构型表征技术

我国东部陆相断陷盆地和坳陷盆地均发育三角洲储层。三角洲储层占我国总开发储量的30%，仅次于河流相储层，是最重要的油气储类型之一（李丕龙，2003）。经过多年的注水开发，我国东部老油田三角洲储层多处于特高含水开采阶段，水淹严重，剩余油呈现“高度分散、相对富集”的格局，地下矛盾不断出现，其中储层的内部结构差异是造成大量可动油无法采出的主控地质因素。三角洲的发育过程受多种因素（盆地构造特征、水体性质和供源性质等）的影响，因而形成了不同沉积类型的三角洲，其内部储层模式存在差异，所控制的剩余油分布模式亦不相同。开展三角洲单砂体及内部构型表征技术研究对高含水油田高效开发具有积极意义。

本章基于大港王官屯油田典型区块解剖，重点介绍断陷湖盆三角洲储层单砂体及内部构型表征技术，以及遵循“层次分析—模式拟合—多维互动”原则构建的断陷湖盆三角洲单砂体及内部构型模式。

7.1 断陷湖盆三角洲单砂体及内部构型表征研究现状

7.1.1 断陷湖盆三角洲构型研究现状

根据湖盆三角洲发育类型研究成果，我国陆相断陷湖盆发育的三角洲类型主要为扇三角洲。

Holmes 研究英格兰西海岸现代扇三角洲时，将扇三角洲定义为“从邻近高地推进到稳定水体（海、湖）中去的冲积扇”[1]。McGowen 认为，在干旱气候区和潮湿气候区下，会形成不同类型的扇三角洲[2]。潮湿气候下形成的扇三角洲，由于其平原区带常为辫状水系，Galloway 认为扇三角洲就是由冲积扇和辫状河流注入稳定水体而形成的沉积体系[3]。吴崇筠和薛叔浩通过对我国中新生代含油气盆地各类砂体的研究，认为沿湖砂体可以划分为水下冲积扇、短河流三角洲、长河流三角洲、靠山型扇三角洲和靠扇型扇三角洲 5 种类型[4]。在我国东部渤海湾盆地的盆地陡坡，常发育邻近物源、进入水体快速堆积、以重力流流动机制为主、呈楔形体插入深水湖相沉积中的扇形碎屑岩体——近岸水下扇。

三角洲沉积可以进一步划分为三角洲平原、三角洲前缘和前三角洲三种亚相，进而又划分出分流河道、河口坝等沉积微相，其中扇三角洲在沉积环境上具有冲积扇和水下扇过渡的性质，从水动力和沉积特点上看，又介于冲积扇与河流三角洲之间[5, 6]。

构型单元级次划分是砂体内部构型表征的关键，河流相储层构型研究起步早，研究相对成熟[7-18]，这为扇三角洲的储层构型研究中起到了重要的指导作用。在扇三角洲沉积相研究的基础上，国内外学者根据野外露头、地下资料对扇三角洲储层构型开展研究，针对扇三角洲储层构型级次划分取得了众多研究成果。

李庆明等对双河油田的扇三角洲储层进行储层构型分析，划分出了9级界面系统，识别出了水下分流河道、河口坝、前缘席状砂、水下溢岸、重力流、水下决口扇及湖相细粒沉积共7种建筑结构要素，把储层结构要素的接触关系分为连接型和分隔型，把平面上的预测模型样式分为席状砂型、水下分流河道—水下溢岸—席状砂型、水下分流河道—河口坝型、水下河道—河口坝—席状砂型，在此基础上分析了建筑结构对剩余油分布的控制作用[19]。

尹太举和张昌民等提出了不同于Maill构型分类的6级界面划分系统，总结了7种结构要素，分别为分流河道、河口坝、前缘席状砂、河道间（水下溢岸）、水下决口沉积、重力流及湖相泥，总结了建筑结构的预测模型：剖面上的预测模型（模式）有以分流河道为主的剖面样式、以席状砂为主的剖面样式、以分流河道和河口坝两种构造要素为主的剖面样式、垂直于湖岸线方向的递变剖面样式；建筑结构的平面模式为从湖岸方向向湖心方向的分带模式[20-21]。

林煜等以辽河油田杜家台油层为例，对扇三角洲前缘储层构型进行了精细解剖，认为储层构型单元包括辫状水道、河口坝和溢岸，不同构型单元形成的复合砂体存在3种平面分布样式；通过“垂向分期、侧向划界”识别单一成因砂体[22]。

杨延强等总结了扇三角洲各沉积微相组合样式，包括辫状水道之间的侧向拼接样式、河口坝之间的侧向拼接样式、辫状水道与河口坝之间的侧向拼接样式，并分别阐述了多期辫状水道和多期河口坝垂向上的叠置样式[23]。

宋璠等以辽河欢喜岭油田99区块杜家台油层为例，在分析扇三角洲前缘储层构型单元的特征的基础上，总计了4级构型和3级构型的测井响应识别特征和定量判别标准[24]。

吴胜和等对陆相沉积储层进行了系统的层次划分，将构型级别划分为7级[25]，见表7.1。其中三角洲沉积体系划分为三角洲体、水道复合体或坝复合体、单一分流河道或单一坝体、韵律层、层系组、层系和纹层7级，其界面分别对应为6级到0级构型界面。

6级界面为三角洲一次完整的退积与进积旋回形成的顶界面，对应的构型单元为6级构型单元，相当于油田生产中划分的段或亚段的顶界面。

5级界面为复合微相砂体界面，垂向上多期分流河道砂体垂向叠加与侧向叠合形成的复合砂体界面，其顶底界面处稳定的前三角洲泥岩隔层构成了5级界面，相当于油田生产中划分的砂组或小层的顶底界面。

4级界面为单一微相级次砂体界面，如下部分流河道砂体顶界面为上下两期分流河道砂体的分界面，上部分流河道可以对下部分流河道砂体有微弱冲蚀，但侵蚀厚度比较小，并未切穿5级底界面。

3级界面为增生体界面，此类界面反映了沉积时期沉积作用的短暂变化，如季节性流量变化、携带的负载量的增减及湖平面短暂的涨缩等。研究区浅水三角洲分流河道发育为主，分流河道沉积一般厚度较薄，内部增生体欠发育，局部厚度较大的分流河道砂体内部

发育增生体。

2~0级构型界面为层系组、层系、纹层界面，其围限的沉积体分别为2~0级构型单元。

在上述的7级界面中，6级界面是区域的侵蚀或湖泛面，所限定的构型单元相当于地层意义上的构型单元；5级界面分隔湖相和复合分流河道沉积，是主要的湖泛面；4级界面分隔复合分流河道内的单一沉积单元，代表次要的洪泛面；3级界面限定分流河道内部增生体；2~0级构型界面限定的单元属于层理级别的岩石单元，在井间不具对比性。3~5级界面所限定的构型单元为真正意义上的储层构型单元。因此，一般主要针对3~5级界面所限定的构型单元开展储层构型研究工作。

表7.1　陆相主要沉积储层初步层次划分方案[25]

构型级别		冲积扇	辫状河	曲流河	三角洲	滩坝	浊积扇
层次结构	构型界面						
一	6	冲积扇体	河谷 / 河道带	河谷 / 河道带	三角洲体		浊积扇体
二	5	辫流带	河道	河道	坝复合体 / 水道复合体	滩坝复合体	扇朵叶体
三	4	辫流体	心滩坝 / 辫状河道	点坝 / 废弃河道	单一坝体 / 分流河道	滩 / 坝	单一水道体
四	3	流沟 / 沙坝	垂积体 / 落淤层 / 串沟	侧积体 / 侧积层 / 串沟	韵律层	增生体	增生体
五	2	层系组	层系组	层系组	层系组	层系组	层系组
六	1	层系	层系	层系	层系	层系	层系
七	0	纹层	纹层	纹层	纹层	纹层	纹层

7.1.2　重点解剖区概况与研究现状

选取大港王官屯油田官80断块、官195断块和官998断块作为断陷湖盆三角洲单砂体及内部构型表征研究的重点解剖区。

（1）王官屯油田整体概况。

王官屯油田位于河北省沧州市沧县境内，区域构造位于黄骅坳陷南区孔店潜山构造带孔东断裂带两侧，是一个构造破碎的复杂断块油田，由若干个小型局部构造组成。受孔东大断层和孔西大断层及三级断层的控制，各自形成独立的含油圈闭。王官屯油田被孔东断层和孔西断层分为官西、官中和官东3个部分。选取的典型区块研究对象官80断块、官195断块和官998断块均位于孔东大断层的上升盘，属于官西区块（图7.1）。

王官屯油田是一个含油层位多，储集类型多，油气藏类型多，平面分布不连片的复杂断块油田。主要储层为古近系沙河街组和孔店组砂岩油层，局部富集中生界砂岩油层，含油井段长且砂泥岩互层，油层纵向非均质强，不同断块油藏类型不一。该油田从1971年发现以来，至今已开发了沙一下亚段、沙二段、沙三段、孔一段、孔二段和中生界等多套含油层系（表7.2），含油范围分布在孔东大断层两侧（图7.1）。

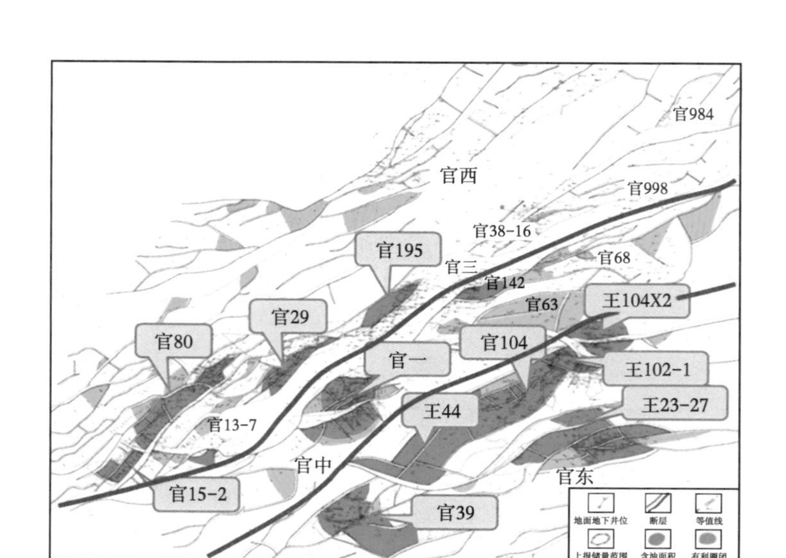

图 7.1　王官屯油田典型区块地理位置

王官屯断裂构造带经历了中生代的火山岩建造期，孔三段沉积前的风化剥蚀期，始新世末期至馆陶组沉积前的强烈拱升期以及晚第三纪时期的构造稳定期。始新世时期是王官屯油田所处的孔南地区独立的地质发育期，是渤海裂谷系活动最早的断陷带，该时期盆地持续快速下沉，充填沉积了以孔三段泥质为主的红色致密层，随之是孔二段的湖相暗色泥岩建造和孔一段河流冲积扇、三角洲的巨厚快速充填，这一时期是储集岩发育期。

孔二段为具良好生油条件的深湖—半深湖相环境，到孔一段沉积时期，区域构造隆升，古气候转为干热，湖盆水域在大量陆源碎屑以超补偿方式注入下迅速缩小，逐渐转化为以扇三角洲—冲积扇—冲积平原为主。这一时期，王官屯地区物源主要为北东向，由间歇性洪水携带陆源碎屑物自埕宁隆起由东向西往南倾泄，洪水冲出山谷，在出口处形成扇根堆积体后，开始向盆地内分流扩散，受盆地地形的影响和自身堆积的结果，河流分叉合并现象频繁。孔一段枣Ⅳ和枣Ⅴ油组沉积时期，为早期冲积扇发育期，冲积扇进入湖盆形成扇三角洲沉积体系。枣Ⅱ和枣Ⅲ沉积时期为扇三角洲发育鼎盛时期，以三角洲平原辫状河沉积为主，广泛沉积了平行、板状、槽状交错层理砂岩体。枣Ⅰ油组沉积时期扇体洪水能量逐渐减弱，只剩下细支河道沉积，至枣 0 油组转化为盐湖的膏盐沉积。从孔一段发育特点看，由枣Ⅴ—枣Ⅰ油组组成一个由细变粗、再由粗变细的完整旋回。孔一段的沉积环境，即自下而上为湖泊—扇三角洲的发育期—鼎盛时期（辫状河道沉积）—衰退（支流河道沉积）—盐湖沉积的过程。

（2）官 80 断块枣Ⅱ和枣Ⅲ油组。

官 80 断块枣Ⅱ和枣Ⅲ油组为典型的三角洲平原沉积环境。王官屯油田官 80 断块为孔东断层上升盘南部的区块，面积为 1.9km^2，断块共有钻井 78 口，井距为 100~250m，构造较为简单，只有三条边界断层，如图 7.2 所示。主力含油层位为孔一段枣Ⅱ和枣Ⅲ油组，由灰色、灰绿色砂岩、含砾砂岩、不等粒砂岩、夹灰绿、紫红色泥岩组成。局部可见由细砾岩等混杂堆积的泥石流产物，岩性剖面明显呈砂包泥特点，一般泥岩不纯均含砂，局部可见砾石，砂岩主要由中—粗砂岩和含砾砂岩组成，含油性好的多为中 - 粗砂岩。砂层顶

底面有突变和渐变式两种，显示出三角洲平原辫状河的沉积特征。枣Ⅱ和枣Ⅲ油组在垂向上细分为 9 个小层，本次研究目的层主要为枣Ⅱ-4 小层（图 7.3）。

表 7.2 王官屯油田主要开发层系岩性表

地层				厚度 /m	主要岩性
古近系	沙河街组	沙一段		30~150	生物灰岩、砂岩
		沙二段		10~80	泥岩夹薄层砂岩
		沙三段		40~300	黑绿色玄武岩
	孔店组	孔一段	枣 0	30~180	泥岩与石膏互层
			枣 I	50~100	主要为泥岩、少见细粉砂岩
			枣 II	80~150	主要发育灰褐色砂砾岩与紫红色泥岩，整体呈砂包泥，与枣 0、枣 I 油组组成二级正旋回
			枣 III	90~180	
			枣 IV	180~350	为紫红色泥岩、砂质泥岩与灰褐色含钙粉细砂岩
			枣 V	200±	
		孔二段	1	100~130	暗色泥岩和油页岩
			2	100±	细粒长石砂岩、油页岩
			3	50±	黑色泥岩和油页岩互层
			4	80~150	暗色泥岩、灰色钙质页岩及细粒砂岩
		孔三段		300±	紫红色泥岩夹薄层砂岩
中生界				—	自上而下为安山岩、泥岩与细粉砂岩互层，其下部发育约 60m 厚砂岩层

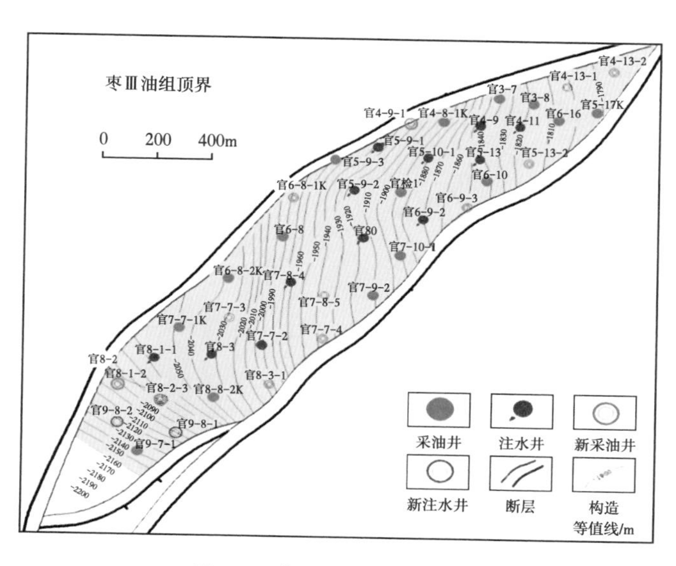

图 7.2 官 80 断块构造特征

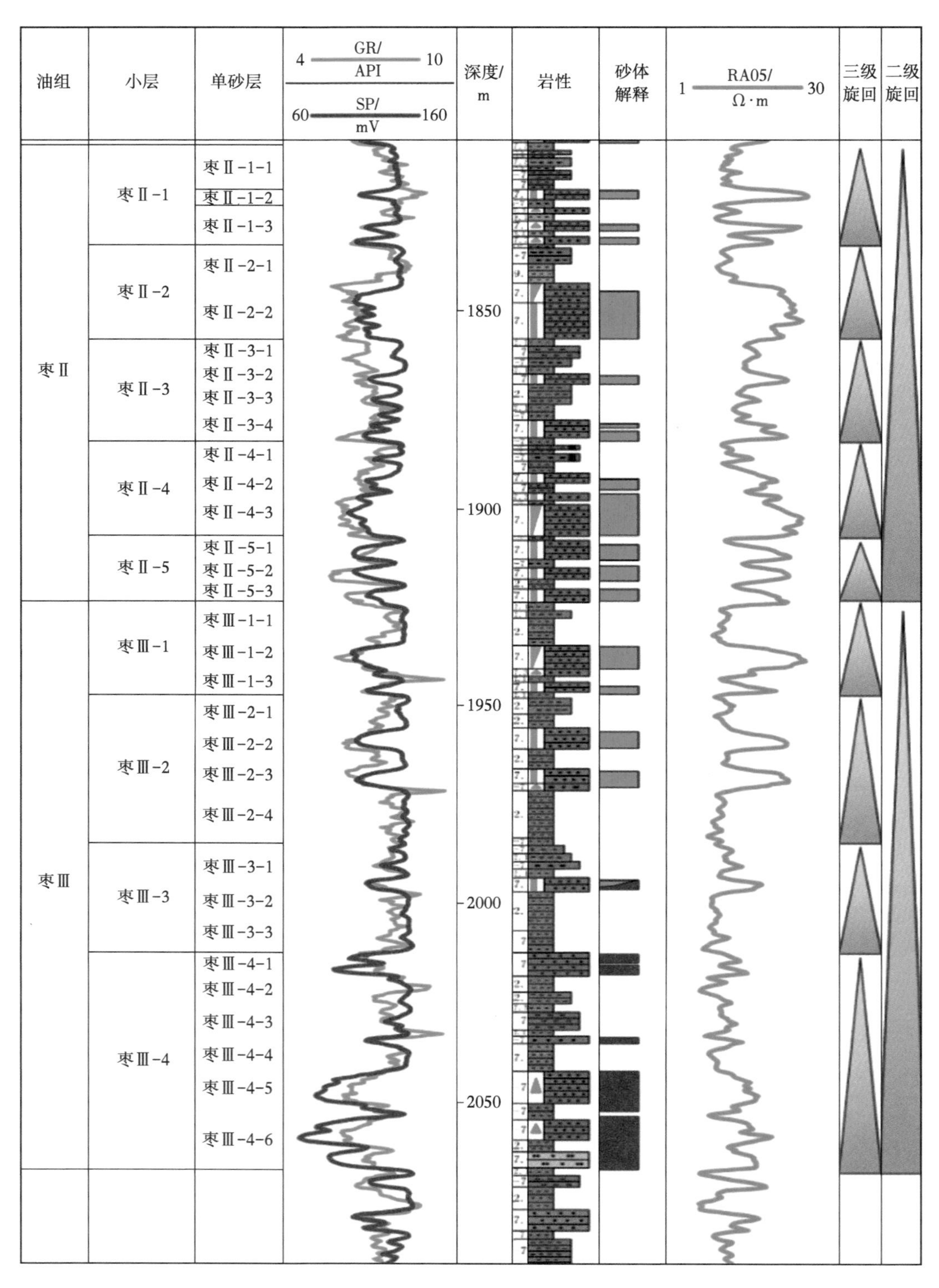

图 7.3 官 80 井单井分层柱状图

（3）官 195 断块枣Ⅳ和枣Ⅴ油组。

官 195 断块枣Ⅳ和枣Ⅴ油组为典型的三角洲前缘沉积。官 195 断块在王官屯油田几个重点区块中属于相对整装的区块，面积为 3.4km^2，共有钻井 120 口，平均井距 50~200m，断块内部构造较为简单，没有复杂的断层（图 7.4）。官 195 断块纵向上主要发育枣Ⅳ和枣Ⅴ两套主力油组，用 120 口单井建立网格化的对比骨架剖面进行精细对比后，将其细分 10 个小层。本次研究的目的层段为枣Ⅴ油组的 6 小层和 7 小层（图 7.5）。

研究区枣Ⅴ-6 和枣Ⅴ-7 小层物源来自北西向，沉积以细粒岩屑长石砂岩为主。碎屑组分含量 78%~96%，平均 90%，碎屑成分中：石英占 33%~36%，平均 35%；长石占 48%~55%，平均 55%；岩屑占 15%~6%，平均 8%。胶结物含量为 10%，泥质占 6%，钙质约占 5%。取心井样品目标层位的粒径统计表明，研究区的岩石粒径以细粒—粉砂为主，分选较好，分选系数为 1.4~1.8。

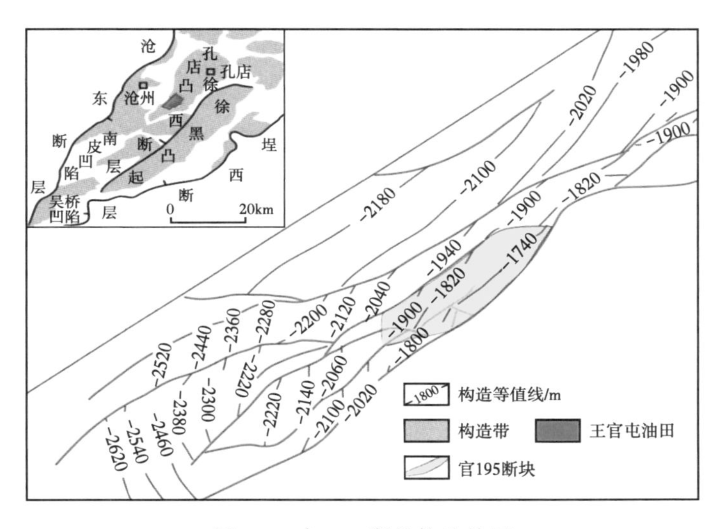

图 7.4 官 195 断块构造特征

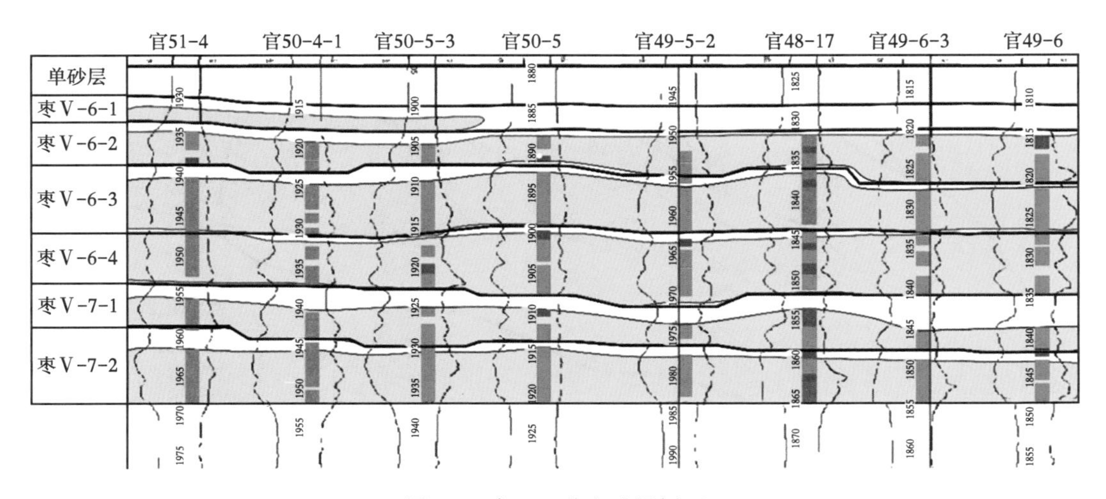

图 7.5 官 195 井含油层剖面

官195断块枣Ⅴ-6和枣Ⅴ-7小层具有近源快速堆积的特点，属于三角洲前缘沉积。研究区地层厚度约60m，区域范围内厚度变化不大，呈砂泥互层沉积特征，砂岩厚度20~30m，砂地比值大约为78%，油层发育连续性好，垂向上整体呈现下细上粗的反旋回，局部呈现次一级的正旋回沉积，水体往复动荡变化迅速（图7.5）。

（4）官998断块孔二2油组。

官998断块孔二2油组为典型的前三角洲重力流沉积。官998断块位于孔东断层上升盘的东北方向，整体为一被断层复杂化的断鼻构造，构造呈南西—北东方向展布（图7.6）。微构造整体较陡，断层从下到上继承性较好，分南西4个构造高点，在各层构造高点位置不变，受断层和地层微隆起控制，构造高点的砂体中含油性较好，油层厚度大，区块面积为2.2km^2，共有钻井49口，平均井距100~300m。

孔二段以深灰色泥岩为主，夹灰褐色油页岩和浅灰色、灰褐色细砂岩。本区自下而上按沉积特征和岩性特征划分为4个油组（图7.7）。孔二1油组以灰褐色油页岩为主，夹少量深灰色、紫红色泥岩，其油页岩厚45~55m，分布广泛而稳定，是本区的主要标志层。该油组厚度为72~120m。孔二2油组主要岩性为深灰色粉砂质泥岩与浅灰色、褐灰色细砂岩互层，在油组底部不同位置发育有厚度不等的深灰绿色辉绿岩。该油组厚度为105~137m，是本区的主力含油层组。孔二3油组以灰色泥岩和粉、细砂岩互层为主，厚度为50m左右。孔二4油组以灰色泥岩和粉、细砂岩互层为主，夹少量灰绿色泥岩，厚度约30m。

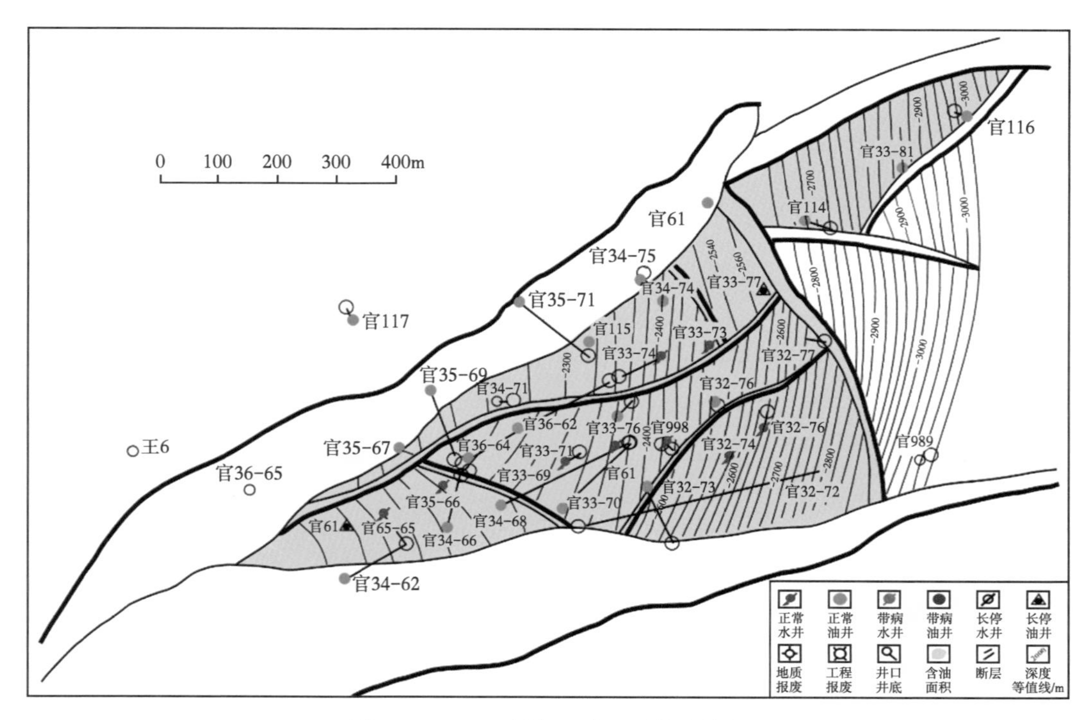

图7.6 官998断块Ek_2^2底界构造特征

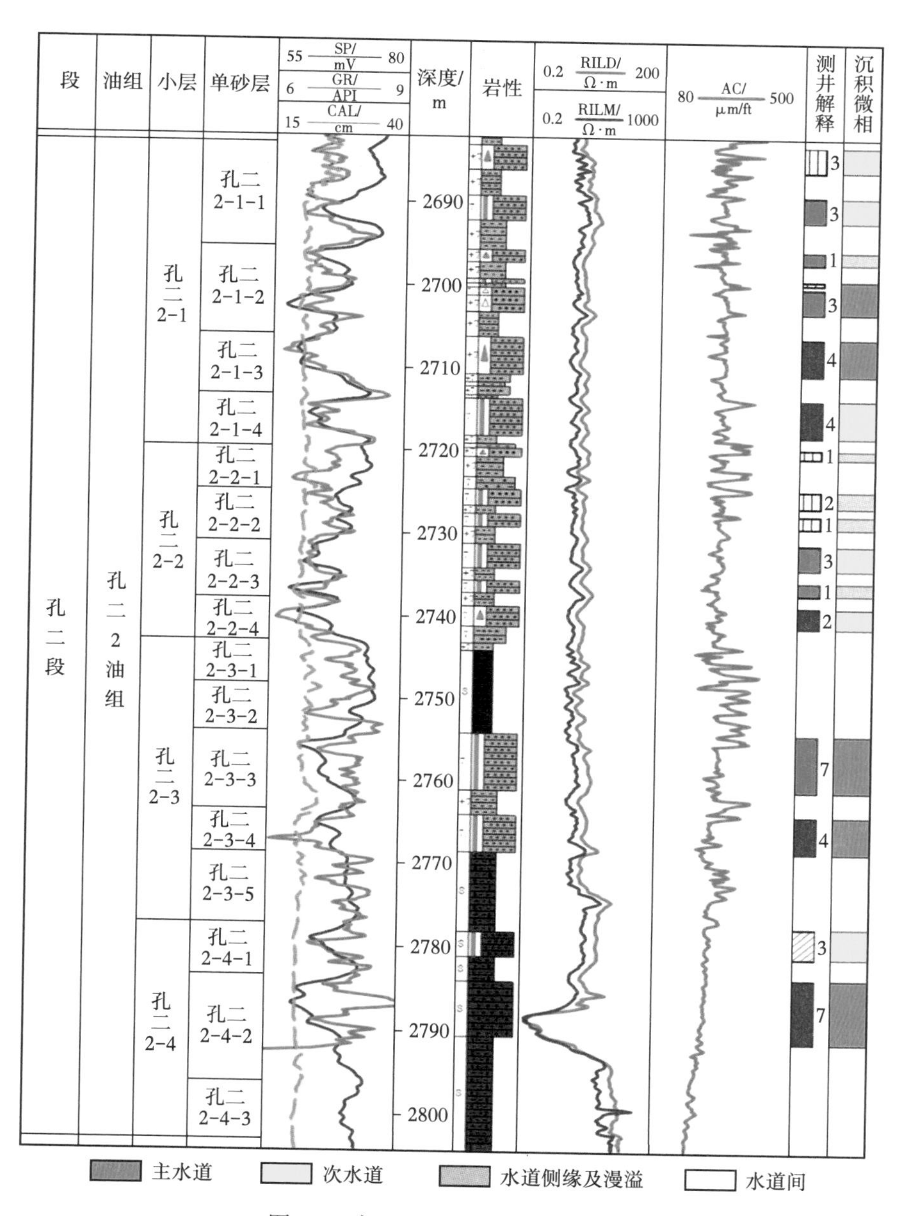

图 7.7　官 984 井单井综合柱状图

7.2　断陷湖盆三角洲单砂体类型

为了精细表征断陷湖盆三角洲单砂体特征，选取大港王官屯油田典型区块的典型发育层位进行研究分析。三角洲内部包括三角洲平原、三角洲前缘和前三角洲三种亚相，重点解剖区王官屯油田官 80 断块、官 195 断块和官 998 断块的主力层位沉积相类型涵盖了三角洲平原、三角洲前缘和前三角洲三种亚相，其中官 80 断块枣Ⅱ和枣Ⅲ油组为典型的三角洲平原沉积，官 195 断块枣Ⅳ和枣Ⅴ油组为典型三角洲前缘沉积，官 998 断块孔二2油组为典型前三角洲沉积，为开展断陷湖盆三角洲单砂体类型研究提供了代表性解剖目标。

通过对官80断块、官195断块和官998断块精细解剖研究，将断陷湖盆三角洲单砂体划分为三角洲平原辫状水道、心滩坝；三角洲前缘水下分流河道、河口坝、席状砂；前三角洲主水道、次水道、水道侧缘等类型。

7.2.1 三角洲平原单砂体类型

王官屯地区主要发育干旱型冲积扇—三角洲沉积体系，其官80断块枣Ⅱ和枣Ⅲ油组主要发育三角洲平原亚相。根据岩心、测井等识别标志刻画，三角洲平原亚相单砂体类型主要为辫状水道充填以及心滩坝（图7.8）。

辫状水道：辫状水道是三角洲平原中河流沉积的主体部分，分布极其广泛，由多期河道垂向叠加形成正韵律旋回，岩性以砂岩为主，含少量砾岩，粒度较粗，分选较差，颜色混杂，碎屑颗粒一般为棱角—次圆状，成层性较差，多呈下粗上细的正旋回序列特征，常见平行层理、交错层理、块状层理，以及后期水道冲刷形成的冲刷面，测井曲线长表现为钟形、钟形—箱形，齿化现象普遍。主河道部分厚度一般较大，水动力较强，泥质含量低，而非主河道部分厚度较薄，测井曲线多呈指状，中等幅度。

心滩坝：又称河道沙坝，是三角洲平原亚相中最为发育的沉积微相，厚度较大。垂向上下部为以砾砂岩、粗砂岩为主的冲刷侵蚀滞留物，上部为薄层粉砂级沉积。平面上心滩往往与河床平行，或与河床呈小角度排列，多见交错层理和平行层理，表明水动力较强，在水动力较弱时，由于河流携带的细粒物质垂向加积，形成夹层，测井曲线长表现为钟形或箱形，夹层的存在使得曲线回返现象明显。

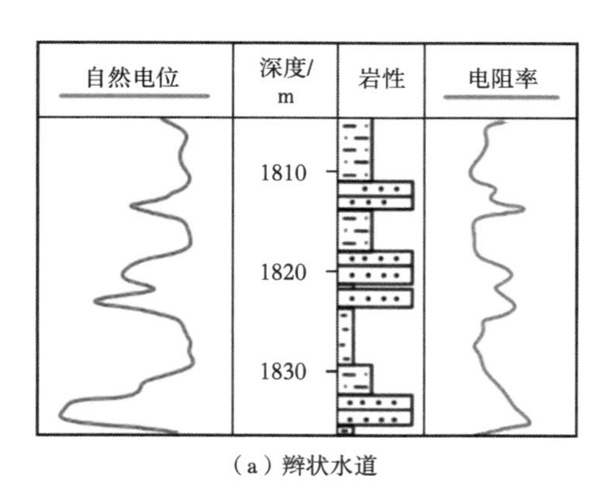

（a）辫状水道

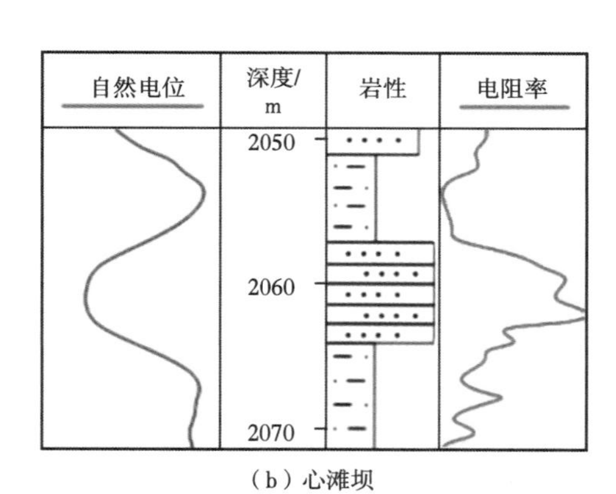

（b）心滩坝

图7.8 王官屯官80断块三角洲平原单砂体类型特征

根据构型界面分级理论，现代精细油藏描述的重点研究对象为单一成因砂体对应于4级界面控制的构型单元。因此，通过对研究区取心、测井等资料的分析，对厚砂层进行了4级界面控制下的构型单元划分。由取心井官检1井单井解剖结果（图7.9）可以看出，枣Ⅲ油组上部的枣Ⅲ-1小层普遍发育心滩单元，枣Ⅱ油组的枣Ⅱ-5小层、枣Ⅱ-4小层、枣Ⅱ-3底部和枣Ⅱ-2小层发育以心滩构型单元为主，且为主力含油层位；枣Ⅱ-1小层和枣Ⅰ油组主要发育辫状水道充填构型单元。

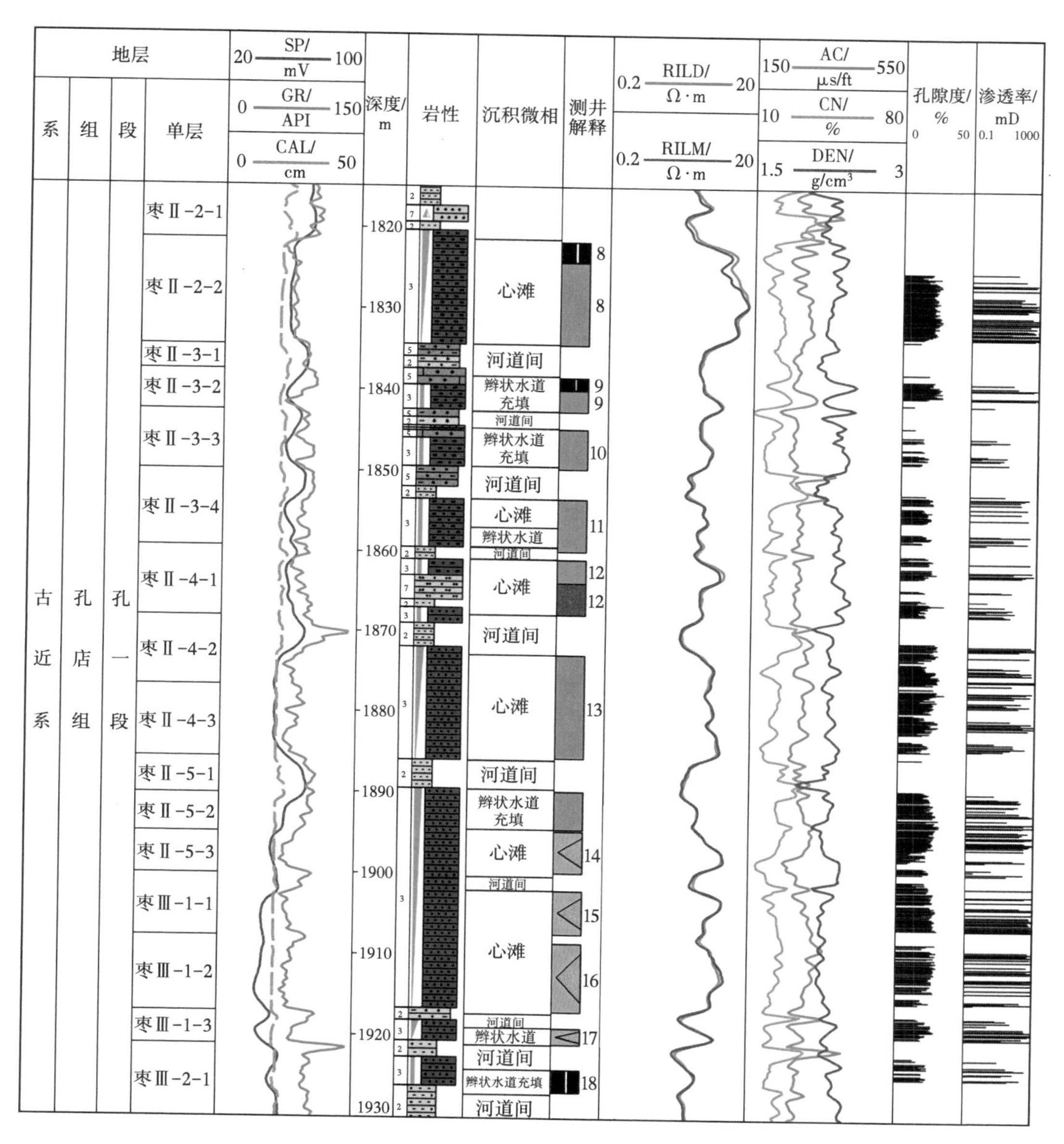

图 7.9 官检 1 井单井柱状图（据任晓旭[26]，2016）

7.2.2 三角洲前缘单砂体类型

王官屯油田孔一段枣Ⅳ和枣Ⅴ油组为扇三角洲前缘沉积环境，对官 195 断块的解剖研究表明，三角洲前缘主要单一砂体类型有水下分流河道、河口坝、席状砂等类型（表 7.3）。

水下分流河道是扇三角洲前缘的主体，是陆上分流河道延伸到水下的部分，王官屯油田官 195 断块地区，水下分流河道厚度较薄，在测井曲线上为钟形或箱形—钟形，河道沉积上部为水动力减弱时的细粒沉积或者水道间泥岩沉积。

河口坝是分流河道延伸到水下后，在湖盆水体作用下的水动力减弱，砂体不再在河道的“沟槽”内部，砂体沉积在河道前方，并且呈舌状继续沿水道方向湖盆方向沉积。沉积粒序为反韵律，长伴有泥质夹层。

席状砂是水下分流河道和河口坝被湖盆的波浪和沿岸流改造再分配的结果，砂体分选好，分布在河口坝的前端或者一侧，呈席状分布，厚度较薄，在垂向层序上多分布于河口坝的底部，在测井曲线上表现为指状。

表 7.3　三角洲前缘单砂体测井相模板

单砂体类型	测井响应	岩性	岩电特征
水下分流河道	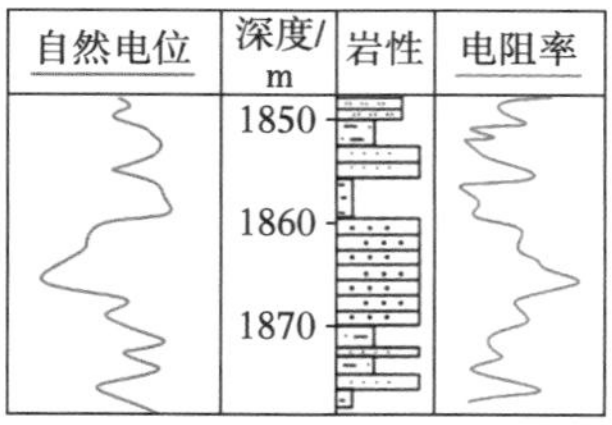 自然电位 深度/m 岩性 电阻率 1850 1860 1870	细砂岩，厚度相中等	正旋回，钟形—箱形或钟形，上部细齿多，底部突变或渐变
河口坝	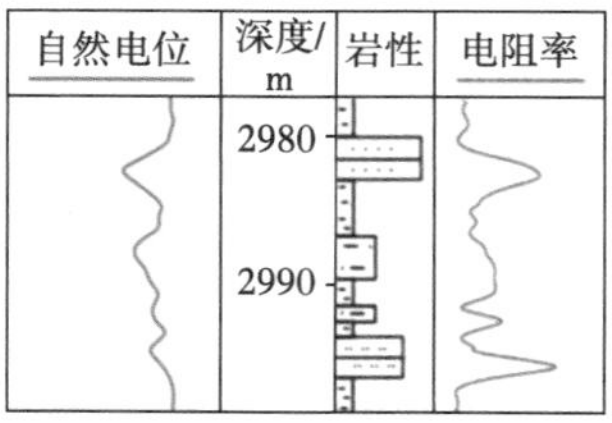 自然电位 深度/m 岩性 电阻率 2980 2990	细砂岩	反旋回，从下而上砂层厚度增大，粒级变粗其电测曲线为中幅度漏斗形—箱形。
席状砂	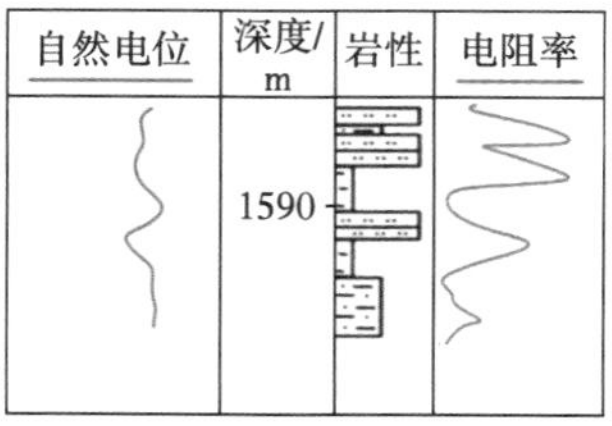 自然电位 深度/m 岩性 电阻率 1590	细砂岩，砂泥岩互层，厚度 1~2m	中幅度漏斗形—指状

7.2.3　前三角洲单砂体类型

王官屯油田孔二段孔二 2 油组为前三角洲重力流沉积环境，其官 998 断块解剖研究表明，前三角洲主要单砂体类型有主水道、次水道、水道侧缘等（表 7.4）。

主水道是水下扇扇中亚相中的沉积主体和油气储集主体，通常由一期或多期水道砂岩垂向叠加形成，底部可见冲刷面，厚度与砂体连续性均大于次水道。沉积物多为灰色、深灰色中—细砂岩，发育包卷层理，泄水构造，鲍马层序，测井曲线多为钟形和箱形。主水道水动力强、碎屑物质丰富，故砂体厚度较大，连续性好，呈连片状和宽条带状分布，是砂体分布的主要微相。

次水道沉积物多为灰色、深灰色细—粉砂岩，测井曲线多为钟形和箱形。次水道水动力减弱，碎屑物质减少，砂体规模及厚度较主水道砂体小，连续性降低，呈窄条带状分布。

水道侧缘沉积发育于水道边部，为水道向外漫溢形成的产物。沉积物粒度较细，多为

深灰色、灰黑色泥质粉砂岩与泥岩互层沉积，测井曲线起伏较小。水道侧缘及漫溢水动力很弱，砂体厚度很薄，泥质含量较高。

表 7.4　王官屯官 998 断块前三角洲单砂体类型及特征

微相类型	测井响应	岩性	韵律	平面形态
主水道	SP RT	细砂岩、中细砂岩	正韵律、均质韵律	条带状、交织条带状
次水道	SP RT	粉砂岩、细砂岩	正韵律	条带状
水道侧缘及漫溢	SP RT	粉砂岩、细粉砂岩与泥岩互层	均质韵律	分布于水道两侧

7.3　断陷湖盆三角洲单砂体叠置与平面分布模式

从物源区到湖水区，由于受河流能态、河床形态、湖泊作用、地形坡度、基准面旋回、湖平面变化等因素，断陷湖盆三角洲各成因单元可表现出不同的空间结构特点。砂体的空间展布取决于沉积物源、沉积过程等因素控制。沉积物源不同，将使沉积砂体的岩矿组合方式不同；沉积过程不同，不但使砂体在颜色、结构、构造及其所含的生物等方面的信息不同，也使砂体在横向延伸上或近或远，在平面上覆盖的范围或大或小。在湖扩体系域内，湖平面快速上升，可容空间增长速率大于沉积物供给速率，其水体深度不断变深，沉积体系向湖盆边缘收缩，砂体发育规模变小，并且以孤立状分布为主；在高位体系域内，湖平面上升末期及下降早期，沉积物供给速率大于可容空间增长速率，沉积体系向湖盆中心推进，砂体发育规模变大，以叠拼状分布为主。

根据王官屯油田典型区块三角洲不同类型单一砂体的识别成果，总结了断陷湖盆三角洲单砂体叠置与平面分布模式。

7.3.1　三角洲平原单砂体叠置与平面分布模式

7.3.1.1　单砂体叠置模式

综合单井单一砂体解剖、多井剖面识别划分成果，总结出三角洲平原单一砂体 3 种垂向叠置样式和 1 种侧向叠置模式。

单一砂体在垂向上呈现孤立式、叠加式和下切式3种样式（表7.5）。

（1）孤立式。此类结构砂体顶底有明显的岩性界限，上下两期分流河道中间被泥岩段相隔，测井曲线上表现为自然电位曲线明显的回返。

（2）叠加式。后期的水道叠覆在前一期水道上面，冲刷作用把水道之间的细粒沉积或者泥岩部分侵蚀掉，两期河道间无明显的泥岩段，但是存在部分的泥质粉砂岩互层、粉砂岩或者泥质夹层。在测井曲线上表现为自然电位较明显的回返。

（3）下切式。后期发育的水道以下切的方式与前一期水道相接触，过渡性的细粒沉积由于侵蚀冲刷作用不再存在，形成厚层砂，厚度明显大于单一水道，之间无明显夹层。在测井曲线上，自然电位和自然伽马曲线无明显的回返，呈箱形，有时为锯齿化箱形。

表7.5　砂体垂向分布样式

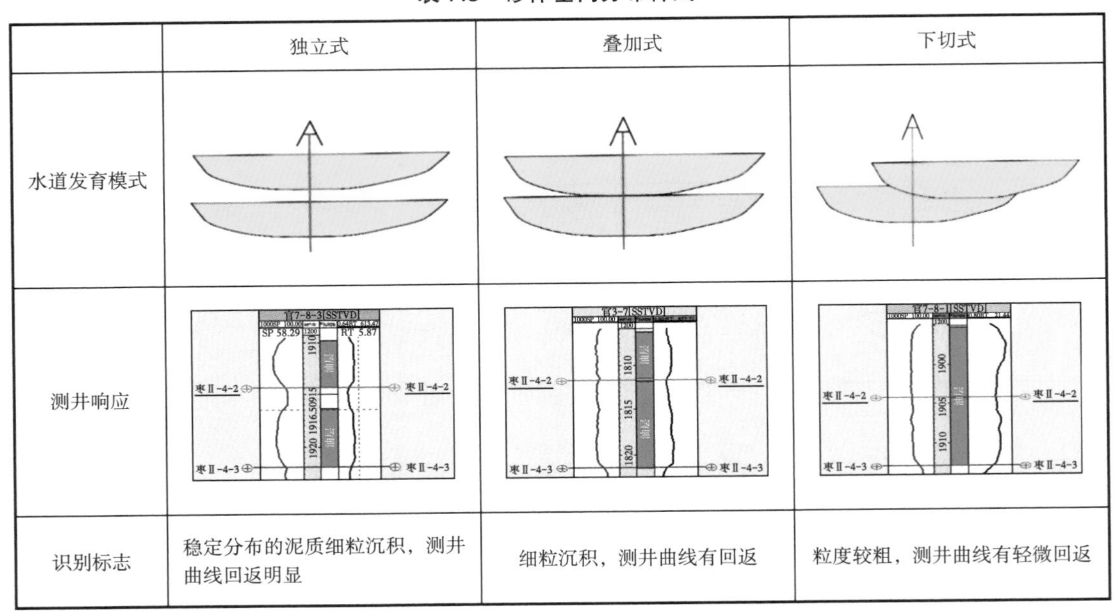

	独立式	叠加式	下切式
水道发育模式			
测井响应			
识别标志	稳定分布的泥质细粒沉积，测井曲线回返明显	细粒沉积，测井曲线有回返	粒度较粗，测井曲线有轻微回返

三角洲平原单一砂体侧向叠置样式以孤立式为主，即心滩坝和辫状河道充填单元相接，心滩坝和心滩坝砂体在侧向上不连通，如图7.10所示。如果在同一时间地层单元内辫状河道砂体与心滩砂体侧向相切，则一定出现构型界面。水动力条件不同，造成沉积特

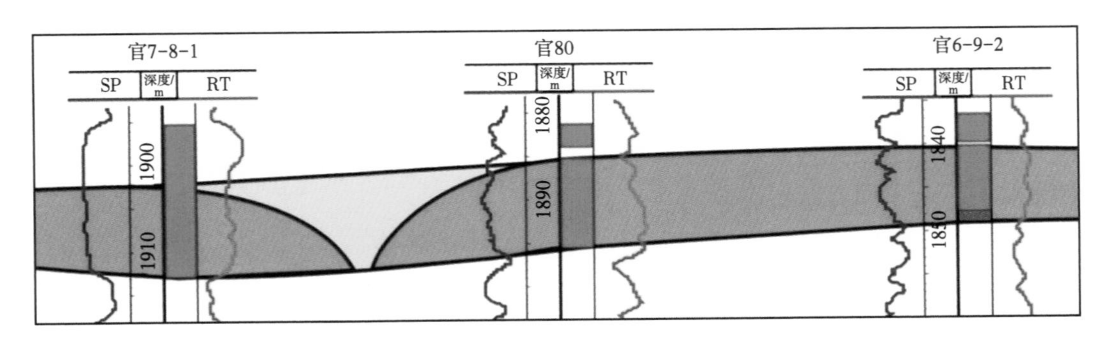

图7.10　单一微相边界识别标志（曲线特征差异）

征差异，进而导致曲线形态的不同，如图 7.10 所示，官 7-8-1 井自然电位曲线呈现箱形，而官 80 井自然电位曲线近似箱形，但有明显回返，认为是两个不同的心滩坝。

7.3.1.2 平面分布模式

在单井构型单元划分基础上，以“垂向分期、侧向划界”的思路作为指导，结合构型模式及单一微相的识别标志，对研究区枣Ⅱ-4 小层 3 个单砂层的单一微相进行了识别和划分研究，以枣Ⅱ油组枣Ⅱ-4 小层的枣Ⅱ-4-1、枣Ⅱ-4-2 和枣Ⅱ-4-3 单砂层为主要研究对象，对单一心滩坝展布特征进行研究（图 7.11）。

三角洲平原中的心滩坝砂体平面上呈典型的土豆状分布，以土豆状镶嵌于交织条带状的辫状水道之中，如图 7.11 所示。心滩坝作为辫状河中主要的沉积单元，有不同的成因类型，其中纵向沙坝发育在河道内部，走向平行于水流方向，由平行于砂坝的单向水流形成；横向沙坝多发育在河道变宽或深度突然增加而引起的流线发散地区，坝的走向垂直于水流方向，其前缘多有舌状形态，故又称舌状沙坝；斜列沙坝大多由于主河道弯曲而且水流流量不对称形成，沿河道边缘发育。在此平面分布模式的约束下，可以相互修正单一心滩坝的平面分布图。

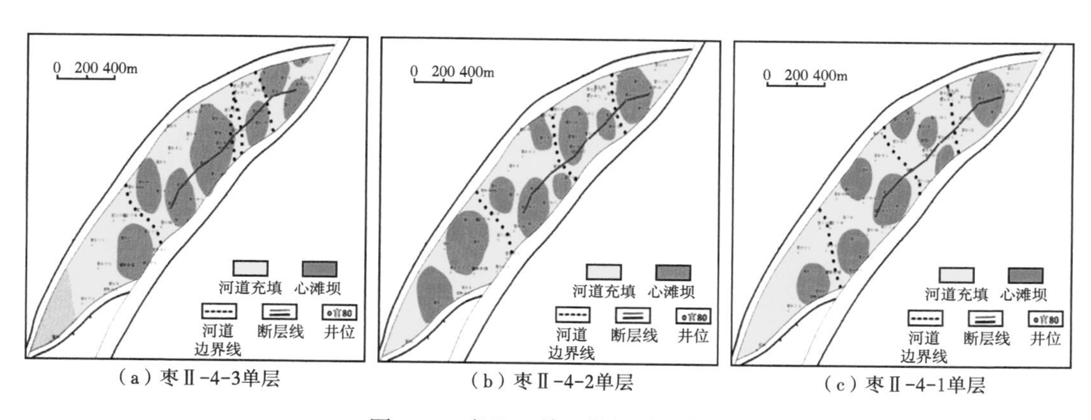

（a）枣Ⅱ-4-3单层 （b）枣Ⅱ-4-2单层 （c）枣Ⅱ-4-1单层

图 7.11 枣Ⅱ-4 单一微相平面分布

7.3.2 三角洲前缘单砂体叠置与平面分布模式

7.3.2.1 单砂体叠置模式

水下分流河道和河口坝砂体是三角洲前缘的主要储集砂体，整体上砂体连片分布，但单一水下分流河道和河口坝单砂体叠置样式复杂，共有 5 种叠置模式。

（1）孤立式分流河道。

同一沉积时间单元内发育的两条河道，河道间发育泥岩或粉砂质泥岩等细粒沉积，这可作为单一河道间的识别标志，河道和河道间不连通，在侧向上呈现孤立状特征，如图 7.12 所示。

此外，在河道砂体的边部或者是河道间低洼的地方会沉积河道溢岸砂体，厚度较河道砂体薄，在剖面上表现为中间或者边部薄层砂体与厚层砂体相连接，这也是孤立式单一分流河道的识别标志（图 7.13）。

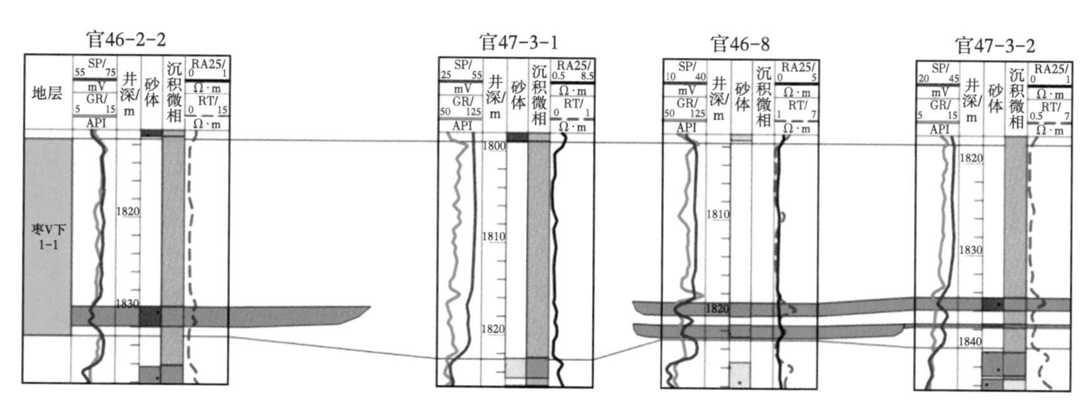

图 7.12　孤立式单一水下分流河道

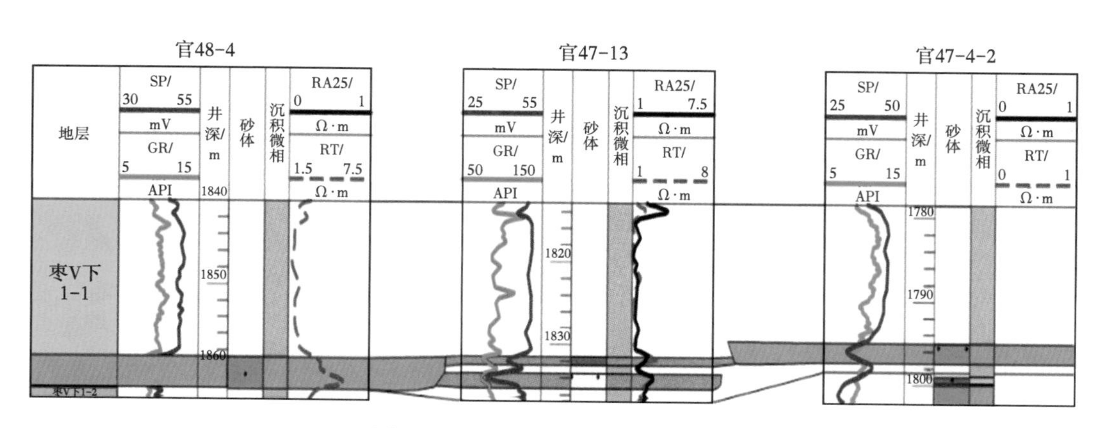

图 7.13　孤立式单一水下分流河道

（2）侧向拼接式水下分流河道。

分流河道在沉积过程中，由于水动力的变化会发生水道的侧向迁移，后期水道在早期水道沉积物上发生侧向的偏移沉积，两期水道在剖面上呈现侧向拼接的形态，如图 7.14 所示。

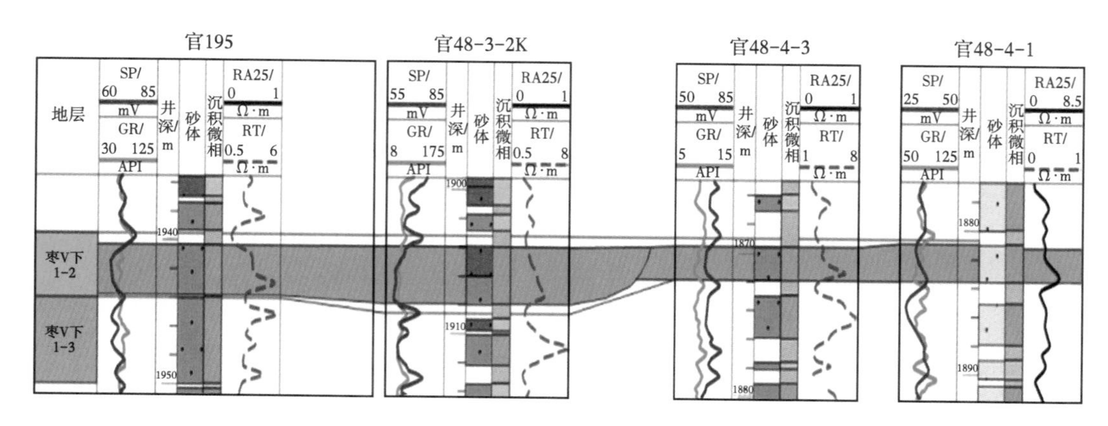

图 7.14　侧向拼接式单一水下分流河道

（3）侧向切割式水下分流河道。

河道在沉积过程中，在同一沉积时间单元内，两条河道侧向相切。由于水下分流河道在沉积时，后期水道会冲刷侵蚀早期形成的河道沉积物，在侧向上呈现切割侵蚀的形态，如图 7.15 所示。沉积过程中水动力条件的不同导致沉积特征不同，从而造成测井曲线形态的差异。比如自然电位曲线的形态、规模和幅度上的差异反映了水道沉积时的水动力条件。这可以作为识别划分两条单一河道识别的标志。

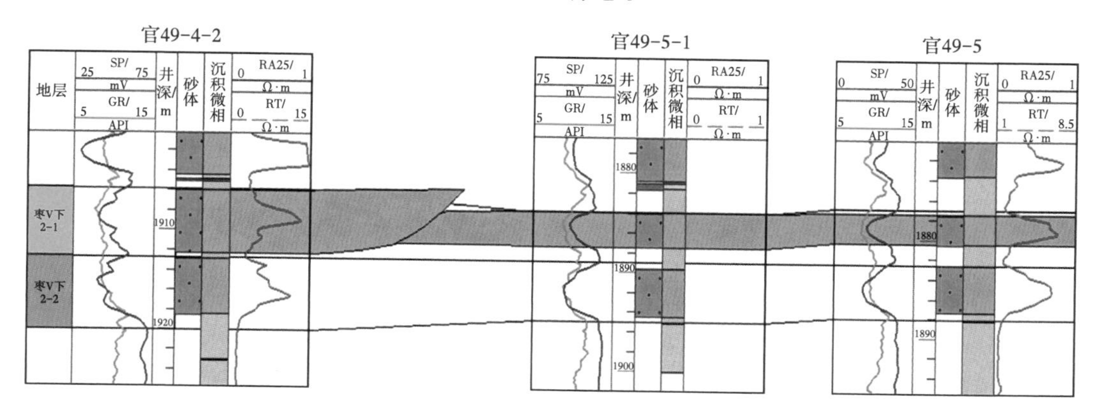

图 7.15　侧向切割式单一水下分流河道

（4）孤立状河口坝。

如果两个河口坝发育位置相隔较远，坝缘没有相互连接，在两个河口坝中间会有坝间泥岩的出现，独立河口坝与坝间泥拼接的位置即为单一河口坝的边界。

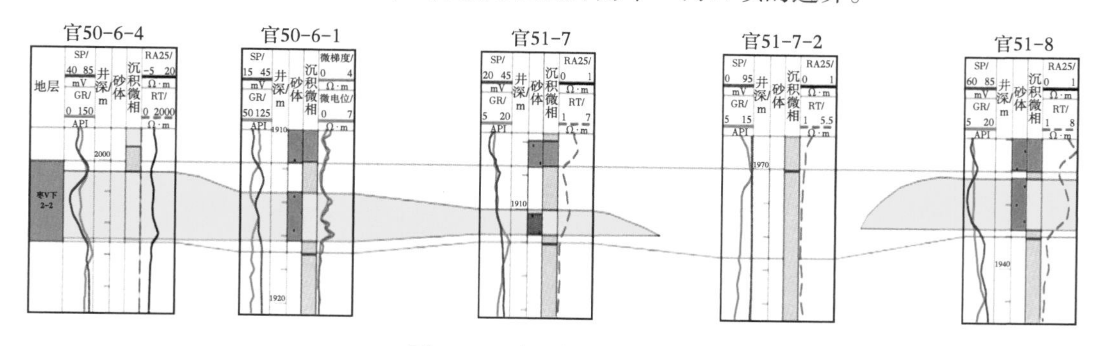

图 7.16　孤立式单一河口坝

（5）侧向切割式河口缘。

河口坝通常由坝主体和坝缘两部分组成，坝主体在测井曲线上为漏斗形的反韵律，厚度较大，而坝缘则为厚度较薄的反韵律，且沉积水动力较坝主体弱，因此测井曲线回返幅度小。河口坝坝缘通常发育在河口坝的边部，两个河口坝的坝缘会相互拼接，形成连通性较差的河口坝复合体。因此，厚度较薄的坝缘可以作为两个河口坝的边界识别标志。

7.3.2.2　平面分布模式

综合研究区三角洲前缘的沉积模式和各单井的单一砂体解释结果，对单一砂体进行平面上的组合，绘制单砂体平面图，总结了以下几种单砂体平面组合样式：

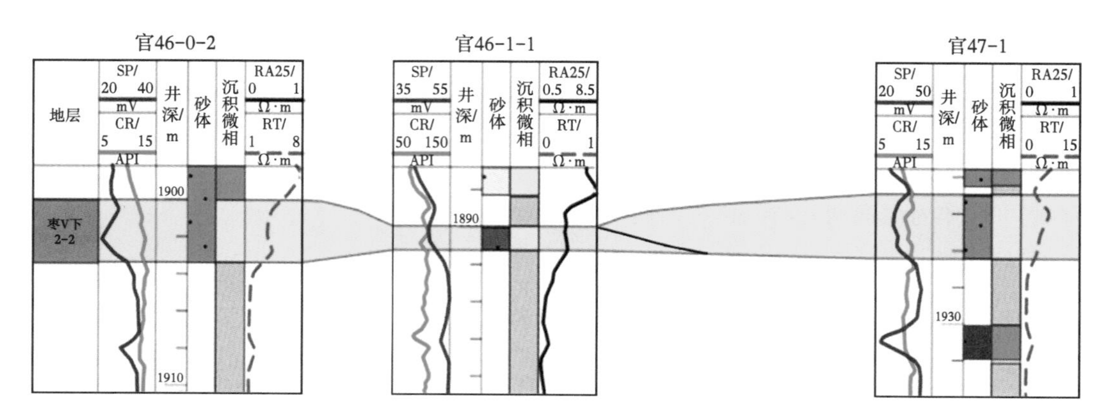

图 7.17 侧向切割式单一河口坝

（1）树枝状分流河道与河口坝平面分布样式。

树枝状分流河道与连片状河口坝的组合是外扇三角洲前缘（扇三角洲前缘靠近湖盆中心的位置）出现的单砂体组合，出现于扇三角洲发育初期，发育于湖盆中靠近湖盆中间的位置，发育时湖平面较高，湖盆中水体较深。枣Ⅴ下 2-2 单层沉积时研究区处于湖盆水体较深的位置，发育外扇三角洲前缘沉积，河口坝较发育，厚度大，呈连片状分支，分流河道呈树枝状分布（图 7.18）。

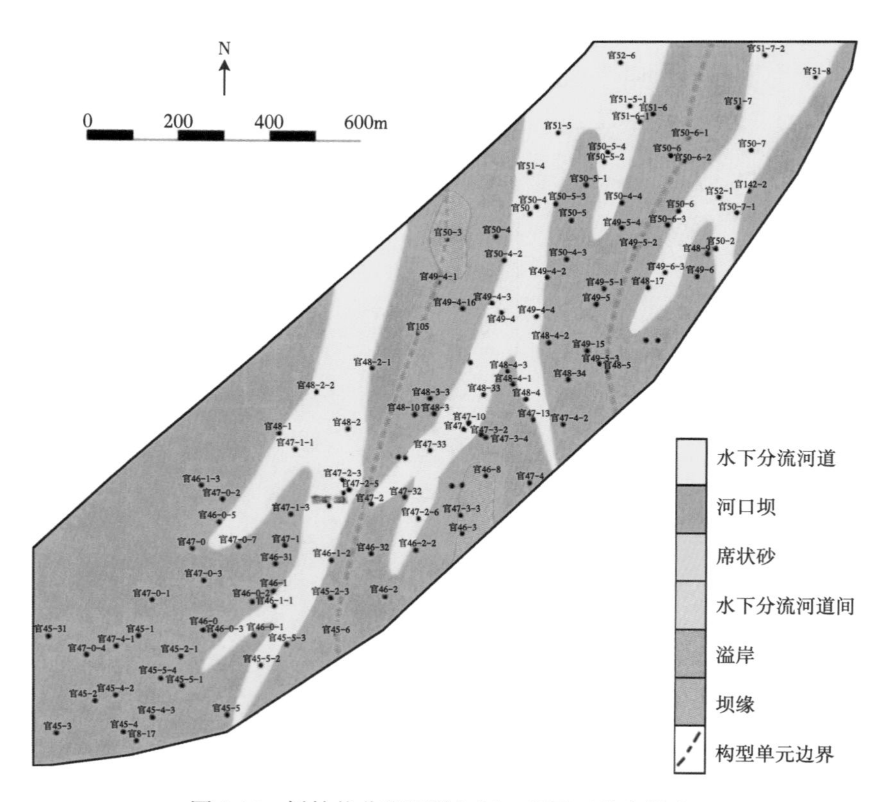

图 7.18 树枝状分流河道与河口坝平面分布样式

（2）连片状分流河道与河口坝平面分布样式。

连片状分流河道与孤立状河口坝的组合发育在内扇三角洲前缘。随着水动力的增强，扇三角洲不断向湖盆中推进，研究区发育连片状的分流河道，由于水动力强，水下分流河道在湖盆中延伸距离远，发育于分流河道末端的河口坝进一步向湖盆中间推进。由于研究区工区范围的局限，分流河道横向频繁迁移，在平面上则表现为分流河道的连片分布，河口坝在两条分流河道的岔口处呈孤立状分布（图 7.19）。

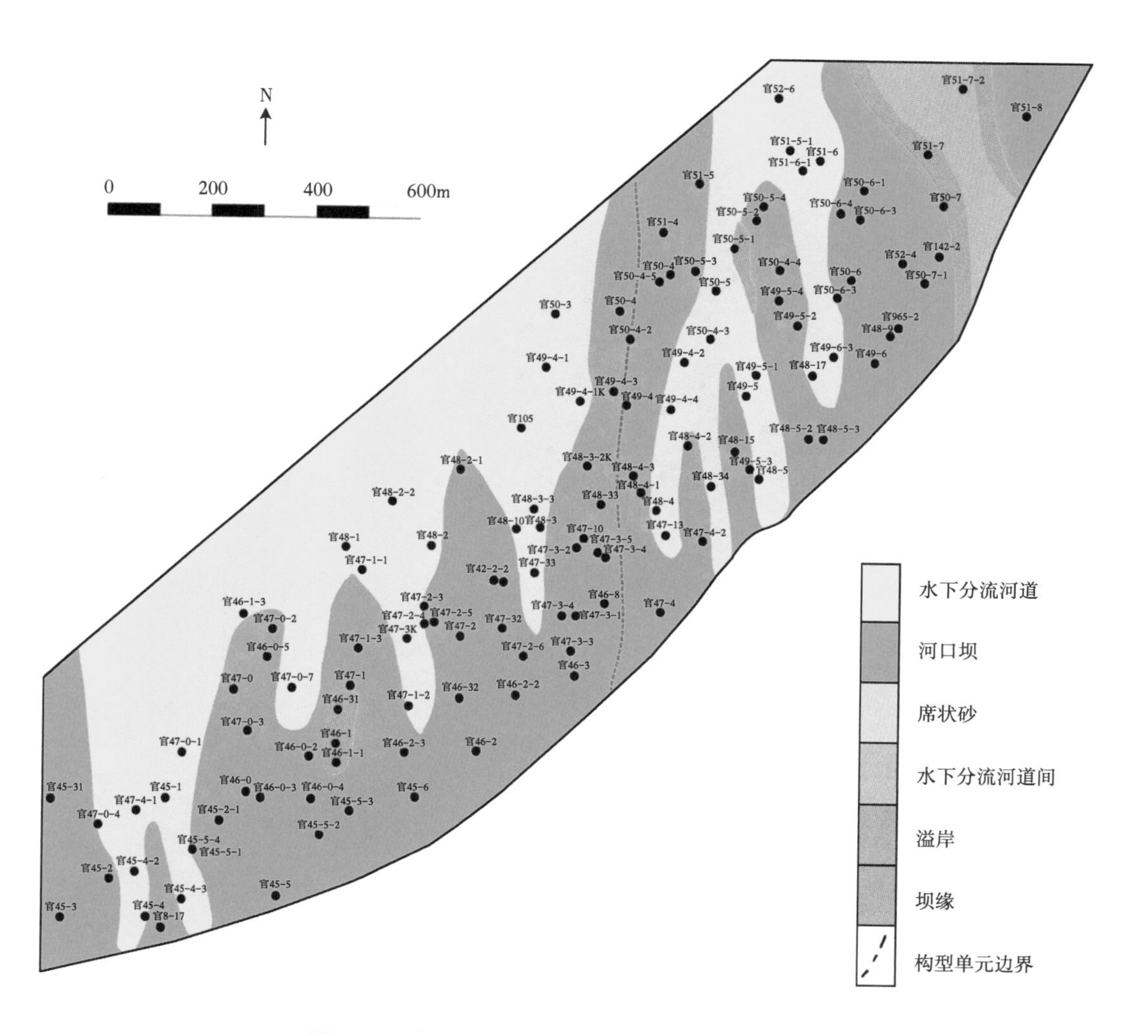

图 7.19　连片状分流河道与河口坝平面分布样式

（3）孤立式河道与河口坝平面分布样式。

当洪水能量小时，扇三角洲前缘沉积向物源方向缩退，发育宽度窄的薄层树枝状分流河道，水下分流河道被湖水改造再搬运，形成席状砂，在平面上表现为树枝状的分流河道与席状砂的组合分布。当水动力进一步减弱，湖盆波浪作用强，分流河道被全部改造为席状砂，席状砂连片分布（图 7.20）。

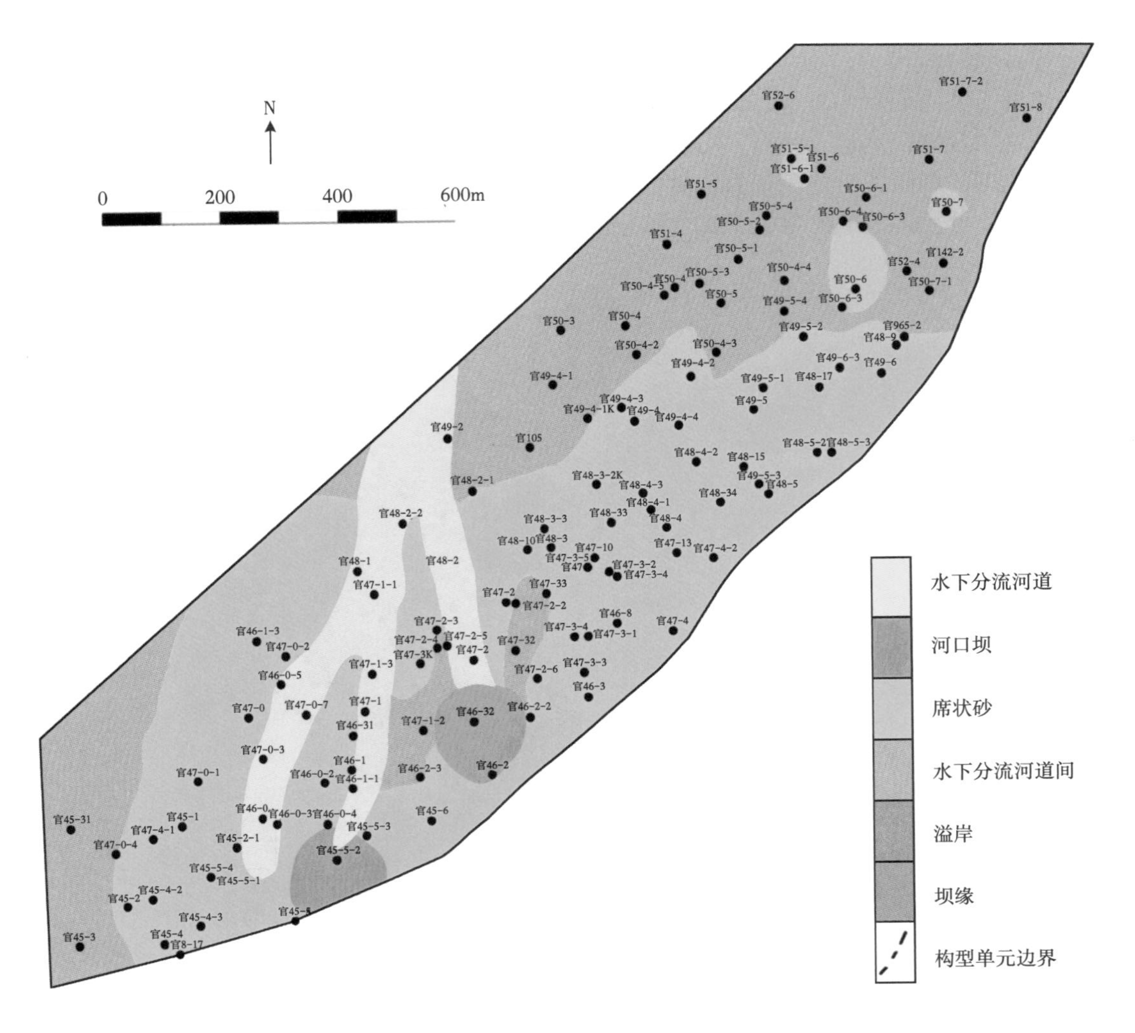

图 7.20　孤立式河道与河口坝平面分布样式

7.3.3　前三角洲单砂体叠置与平面分布模式

（1）单砂体叠置模式。

综合单井单一砂体解剖、多井剖面识别划分成果，总结研究区前三角洲单一砂体的叠置样式。前三角洲主要发育重力流水道沉积，其中主水道和次水道主要以孤立式样式为主，如图 7.21 所示。在垂直物源方向上，研究区主要发育主水道沉积，兼有次水道沉积，局部可见水道侧缘及漫溢沉积，砂体呈层分布，厚度较为稳定。水道侧缘及漫溢砂体呈透镜状分布，厚度较薄。次水道砂体呈透镜状或短条带状分布，厚度中等。主水道砂体呈短条带状或长条带状分布，厚度最大，连续性是微相中最好的一类。在顺水道方向上，各微相砂体连续性较好，砂体厚度由东向西减薄，也由东向西呈现逐渐孤立的分布特征。

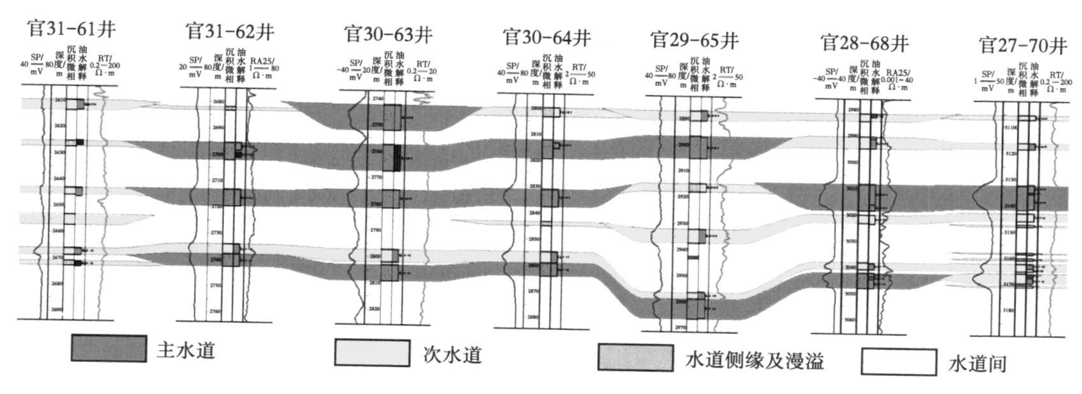

图 7.21　前三角洲重力流水道叠置样式

（2）平面分布模式。

通过单层构型单元平面分布图可以看出（图 7.22 和图 7.23），主水道和次水道均呈条带状分布。单层主要发育主水道沉积，砂体厚度大，连续性最好，延伸可达 10 个井距。其次是次水道沉积，平面上次水道和主水道砂体特征相似，但其砂体厚度较薄，连续性较差，延伸较短，一般延伸不超过 3 个井距。

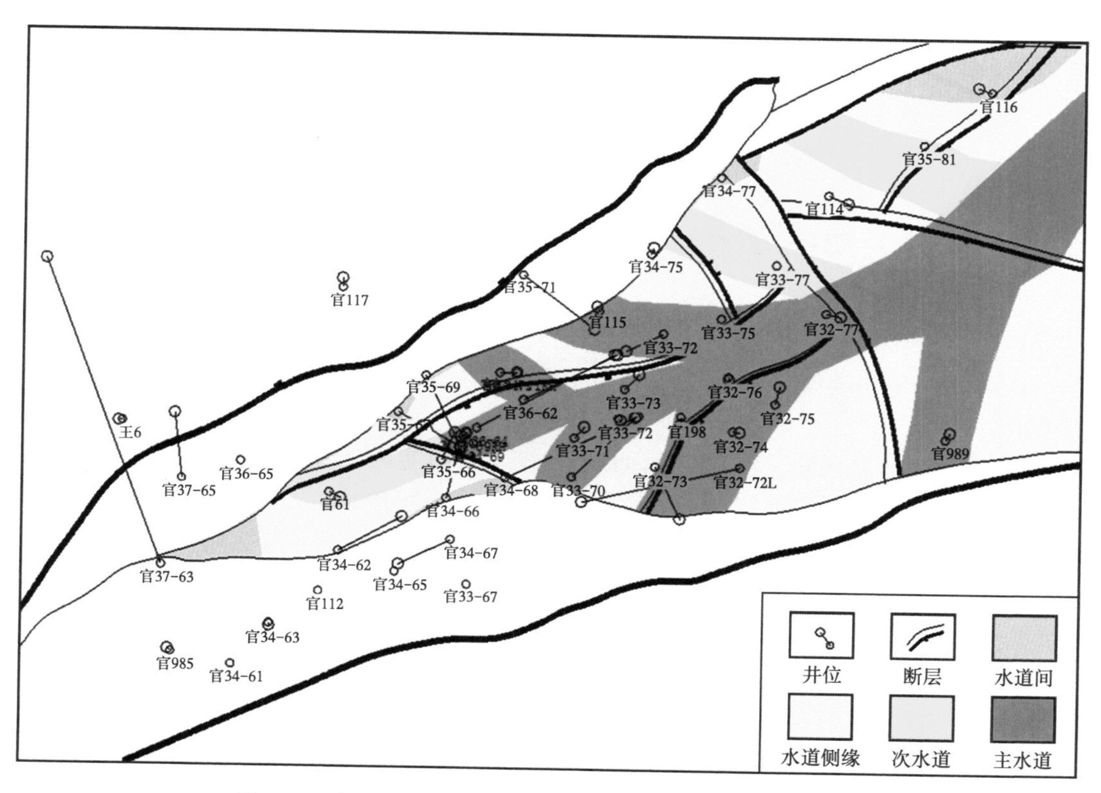

图 7.22　官 998 断块前三角洲重力流水道单一砂体平面分布

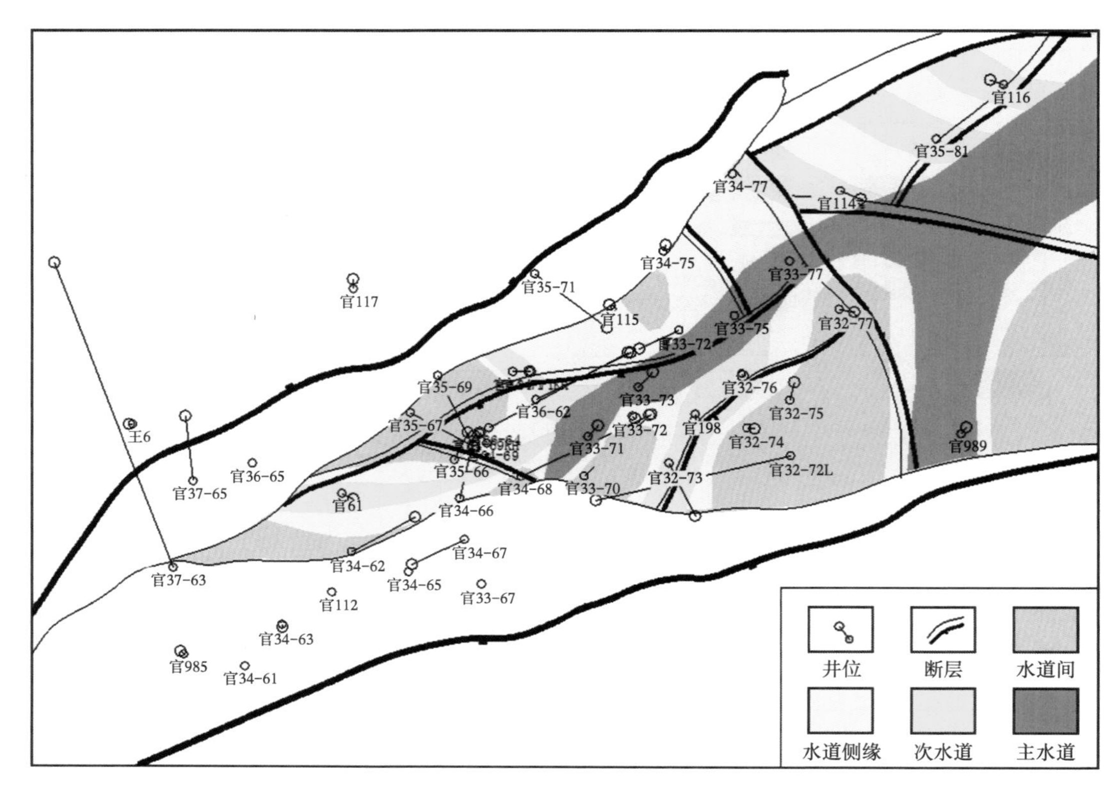

图 7.23　官 998 断块前三角洲重力流水道单一砂体平面分布

7.4　断陷湖盆三角洲单砂体内部夹层分布模式

单一砂体内部的夹层对应于储层构型的 3 级构型界面［根据 Miall（1988）构型级次划分方案］，是影响流体渗流的一类重要的屏障，对单一砂体内部剩余油的分布有着重要的控制作用。

三角洲平原心滩坝和三角洲前缘河口坝是高含水后期剩余油挖潜的主要目标，其内部夹层分布模式的总结对这类储层的剩余油分布规律分析具有重要的指导意义，这里对这两类重要的单砂体类型的内部夹层分布模式加以分析总结。

7.4.1　三角洲平原心滩坝内部夹层分布模式

砂层内部界面的表现就是层内夹层，通过解剖官 80 断块取心井官检 1 井的枣Ⅱ -2-2 和枣Ⅱ -4-3 层等心滩坝砂体，从图 7.24 可以看出，自然电位、自然伽马以及微电极曲线都有不同程度的反映，夹层处均有一定程度的回返。其岩性主要为粉砂质泥岩或泥质粉砂岩，夹层主要为物性夹层，厚度范围为 20~30cm。取心井官检 1 井枣Ⅱ -2-2 层砂体内部识别出 3 期夹层，该心滩坝砂体发育 4 期垂积体，如图 7.24 所示。

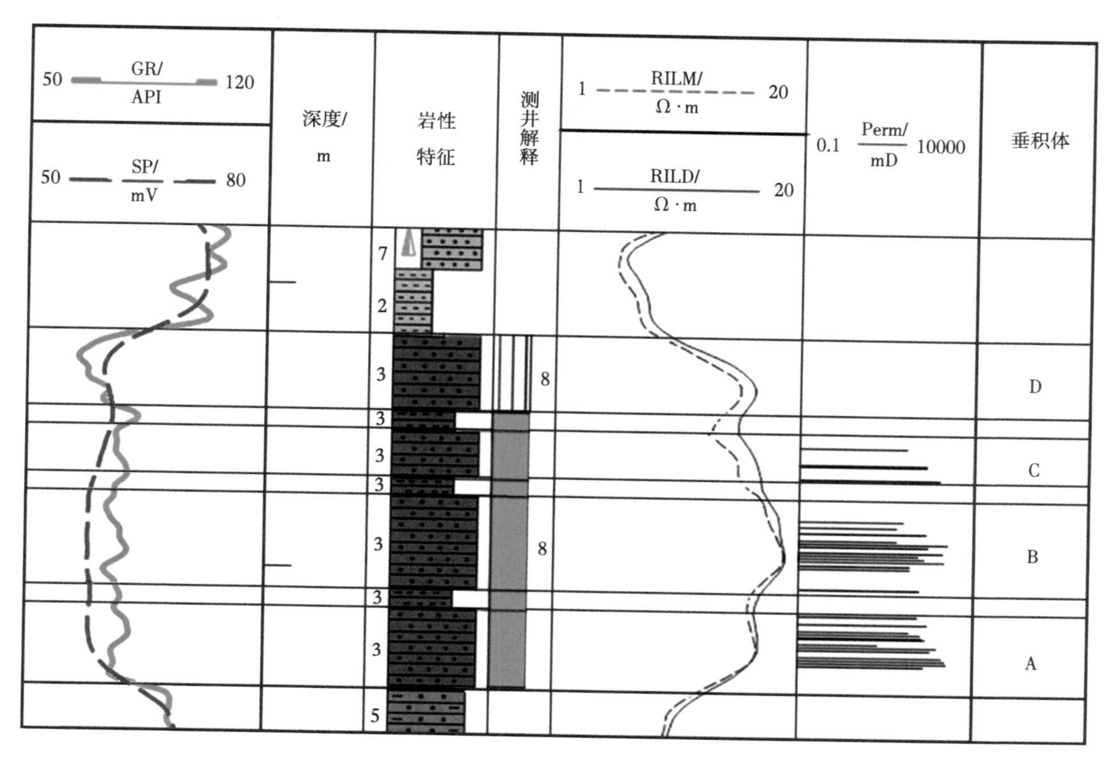

图 7.24 单一心滩坝内部构型解剖[26]

Best 等[27]学者对于大型辫状河 Jamuna 河心滩坝内部构型模式的研究，认为心滩坝中心位置夹层近于水平，至两翼略有倾斜。上部垂积体一般覆盖在下部垂积体之上，范围逐渐增大。参考这一模式，对官 80 区块心滩坝砂体内部构型进行解剖，预测夹层侧向分布，剖面如图 7.25 所示。

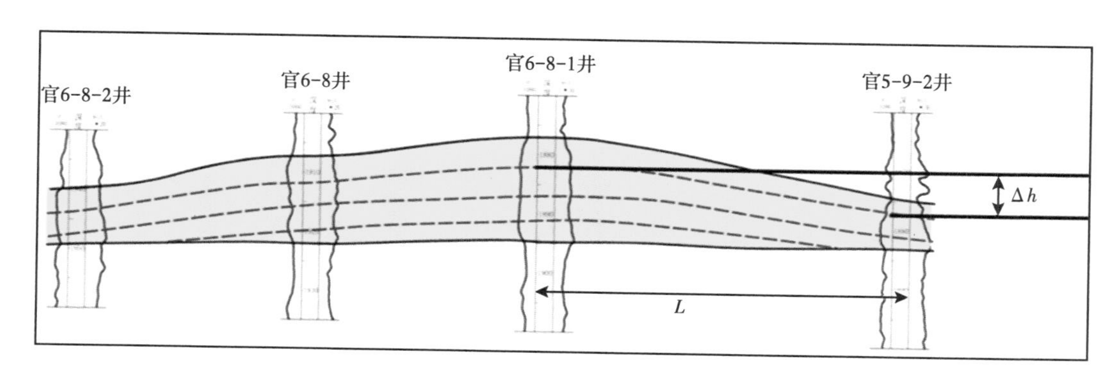

图 7.25 单一心滩坝剖面

基于单一心滩坝内部夹层的井间预测剖面（图 7.25），总结了心滩坝内部夹层的展布特征，见表 7.6，心滩坝内部夹层延伸方向在坝中心近于水平，向坝缘处向下倾斜，延伸至砂体的边部尖灭。根据公式 $L=\Delta h/\tan\theta$ 和 $\theta=\arctan(\Delta h/L)$ 计算夹层倾角（图 7.25），夹层倾角范围为 2°~4°。

表 7.6 心滩坝内部夹层分布

单一微相类型	夹层特征描述			
	岩性	厚度 /m	倾角 / (°)	分布规律
心滩坝	泥质粉砂岩或粉砂质泥岩	0.2~0.3	2~4	近于水平式展布，延伸至砂体的边部下倾尖灭

7.4.2 三角洲前缘河口坝内部夹层分布模式

7.4.2.1 夹层的分类及识别

王官屯油田孔一段三角洲前缘河口坝单砂体内部有泥岩夹层、物性夹层和钙质夹层三类，在单井上通过电测井曲线响应特征识别。

泥质夹层是三角洲砂体内部最常见的一种夹层类型，其形成原因主要是湖平面的变化，在湖平面的短期上升过程中，水动力减弱，细粒泥质沉积形成，形成泥质夹层。王官屯油田官 195 断块的泥质夹层主要为薄层浅灰绿色［图 7.26（a）］，在测井曲线上，自然电位曲线表现为不明显的回返，自然伽马曲线呈高值，声波曲线也为高值，微电极曲线回返至低值（图 7.27）。

物性夹层的形成是由于在沉积过程中，水动力变弱，导致沉积物中沉积物粒度变细、泥质含量增加，形成泥质粉砂岩、粉砂岩等。物性夹层的孔隙度和渗透率没有达到可以使流体渗流的有效砂层的物性下限值，因此在岩心上通常表现为含油不均匀［图 7.26（b）］。测井曲线特征与泥质夹层类似，自然电位曲线回返，电阻率较低，但是比泥质夹层的电阻率值要高，自然伽马值较高，但是低于泥质夹层的自然伽马值（图 7.27）。

钙质夹层在研究区也有出现，钙质夹层的成因有两种：一是沉积早期，湖平面下降，水体减少，湖水中的盐度升高，蒸发泵机制使得湖水中的盐分及其他矿物质不断浓缩，使得砂质物在早期胶结成岩；二是在砂岩和泥岩的接触面，因泥岩中钙离子丰富，受到后期成岩作用的影响，形成钙质胶结。在电测井曲线上，钙质夹层电阻率曲线为呈尖峰指状的异常高值，声波时差增大（图 7.27）。

（a）泥质夹层

（b）物性夹层

（c）钙质夹层

图 7.26 不同类型夹层

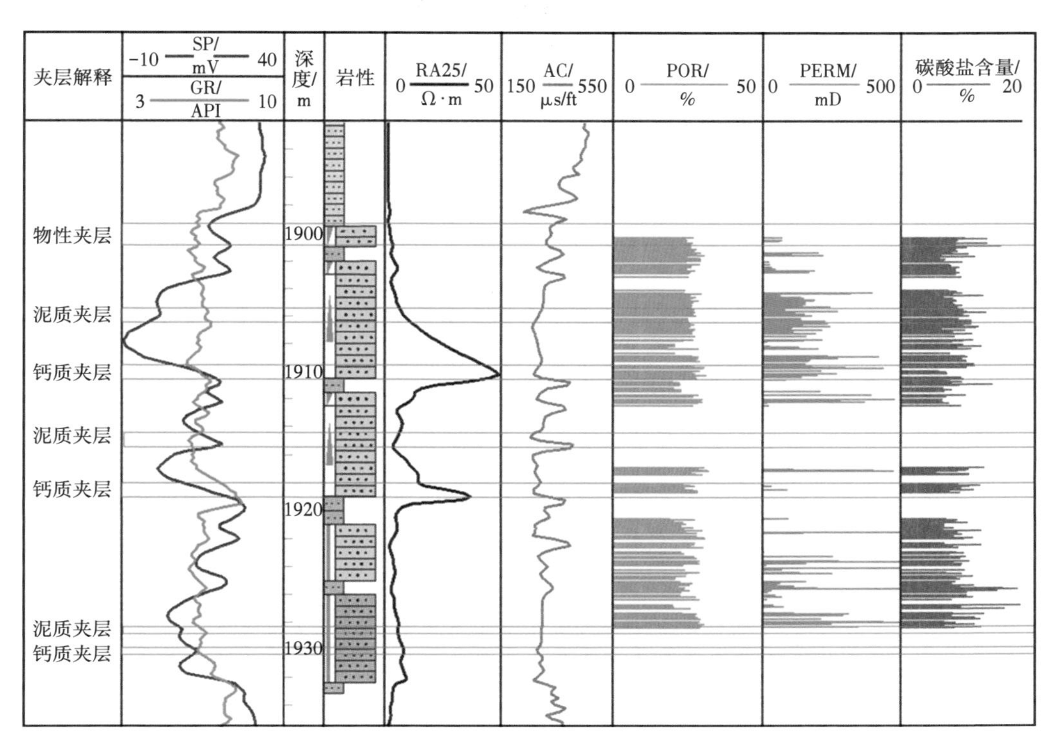

图 7.27 扇三角洲砂内部夹层分类及识别

7.4.2.2 夹层的发育模式及倾角计算

不同沉积环境的扇三角洲砂体的夹层发育模式不同，通过顺物源和横切物源的剖面分析以及垂向上微相演化，总结了河口坝的夹层发育模式。

扇三角洲沉积砂体中，夹层多发育于河口坝砂体中，分流河道为 1~4m 的薄层砂体，少见夹层。在河口坝砂体中，夹层的发育模式为前积式沉积（图 7.28）。

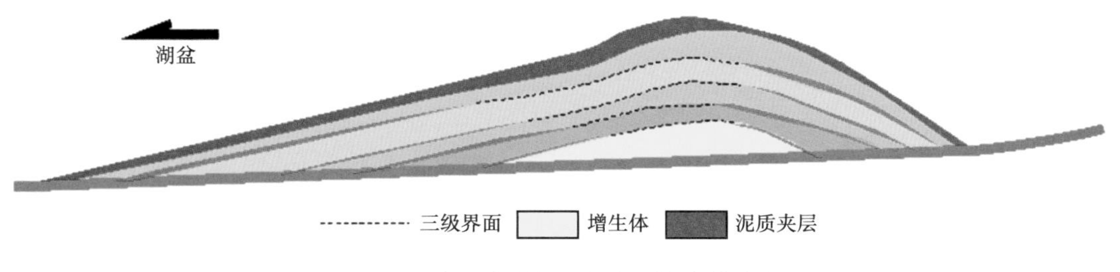

图 7.28 扇三角洲河口坝夹层发育模式图

利用单一河口坝沿物源方向的对子井计算向湖盆方向倾斜的夹层的倾斜角，例如利用官 51-4 井和官 50-4-1 井来计算夹层倾角，两井相距 53m，夹层发育位置距离底面的高程差为 2.5m，根据公式 $\Delta L=\Delta H/\tan\theta$ 和 $\theta=\arctan(\Delta h/L)$ 计算夹层倾角为 2.7°，基本近水平（图 7.29 和图 7.30）。夹层厚度一般介于 0.2~1.16m 之间，平均为 0.57m（表 7.7）。

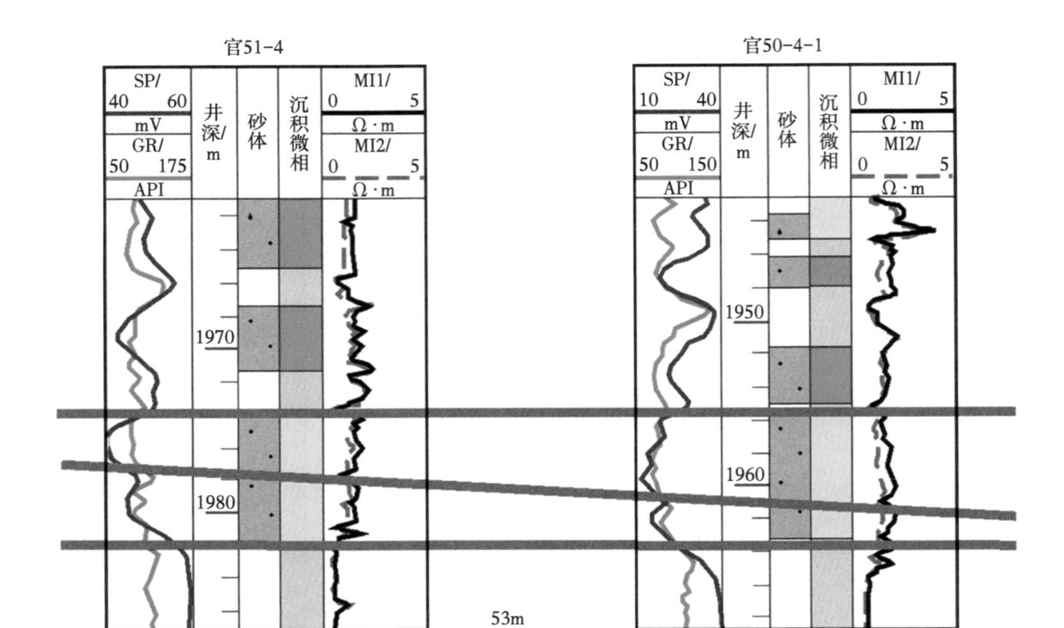

图 7.29 夹层倾角计算对子井

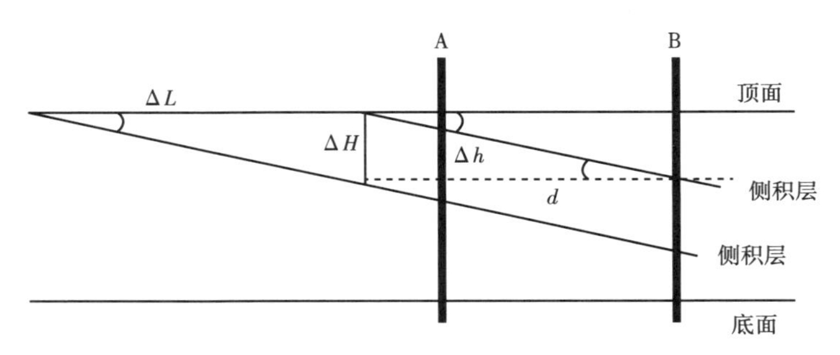

图 7.30 夹层倾角计算示意图

表 7.7 河口坝内夹层厚度统计

单砂层	单砂层内夹层			单井夹层发育数（最多）/个
	最大厚度 / m	最小厚度 / m	平均厚度 / m	
枣Ⅴ-6-1	0.85	0.25	0.5	1
枣Ⅴ-6-2	0.96	0.41	0.69	2
枣Ⅴ-6-3	0.83	0.4	0.57	1
枣Ⅴ-6-4	0.8	0.15	0.29	1
枣Ⅴ-7-1	0.79	0.2	0.54	2
枣Ⅴ-7-2	1.16	0.35	0.8	1

7.5　断陷湖盆三角洲不同类型单砂体定量规模地质知识库

通过对王官屯油田典型区块三角洲不同单砂体类型进行解剖和研究，定量统计了不同单砂体类型的发育规模，建立了断陷湖盆三角洲不同类型单砂体定量规模地质知识库。典型区块井距较小，官 80 断块井距为 100~250m，官 195 断块井距为 50~200m，官 998 断块井距为 100~300m，单砂体识别精度较高，依托该区密井网资料建立的单砂体定量规模地质知识库，对开展断陷湖盆三角洲单砂体构型表征具有良好的指导意义。

7.5.1　三角洲平原地质知识库

通过解剖官 80 断块枣Ⅱ和枣Ⅲ油组三角洲平原单一砂体，共统计 24 个心滩坝的规模，得到单一心滩坝定量规模统计表（表 7.8），单一心滩坝的长度为 259~856m，平均长度为 478m；宽度为 133~474m，平均宽度为 283m；厚度为 2~9m，平均厚度为 4.8m。为了加深对断陷湖盆三角洲平原单一砂体定量规模的认识，对心滩坝的长度、宽度与厚度展开了相关性分析，绘制了心滩宽度—长度、心滩坝宽度—厚度散点图（图 7.31 和图 7.32）。心滩坝的长度与宽度之间的相关性关系为 $y=0.4712x+57.971$（其中 y 为心滩坝的宽度，x 为心滩坝的长度，$R^2=0.8325$），心滩坝的长度和宽度之间为正相关关系，且相关性较高。心滩坝的宽度与厚度之间的相关性关系为 $y=0.0181x-0.3791$（其中 y 为心滩坝的厚度，x 为心滩坝的宽度，$R^2=0.8343$），心滩坝的宽度和厚度之间为正相关关系，且相关性较高。

对三角洲平原内心滩坝的长度、宽度和厚度之间的相关性进行分析，可以指导我们根据心滩坝的厚度确定心滩沙坝的平面分布规模大小的范围，这对于储层构型解剖中砂体边界的刻画具有重要的意义。

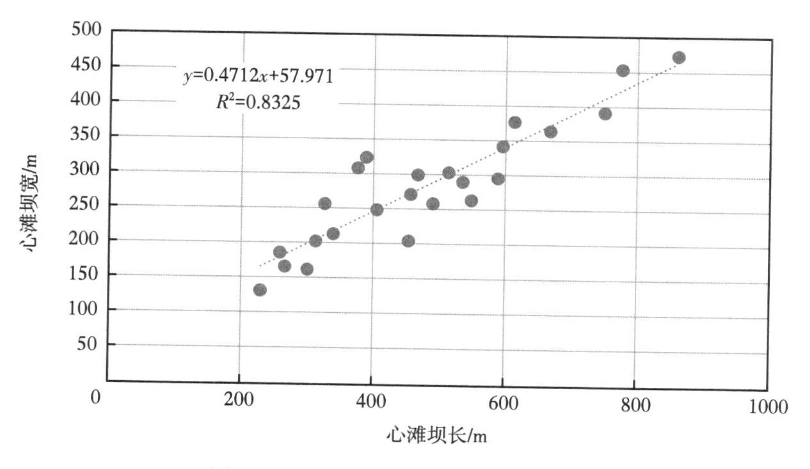

图 7.31　心滩坝长度和宽度相关关系

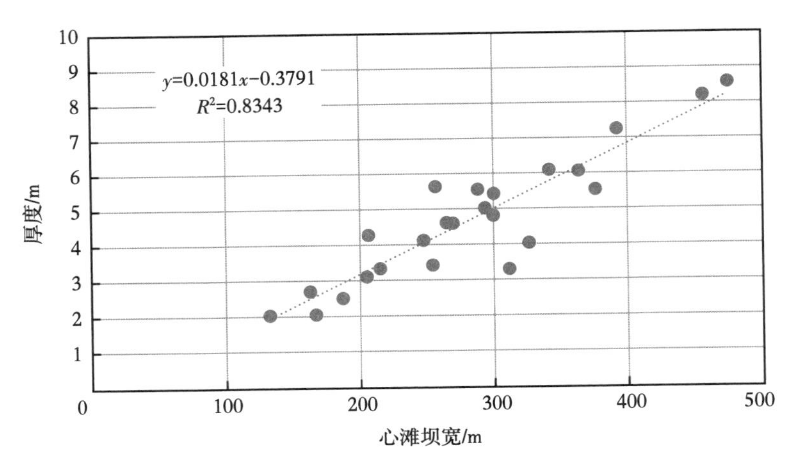

图 7.32　心滩坝宽度和厚度相关关系

表 7.8　三角洲平原单一心滩坝定量规模统计

层位	序号	心滩坝长 /m	心滩坝宽 /m	厚度 /m	宽厚比
枣Ⅱ-4-3	1	259	187	2.6	71.9
	2	465	298	4.9	60.8
	3	772	456	8.2	55.6
	4	667	364	6.1	59.7
	5	745	392	7.3	53.7
	6	856	474	8.6	55.1
	7	338	214	3.4	62.9
枣Ⅱ-4-2	8	612	376	5.6	67.1
	9	587	294	5.1	57.6
	10	546	265	4.7	56.4
	11	312	205	3.2	64.1
	12	229	133	2.1	63.3
	13	296	164	2.8	58.6
	14	375	311	3.4	91.5
	15	449	206	4.3	47.9
	16	487	257	5.7	45.1
枣Ⅱ-4-1	17	594	342	6.2	55.2
	18	532	289	5.6	51.6
	19	265	167	2.2	75.9
	20	323	255	3.5	72.9
	21	389	326	4.1	79.5
	22	454	269	4.7	57.2
	23	511	302	5.5	54.9
	24	403	248	4.2	59.0

7.5.2 三角洲前缘地质知识库

根据各个单层的构型识别结果，统计每个单层的分流河道和河口坝的定量规模，受工区部分井距的影响，部分的单一砂体构型单元的边界无法识别，对可识别的分流河道和河口坝的数量以及定量规模进行统计，结果见表 7.9 和表 7.10。

表 7.9 单一分流河道定量规模

层位	序号	宽度 /m	厚度 /m	宽厚比
枣Ⅴ下 1-1	1	127	2.8	45.4
	2	149	3.5	42.6
	3	86	2.2	39.1
	4	65	1.4	46.4
	5	133	2.4	55.4
枣Ⅴ下 1-2	6	166	3.7	44.9
	7	278	2.6	106.9
	8	465	5.6	83.0
	9	448	5.3	84.5
	10	376	4.2	89.5
枣Ⅴ下 1-3	11	94	2.5	37.6
	12	163	2.8	58.2
	13	188	3.1	60.6
	14	314	4.2	74.8
	15	447	6.2	72.1
	16	475	6.4	74.2
	17	389	5.7	68.2
枣Ⅴ下 1-4	18	326	4.1	79.5
	19	256	3.3	77.6
	20	284	3.6	78.9
	21	232	2.9	80.0
	22	167	2.3	72.6
	23	76	1.2	63.3
枣Ⅴ下 2-1	24	84	1.6	52.5
	25	124	1.8	68.9
	26	195	2.3	84.8
	27	245	2.9	84.5
	28	323	3.4	95.0
	29	118	1.8	65.6
	30	91	1.3	70.0
枣Ⅴ下 2-2	31	115	2.1	54.8
	32	76	1.1	69.1
	33	54	1	54.0
	34	188	2.2	85.5
	35	230	3.4	67.6

表 7.10　单一河口坝定量规模

层位	序号	宽度 /m	厚度 /m	宽厚比
枣Ⅴ下 1-1	1	210	3.5	60.0
	2	198	3.2	61.9
	3	105	1.1	95.5
枣Ⅴ下 1-2	4	195	1.6	121.9
	5	374	4.8	77.9
	6	390	5.3	73.6
	7	266	3.2	83.1
	8	238	2.7	88.1
	9	303	3.6	84.2
枣Ⅴ下 1-3	10	114	1.2	95.0
	11	340	3.6	94.4
	12	285	3.4	83.8
枣Ⅴ下 1-4	13	180	1.5	120.0
	14	246	3.8	64.7
	15	279	4.4	63.4
	16	360	6.3	57.1
	17	322	5.1	63.1
枣Ⅴ下 2-1	18	160	1.3	123.1
	19	247	3.5	70.6
	20	279	4.2	66.4
	21	330	7.5	44.0
枣Ⅴ下 2-2	22	350	6.5	53.8
	23	286	4.9	58.4
	24	317	5.7	55.6
	25	200	1.8	111.1
	26	294	4.3	68.4

通过解剖官195断块枣Ⅳ和枣Ⅴ油组三角洲前缘单一砂体，共统计26个河口坝、35个分流河道的规模，单一分流河道的宽度为54~475m，平均宽度为216m；厚度为1~6.4m，平均厚度为3.1m。单一河口坝的宽度为105~390m，平均宽度为264m；厚度为1.1~7.5m，平均厚度为3.8m。

为了加深对断陷湖盆三角洲前缘单一砂体定量规模的认识，对河口坝的宽度与厚度、分流河道的宽度与厚度展开了相关性分析，绘制了分流河道宽度—厚度、河口坝宽度—厚度散点图（图7.33和图7.34）。分流河道的宽度与厚度之间的相关性关系为 $y=0.0106x+0.7609$（其中 y 为分流河道的厚度，x 为分流河道的宽度，$R^2=0.8621$），分流河道的宽度和厚度之间为正相关关系，且相关性较高。河口坝的宽度与厚度之间的相关性关系为 $y=0.0193x-1.3346$（其中 y 为河口坝的厚度，x 为河口坝坝的宽度，$R^2=0.7403$），河口坝的宽度和厚度之间为正相关关系，且相关性较高。

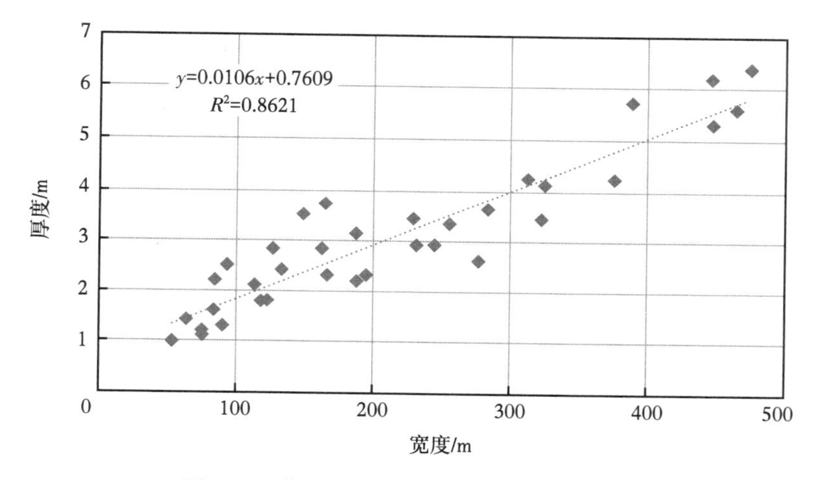

图7.33 分流河道宽度和厚度相关关系图

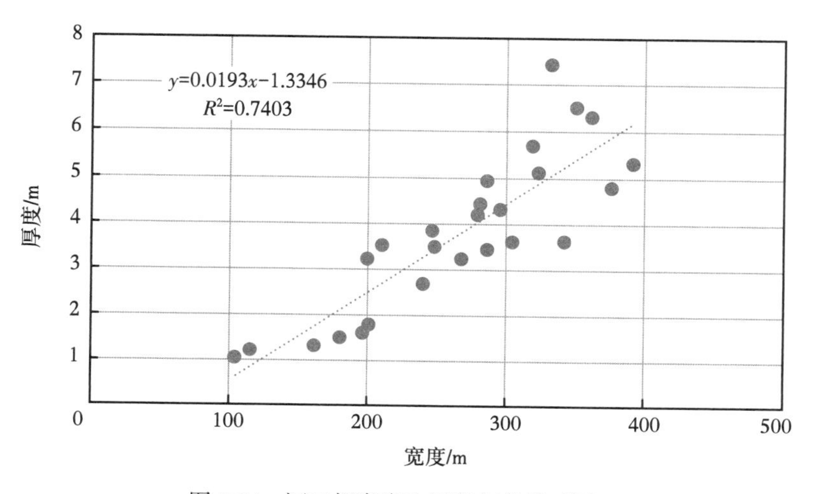

图7.34 河口坝宽度和厚度相关关系图

7.5.3 前三角洲地质知识库

通过解剖官 998 断块孔二 2 油组前三角洲单一砂体，共统计 38 个重力流水道的规模，见表 7.11。单一水道的宽度为 140~370m，平均宽度为 260m；厚度为 2.5~8.5m，平均厚度为 4.7m。为了加深对断陷湖盆前三角洲重力流水道砂体定量规模的认识，对单一水道的宽度与厚度展开了相关性分析，绘制了宽度—厚度散点图（图 7.35）。单一水道的宽度与厚度之间的相关性关系为 $y=0.022x-0.9805$（其中 y 为单一水道的厚度，x 为单一水道的宽度，$R^2=0.8076$），单一水道的宽度和厚度之间为正相关关系，且相关性较高。

表 7.11 单一重力流水道定量规模

层位	序号	宽度 /m	厚度 /m	宽厚比
孔二 2-1	1	220	4	55.0
孔二 2-2	1	280	4.5	62.2
孔二 2-2	2	230	4	57.5
孔二 2-3-1	1	240	4	60.0
孔二 2-3-1	2	340	8.5	40.0
孔二 2-3-1	3	290	5	58.0
孔二 2-3-1	4	370	7	52.9
孔二 2-3-1	5	290	6	48.3
孔二 2-3-2	1	230	3	76.7
孔二 2-3-2	2	140	2.5	56.0
孔二 2-3-2	3	180	3.5	51.4
孔二 2-3-2	4	160	3	53.3
孔二 2-4-1	1	270	5	54.0
孔二 2-4-1	2	280	4.5	62.2
孔二 2-4-1	3	235	4	58.8
孔二 2-4-2	1	280	5	56.0
孔二 2-4-2	2	350	6.5	53.9

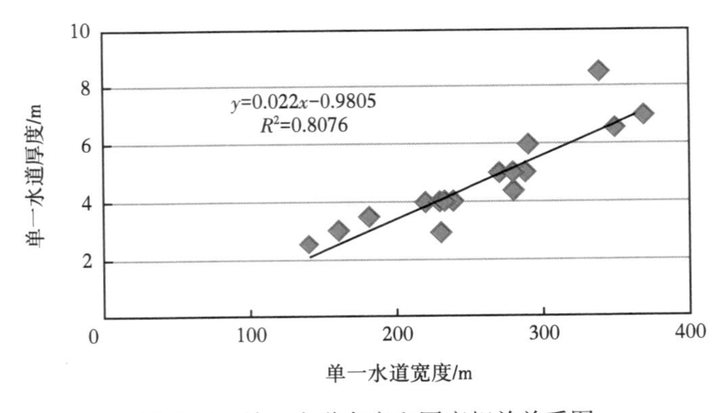

图 7.35 单一水道宽度和厚度相关关系图

7.6 断陷湖盆三角洲单砂体及内部构型表征技术流程

断陷湖盆三角洲单砂体及内部构型表征技术分为4个方面：首先，在层次约束下，根据野外露头和现代沉积，确定断线湖盆三角洲沉积构型模式；其次，应用岩心、测井以及生产动态等资料，通过单井识别、侧向划界、平面拟合、定量约束、动态验证等手段，进行地下储层三角洲单砂体构型解剖；再次，通过单井识别以及井间夹层的预测，进行单砂体内部构型表征；最后，形成“层次约束，界面控制”的三维构型建模方法，在单砂体构型边界控制下，建立了4级单一砂体及砂体间夹层模型；在单砂体内部，建立3级夹层的展布模型。具体技术流程如图7.36所示。

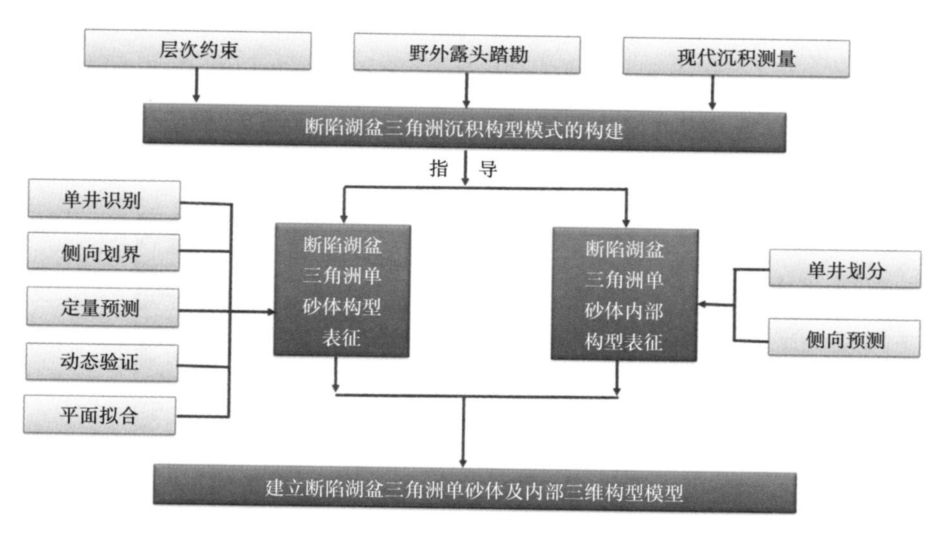

图7.36 断陷湖盆三角洲单砂体及内部构型表征技术

7.6.1 建立构型模式

（1）层次分析。

层级的确定主要取决于以下两个因素：开发生产需要和构型单元规模。在油田开发中后期，特别是高含水阶段，剩余油高度分散，砂体间隔层、单砂体内部的渗流屏障对剩余油分布起到一定的控制作用。因此，构型解剖有必要精细研究到单砂体及内部夹层的级别。而在对构型界面进行划分和预测的时候，从实际可操作性的角度考虑，控制点的井距要小于最小级次构型单元的规模，因此，地下储层界面识别一般到单砂体内部即可。

不同储层类型的层级划分也有所区别（表7.12)，三角洲平原单砂体类型主要为单一心滩坝和河道充填，三角洲前缘主要为单一水下分流河道和河口坝，而前三角洲单一砂体主要为单一重力流水道。在进行储层构型表征的过程中，按照层级，先进行4级单一砂体的识别与研究，在4级构型研究的基础上，进一步对单一砂体内部（3级构型单元）进行表征。

表 7.12　断陷湖盆三角洲不同级次砂体类型

构型	三角洲平原	三角洲前缘	前三角洲
5 级	单一辫流带	复合河道、复合河口坝	复合重力流水道
4 级	单一心滩坝、河道充填	单一河道、单一河口坝	单一重力流水道
3 级	心滩坝内部增生体	河口坝内部增生体	水道内部韵律层

（2）露头和现代沉积模式指导。

在进行地下储层构型解剖的过程中，由于地下资料的局限性，常常需要借助地表可见的沉积露头以及现代沉积模式进行指导。通过野外露头勘测，可以总结辫状河垂向叠置模式；通过 google earth 照片或实际河流规模测量，可以得到辫状河平面展布样式以及定量的分布规模。

通过 google earth 卫星照片，研究分析鄱阳湖三角洲的平面发育模式（图 7.37）。通过对滦平断陷湖盆经典三角洲露头剖面进行考察勘测，总结不同类型单砂体的叠置模式（图 7.38），指导地下储层单砂体的构型解剖。

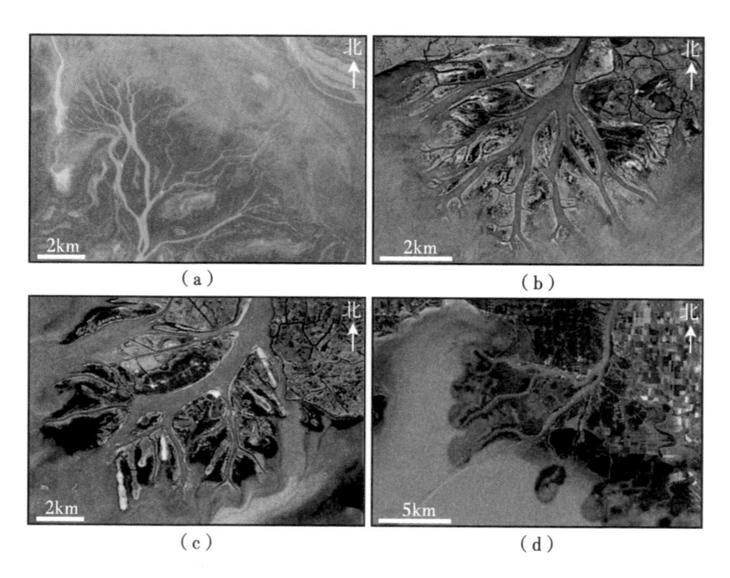

图 7.37　鄱阳湖三角洲卫星图片

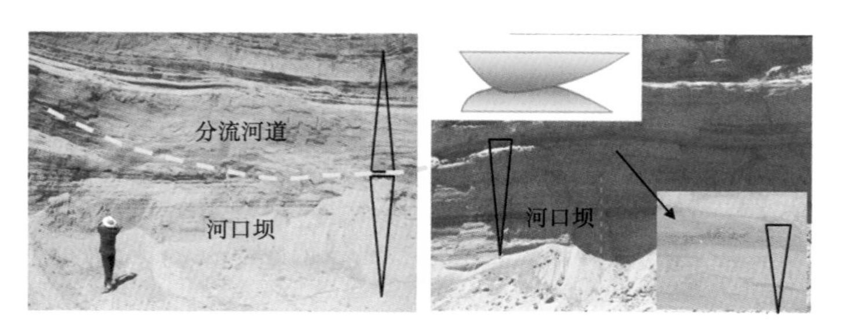

图 7.38　滦平断陷湖盆三角洲野外露头构型模式

7.6.2 单砂体多井构型解剖

（1）单井识别。

根据单井的岩心和测井资料，对构型单元进行解剖，并进行期次的划分。首先，通过岩心分析，确定不同构型单元的岩石学和韵律特征；其次，通过岩电标定，确定不同构型单元以及界面处的测井响应特征，建立不同级次构型界面的测井解释模型，应用测井资料对地下构型单元进行识别和划分，三角洲平原单一砂体的单井识别如图 7.39 所示。

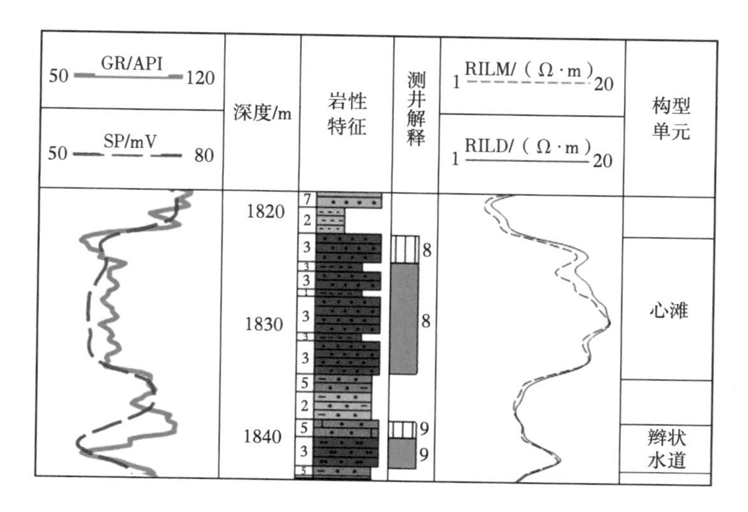

图 7.39 官检 1 井单一微相构型单元识别

（2）侧向划界。

在构型模式的指导下，以单井构型单元解剖结果为基础，识别井间构型单元界面。识别井间构型单元界面的依据主要有以下几个方面：

① 砂体厚度差异。邻井间砂体厚度相近则可归为同一期砂体，存在较大差异则需要划分为两期砂体（图 7.40）。在同一时间单元内，可以发育不同期次的河道，砂体厚度差异较大，可以作为判断是否为单一河道的标志之一。

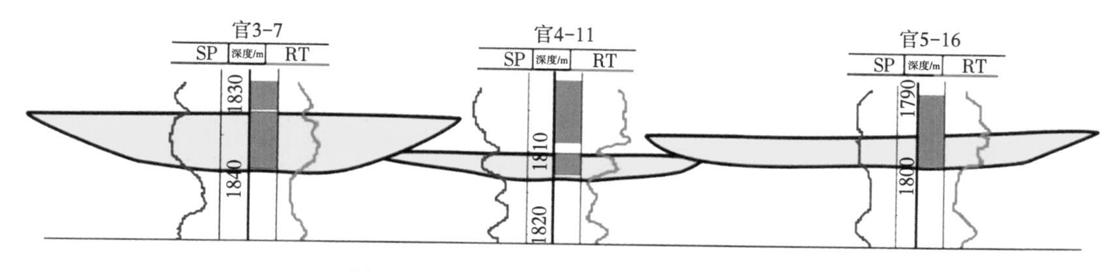

图 7.40 单一河道侧向边界识别标志 [26]

② 河道间沉积。河道的改道或分叉都会形成河间沉积物，一般为河间泥岩或溢岸沉积，这些泥质河间沉积则是不同河道边界划分的重要标志（图 7.41）。

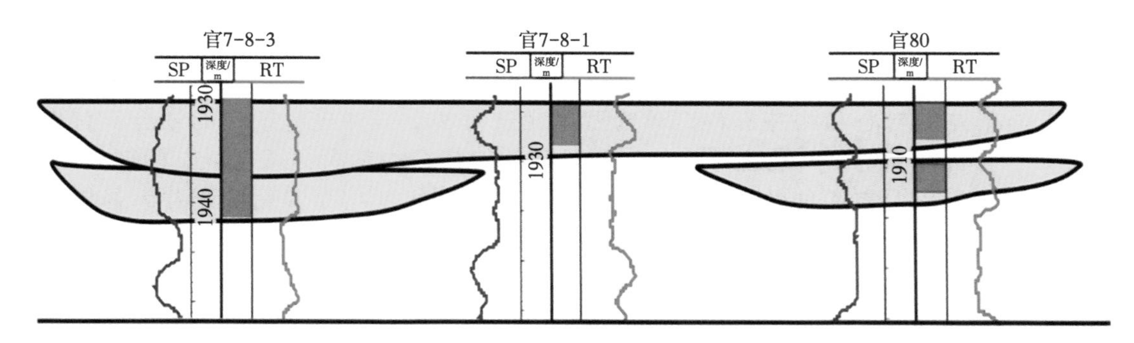

图 7.41 单一河道侧向边界识别标 [26]

③ 砂体测井曲线特征差异。由于水动力强度差异，导致河道沉积物岩性粒度差异，或者河道规模不尽相同，反映在测井曲线上，则表现为曲线形态、规模以及幅度的差异，这些差异可以作为划分不同河道的依据（图 7.42）。

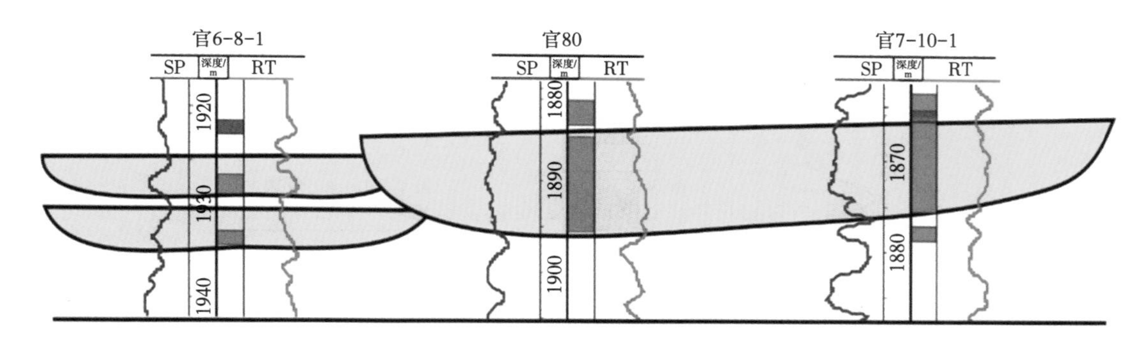

图 7.42 单一河道边界识别标志 [26]

（3）平面拟合。

平面组合的基本原则包括：物源方向约束、砂体厚度约束、微构造约束、沉积模式约束。根据区域地质构造与沉积背景与环境，研究区目的层沉积时的物源方向为近北东—西南，在平面上确定砂体分布，特别是河道充填沉积砂体条带的方向性时，要充分考虑物源方向的问题，河道充填沉积砂体条带的长轴方向原则上与物源方向相一致。根据这一原则，可以在平面上优先确定河道充填砂体的展布情况。河道充填在平面上的边界，在没有其他资料补充的情况下，原则上定在钻遇河道充填砂体井点与钻遇非河道充填砂体井点连线的 1/2 处。

根据辫状河的沉积模式，心滩坝、河道充填和溢岸沉积砂体都有各自特征性的形状，心滩坝在剖面上成底平顶凸的形状，在平面上成椭圆或纺锤状，河道充填在剖面上呈现顶平底洼向下侵蚀的形状，在平面上呈条带状，而溢岸沉积砂体成扇状或孤立土豆状。在不同成因单砂体的接触与叠置关系上，心滩坝以土豆状镶嵌于这些交织条带状的辫状河河道充填之中（图 7.43）。这些沉积模式有助于将单井和剖面上的砂体划相和划界结果在平面上组合起来，并在没有井控的地方进行预测。

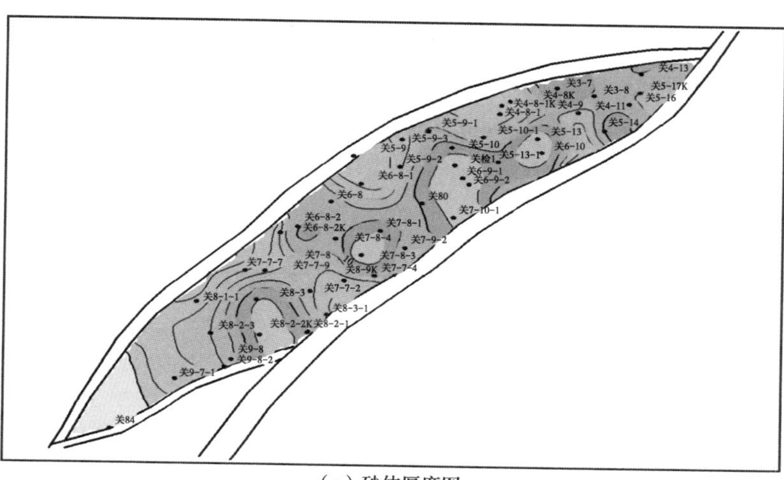

（a）砂体厚度图

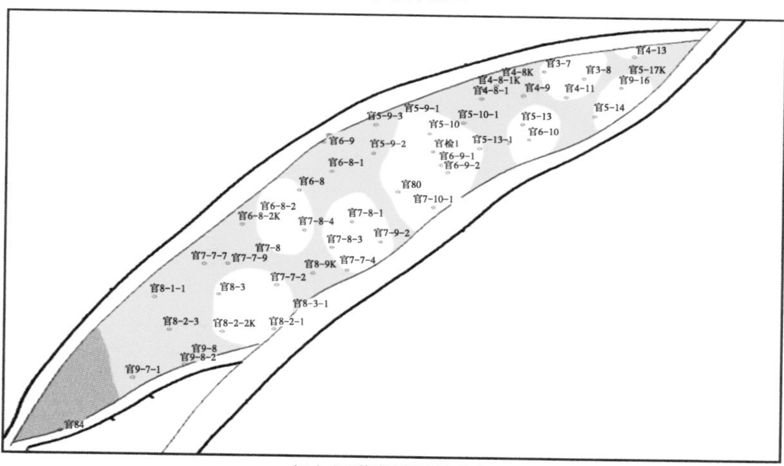

（b）河道充填平面分布

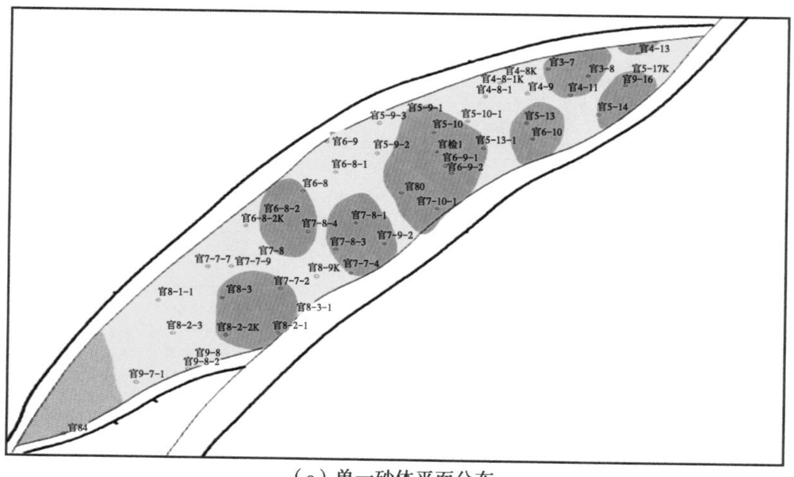

（c）单一砂体平面分布

图 7.43　三角洲平原单砂体平面拟合

（4）定量约束。

在单一砂体边界识别划分过程中，尤其是在无井区或者井距较大的区域，边界范围难以判断，因此，可以依据露头、现代沉积和井资料建立的地质知识库或前人总结的经验公式，开展定量约束预测研究。以三角洲前缘单一砂体解剖为例，根据野外露头确定分流河道和河口坝的宽度和厚度的相关关系，即可根据地下单井单一砂体的厚度，预测其侧向上的分布范围，如图 7.44 所示。

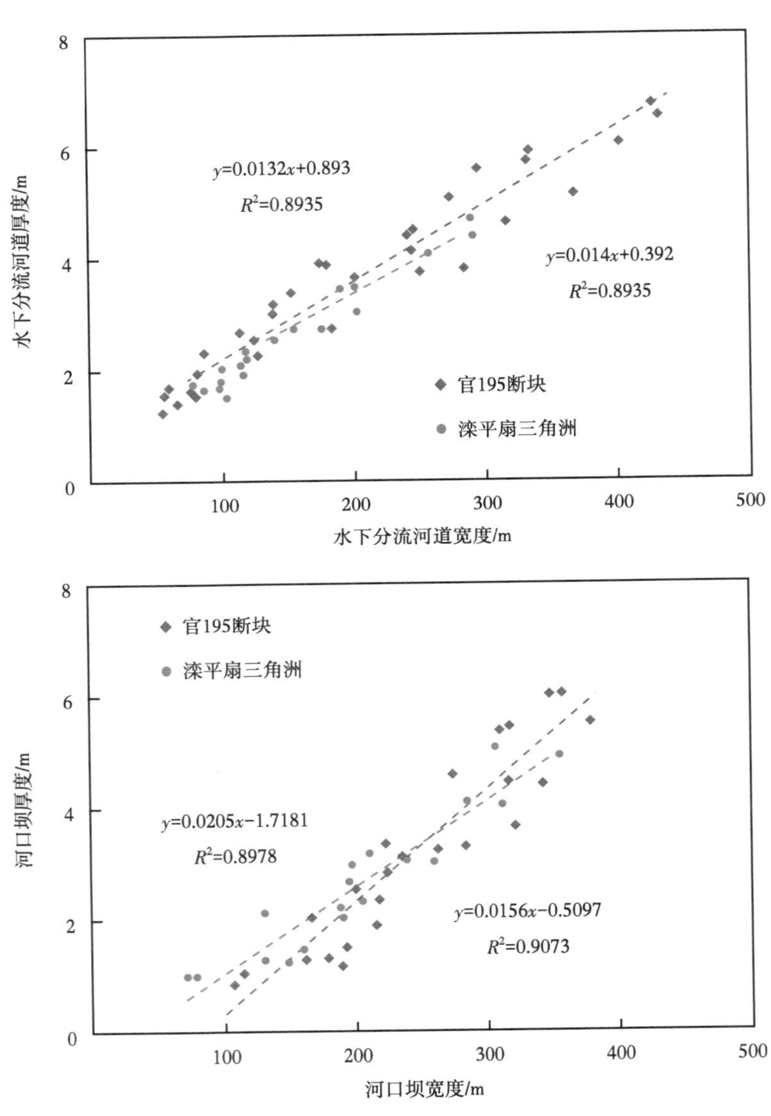

图 7.44 水下分流河道和河口坝宽度和厚度相关关系

（5）单一砂体边界验证。

根据吸水剖面和失踪剂等生产动态数据，可以对单一砂体边界划分的合理性进行验证。官 7-8-1 井、官 6-9-2 井，枣Ⅱ -4-3 厚砂层测井曲线无法判别心滩坝沉积期次，但由吸水剖面可以看出，该层为两期心滩坝叠置，如图 7.45 所示。示踪剂测试实验中，以官 6-9-2 井组和官 7-8-1 井组为例。向注水井官 6-9-2 井注入示踪剂 ^{35}S，检测井官 80 井于第 51 天监测到示踪剂 ^{35}S，而检测井官检 1 井并为监测到。向注水井官 7-8-1 井注入示踪剂 ^{3}H，检测井官 7-8-3 井、官 6-8 井和官 6-8-1 井均监测到示踪剂 ^{3}H，而检测井官 80 井未见到示踪剂 ^{3}H。由此可以得出，官 7-8-1 井与官 80 井砂体不连通，存在构型界面，如图 7.46 所示。

图 7.45 吸水剖面与示踪剂关系

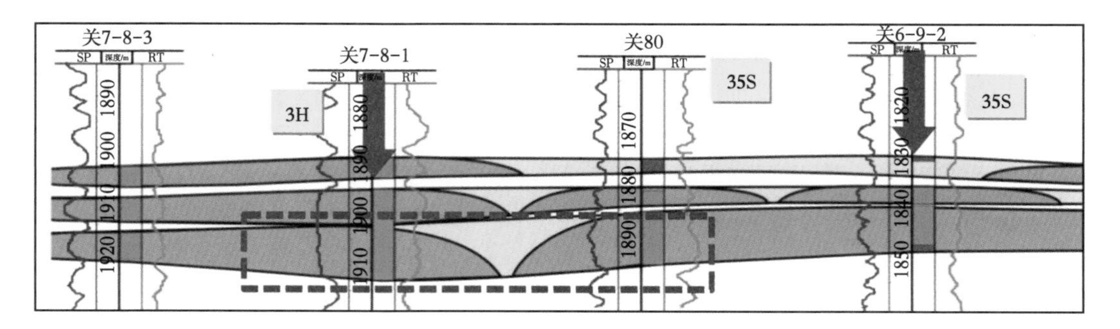

图 7.46　根据失踪剂数据动态验证单一砂体边界

7.6.3　单砂体内部构型表征

（1）夹层的单井识别。

夹层的分类方法有很多，从岩性上可将其划分为三类：泥质夹层、物性夹层及钙质夹层（图 7.47）。泥岩夹层主要是灰色、深灰色泥岩及粉砂质泥岩。物性夹层主要是泥质粉砂岩和极细粒的含泥粉砂岩。钙质岩性主要是致密的钙质胶结砂岩及钙质胶结泥岩。不同类型夹层的岩性、电性特征差别明显，也是单井识别划分的主要依据。自然电位曲线可以较好地判断砂泥岩，从自然电位的成因可知，当地层水的活度大于钻井液滤液的活度时，正对砂岩处的钻井液中有多余负电荷，正对泥岩处的钻井液中有多余正电荷，于是在测得的自然电位曲线中泥岩为基线，砂岩处是负异常。而微电极测井的微电极系的电极距很短，探测范围小，一般不受围岩和邻层的影响，可以有效判别岩性和划分渗透层，致密地层（如被钙质胶结的砂岩）渗透性很差，没有钻井液侵入和滤饼，在微电极曲线上读数很高，曲线常出现锯齿状的剧烈变化，没有幅度差或正、负不定的幅度差。因此可以利用这两种曲线对不同类型的隔夹层进行识别。

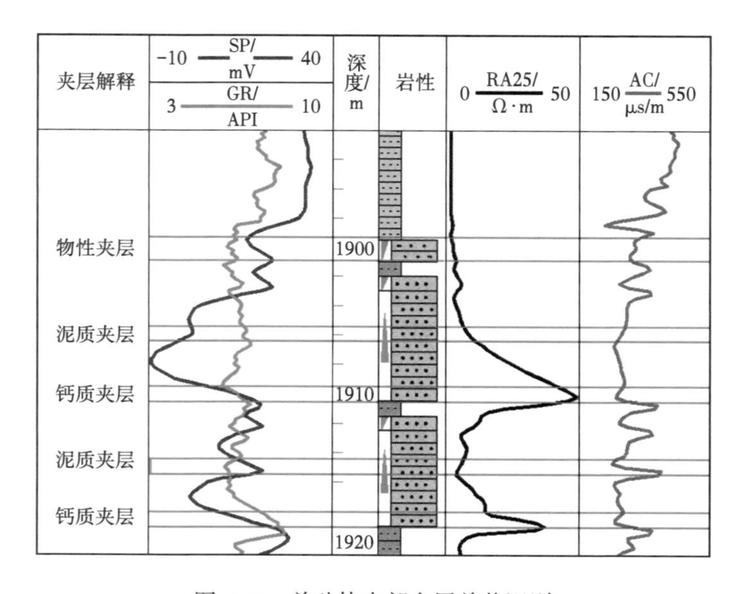

图 7.47　单砂体内部夹层单井识别

泥质夹层，在自然电位曲线上为正异常，近泥岩基线，有时受薄层影响，曲线回返特征不明显，而在微电极曲线上，曲线回返至低值。

物性夹层，在自然电位曲线上介于砂泥岩之间，微电极曲线特征与泥岩类隔夹层类似，曲线回返至低值，但要略高于泥岩类隔夹层。

钙质夹层，包括钙质砂岩和钙质泥岩，钙质砂岩自然电位表现为砂岩负异常，而微电极曲线则是高阻尖峰状，钙质泥岩自然电位近似为泥岩正异常特征，微电极曲线表现为高阻尖峰状，但峰值要低于钙质砂岩，与上下围岩电阻率差别大。

（2）井间夹层预测。

在单井单砂体内部夹层识别的基础上，结合夹层发育模式，进行夹层的井间预测。以三角洲平原心滩坝为例，Bristow（1993）和 Best（2000）对 Brahamaputra 河及 Jamuna 河心滩坝沉积的研究发现，心滩坝的中心部位夹层总是近似水平的，在长轴方向上，迎水面夹层稍陡而背水面较平缓，短轴方向夹层在心滩两翼略有倾斜。基于该模式，对研究区内所有井分别沿心滩长轴方向和短轴方向建立连井剖面进行夹层组合对比，得到井间界面的匹配关系（图 7.48）。

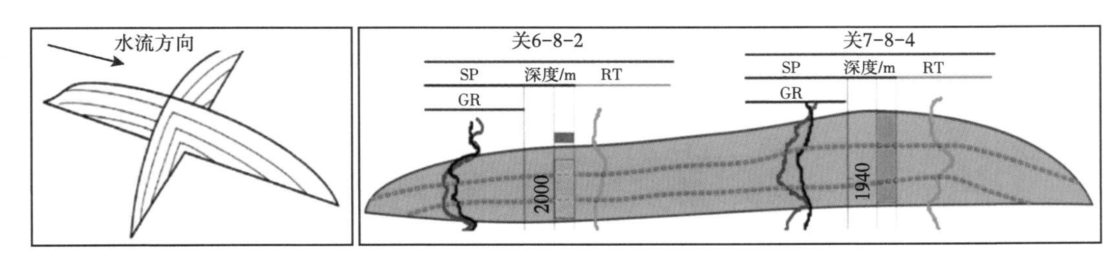

图 7.48 夹层的井间预测

7.6.4 三维构型建模

断陷湖盆三角洲砂体由于其近源快速沉积的特点，相变快，各种构型单元类型交错发育，并且形态不规则，为构型模型的建立带来了很大的难度。传统的离散变量建模的方法中基于目标的建模方法要求目标体的形态可以进行定义，在此处难以应用此种建模方法来准确刻画单砂体的构型模型。近年来，发展较快的多点地质统计学的建模方法需要一个较为经典且得到广泛认可的训练图像作为建模基础，但多级次多沉积类型的三角洲砂体训练图像差异较大，难以统一，较难实现多级次的断陷湖盆三角洲构型建模。常规的基于象元的随机建模方法可以得出多个随机建模成果，但是不同级次的构型单元难以较好地遵循地质演化规律。

针对已有的构型建模方法中存在的问题，提出基于构型界面的建模方法。依据对不同级次构型单元和构型界面的刻画分析，以构型界面为约束，以不同级次的构型单元的分布特征为条件建立构型模型（图 7.49）。

首先基于复合砂体厚度分布平面图，勾绘出各个单砂层的三维空间的边界线，以其在单井上的顶底三维坐标信息为 5 级构型单元三维空间分布拟合的原始控制数据，综合井点数据，确定性建立复合砂体以及砂体间隔层的三维构型空间模型。

其次以复合砂体模型为基础，按照 4 级单一砂体构型单元的沉积发育期次，建立起各单砂体构型单元的分布模型。由于复合砂体的顶底界面已经限定，因此，只需在复合砂体内部，根据单一砂体的叠置模式，厘定单一砂体的沉积期次，根据单井识别结果，确定顶底以及井间切叠界面，建立界面控制的格架模型：界面内部为坝砂体，界面外为坝间夹层（图 7.50 和图 7.51）。最后在单砂体构型单元的内部建立夹层的分布模型。

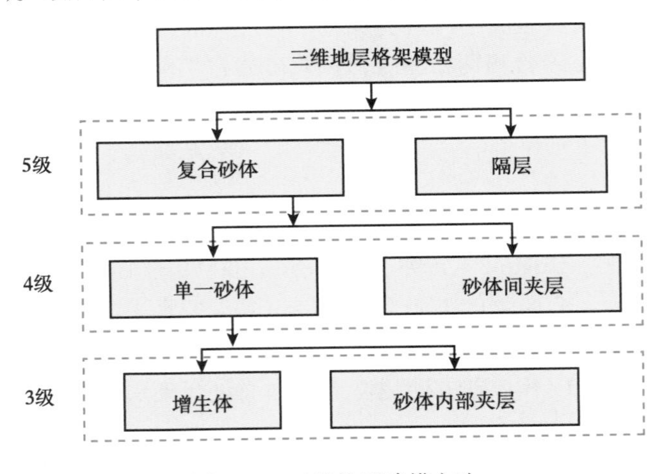

图 7.49　三维构型建模方法

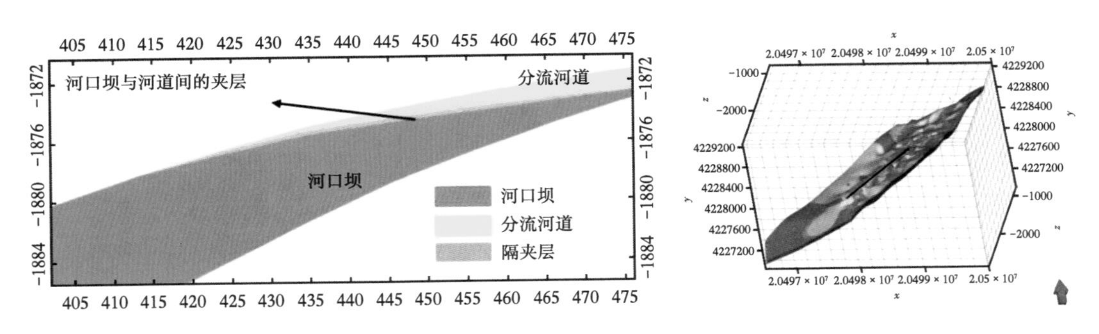

图 7.50　单砂体构型建模

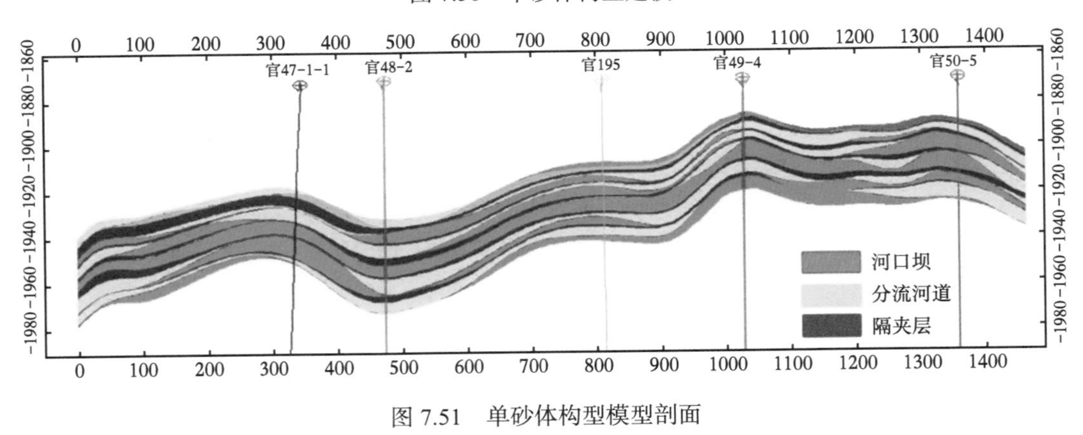

图 7.51　单砂体构型模型剖面

7.7　应用实例

单一砂体构型单元间的界面限定了单个成因砂体的形态及之间的接触关系，对剩余油的

分布起着至关重要的控制影响作用。在砂体厚度图上，辫状河砂体总是连片分布，但是很多情况是“连而不通，通而不畅”，这种现象的本质就是各种不同构型单元之间的相互切割关系。因此，在目前的开采技术条件下，单一砂体构型界面对剩余油形成分布的影响最为明显。

以官 80 断块三角洲平原单砂体构型解剖成果应用为例，如图 7.52 和图 7.53 所示，对于目的层枣Ⅱ-4-3 层，注水井官 7-8-4 井与采油井官 6-8-2 井相邻，并且属于同一心滩坝，砂体连通性良好，由于心滩坝的物性很好，注入水迅速突进，造成官 6-8-2 井枣Ⅱ-4-3 层砂体的水淹（图 7.52）。

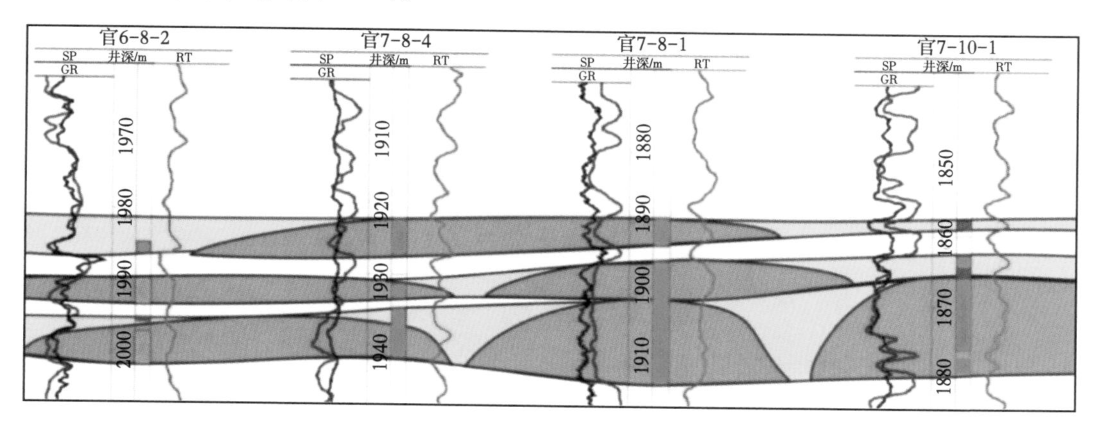

图 7.52 官 6-8-2 井—官 6-9-2 井连井构型剖面[26]

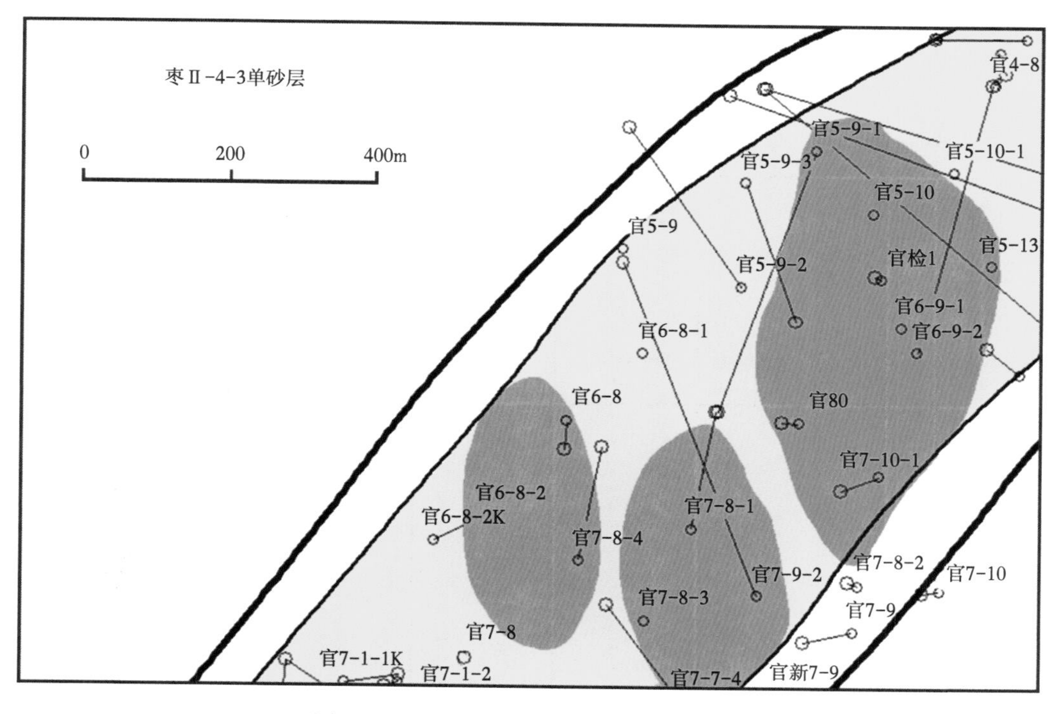

图 7.53 枣Ⅱ-4-3 单层单一微相平面分布

而采油井官 7-10-1 井与注水井官 7-8-1 井之间有 4 级构型界面相隔，注入水难以波及到采油井官 7-10-1 井，因此，在心滩坝边缘的官 7-10-1 井附近形成剩余油。如图 7.54

所示，油藏数值模拟结果显示，官 7-10-1 井所在的心滩边部附近富集剩余油。根据完井综合解释成果也可以看出，官 7-10-1 井枣Ⅱ-4-3 层砂体有剩余油富集，动态测试数据显示，射开剩余油富集层，投产后日产液 39.2m³，日产油 23.4 t，含水 40.3%。图 7.55 为官 7-10-1 井测井综合解释成果。

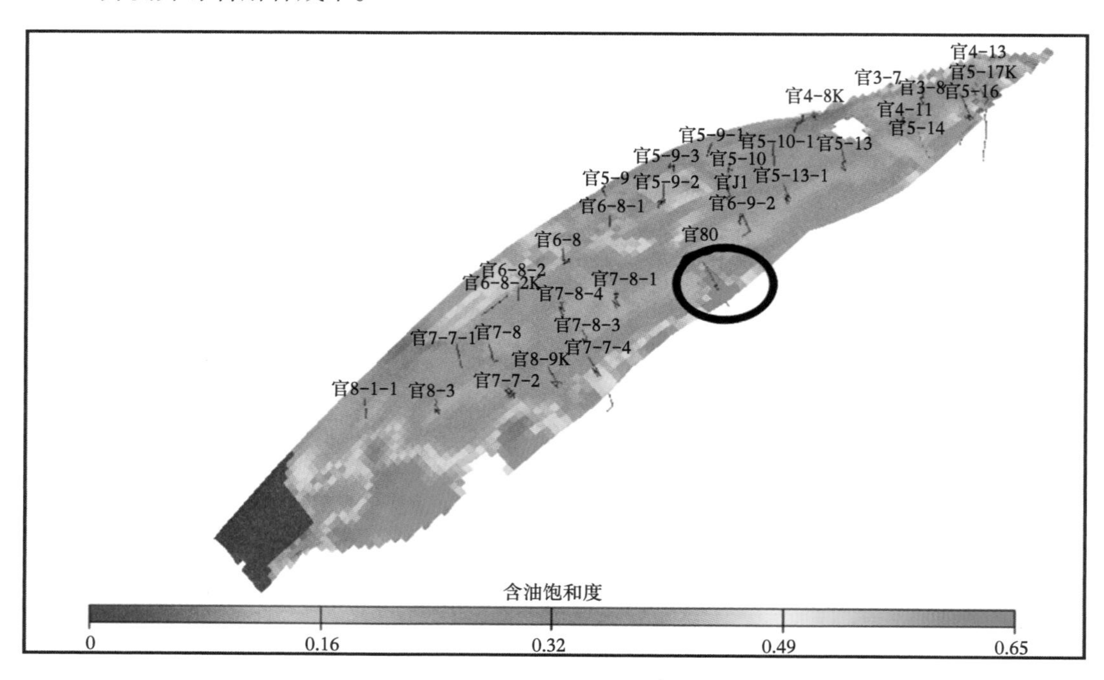

图 7.54　枣Ⅱ-4-3 单层油藏数值模拟结果

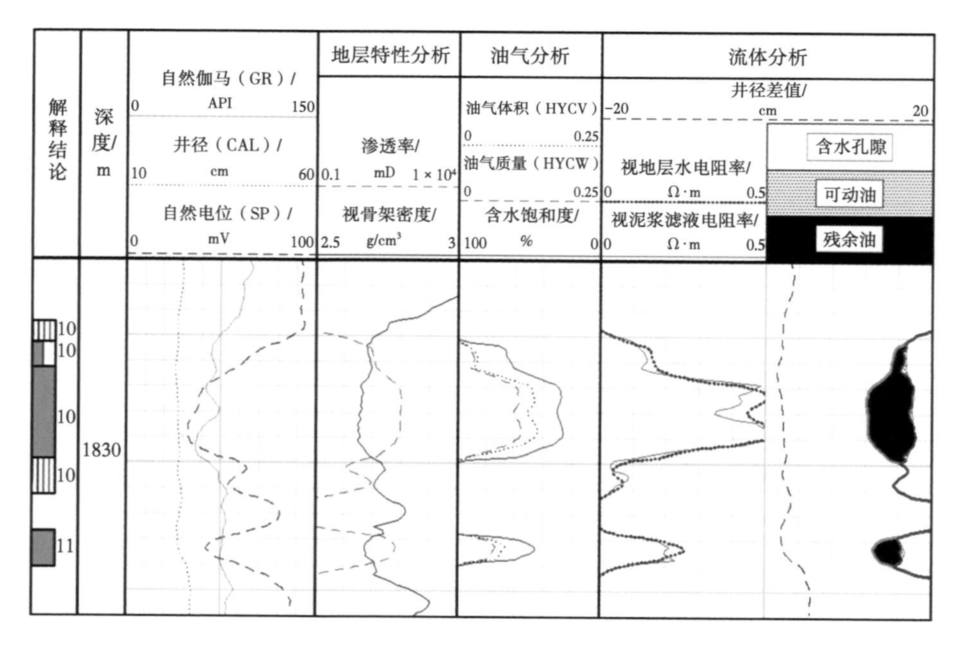

图 7.55　官 7-10-1 井测井综合解释成果图（完井）

参考文献

[1] Homels A. Principles of physical geology [M].London Thomas：Nelson and Sons Ltd，1965：288

[2] Mcgowen J H. Gum hollow fan delta，Nueces Bay，Texas [J]. Texas University，Bureau of Economic Geology，Report of Investigations，1970.

[3] Galloway W E. Sediments and stratigraphic framework of the Copper River fan-delta，Alaska [J]. Journal of Sedimentary Petrology，1976，46（3）：726-737.

[4] 吴崇筠，薛叔浩 . 中国含油气盆地沉积学 [M]. 北京：石油工业出版社，1992：56-60.

[5] 石占中，纪友亮 . 湖平面频繁变化环境下的扇三角洲沉积——以黄骅坳陷枣园油田孔一段为例 [J]. 西安石油学院学报（自然科学版），2002，17（1）：24-27.

[6] 杨剑萍，赵卫 . 沾化凹陷孤北油田古近系沙三段扇三角洲沉积特征及油气储层意义 [J]. 石油与天然气地质，2003（2）：157-161.

[7] Allen J R L. Studies in fluviatile sedimentation：bars，bar complexes and sandstone sheets（lower-sinuosity braided streams）in the Browstones（L.Devonian），Welsh Borders [J]. Sedimentary Geology，1983，33（4）：237-293.

[8] Miall A D. Architecture-element analysis：A new method of facies analysis applied to fluvial deposits [J]. Earth Science Reviews，1985，22（4）：261-308.

[9] Miall A D. Architectural elements and bounding surfaces in fluvial deposits：anotomy of the kayenta formation（lower jurassic）[J]. 1988，Southwest Colorado. Sedimentary Geology，55（3-4）：233-262.

[10] Miall A D. The geology of fluvial deposits：sedimentary facies，basin analysis and petroleum geology [M]. New York：Springer-Verlag，1996：57-98.

[11] 岳大力，吴胜和，谭河清，等 . 曲流河古河道储层构型精细解剖——以孤东油田七区西馆陶组为例 [J]. 地学前缘，2008（1）：101-109.

[12] 白振强，王清华，杜庆龙，等 . 曲流河砂体三维构型地质建模及数值模拟研究 [J]. 石油学报，2009，(6)：898-902.

[13] 王凤兰，白振强，朱伟 . 曲流河砂体内部构型及不同开发阶段剩余油分布研究 [J]. 沉积学报，2011（3）：512-519.

[14] 周银邦，吴胜和，计秉玉，等 . 曲流河储层构型表征研究进展 [J]. 地球科学进展，2011，(7)：695-702.

[15] 刘钰铭，侯加根，王连敏，等 . 辫状河储层构型分析 [J]. 中国石油大学学报（自然科学版），2009 (1)：7-11.

[16] 刘钰铭，侯加根，宋保全，等 . 辫状河厚砂层内部夹层表征——以大庆喇嘛甸油田为例 [J]. 石油学报，2011（5）：836-841.

[17] 侯加根，刘钰铭，徐芳，等 . 黄骅坳陷孔店油田新近系馆陶组辫状河砂体构型及含油气性差异成因 [J]. 古地理学报，2008，（5）：459-464.

[18] 李顺明，宋新民，蒋有伟，等 . 高尚堡油田砂质辫状河储集层构型与剩余油分布 [J]. 石油勘探与开发，2011（4）：474-482.

[19] 李庆明，陈程，刘丽娜，等 . 双河油田扇三角洲前缘储层建筑结构分析 [J]. 河南油田，1999（3）：14-19.

[20] 尹太举 . 双河油田井下地质知识库的建立 [J]. 石油勘探与开发，1997（24）：95-120.

[21] 尹太举，张昌民，樊中海，等 . 地下储层建筑结构预测模型的建立 [J]. 西安石油大学学报（自然科学版），2002，147（3）：7-14.

[22] 林煜，吴胜和，岳大力，等 . 扇三角洲前缘储层构型精细解剖——以辽河油田曙 2-6-6 区块杜家台

油层为例 [J]. 天然气地球科学，2013，24（2）：335-344.

[23] 杨延强，吴胜和，齐立新，等 . 南堡凹陷柳赞油田沙三 3 亚段扇三角洲相构型研究 [J]. 西安石油大学学报（自然科学版），2014，29（5）：21-30.

[24] 宋璠，杨少春，苏妮娜，等 . 扇三角洲前缘储层构型界面划分与识别——以辽河盆地欢喜岭油田锦 99 区块杜家台油层为例 [J]. 西安石油大学学报（自然科学版），2015，30（1）：7-13.

[25] 吴胜和，纪友亮，岳大力，等 . 碎屑沉积地质体构型分级方案探讨 [J]. 高校地质学报，2013，19（1）：12-22.

[26] 任晓旭 . 大港孔南地区冲积扇扇中储层构型与剩余油分布研究 [D]. 中国石油大学（北京），2016.

[27] Best J L，Ashworth P J，Bristow C S，et al. Three-dimensional sedimentary architecture of a large，mid-channel sand braid bar，Jamuna river，Bangladesh [J]. Journal of Sedimentary Research，2003，73（4）：516-530.

[28] 陈程，孙义梅，贾爱林，等 . 扇三角洲前缘地质知识库的建立及应用 [J]. 石油学报，2006，27（2）：4-57.

[29] 闫百泉，张鑫磊，于利民，等 . 基于岩心及密井网的点坝构型与剩余油分析 [J]. 石油勘探与开发，2014，05：597-604.

[30] 印森林，陈恭洋，戴春明，等 . 河口坝内部储层构型及剩余油分布特征——以大港油田枣南断块长轴缓坡辫状河三角洲为例 [J]. 石油与天然气地质，2015，36（4）：630-638.

[31] 封从军，鲍志东，杨玲，等 . 三角洲前缘水下分流河道储集层构型及剩余油分布 [J]. 石油勘探与开发，2014（3）：323-329.

[32] 黄佳琪 . 三角洲前缘储层构型分析与剩余油分布研究 [D]. 荆州：长江大学，2013.

[33] 袁静，梁绘媛，宋璠，等 . 韦 5 断块三角洲前缘储层构型及剩余油分布 [J]. 西南石油大学学报（自然科学版），2015（6）：1-11.

[34] 吴胜和 . 油矿地质学 [M]. 4 版 . 北京：石油工业出版社，2011：209-213.

[35] 裘亦楠，张志松，唐美芳，等 . 河流砂体储层的小层对比问题 [J]. 石油勘探与开发，1987，14（2）：63-70.

[36] 贾爱林，何东博，何文祥，等 . 应用露头知识库进行油田井间储层预测 [J]. 石油学报，2003，24（6）：51-58.

[37] 吴胜和，岳大力，刘建民，等 . 古地下河道储层构型的层次建模研究 [J]. 中国科学 D 辑：地球科学，2008，38（增刊 I）：111-121.

[38] 楼章华 . 地形气候与湖面波动对浅水三角洲沉积环境的控制：以宋辽盆地北部东区葡萄花油层为例 [J]. 地质学报，1991，9（4）：1-11.

[39] 周银邦，吴胜和，岳大力，等 . 点坝内部侧积层倾角控制因素分析及识别方法 [J]. 中国石油大学学报（自然科学版），2009，33（2）：7-11.

[40] 温立峰，吴胜和，王延忠，等 . 河控三角洲河口坝地下储层构型精细解剖方法 [J]. 中南大学学报（自然科学版），2011，42（4）：1072-1078.

[41] 周新茂，高兴军，田昌炳，等 . 曲流河点坝内部构型要素的定量描述及应用 [J]. 天然气地球科学，2010，21（6）：421-426.

[42] 宋还渤，黄旭日 . 油气储层建模方法综述 [J]. 天然气勘探与开发，2008（9）：53-57.

[43] 雷启鸿，宋子齐，谭成仟 . 油藏描述中的随机模拟方法 [J]. 西安石油学报（自然科学版），2000，15（1）：13-16.

[44] 尹艳树，冯舒，尹太举 . 曲流河储层建模方法的比较研究 [J]. 断块油气田，2012（1）：44-46.

[45] 吴小斌 . 湖泊滩坝砂体内部构型及控油模式研究——以黄骅坳陷港中油田沙一段为例 [D]. 北京：中国石油大学（北京），2012.

[46] 李丕龙 . 陆相断陷盆地油气地质与勘探 . 卷二 . 陆相断陷盆地沉积体系与油气分布 [M]. 北京：石油工业出版社，2003.
[47] 焦养泉，李思田，杨士恭，等 . 湖泊三角洲前缘砂体内部构成及不均一性露头研究 [J]. 地球科学(中国地质大学学报)，1993，18（4）: 441-451.
[48] 徐安娜，穆龙新，裘怿楠，等 . 我国不同沉积类型储集层中的储量和可动剩余油分布规律 [J]. 石油勘探与开发，1998，25（5）: 41-44.
[49] 林承焰，孙廷彬，董春梅，等 . 基于单砂体的特高含水期剩余油精细表征 [J]. 沉积学报 . 2013，34（6）: 1132-1137.
[50] Deveugle P E K，Jackson M D，Hampson G J，et al. Characterization of stratigraphic architecture and its impact on fluid flow in a fluvial-dominated deltaic reservoir analog : Upper Cretaceous Ferron Sandstone Member，Utah[J]. AAPG Bulletin，2011，95（5）: 693-727.
[51] 吴胜和，翟瑞，李宇鹏 . 地下储层构型表征：现状与展望 [J]. 地学前缘，2012，19（2）: 16-24.
[52] Galloway W E. Process framework for describing the morphologic and stratigraphic evolution of deltaic depositional system [J]. Houston Geological Society，1975: 87-98.
[53] 于兴河，李胜利，李顺利 . 三角洲沉积的结构—成因分类与编图方法 [J]. 沉积学报，2013，31（5）: 782-797.
[54] Miall A D. Architectural elements analysis : A new method of facies analysis applied to fluvial deposits [J]. Earth Science Reviews，1985，22（2）: 261-308.
[55] Olariu C，Bhattacharya J P. Terminal distributary channels and delta front architecture of river-dominated delta systems [J]. Journal of Sedimentary Research，2006，76（26）: 212-233.
[56] 李云海，吴胜和，李艳平，等 . 三角洲前缘河口坝储层构型界面层次表征 [J]. 石油天然气学报，2007，29（6）: 49-52.
[57] 姜在兴 . 沉积学 [M]. 北京：石油工业出版社，2003: 150-152.
[58] 周银邦，吴胜和，岳大力，等 . 复合分流河道砂体内部单河道划分—以萨北油田北二西区萨Ⅱ 1+ 2b 小层为例 [J]. 油气地质与采收率，2010，17(2): 4-8.
[59] 向传刚 . 水下分流河道内部储层建模方法——以 PB 油田一个典型多期次水下分流河道为例 [J]. 石油天然气学报（江汉石油学院学报），2010，32（3）: 38-42.
[60] 张友，侯加根，曹彦清，等 . 基于构型单元的储层质量分布模式——以胜坨油田二区沙二段 8 砂组厚层河口坝砂体为例 [J]. 石油与天然气地质，2015，36（5）: 862-872.
[61] 段冬平，侯加根，刘钰铭，等 . 河控三角洲前缘沉积体系定量研究——以鄱阳湖三角洲为例 [J]. 沉积学报，2014，32（2）: 270-277.
[62] Fisk. Sedimentary framework of modern Mississippi delta [J]. Journal of Sedimentary Petrology，1954. 24（2）: 76-99.
[63] 张昌民，尹太举，朱永进，等 . 浅水三角洲沉积模式 [J]. 沉积学报，2010，28（5）: 933-944.
[64] 邹才能，赵文智，张兴阳，等 . 大型敞流坳陷湖盆浅水三角洲与湖盆中心砂体的形成与分布 [J]. 地质学报，2008，82（6）: 813-825.
[65] 朱筱敏，刘媛，方庆，等 . 大型坳陷湖盆浅水三角洲形成条件和沉积模式：以松辽盆地三肇凹陷扶余油层为例 [J]. 地学前缘，2012（1）: 89-99.
[66] Edmonds D A，Shaw J B，Mohrig D. Topset-dominated deltas : a new model for river delta stratigraphy[J]. Geology，2010，39（12）: 1175-1178.
[67] 付晶，吴胜和，王哲，等 . 湖盆浅水三角洲分流河道储层构型模式——以鄂尔多斯盆地东缘延长组野外露头为例 [J]. 中南大学学报（自然科学版），2015，46（11）: 4174-4182.
[68] 封从军，鲍志东，杨玲，等 . 三角洲前缘分流河道储集层构型及剩余油分布 [J]. 石油勘探与开发，

2014（3）：323-329.
[69] 朱筱敏，张义娜，杨俊生，等．准噶尔盆地侏罗系辫状河三角洲沉积特征[J]. 天然气地球科学，2008，29（2）：244-251.
[70] 张翔宇．王官屯油田孔一段扇三角洲储层构型模型研究[D]. 北京：中国石油大学（北京），2018.
[71] 李春晓．大港孔南地区扇三角洲储层构型与剩余油分布研究[D]. 北京：中国石油大学（北京），2016.
[72] 杨雯泽．王官屯油田孔二2油组储层质量差异研究[D]. 北京：中国石油大学（北京），2018.

8 基于构型表征的剩余油模式研究

剩余油分布与预测是油田进入开发中后期永恒的主题。随着油田采出程度的不断提高，油田开发进入高含水期甚至特高含水期，地下油水关系变得十分复杂，油田的水驱挖潜工作也因此面临前所未有的挑战。

影响剩余油分布的因素很多，通常划分为两类：地质因素和开发因素。地质因素主要包括：断层、微构造、岩性尖灭、单砂体界面遮挡、单砂体内部构型等。开发因素主要包括：注采井网不完善、层间矛盾、底水锥进和原油性质差异等。地质因素属于内因，开发因素属于外因。

老油田经过多轮次调整后，断层、微构造高点、井网完善等因素控制的剩余油在开发调整过程中已得到重点开发，井控剩余油和流线控制剩余油也得到最大程度的开采。但是根据油田生产数据，国内三次采油采收率平均 55.6%，水驱平均采收率 38.3%，还有大量的井间层内剩余油赋存在地下，是下一步老油田挖潜的重要资源基础。

本章节重点讨论单砂体界面和内部构型界面遮挡形成的剩余油分布规律。单砂体界面、层内夹层控制的井间层内剩余油是油田进入高含水后期主要的剩余油类型，剩余油研究也从层间逐步深入到井间层内，对特高含水油田的精细挖潜起到重要的支持作用。

8.1 构型控制剩余油研究现状

随着油田开发进入了高 / 特高含水阶段，简单的沉积相刻画已经不能满足生产的需求，国内外专家学者针对不同沉积环境的沉积相进行了精细的构型研究，并在构型研究的基础上，分析剩余油分布的规律，寻找进一步的挖潜方向。

韩洁等针对扶余油田扶余组曲流河进行了单砂体构型刻画及剩余油控制因素分析[1]。通过单砂体层次细分研究，结合生产实际，按照地质成因，将曲流河油藏剩余油类型分为点坝侧积泥岩隔挡型、薄层型、孤立砂体型和切叠砂体型 4 种，其中点坝侧积泥岩隔挡型和切叠砂体型剩余油为主要类型。

王鸣川等（2013）为明确曲流河点坝型厚油层的剩余油分布规律及影响因素，采用正交试验与单因素实验相结合，对曲流河点坝型厚油层剩余油分布进行研究，结果表明，曲流河点坝型厚油层剩余油整体分散，局部聚集，剩余油主要分布在点坝顶部、侧积层遮挡部位以及井间水驱未波及区域；侧积层倾角、注水方式、侧积面曲率、侧积间距、井网以及侧积层连通性等因素均会对剩余油分布产生重要影响。正交试验结果表明，侧积层倾角越小，连通性越差，侧积间距越大，曲流河点坝型厚油层的开发效果越好。根据曲流河点坝型厚油层剩余油分布特征，可采取在其上部钻水平井，中部转换注水方式和下部调堵油水井的方式进行挖潜[2]。

闫百泉等基于大庆油田杏北地区密井网及直井与水平井岩心资料，参照现代沉积及古代露头模式，岩电结合求取侧积夹层构型参数[3]。研究表明，总体上侧积夹层平面上呈新月形排列，剖面上呈叠瓦状，斜列式分布的三维空间结构特征，剩余油主要分布在点坝砂体的中上部，水平井在该部位开采，可钻穿多个侧积体的中上部，增加供油单元，提高采收率。水平井轨迹应选择侧积方向，增加钻遇侧积体个数，提高点坝剩余油的动用程度。

王珏等针对大港油田港东一区明化镇组曲流河沉积进行了三维构型精细解剖[4]，识别出两种侧积模式：侧向加积及顺流加积，并揭示点坝内部剩余油与侧积模式相关。平面上呈坨状或宽带状的砂体组合主要受到顺流加积的控制，主体砂体由点坝、废弃河道及凹岸沉积组成。凹岸沉积会有效提升点坝内部连通性；平面上呈窄条带状的砂体组合主要受侧向加积的控制，主体砂体为点坝及废弃河道，连通性受废弃河道影响较大，容易形成废气河道边部剩余油富集区。

李顺明等识别出高尚堡油田砂质辫状河的5类构型单元：河道充填、顺流增生、砂质底形、砂席和溢岸细粒[5]。其中，河道充填构型单元发育正韵律岩相组合，纵向渗透率级差大，油水黏度比高，在高采液强度下形成优势渗流通道，高采液强度和优势渗流通道导致河道充填构型单元形成底水水锥型水淹，剩余油分布在油井间且丰度高。顺流增生单元纵向渗透率级差小，水淹均匀，剩余油呈薄层状低丰度分布在油井间。

杨少春等针对辫状河心滩进行研究，平面上将心滩分成滩头、滩尾、滩翼和滩中，垂向上将心滩序列划分出垂向加积体、落淤层、侧向加积体、垂向加积面和侧向加积面等5种结构，认为“三体两面”为心滩垂向序列的典型内部结构，落淤层和侧积体是影响心滩内部存在较强非均质性的主要因素，而心滩内部非均质性控制着剩余油的分布[6]。落淤层发育的滩尾、滩中和侧积体发育的滩翼剩余油较为富集，而注采井和落淤层的匹配程度对剩余油的分布起着重要的影响作用，建议注水井应该分布在心滩的滩头位置，而采油井应在心滩的滩尾、滩中和滩翼位置。

李红南等以埕东油田西区馆陶组下段辫状河为例，构造心滩内部夹层和垂积体的空间展布模型[7]。根据夹层产状，将夹层的分布模式划分为水平式、斜列式和对称式3种。在此基础上，根据对称式夹层分布特征设计实验模型，采用水驱油物理模拟手段，分析心滩内部夹层对剩余油分布的控制作用。实验结果表明，夹层对剩余油形成与分布的控制作用明显，且受到注采井射孔段位置、夹层的水平延伸范围及注采井与夹层的匹配关系等因素的影响。

孙玉花等将河口坝划分为单一河口坝和叠置河口坝2种类型，建立了不同厚度、不同渗透率、不同夹层频率、不同注采条件等共计18个概念模型，通过对数值模拟结果的对比分析，得到了河口坝剩余油的影响因素和分布模式[8]。分析认为，影响两种类型河口坝砂体剩余油的最主要因素是渗透率级差和夹层位置与夹层上下储层渗透率韵律特征；将单一河口坝砂体剩余油模式分为顶部富集型、均匀驱替型和底部富集型3种模型；将叠置河口坝砂体剩余油模式分为界面之上富集型、界面之下富集型和界面上下富集型3种模型。

林承焰等提出了水下分流河道岔道口的概念，其地质特征表现在：砂体厚度相对较大，夹层较发育，沉积结构及组合类型复杂，水下分流河道岔道口与水下分流主河道的主体部分直接连通，此处剩余油富集，作为一种新的剩余油类型被提出[9]。

李俊飞等对三角洲河口坝复合体内部单砂体进行定量表征，并分析其对剩余油分布的控制作用[10]。研究表明，河口坝单砂体平面接触样式分别为河坝接触、坝主体接触、坝缘接触和坝间泥接触。河坝接触和坝主体接触的砂体连通性好，剩余油不富集；坝缘接触和坝间泥接触的砂体连通性差或不连通，在其侧翼易形成剩余油。

何辉等针对克拉玛依油田砂砾岩储层开展了储层非均质性精细表征研究，总结出冲积扇扇中砂砾岩油藏剩余油富集的3种类型[11]：Ⅰ型辫状水道粗砂岩相储层，微观孔隙结构属中孔—中细喉型；Ⅱ型辫状水道细砂岩相储层，微观孔隙结构为细孔—细喉型；Ⅲ型辫状水道砂砾岩相储层，微观孔隙结构为中细孔—中喉型。其中Ⅰ型与Ⅱ型储层剩余油基本分布在储层中上部物性较差、非均值相对较强的部位；而Ⅲ型砂砾岩相储层由于受岩性与物性差异影响，局部易形成高渗透部位，剩余油多呈条带状分布在层内非均质性变强，物性变差的部位。针对该类型油藏，以“认识储层非均质性，并解决储层非均质性”为切入点来分析剩余油分布，为砂砾岩油藏高含水期剩余油预测提供了较好的借鉴作用。

8.2 单砂体及其内部构型控制的剩余油分布模式

在构型表征成果基础上，结合动态资料、监测资料等，充分利用新井水淹及油藏数值模拟技术，以大港王官屯油田官195断块为例，开展单砂体构型控制剩余油分布模式研究。考虑到单砂体界面、层内夹层的规模及精度，模型粗化后不能真实反映地下认识，所以不对模型进行粗化，用原始地质模型直接开展数值模拟工作。

8.2.1 区块生产动态分析

大港官195断块自1989年投产，在早注水、注好水思想的指导下，初期投产即分层系注水开发。历经4个开发阶段：1989—1992年为产能建设阶段；1993—2006年为完善井网注水开发、稳油控水阶段；2006—2010为二次开发、综合调整阶段；2011年至今扩边调整阶段（图8.1）。

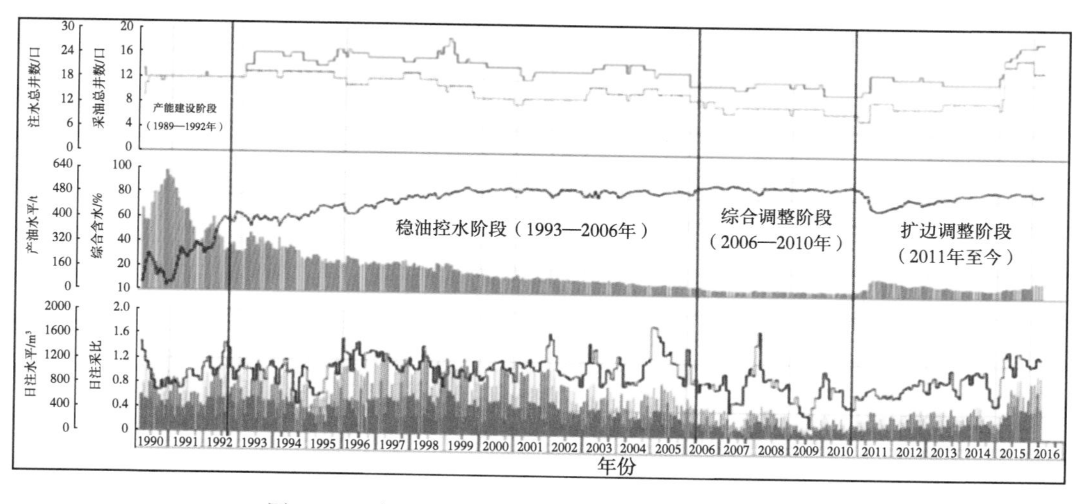

图8.1　王官屯油田官195断块枣Ⅴ下综合开发特征

官 195 断块分层系开发为主，分为枣Ⅴ上和枣Ⅴ下两套层系开发。本研究目的层位为枣Ⅴ下层组，目前有生产井 42 口，水驱控制程度 95% 以上，注采对应率 89.38%，油层动用程度 80% 以上，综合含水 89.3%，总体进入双高开发阶段。

油田区块经过多轮调整后，进一步挖潜难度增大，措施优选难度越来越大，急需开展剩余油研究，为下一步开发调整提供依据。

8.2.2 不同开发阶段水淹变化规律

中高渗透老油田自注水开发以来，油田含水逐年升高，地下储层注入水在井网控制下有规律地驱替储层中的原油。分析油藏不同开发阶段水淹规律有助于了解剩余油分布规律，用水淹资料约束数值模拟，可以有效提高剩余油预测的精度。

基于主力油层单砂体及内部构型表征成果，利用新井水淹测井解释，开展区块不同阶段水淹规律分析。4 个开发阶段水淹研究表明，目前主力油层以中水淹和强水淹为主，未水淹、弱水淹逐年变少，见表 8.1。

表 8.1 研究区不同开发阶段水淹类型面积占比表

水淹级别	面积占比 /%			
	1992 年 12 月	2006 年 12 月	2010 年 12 月	2018 年 12 月
未水淹	94	35.7	9.5	0.7
弱水淹	1.5	28.4	39	12.3
中水淹	3.5	22.8	35.8	41.5
强水淹	0	13.1	15.7	46.5

在单井综合水淹解释的基础上，结合地质认识，分析获得区块 4 个阶段的水淹分布图，如图 8.2 至图 8.5 所示。可以看出随着注水开发与井网加密，研究区水淹面积逐渐扩大。

第一阶段末（1992 年 12 月），全区含油，未水淹面积占 94%，偶见几口井附近出现弱水淹，呈孤立点状（图 8.2）。

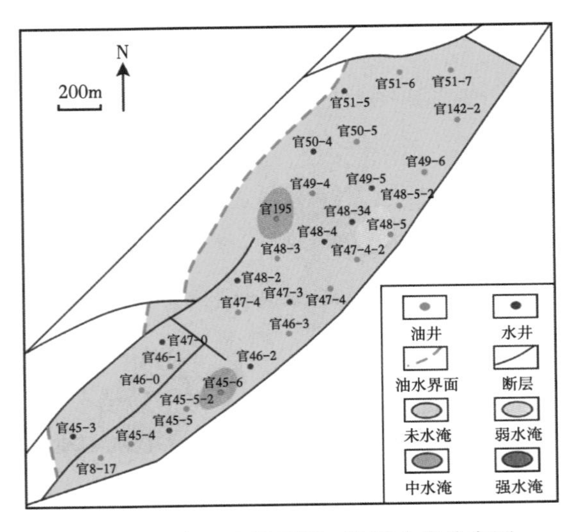

图 8.2 研究区枣Ⅴ下第一阶段水淹分布图

第二阶段末（2006 年 12 月），在油藏描述基础上通过开展开发调整，提高了油水井对应，研究区未水淹区域面积占比下降到 35.7%，水淹面积明显扩大，水淹区域呈不规则的块状、条带状（图 8.3），与前文单砂体刻画认识相一致。

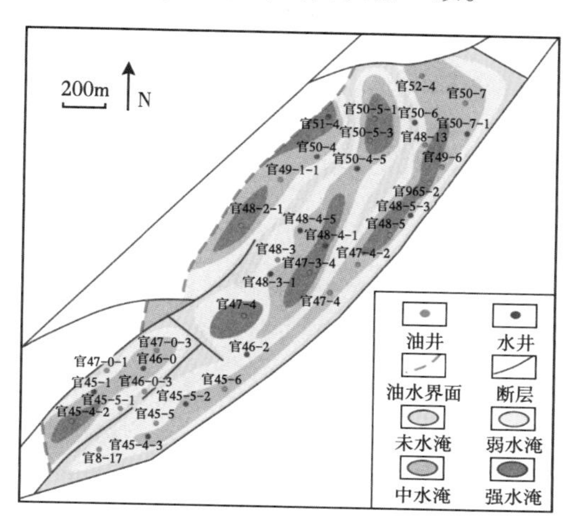

图 8.3 研究区枣 V 下第二阶段水淹分布图

第三阶段末（2010 年 12 月），二次开发完善井网后，提高了油田水驱控制程度，研究区未水淹面积占比下降到 9.5%，呈点状与块状分布，弱水淹、中水淹范围大幅增加（图 8.4）。

第四阶段末（2018 年 10 月），基于单砂体构型表征成果的开发调整工作完成后，构型控制的井间层内剩余油得到了大幅挖潜，未水淹面积占比仅 0.7%，强水淹区域比例大幅增加（图 8.5）。

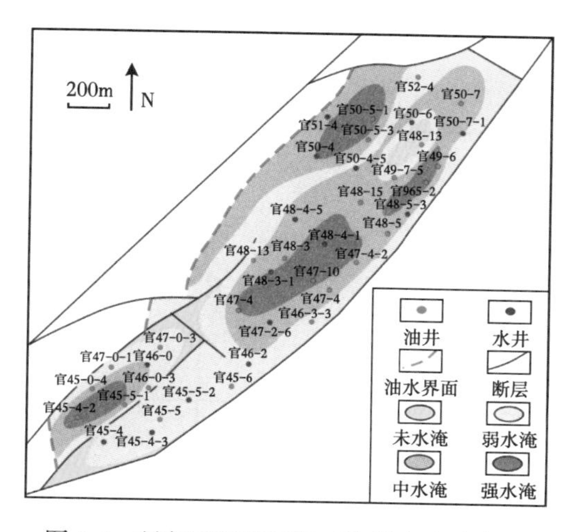

图 8.4 研究区枣 V 下第三阶段水淹分布图

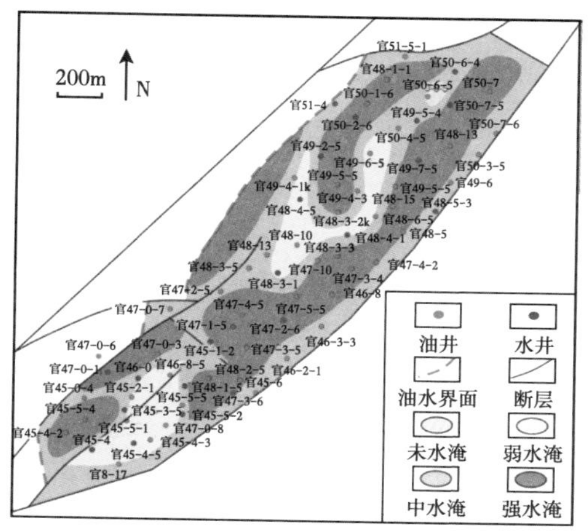

图 8.5 研究区枣 V 下第四阶段水淹分布图

8.2.3 单砂体控制剩余油分布模式

高含水开发后期，经过多轮次挖潜，断层、微构造等控制的具有一定规模的剩余油基本已通过井网调整、措施挖潜等得到有效动用，剩余油进一步分散，富集区预测难度进一步增大。油田开发调整措施效果也逐年变差，需要在新的剩余油富集规律认识指导下，寻找新的措施潜力点。

不同类型单砂体界面对流体起到不同程度遮挡作用，有利于形成剩余油富集区，开展单砂体控制剩余油分布模式研究，对寻找剩余油富集区具有积极的指导意义。

8.2.3.1　单砂体接触界面连通性分析

在单砂体构型成果基础上，基于官 48-4-1 井组附近区域的精细地质模型，利用示踪剂监测资料，分析验证构型界面与注采连通性的关系（图 8.6），开展储层单砂体的连通性研究。

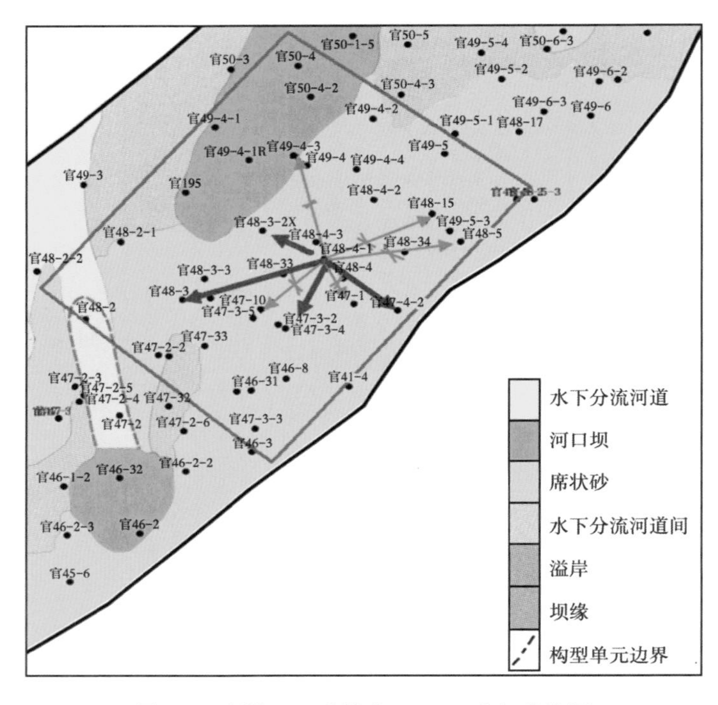

图 8.6　枣V-6-1 砂体官 48-4-1 井组井位图

官 48-4-1 井组的示踪剂测试结果见表 8.2，此次测试中注水井官 48-4-1 于 2010 年 3 月 18 日注入 8 居里 ^{3}H 示踪剂，相邻的官 47-3-4 井、官 47-4-2 井、官 48-3-2K 井和官 48-10 井见示踪剂。

表 8.2　官 48-4-1 井注示踪剂结果

井号	与注水井距离 / m	初见示踪剂日期	时间 / d	初见示踪剂浓度 / Bq/L	水驱速度 / m/d
官 47-3-4	170	2010-6-18	92	83.5	1.85
官 47-4-2	190	2010-6-30	104	97.8	1.83
官 48-3-2K	130	2010-7-4	108	166.3	1.20
官 48-10	140	2010-7-28	132	143.9	1.06

续表

井号	与注水井距离 / m	初见示踪剂日期	时间 / d	初见示踪剂浓度 / Bq/L	水驱速度 / m/d
官 48-5	275	截至 2010 年 10 月 4 日结束监测一直未见示踪剂			
官 47-13	110				
官 48-15	240				
官 47-10	165				
官 49-4-3	250				

注：注水井官 48-4-1 于 2010 年 3 月 18 日注入 8 居里 ^{3}H 示踪剂。

基于四级构型模型，示踪剂拟合结果与动态监测结果基本一致（图 8.7），证实了四级构型对水驱的影响。

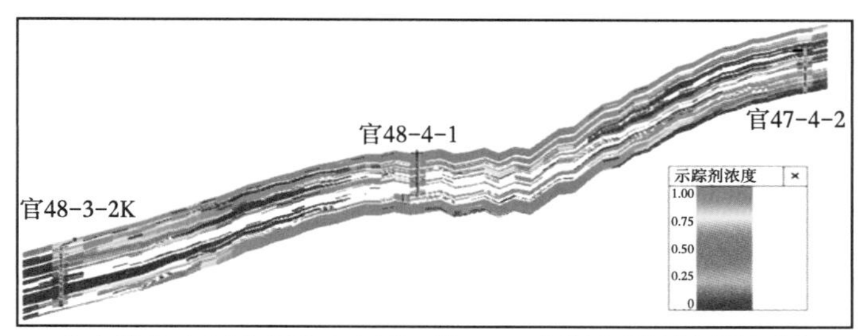

（a）官48-4-1井与官48-3-2K井、官47-4-2井井间示踪剂浓度剖面图

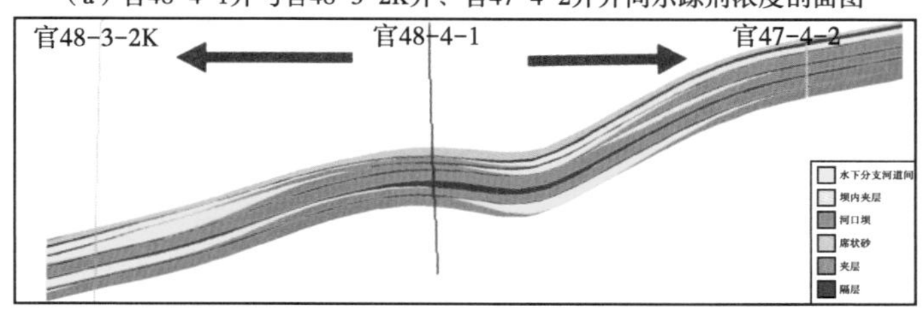

（b）官48-4-1井与官48-3-2K井、官47-4-2井井间砂体构型剖面图

图 8.7　官 48-4-1 与官 48-3-2K 井、官 47-4-2 井联井剖面图

图 8.7（b）为南北方向构型剖面，图中表明该小层纵向上从上到下由 5 套砂体组成，深褐色代表泥岩隔层，橙红色代表河口坝，明黄色代表水下分流河道砂体。

第 1 套砂体，以水下分流河道连续发育为主，在官 48-4-1 井处变薄，下半段发育河口坝，水下分流河道下切河口坝。在图 8.7（a）中，上部第一套砂体井间示踪剂浓度大，以红色为主，揭示砂体连通性好。

第 2 套砂体，官 48-3-2K 井发育水下分流河道，官 48-4-1 井发育河口坝，两井间水下分流河道侧切河口坝，对应示踪剂浓度剖面中以绿色和红色为主，说明两单砂体间呈中连通状态［图 8.7（a）］。官 48-4-1 井和官 47-4-2 井之间水下分流河道下切河口坝，示踪剂以蓝色为主，说明两单砂体间不连通。

第 3 套砂体是同一河口坝单砂体沉积，由于物性较差，模型为死网格，无法模拟示踪剂情况。

第 4 套砂体，官 48-3-2K 井水下分流河道单砂体侧切官 48-4-1 井河口坝单砂体，两单砂体间呈不连通状态，示踪剂剖面以蓝色为主［图 8.7（a）］。官 48-4-1 井和官 47-4-2

井之间为同一河口坝单砂体，红色的示踪剂浓度剖面说明该单砂体内的连通性非常好。

第5套砂体，官48-4-1井和官48-3-2K井属于同意河口坝砂体，连通性好。官48-4-1井和官47-4-2井均发育河口坝单砂体，两井之间发育水下分流河道下切河口坝，两单砂体间呈弱连通状态，示踪剂浓度剖面从红色向蓝色渐变进一步证明弱连通的特征［图8.7(a)］。

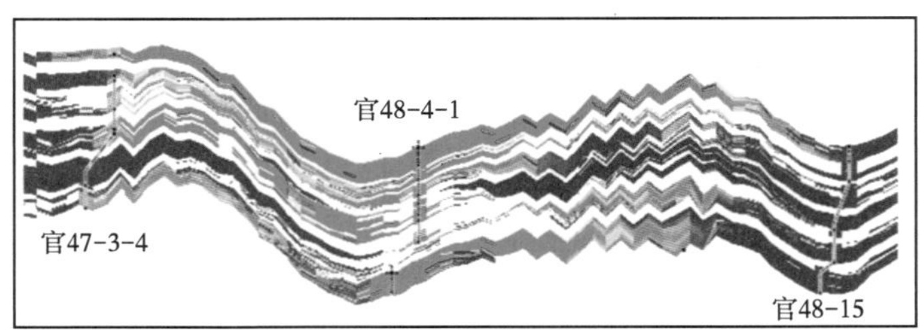

（a）官48-4-1井与官47-3-4井、官48-15井井间示踪剂浓度剖面图

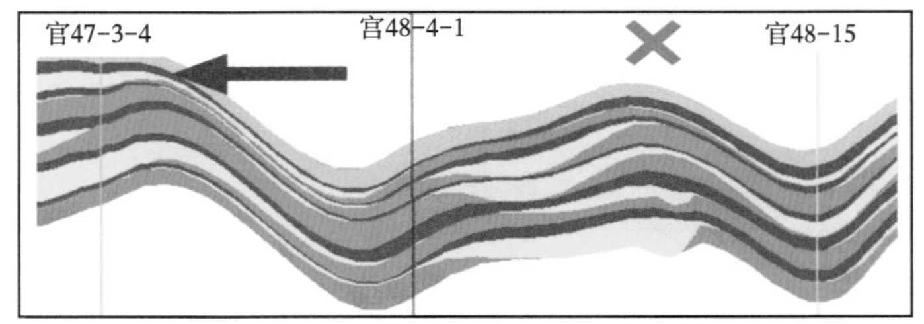

（b）官48-4-1井与官47-3-4井、官48-15井井间砂体构型剖面图

图8.8　官48-4-1井与官47-3-4井、官48-15井联井剖面图

图8.8为东西方向构型剖面及示踪剂浓度剖面，图8.8（b）揭示单砂体及其内部构型关系，深褐色代表泥岩隔层，橙红色代表河口坝，明黄色代表水下分流河道砂体。在图8.8（a）中，红色表示示踪剂浓度大，蓝色浓度小，白色为隔夹层部位，没有示踪剂显示，其他颜色代表的浓度介于红色与蓝色代表的浓度之间，图8.8（a）显示官48-4-1井砂体向左与官47-3-4井砂体连通，向右与官48-15井砂体不连通，表明水下分流河道下切河口坝对砂体连通性所具有的影响作用。

通过大量的构型剖面及示踪剂数据和扇三角洲单砂体构型表征成果分析表明，单砂体间发育4种叠置方式，包括分离孤立式、对接式、侧切式、切叠式共4种界面接触关系，不同接触方式对油水流动起到不同程度的遮挡作用。根据开发动态分析、示踪剂资料、数值模拟分析，分离孤立式单砂体呈不连通状态，对接式呈弱连通状态，侧切式呈半连通状态、切叠式基本呈连通状态（表8.3），此认识为剩余油研究奠定了基础。

表8.3　单砂体构型叠置模式

接触关系	构型界面	连通性
分离孤立式	泥质条带	不连通
对接式	泥质界面	弱连通
侧切式	泥砂界面	中连通
切叠式	砂砂界面	强连通

8.2.3.2 剩余油分布特征

通过基于 INTERSECT 的精细油藏数值模拟，得到含油饱和度场。截取一口水井和两口油井之间的联井剖面，对比三级构型图和剩余油饱和度图（图 8.9），可发现河口坝与水下分流河道切叠界面处剩余油相对富集，为剩余油研究提供了直接认识。

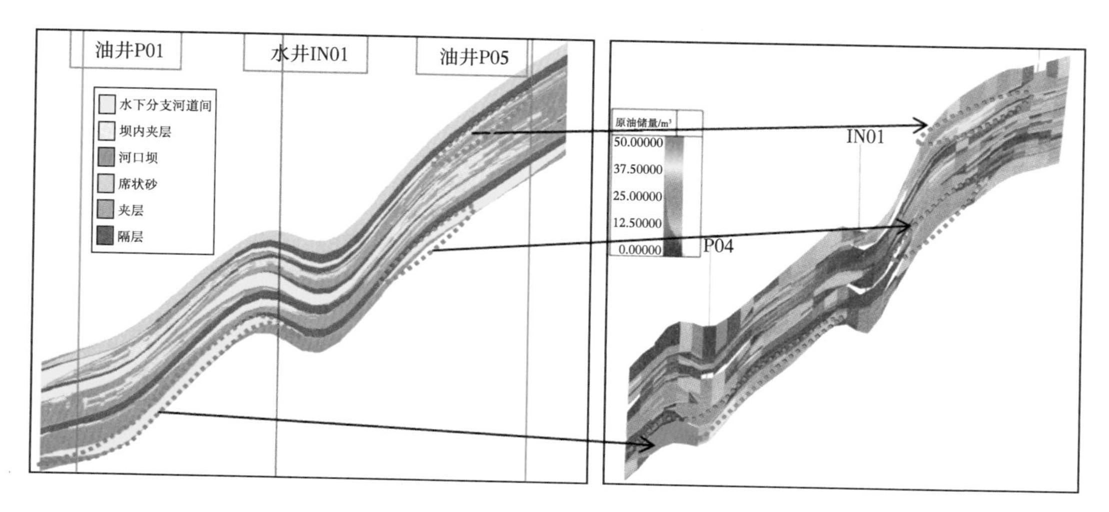

图 8.9　受夹层控制的剩余油纵向分布图

单砂体叠置情况在官 195 断块储层内均十分常见。当单砂体侧切幅度小，水下分支河道与河口坝两单砂体间构型界面物性差异大、连通性差时，对水驱的遮挡作用非常明显。如图 8.10 所示，油井钻遇河口坝与水井钻遇的水下分流河道两个单砂体侧向切叠，呈中弱连通，在界面附近形成中饱和度剩余油富集区。

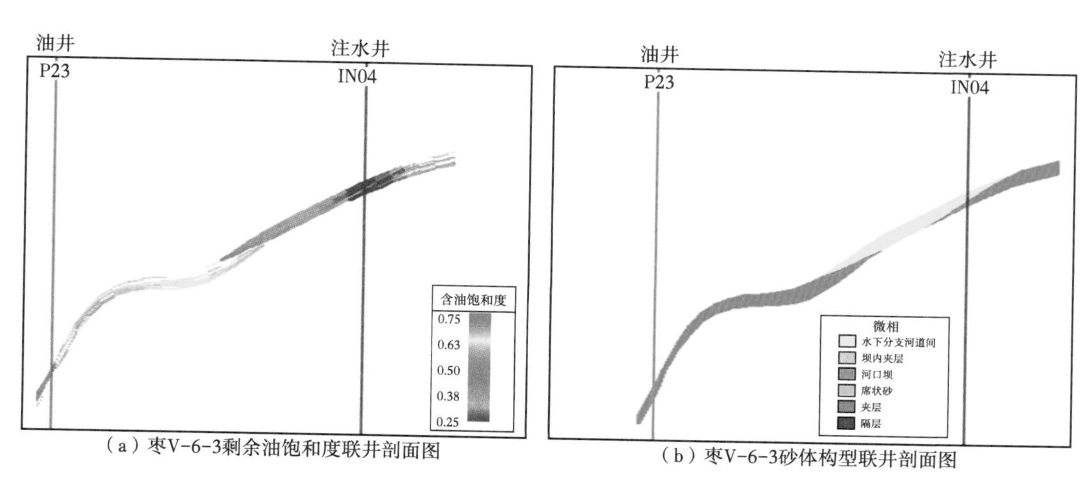

图 8.10　枣 V-6-3 剩余油饱和度及砂体构型联井剖面图（一）

图 8.11 中水井 IND1 钻遇河口坝，油井 P06 钻遇水下分流河道和河口坝，两井间发育两个单砂体接触界面，界面间连通性差，同时受水下分流河道内部的非均质性加持，油井水下分流河道单砂体和河口坝界面附近形成较中高饱和度剩余油富集区。

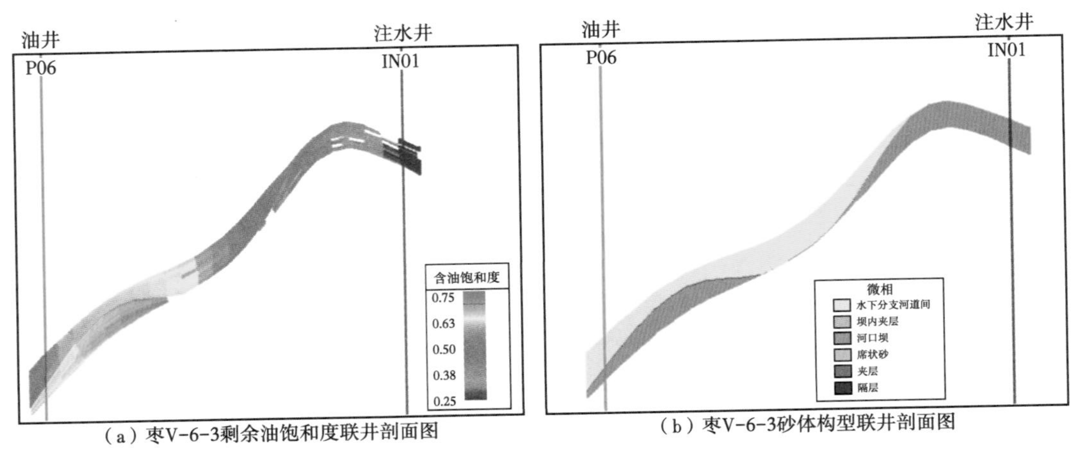

（a）枣V-6-3剩余油饱和度联井剖面图
（b）枣V-6-3砂体构型联井剖面图

图 8.11 枣V-6-3 剩余油饱和度及砂体构型联井剖面图（二）

图 8.12 中油井和水井均钻遇同一河口坝单砂体，两井间连通性好。同时井间发育独立水下分流河道，受界面遮挡两单砂体间连通性差，在水下分流河道砂体中形成高饱和度剩余油富集区。

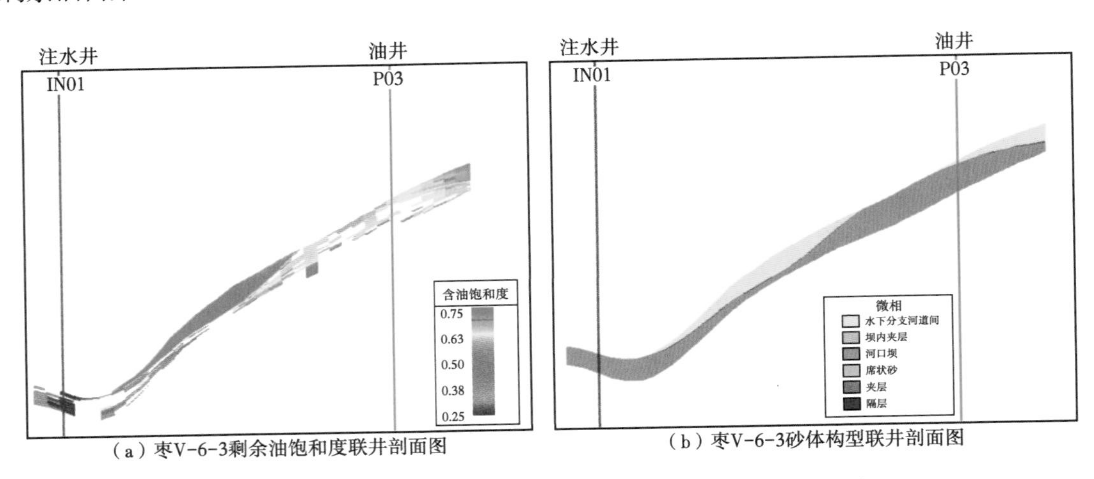

（a）枣V-6-3剩余油饱和度联井剖面图
（b）枣V-6-3砂体构型联井剖面图

图 8.12 枣 V6-3 剩余油饱和度及砂体构型联井剖面图（三）

8.2.3.3 单砂体界面控制剩余油分布模式

基于检查井、新井水淹、示踪剂、井组动态分析、油藏数值模拟研究，结合单砂体界面连通性分析，建立了断陷湖盆三角洲单砂体界面控制剩余油分布模式，见表 8.4。

表 8.4 单砂体界面控制的剩余油分布模式

接触关系	构型界面	连通性	水淹程度	平面 / 剖面剩余油富集
分离孤立式	泥质条带	不连通	未水淹	泥质条带两侧，带状富集
对接式	泥质界面	弱连通	弱水淹	单砂体界面两侧，带状富集
侧切式	泥砂界面	中连通	中水淹	单砂体界面两侧，坨状富集
切叠式	砂砂界面	强连通	强水淹	小规模零星富集

图 8.13 为大港王官屯油田官 195 枣Ⅴ下 2-2 单层水淹及剩余油分布图，图中黄色线为单砂体界面线，红色为未水淹的剩余油富集区，橙色为弱水淹的剩余油富集区，粉色为中水淹的剩余油富集区，蓝绿色为强水淹区。结合单砂体表征结果，对剩余油分布模式总结如下：

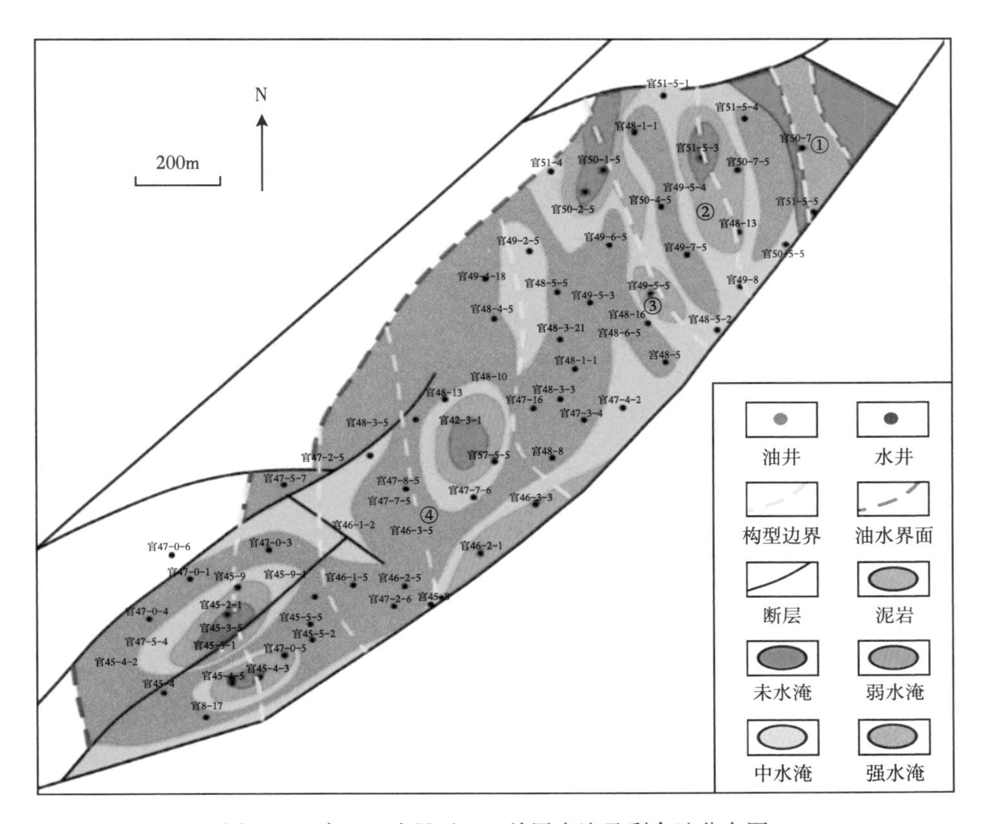

图 8.13　官 195 枣Ⅴ下 2-2 单层水淹及剩余油分布图

（1）分离孤立式单砂体界面控制剩余油模式。

在图 8.13 东北区域 ① 标识处，发育一条西北—东南向的泥质窄条带，两侧单砂体呈分离孤立式接触，泥质条带遮挡形成一条阻渗区，同时两侧注采井难以形成注采对应，形成顺泥质条带的带状剩余油富集区。图 8.14 为分离孤立式单砂体界面控制剩余油模式剖面图，在泥质条带两侧形成带状剩余油富集区。

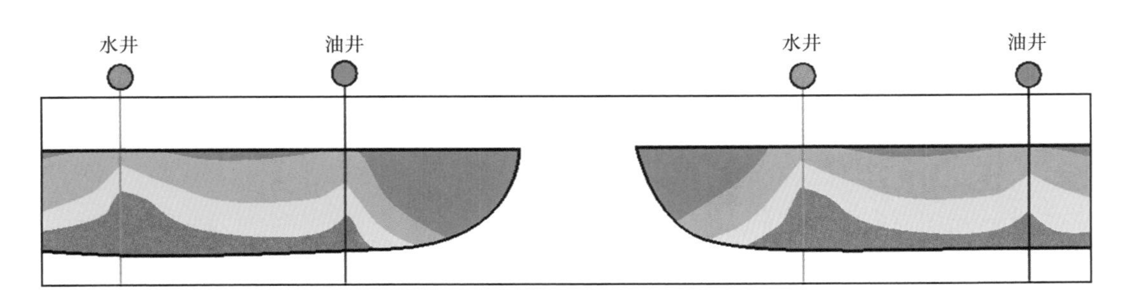

图 8.14　分离孤立式单砂体界面控制剩余油模式

以官46-1-3井区为例进行分析，通过对比井区流线场及构型图，发现由于构型界面的遮挡作用，官46-1-3井与南部官46-1-1井和官46-0-2井之间发育泥质条带，不连通；与北部的官47-2-4井和官47-2井等砂体连通性好（图8.15），这种因构型界面的遮挡作用造成的砂体不连通容易在砂体的端部，因注采不完善形成分离孤立式剩余油富集区。

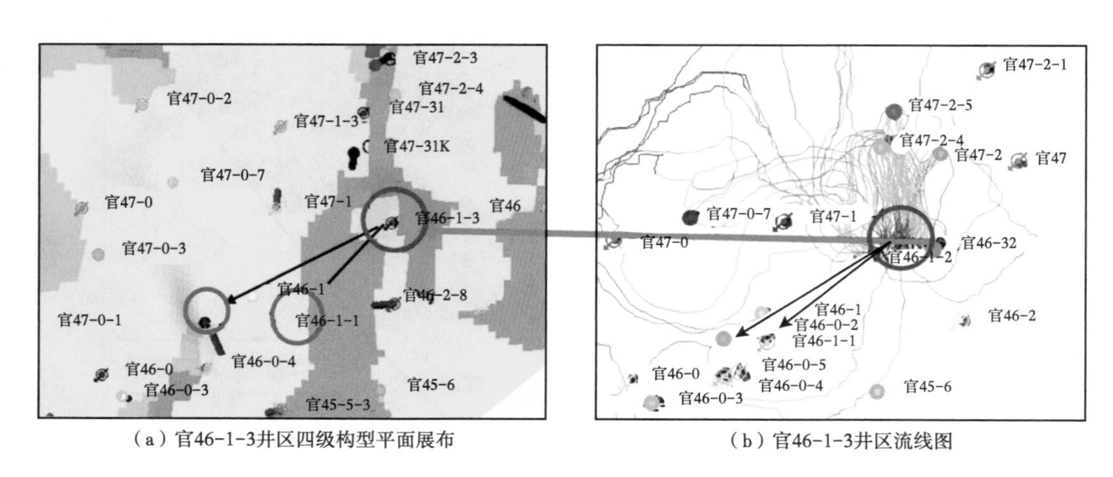

（a）官46-1-3井区四级构型平面展布　　（b）官46-1-3井区流线图

图8.15　官46-1-3井区构型与流线场对比图

（2）对接式单砂体界面控制剩余油模式。

图8.13中官60-6-6井区，即图中②标识处，单砂体表征结果表明此处发育一条西北—东南向的单砂体界面，单砂体间以对接式接触为主，单砂体间中下部界面以泥岩界面为主，呈不连通接触；顶部砂体接触界面以砂泥、砂砂界面为主，以弱连通为主。所以两侧单砂体总体呈不连通状态，在界面两侧形成剩余油富集区。这种对接式单砂体界面控制的剩余油模式剖面如图8.16所示。

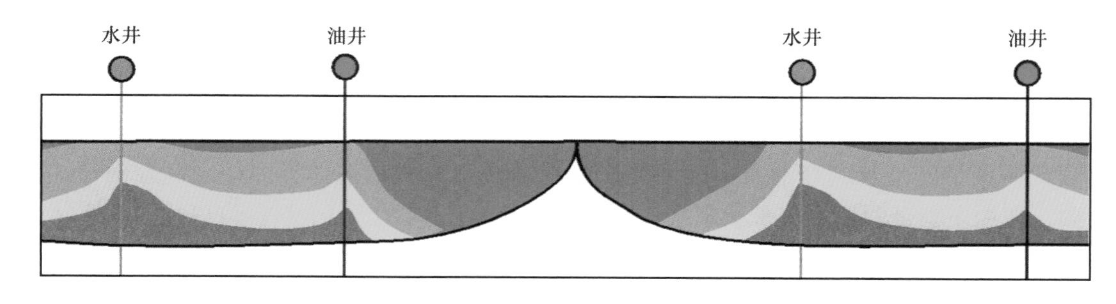

图8.16　对接式单砂体界面控制剩余油模式

（3）侧切式单砂体界面控制剩余油模式。

图8.13中官49-6-6井区，即图中③标识处，单砂体表征结果表明此处发育一条西北—东南向的单砂体界面，单砂体间以侧切式接触为主，单砂体间以泥—砂界面和砂—砂物性界面为主，两侧单砂体总体呈中连通或半连通状态，在界面两侧形成剩余油富集区。图8.17为侧切式单砂体界面控制剩余油模式剖面图。

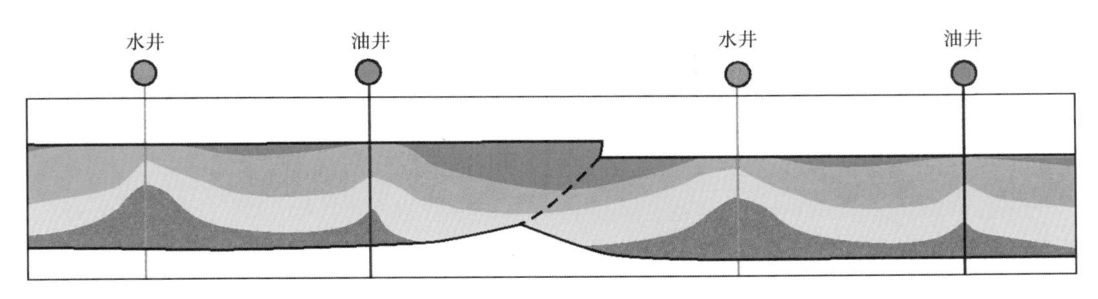

图 8.17 侧切式单砂体界面控制剩余油模式

以官 47-2-6 井区为例进行分析，官 47-2-6 井与官 46-32 井间发育两个单砂体界面，水下分流河道侧切河口坝等构型界面的遮挡作用影响，官 47-2-6 井与官 46-32 井连通性差，流线不发育，如图 8.18 所示。

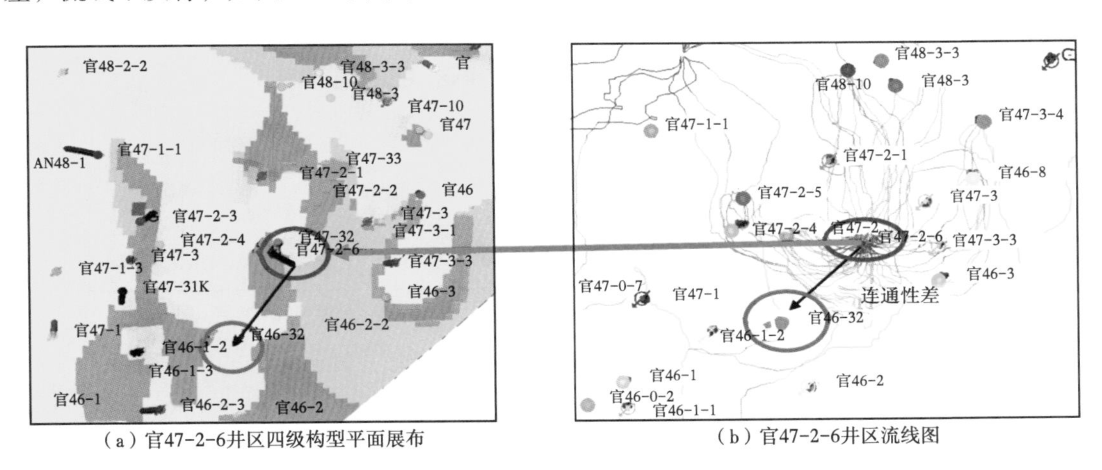

图 8.18 官 47-2-6 井区构型与流线场对比图

（4）切叠式单砂体界面控制剩余油模式。

图 8.13 中官 46-1-5 井区，即图中 ④ 标识处，单砂体表征结果表明此处发育一条西北—东南向的单砂体界面，单砂体间以切叠式接触为主，单砂体间以砂—砂界面为主，起不到遮挡作用，两侧单砂体总体呈连通状态，井网完善条件下在界面两侧一部无剩余油富集，如图 8.19 所示。

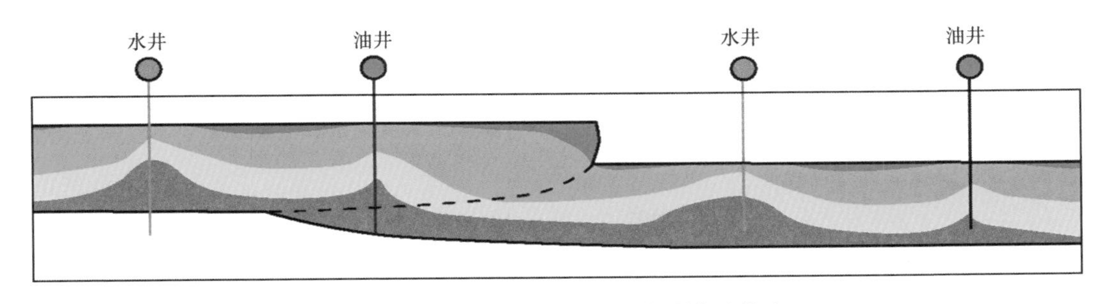

图 8.19 侧切式单砂体界面控制剩余油模式

8.2.4 层内构型对剩余油分布的控制作用

扇三角洲单砂体内部的夹层主要发育在较厚的河口坝单砂体和水下分流河道单砂体中。河口坝内部的夹层顺物源方向以一定的前积角度沉积，倾角发育范围为2.5°~4°，垂直于物源的方向上近乎水平沉积；水下分流河道内夹层呈坨状近水平状发育。研究表明，层内夹层是井间剩余油分布的主要控制因素之一。

如图8.20所示，P19采油井钻遇河口坝单砂体，河口坝单砂体内发育顺物源前积状夹层。注水井钻遇河口坝和水下分流河道砂体，注入水沿着河口坝砂体向油井推进，由于层内夹层发育，夹层下侧注入水驱替不到形成剩余油富集区。

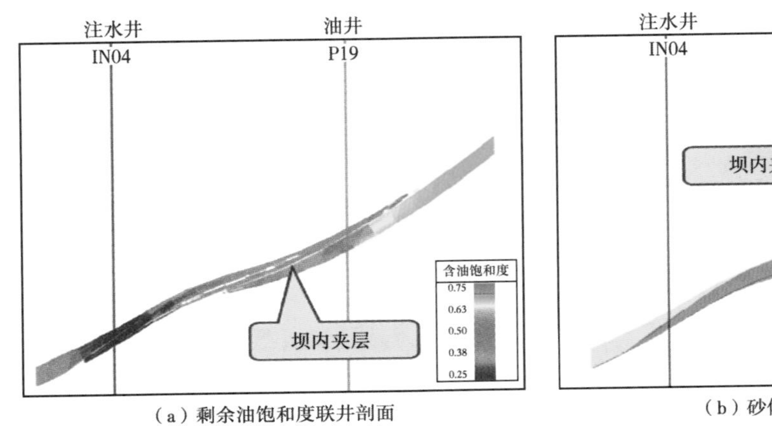

（a）剩余油饱和度联井剖面

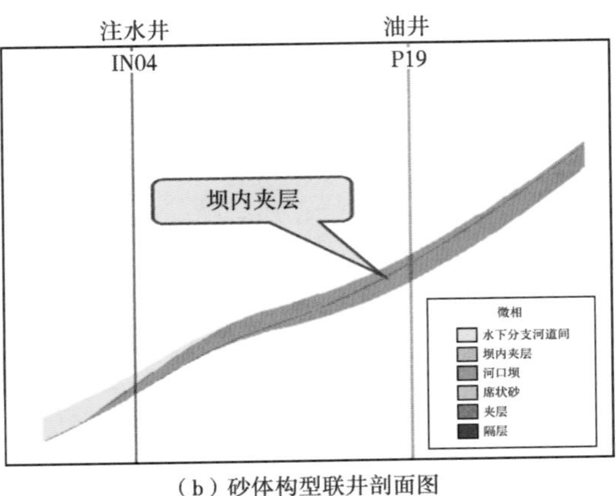

（b）砂体构型联井剖面图

图8.20　下注上采剩余油饱和度及砂体构型联井剖面（一）

如图8.21所示，河口坝内夹层的遮挡作用，导致注入水无法顺着河口坝砂体驱替到采油井，在河口坝夹层两侧形成剩余油富集区。

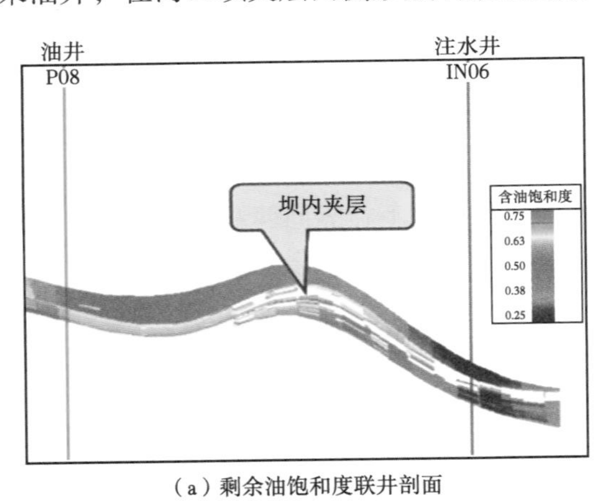

（a）剩余油饱和度联井剖面

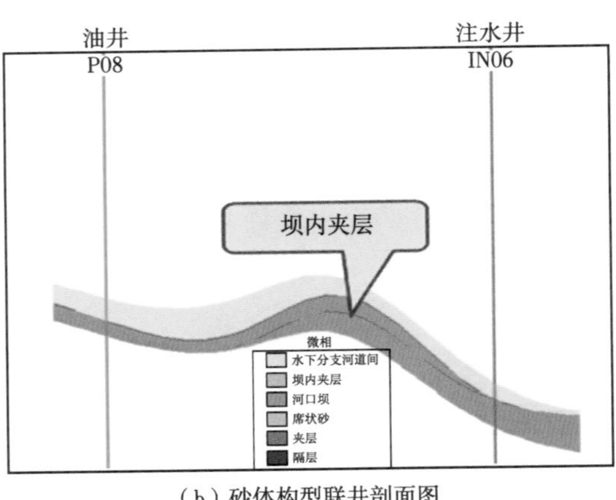

（b）砂体构型联井剖面图

图8.21　下注上采剩余油饱和度及砂体构型联井剖面（二）

通过建立200m井距的五点法注采三维概念模型，针对不同的夹层参数特征，采用数值模拟的手段，研究河口坝单砂体内部剩余油分布规律及差异特征，对不同夹层特征对采出程度（剩余油）的影响有以下几个方面的深入认识：

（1）夹层频率对剩余油富集程度的影响。

设置一条面积为 120m×120m 的位于注采井间层内夹层，垂向上分别设置 0 个、1 个、2 个和 3 个夹层形成 4 个模型，夹层在垂向上均匀分布（图 8.22）。模拟当模型含水率到 90% 时，观察不同夹层个数对应的模型的剩余油分布特征，并计算 4 个模型的采出程度，分析剩余油潜力。

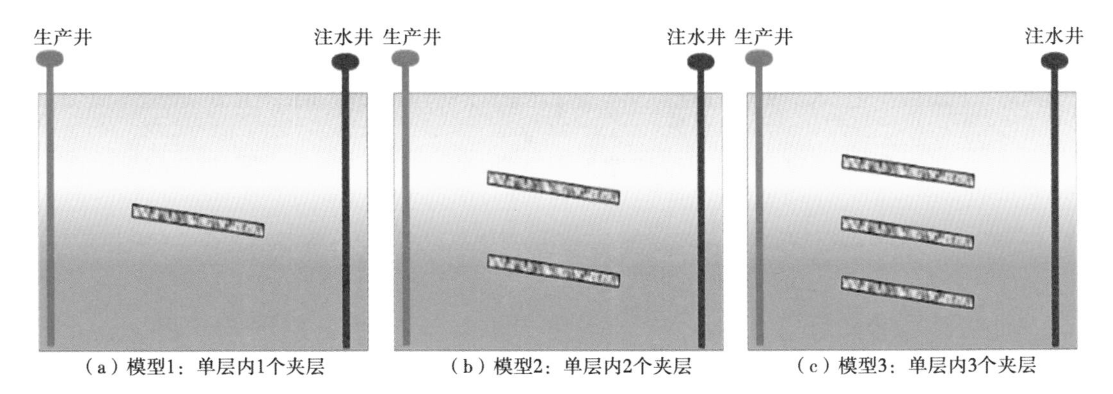

（a）模型1：单层内1个夹层　（b）模型2：单层内2个夹层　（c）模型3：单层内3个夹层

图 8.22　河口坝内不同个数夹层分布图

实验表明，随着夹层个数的增多，抑制了注入水向前推进的速度和重力作用向下波及的趋势，五点法模型采出程度持续降低（图 8.23）。

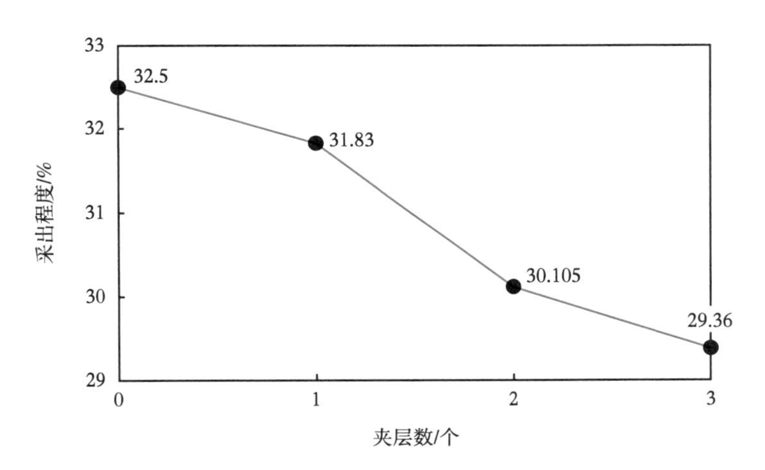

图 8.23　河口坝内夹层个数与模型采出程度关系图

当砂体发育一个夹层时，发育夹层的上部第一个韵律段的砂体垂向波及面积比较均匀，水淹程度强，第二韵律段砂体受重力影响，在夹层下部波及程度低、水淹程度弱，剩余油主要分布在夹层下部和模型边部。

当砂体发育两个及以上夹层时，夹层对注入水的遮挡作用愈发明显，注入水波及面积变下、总体水淹程度变弱，剩余油主要分布在每一层夹层下部和模型边部。

（2）夹层面积对剩余油富集程度的影响。

200m 井距的注采井间设置一条夹层，纵向上位于油层 1/2 处，改变平面上夹层面积大小，分别建立夹层面积为 0×0，60m×60m，120m×120m 和 180m×180m 的 4 个模型（图 8.24），数值模拟含水率到 90% 时，观察不同模型剩余油分布特征，评价各模型的剩余油潜力。

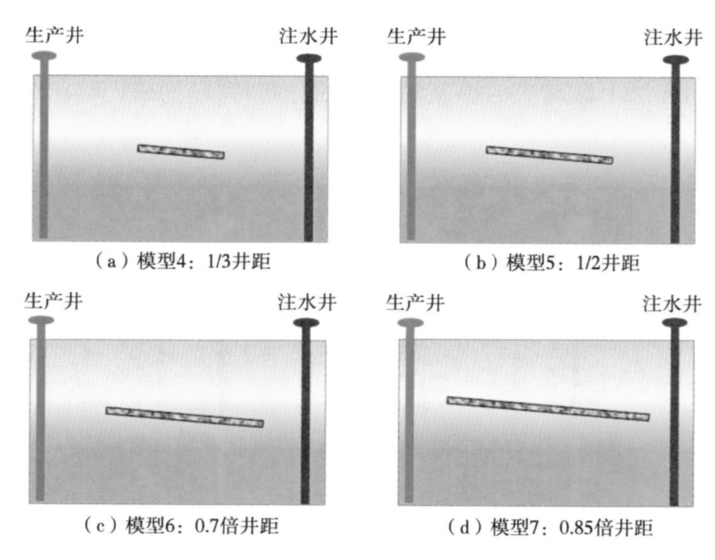

图 8.24　河口坝内不同面积夹层分布图

随着夹层规模的增大，注入水对垂向波及的抑制作用逐渐加强，五点法模型采出程度逐渐降低（图 8.25）。

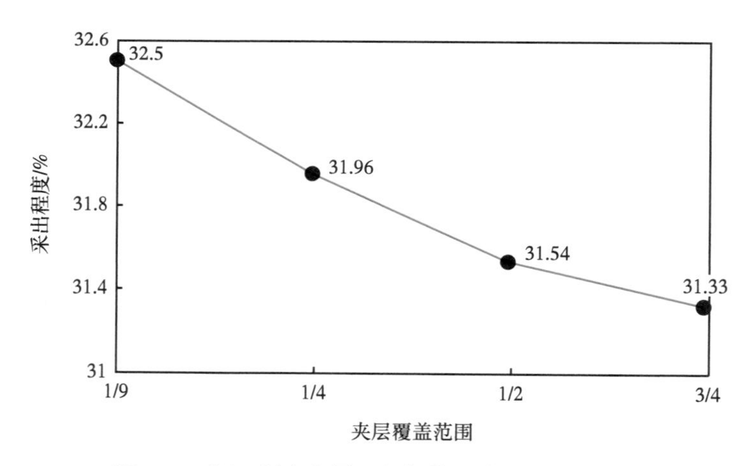

图 8.25　河口坝内夹层面积与模型采出程度关系图

随着夹层平面发育规模的增大，夹层下部砂体垂向波及面积逐渐减小，水淹程度减弱，剩余油逐渐增多，并且这种水淹减弱现象在模型 7 最明显。总体上水淹弱区域主要分布在砂体的顶层和夹层下部。

（3）夹层位置对剩余油富集程度的影响。

注采井间设置面积为 120m×120m 的夹层，改变垂向上夹层位置，建立模型 8 至模型 12 共计 5 个模型（图 8.26），当模型含水率到 90% 时，观察不同夹层位置对应的剩余油分布规律，并计算采出程度。

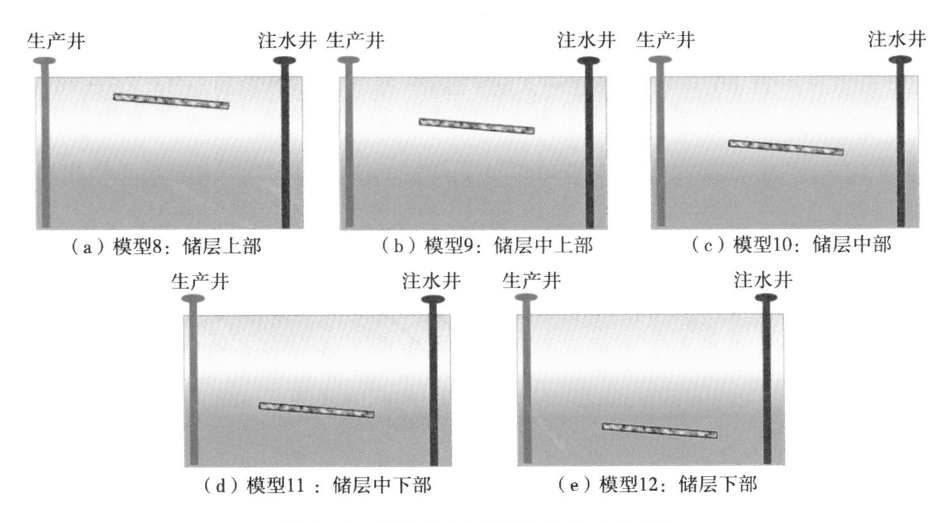

图 8.26 河口坝内不同位置夹层分布图

随着夹层位置向下设置，五点法模型采出程度逐渐降低（图 8.27）。这主要是由于夹层将模型分为上部高渗透带与下部低渗透带，当上部高渗透带驱替区域变大时，注入水重力分异作用逐渐加强，注入水驱替程度不均匀。

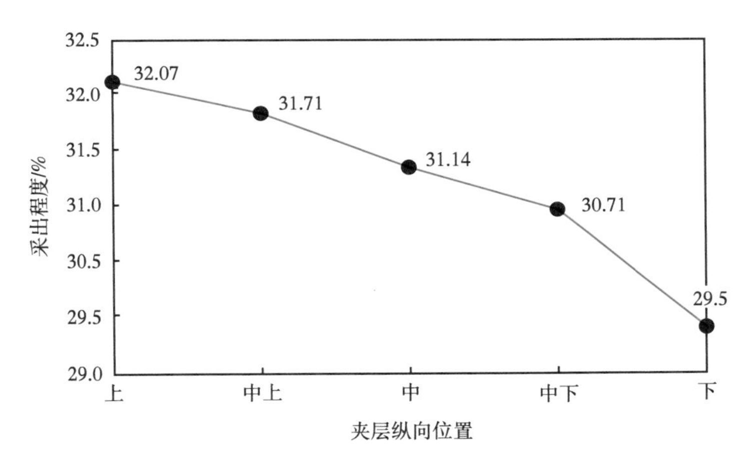

图 8.27 河口坝内夹层位置与模型采出程度关系图

8.3 构型控制剩余油挖潜效果

根据 Miall 六级界面划分方案，储层内部构型单元划分为 6 级，不同级次构型单元界面在不同的开发阶段对剩余油富集所起的作用不同。基于对单砂体及其内部构型控制的剩余油分布模式与规律的认识，开展了研究区块剩余油挖潜工作，取得了良好的实效。以重构的王官屯油田地下认识体系为指导，编制开发调整方案 33 个，实施新井 237 口（其中油井 184 口、注水井 53 口）、挖潜措施 427 井次（油井 243 口，水井 184 口），累计增产原油 42.61×10^4t，自然递减控制在 5%，采油速度控制在 0.42%，王官屯油田稳产基础得以加强。

图 8.28 为官 80 断块的应用实例。单砂体构型研究表明，该区块 4 级构型单元主要为

单一的辫状水道及心滩坝，通过单井识别、侧向划界、动态验证，准确识别构型界面，发现注水井 7-8-1 井与官 80 井砂体不连通，存在构型界面（图 8.28）。因此在官 80 井砂体部署新井官 7-10-1 井，投产后日产液 39.2m^3，日产油 23.4t，含水 40.3%，取得了良好效果。

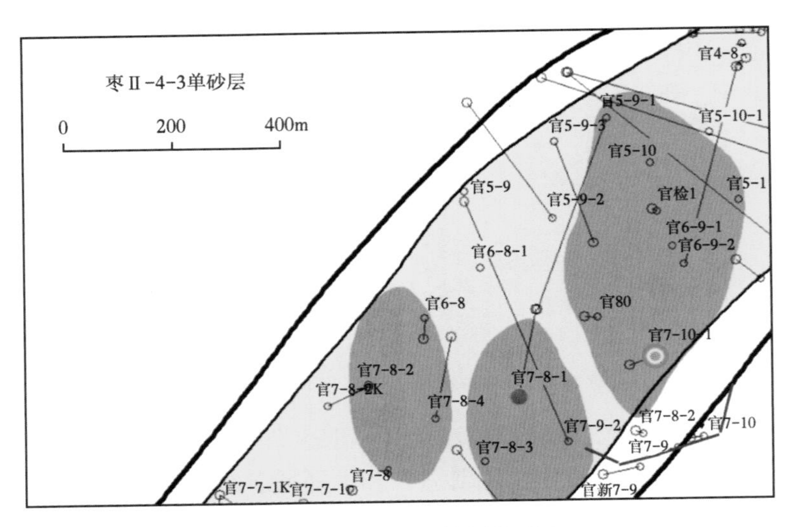

图 8.28　官 80 断块储层构型图

参考文献

[1] 韩洁，王敬瑶，李军，等 . 扶余油田扶余组曲流河储层单砂体构型刻画及剩余油控制因素 [J]. 现代地质，2011，25（2）：308-314.

[2] 王鸣川，朱维耀，董卫宏，等 . 曲流河点坝型厚油层内部构型及其对剩余油分布的影响 [J]. 油气地质与采收率，2013，20（3）：14-17.

[3] 闫百泉，张鑫磊，于利民，等 . 基于岩心及密井网的点坝构型与剩余油分析 [J]. 石油勘探与开发，2014，41（5）：597-604.

[4] 王珏，高兴军，周新茂 . 曲流河点坝储层构型表征与剩余油分布模式 [J]. 中国石油大学学报（自然科学版），2019，43（3）：13-24.

[5] 李顺明，宋新民，蒋有伟，等 . 高尚堡油田砂质辫状河储集层构型与剩余油分布 [J]. 石油勘探与开发，2011，38（4）：474-482.

[6] 杨少春，赵晓东，钟思瑛，等 . 辫状河心滩内部非均质性及对剩余油分布的影响 [J]. 中南大学学报（自然科学版），2015，46（3）：1066-1074.

[7] 李红南，万雪蓉 . 辫状河心滩内部夹层对剩余油分布的影响 [J]. 科学技术与工程，2015，15（12）：189-192.

[8] 孙玉花，辛治国 . 河口坝砂体剩余油分布规律及影响因素——以东营凹陷胜坨油田为例 [J]. 新疆石油地质，2009，30（2）：215-218.

[9] 林承焰，余成林，董春梅，等 . 老油田剩余油分布——水下分流河道岔道口剩余油富集 [J]. 石油学报，2011，32（5）：829-835.

[10] 李俊飞，叶小明，尚宝兵，等 . 三角洲前缘河口坝单砂体划分及剩余油分布 [J]. 特种油气藏，2019，26（2）：59-64.

[11] 何辉，宋新民，蒋有伟，等 . 砂砾岩储层非均质性及其对剩余油分布的影响——以克拉玛依油田二中西区八道湾组为例 [J]. 岩性油气藏，2012，24（2）：117-123.

9 油田现场应用实效

通过“十三五”科技攻关，初步形成高含水油田井震结合储层精细表征技术，在大港王徐庄油田和王官屯油田实施了规模化推广应用，实现复杂断块油藏研究区对剩余油起控制作用的断层、构造、单砂体及内部构造精细表征，重构了王徐庄油田和王官屯油田地下认识体系，新增地质储量 2035.75×10^4t，为研究区开发调整潜力目标分析和剩余油高效挖潜奠定良好基础。以重构的地下认识体系成果为指导，开展开发调整方案设计研究，两个油田共计部署新井 804 口，计划新建产能 111.15×10^4t/a，已实施新井 268 口，其中油井 210 口、水井 58 口，新建产能 35.8×10^4t/a；实施油水井调整措施 590 口，措施成功率 95.9%，累计增产原油 15.66×10^4t，取得显著的技术经济实效，大力推进了王徐庄油田和王官屯油田开发效果在“十三五”期间整体向好：开井注采井数比保持稳定；注采对应率和水驱储量控制程度整体呈上升趋势；含水上升得到有效控制。

9.1 大港王徐庄油田应用实效

在王徐庄油田，基于井震联合储层精细表征成果，开展研究区储量复算、剩余油分布规律与潜力目标分析综合研究，新增地质储量 554×10^4t，制订开发调整方案 7 个，设计新井 129 口（其中采油井 67 口、注水井 34 口），计划新建原油生产能力 19.29×10^4t。已实施新井 31 口（其中油井 26 口、注水井 5 口），增加日产能力 130t，新建原油生产能力 3.9×10^4t，新井地质认识符合率 100%。实施措施 163 井次，措施井成功率 85.2%，累计增产原油 7.35×10^4t，增产天然气 $0.126\times10^8\text{m}^3$，取得显著实效。

9.1.1 重构地下认识体系取得的主要新认识

在物源分析、基础地质研究和新技术研发与应用的基础上，井震结合重建王徐庄油田地质分层方案，开展全油田大区域统层等时对比、统层地震资料地质小层级精细解释和重点解剖区单砂体及其内部构型刻画，实现对剩余油起控制作用的断层、构造、储层边界、单砂体及其内部构型的精细表征，重构了王徐庄油田地下认识体系，取得以下主要新认识：

（1）通过古地貌特征和重矿物含量分析认为，王徐庄油田南大港断层上升盘主要物源来自西南部孔店凸起，下降盘主要物源来自上盘滑塌和羊三木扣村潜山的剥蚀物；原有地质认识认为该区域主要接受南部埕宁隆起物源的观点不成立。

（2）突破油田现场40余年对王徐庄油田主体断块原有的沙二+三传统的地质分层模式，建立了涵盖主体断块、南中段、扣村等地区全油田各个区块统一的全新的地层分层方案，油田现场过去认为主体断块不存在沙二段、王徐庄古潜山构造高部位无沙三段，本次研究在统层对比的基础上，统层地震资料精细解释，揭示了王徐庄油田沙二段和沙三段全区沉积、尖灭及剥蚀规律与构造特征，绘制了沙二段和沙三段砂岩分布图。研究成果揭示，在王徐庄油田主体断块低部位广泛存在沙二段，即便是高部位除圈定的剥蚀区域之外，也存在不完全剥蚀并与上部沙一下亚段生物灰岩接触的沙二段砂岩，新圈定的主体断块发育的沙二段砂岩已成为该油田开发调整有利目标区；沙三段除王徐庄古潜山顶部的局部较小部位和扣村地台高部位完全剥失之外，全区沙三段砂岩普遍存在，只是因钻井深度不够，一些井未打到沙三段砂岩，这部分未被钻遇的沙三段砂岩是进一步开发的重要目标。

（3）重构地下断层体系取得新认识，以沙一下亚段底界为例，目前现场应用的构造图件上有断层235条，重新解释确认的断层有266条，其中新发现小断层31条，明显延长的断层12条，明显缩短的断层1条，横向位置明显摆动的断层5条，其中因断点变化修改的断层有8条。断层对注水井和采油井具有分割作用，也是控制剩余油的主要因素，这些断层新认识有力地指导了注采关系完善和断层附近剩余油的挖潜。

（4）单砂体构型表征研究表明，王徐庄油田水下扇单砂体可划分为主水道砂、分支水道砂、漫溢砂、决口水道砂、朵叶砂和天然堤砂等6种类型，本次研究实现了王徐庄油田五断块各个小层单砂体及内部构型表征，为该区块开展开发精细调整及调剖堵水等措施提供了地质依据。

9.1.2 剩余油分布规律与潜力目标分析

剩余油的形成并不是单一因素作用的结果，而是地质条件和开采条件共同作用的结果。一方面主要受油层平面非均质性的控制，即微幅度构造与断层作用、砂体的外部几何形态、厚度变化、砂体连续性、渗透率非均质性、流体非均质等控制；另一方面，还受开采工艺措施的控制，如井网条件、调整措施等。综合多方面因素与重构的层位、断层、构造、储层地下认识体系成果，对王徐庄油田的剩余油分布规律与潜力目标进行了分析，确立了开发调整与挖潜有利目标。

王徐庄油田具有以下4种主要类型的剩余油富集区：

（1）微幅度构造和断层控制的剩余油富集区。

王徐庄油田构造格局主要受断层控制，断层对注采井起到重要的分割作用，对剩余油分布具有非常明显的遮挡影响。本次研究以地震资料解释的油层组构造为约束，绘制地质小层顶界微构造图，研究砂层顶面的微起伏变化及微小断层的平面位置、延伸方向及延伸距离的配置关系，明确了微幅度构造和断层控制的剩余油富集区。研究表明一断块、二断块和三四六断块微起伏变化较大，微小断层较多，在注采不完善的微幅度构造圈闭、断层夹角部位（图9.1和图9.2），具有剩余油富集的有利条件，是进一步开展开发调整与措施挖潜的潜力目标。

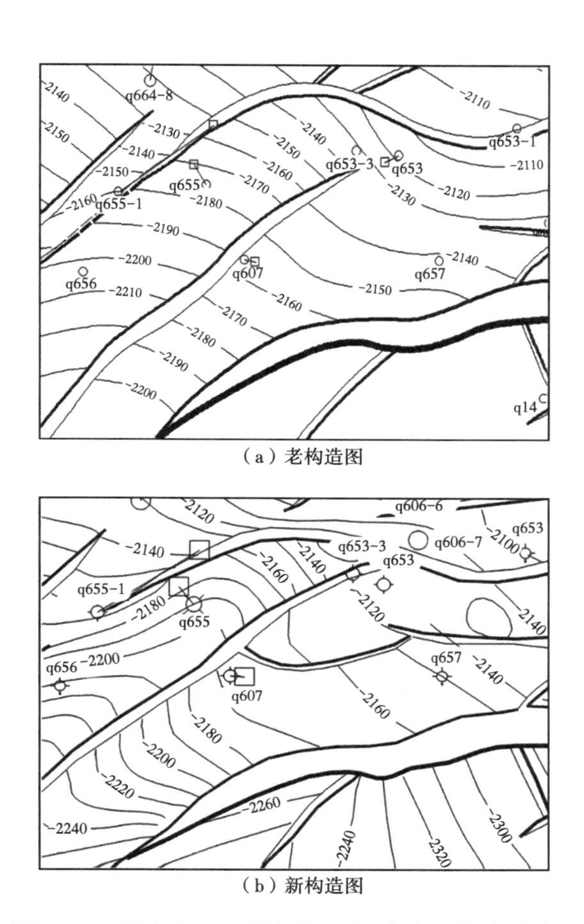

（a）老构造图

（b）新构造图

图 9.1 王徐庄油田二断块沙一下亚段底界构造图对比

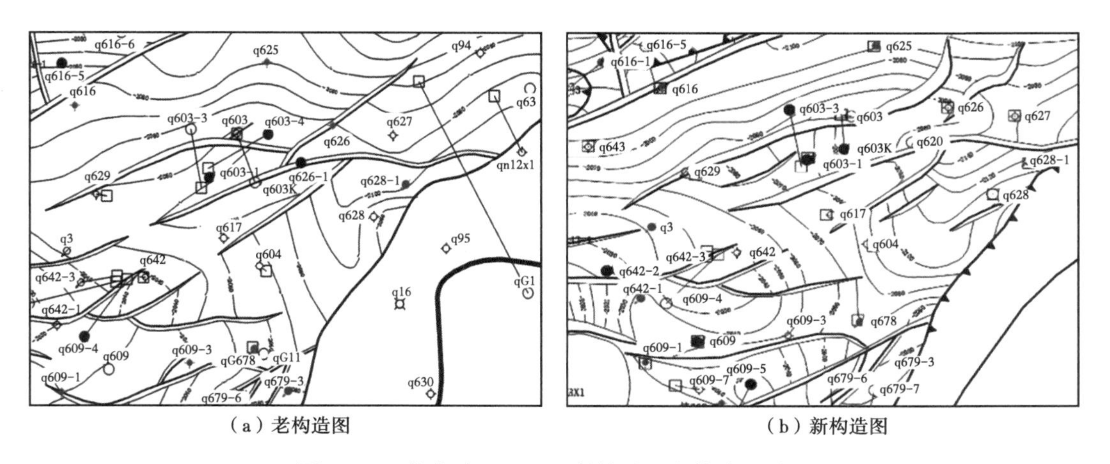

（a）老构造图

（b）新构造图

图 9.2 王徐庄油田三四六断块沙二段构造图对比

（2）注采井网不完善控制的剩余油高值区。

王徐庄油田经过多年的注水开发，注采井网较完善的主力砂体，含油饱和度普遍较低，基本上已经水淹；不能形成良好注采井网的区域仍存在剩余油高值区，是下步挖潜的主要目标。

本次研究指出，在王徐庄油田主体断块低部位广泛存在沙二段，即便是高部位除圈定的剥蚀区域之外，也存在不完全剥蚀并与上部沙一下亚段生物灰岩接触的沙二段砂岩，新圈定的主体断块发育的沙二段砂岩原来按沙二＋三笼统分层开发，存在注采井网不完善控制的剩余油高值区，是该油田开发调整有利目标区。其中三四六断块位于王徐庄油田老区主体断块的东侧，通过对本次研究新确认的沙二段砂岩储层开展剩余油潜力研究，复算新增储量 100×10^4t，单井剩余可采储量 1.77×10^4t，调整潜力较大。

（3）未动用砂体控制剩余油饱和度高值区。

利用 2018 年处理的叠前时间偏移地震资料开展精细构造解释工作，在五断块南侧低部位新刻画一条与南大港断层近于平行的北北东方向的断层，该断层东侧与南大港断层、西侧与歧 668-5 断层相交，在该断层下降盘 q19 井东侧、q668-5 井南侧断层夹角形成新的有利圈闭（图 9-3）。

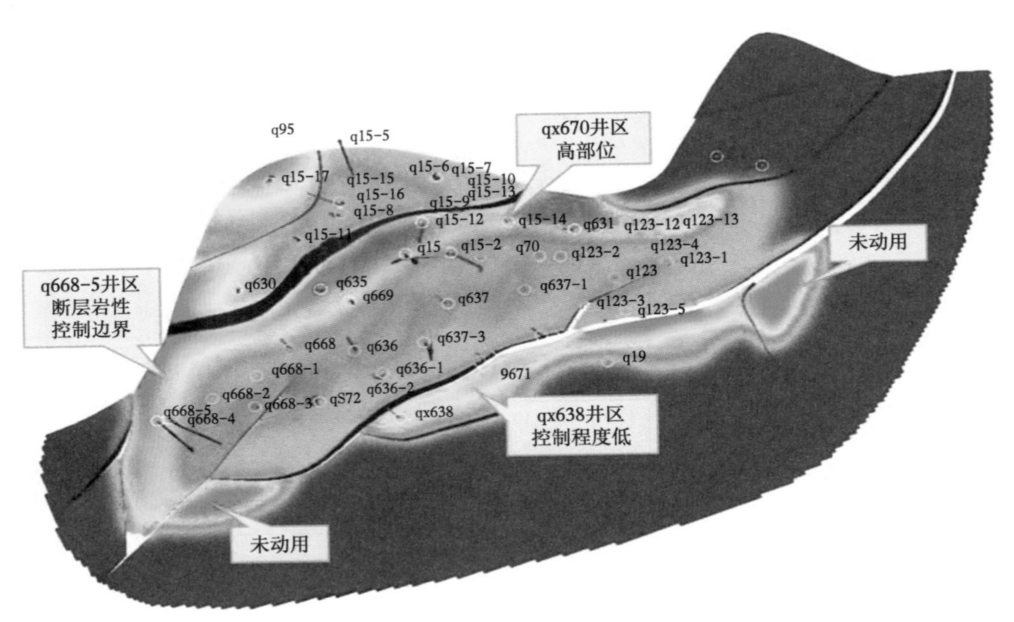

图 9.3　五断块沙三 2（Es_3^2）剩余油饱和度图

另外，王徐庄油田主体断块沙三段除古潜山顶部的局部较小部位完全剥失之外，沙三段砂岩在主体断块普遍存在，因钻井深度不够，一些井未打到沙三段砂岩，这部分未被钻遇的沙三段砂岩是进一步开发的重要目标。

（4）油层复查升级油层的潜力区。

通过开展油层复查工作，发现一些潜力层，以下举例说明。在 q642 井—q628 井油藏剖面图（图 9.4）中可以看出 q642 井、q617 井、q604 井和 q628 井砂体对比关系良好。q642 井 1973 年 1 月投产沙二段 4 号层，初期自喷日产油 26.33t，日产水 0.48m^3，日产气 7278m^3，含水 10.7%。低部位 q628 井 1978 年 3 月卡水堵沙单采沙二段 5 号层，日产油 6.93t，日产水 13.21m^3，日产气 573m^3，含水 60%。而处于构造腰部的 q604 井和 q617 井沙二段电测解释均为水层。q642 井 2068-2070 处录井显示富含油，井壁取心含油，电阻率 8Ω・m，声波时差 266μm/s，根据油藏油水规律结合王徐庄油田二断块沙二段构造特征及油水判别标准，认为该层可升级为油水同层。q617 井沙二段顶部电阻率 4.5Ω・m，声波时差 315μm/s、（图 9-5），录井显示油侵，且钻井过程中有气泡显示，分析认为沙二顶部是由于岩性细、黏土含量高造成的低阻现象，可升级为油水同层。

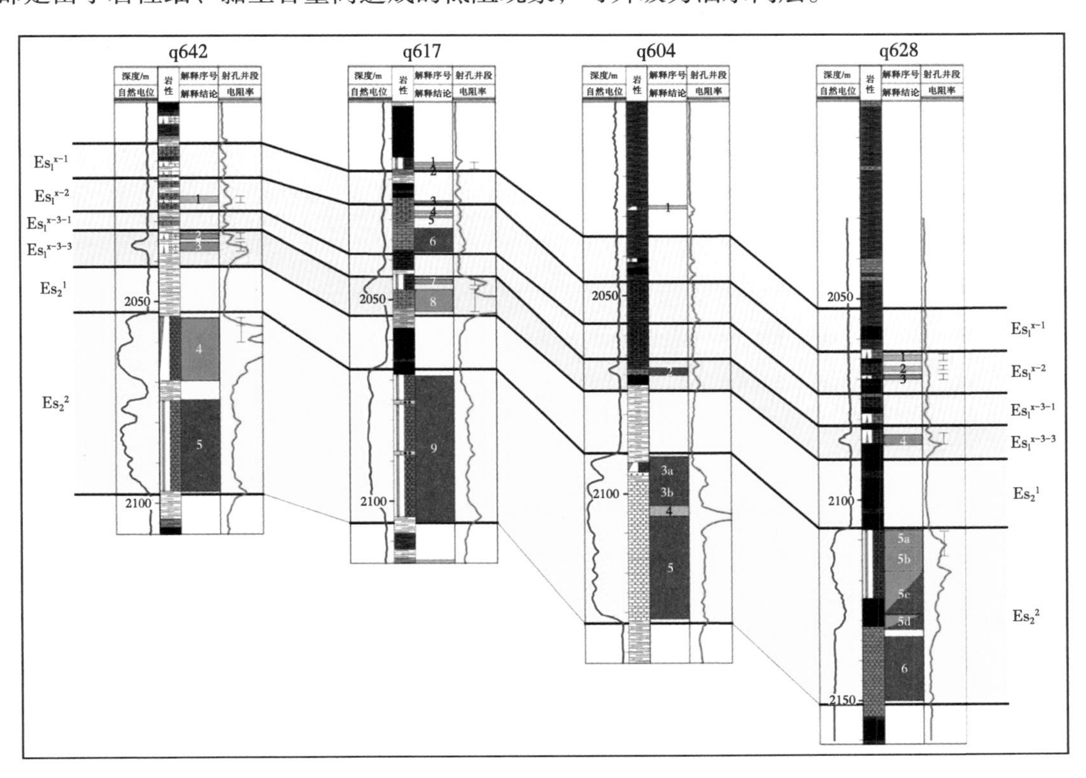

图 9.4　q642 井—q628 井油藏剖面示意图

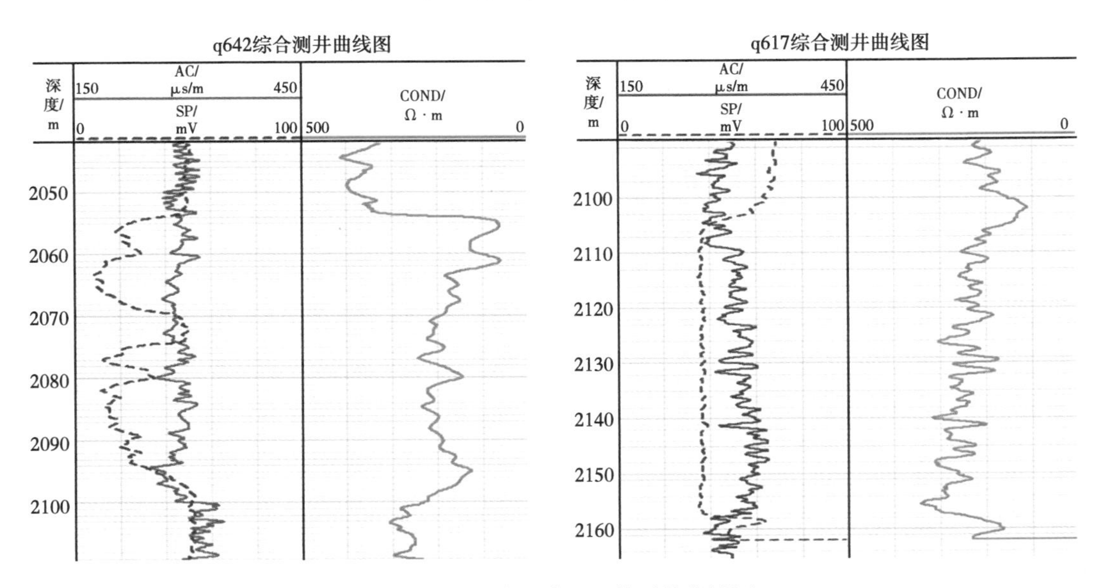

图 9.5　q642 井和歧 617 井测井曲线图

9.1.3 油田开发调整应用实效

本此研究开展了充分的成果产业化应用，边研究、边推广，重构了王徐庄油田地下认识体系，研究期间编制开发调整方案 7 个（表 9.1），方案新增动用地质储量 554×10^4t，计划钻新井 129 口（其中采油井 67 口、注水井 34 口），平均单井日产能力 9.6t/d，新建年产能力 19.29×10^4t/a。

表 9.1 王徐庄油田开发调整技术应用成果表

断块名称	油藏类型	主要技术手段	实施新井数 / 口	课题成果贡献
一断块	薄层状油藏	井震联合地质分层 储层精细预测	7	原认识 Es_2 不存在砂层，本次研究该区 Es_2 砂岩为有利含油砂体
二断块	复杂断块油藏	低级序断层精细解释	5	原构造落实程度低，本次研究落实低级序断块
歧 698—歧 119-13			4	
三四六断块	厚砂岩底水油藏	井震联合地质分层 低阻油层识别	6	原认识含油范围外，本次研究为有利含油范围
五断块	厚砂岩油藏	单砂体表征及储层预测	2	
七断块	岩性油藏	井控岩性综合解释	4	原认识物性差干层区域，本次研究为含油范围
歧 41 断块	薄层状油藏	断层精细解释 油藏矛盾处理	3	原认识构造复杂，油藏关系矛盾，本次研究构造清晰，落实细分单元油水关系

迄今已实施新井 31 口（其中油井 26 口、注水井 5 口），增加日产能力 130t/d，新建原油生产能力 3.9×10^4t/a，新井地质认识符合率 100%。实施措施 163 井次，措施井成功率 85.2%，累计增产原油 7.35×10^4t，增产天然气 0.126×10^8m^3，取得显著经济实效。

以下三个方面突出体现了重构地下认识体系成果对油田开发调整和剩余油挖潜的指导作用：

（1）应用重构地下层位与储层认识体系成果开发新层系。

王徐庄油田主体断块（一断块、二断块、三四六断块）主要位于南大港断层上升盘，其中主要目的层为沙一下亚段生物灰岩段，主力层系单一，平面水淹范围大，后期调整余地小，缺乏明确有效的稳产接替手段。

此次研究采用井震综合约束等时地层对比技术对油田现场原按照沙二 + 三进行地质分层的地层，进行沙二段和沙三段独立分层，在原来认为不存在沙二段的部位，发现沙二段砂岩油藏。沙二段为深灰色泥岩与厚度较薄砂岩互层，属于半封闭湖湾沉积，大部分位于扇缘微相，储层厚度在 1~11m 之间，为受岩性和构造双重控制的复杂油气藏。

为了验证沙二段油藏的含油性，在二断块沙二段顶部与生物灰岩相邻的砂层补孔 2 口（图 9.6 和图 9.7），初期日产均 10t 以上。其中 q634-2 井补开沙二顶部的 38-2 号和 38-4 号层（原认识为 Es_1^{x-3-3} 小层），初期最高日产油 20.8t，含水 28%；q634-1 井补开沙二段顶部的 17 号层（原认识为 Es_1^{x-3-3} 小层），初期最高日产 11.9t，含水 60%。

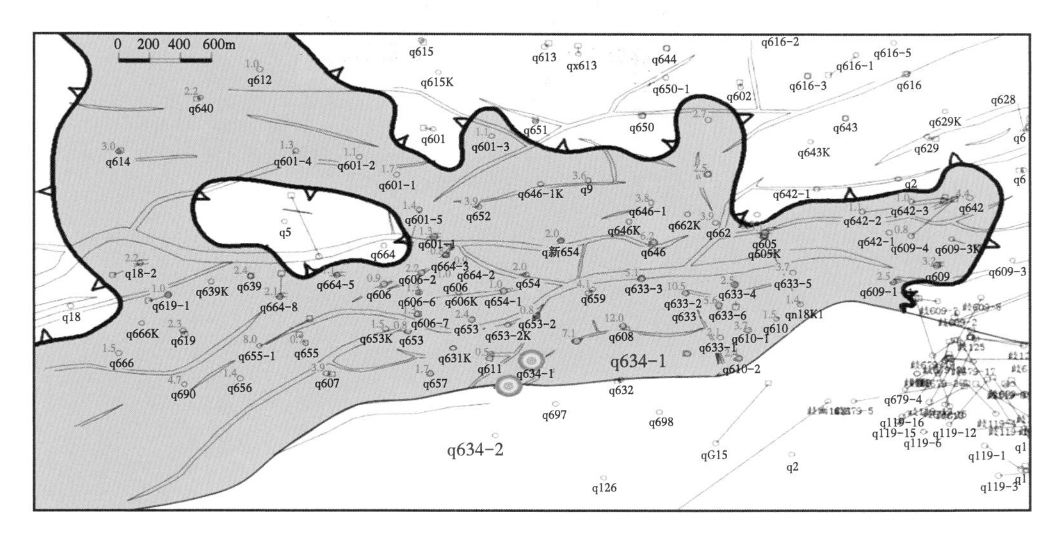

图 9.6 王徐庄油田主体断块沙二段顶部新增解释砂岩分布范围

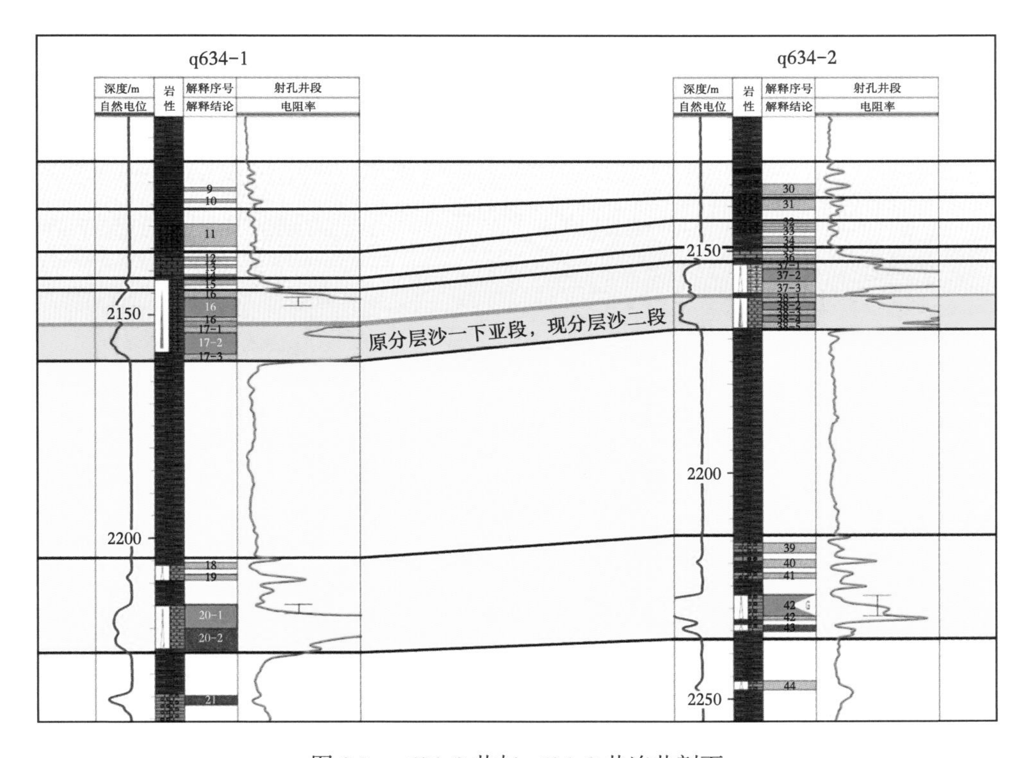

图 9.7 q634-2 井与 q634-2 井连井剖面

依托新建立的地质分层方案，重构地层格架，并在构造解释和储层预测成果的指导下，复算王徐庄油田一断块地质储量，计算新增加地质储量 187.44×10^{4}t，部署了一断块综合调整方案。已完钻的新井 q646-2 井、qx9 井和 q665-6 井日产油均 9t 以上（图 9.8 和图 9.9），迄今已累计产油 4716t，累计产气 106.9×10^{4}m^3（表 9.2）。其中取心井 q646-2 井于 2018 年 9 月 11 日投产沙二段 30 号层（2311.2~2314.1m），日产油 10.23t，日产气 2004m^3，含水 4%；qx9 井 2019 年 2 月 2 日投产沙二段 24 号层，日产油 9.17t，日产气 1503m^3，含水 44.64%。

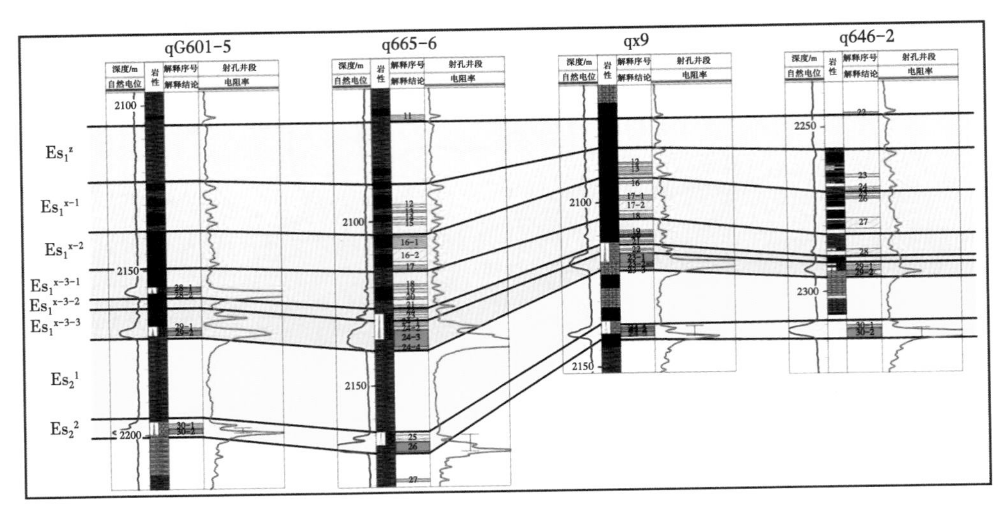

图 9.8　qG601-5 井—q646-2 井地层对比图

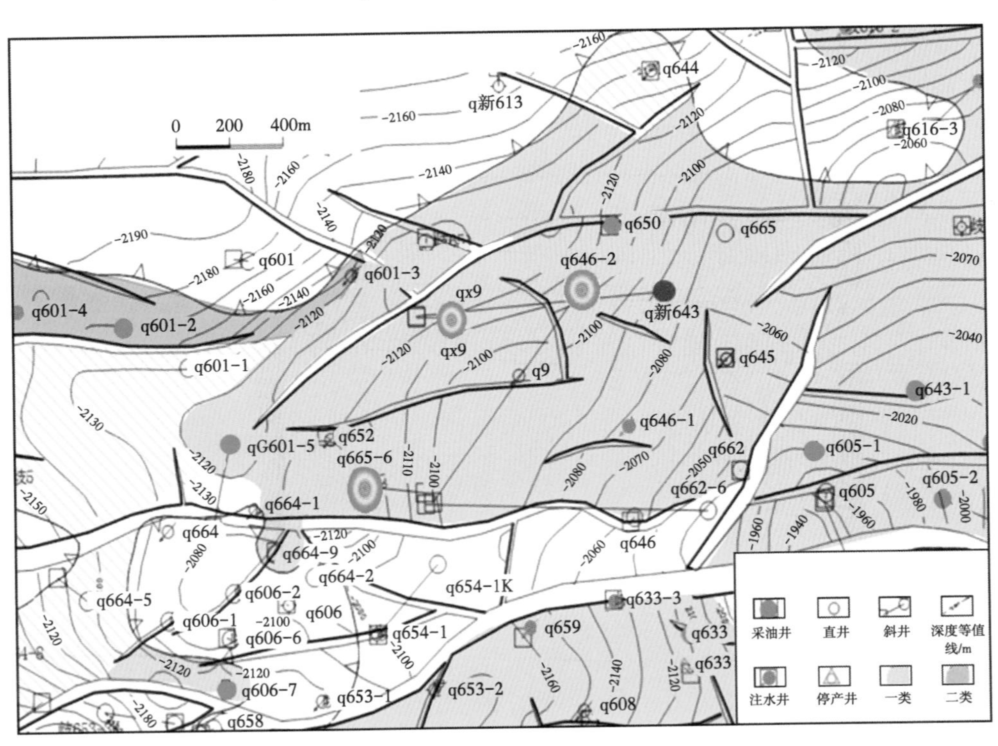

图 9.9　一断块新井位置图

表 9.2　王徐庄油田一断块沙二层系新钻井生产情况数据表

井号	层位	初期产量			累计产油 /t	累计产气 / 10^4m^3
		日产油 /t	日产气 /m^3	含水 /%		
q646-2	沙二段	10.23	2004	2.1	1719	56.1
qx9	沙二段	9.17	1503	44.6	1687	50.8
q665-6	沙二段	9		48.8	1310	
小计		28.4	3507		4716	106.9

（2）新层系沙二段低阻油层复查实现老区挖潜增效。

王徐庄油田三四六断块研究前面临高含水、产量递减严重的低效局面。本次研究在沙二段和沙三段独立分层新方案的基础上，在沙二段层系开展老井油层复查工作，原认识水层区域复查升级为二类油层区，根据这一认识，重新圈定了含油面积（图 9.10）。目前已实施新井 6 口，其中高效产能井歧 617-1 井初期日产油 9t，日产气 3003m^3；q642-4 井初期日产油 6.1t，日产气 2000~8000m^3（图 9.11）。

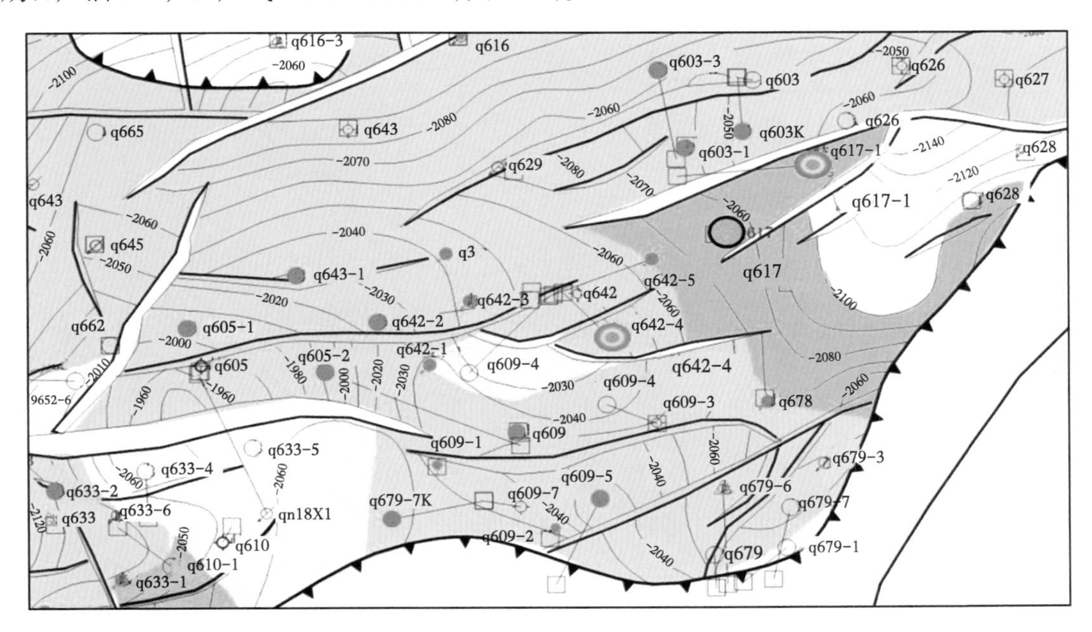

图 9.10 王徐庄油田三四六断块沙二 2 顶界构造图

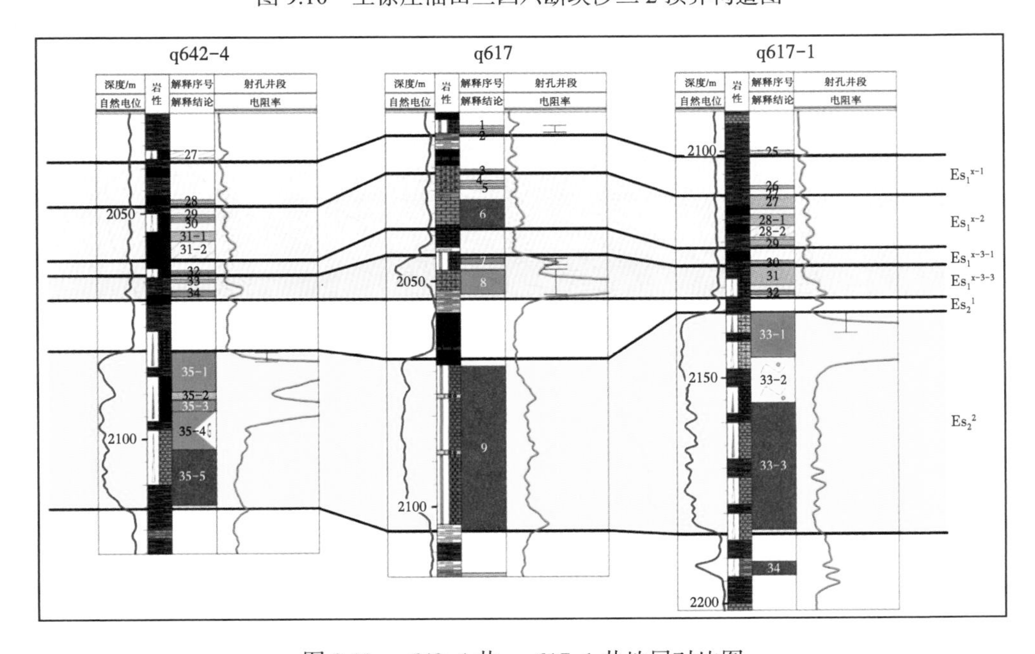

图 9.11 q642-4 井—q617-1 井地层对比图

（3）构造与储层新认识拓展砂岩储量范围。

王徐庄油田五断块位于南大港主断层下降盘，属构造岩性油气藏。于1970年以不规则的井网投入开发沙三段，目前主力层水淹严重，平面上剩余油饱和度低，油井含水达90%以上，注水效果进一步提高的难度很大。

本次研究利用重新处理的三维地震资料，井震结合重新落实全区构造，使断层组合更加合理。在新的构造认识基础上，开展五断块储量复算，五断块含油面积增加0.642km^2，由1.85km^{2}增加到2.49km^2（图9.12），原上报地质储量386.37×10^{4}t，复算地质储量

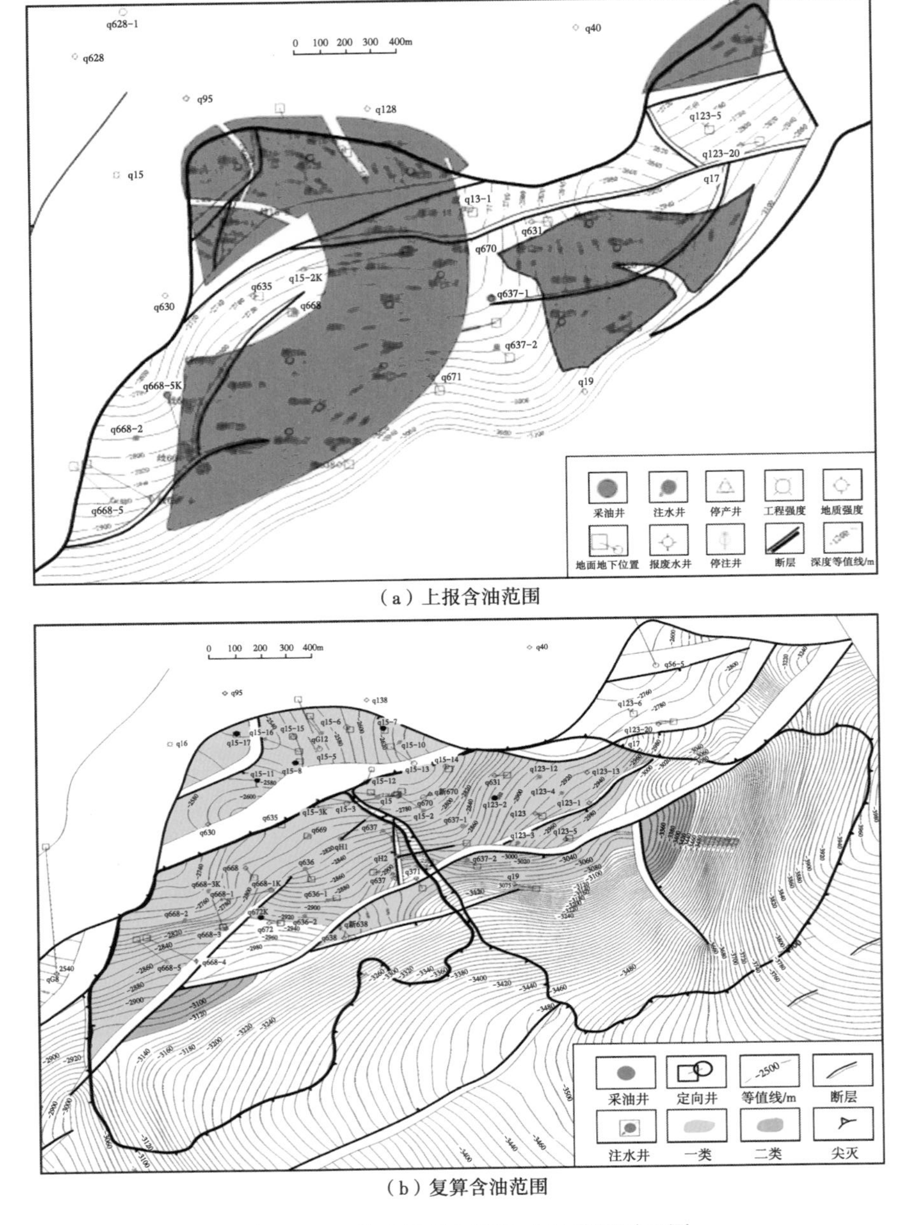

（a）上报含油范围

（b）复算含油范围

图9.12　王徐庄油田五断块含油范围对比图

480.08×10^4t，增加地质储量 93.71×10^4t。同时，应用断陷湖盆水下扇储层单砂体及构型表征技术，建立了构型级次的三维地质模型（图 9.13），动静结合分析水淹特征，形成构型控制下水淹规律认识。编制了五断块综合调整方案，设计新钻产能井 23 口（15 口油井、8 口水井），其中 2 口水平井，2 口注水更新井，新建产能 2.94×10^4t/a，为高含水老油田稳产上产提供支撑。目前已完钻 2 口新井，其中 q668-6 井于 2020 年 5 月 12 日投产，日产油 6.01t，含水 78%；q638-2 井油层 4 层 / 30.6m，油水同层 1 层 / 5m，差油层 2 层 / 8.6m，待试油。

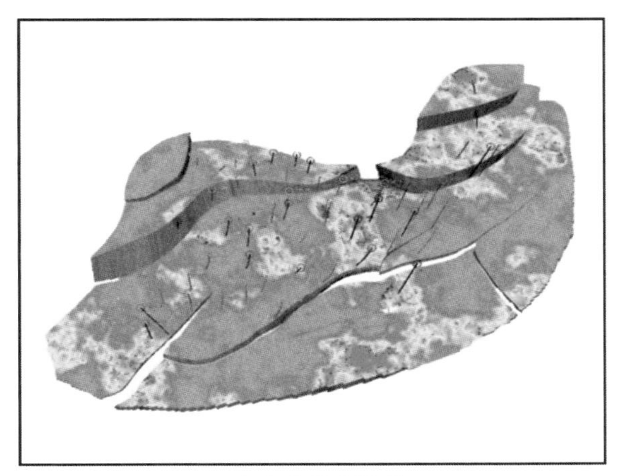

（a）孔隙度模型

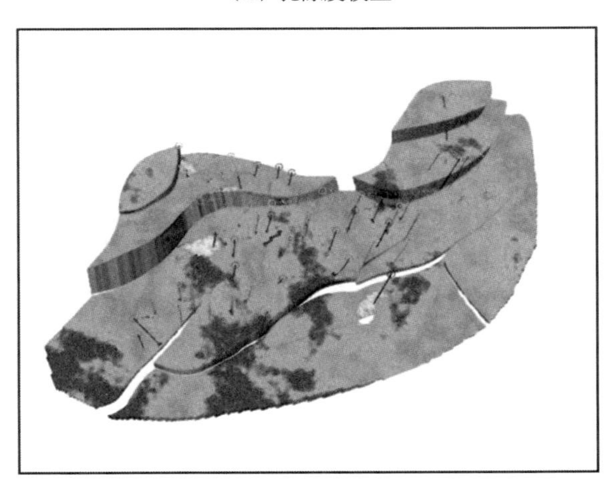

（b）渗透率模型

图 9.13 王徐庄油田五断块沙三段属性模型

9.2 大港王官屯油田应用实效

在王官屯油田，将以官 80 断块、官 195 断块和官 998 断块为重点解剖区，形成的断陷湖盆三角洲单砂体及内部构型表征技术，在全油田 20 余个断块范围内进行了规模化推广应用，重构了王官屯油田地下认识体系。在此基础上，开展研究区储量复算、剩余油分布规律与潜力目标分析综合研究，新增地质储量 1481.75×10^4t，指导编制了王官屯油田开发调整方案，方案总体覆盖地质储量1.14亿吨，部署新井675口，新井新建产能91.86×10^4t/a，其中开展二三结合区块8个，覆盖地质储量5494×10^4t，三次采油建产能56.8×10^4t/a，方案总体预计提高采收率10.06个百分点。迄今已实施新井237口（其中油井184口、注水井53口），增加日产能力1138t，新建原油生产能力31.9×10^4t/a，新井地质认识符合率87%。实施油水井措施427井次（油井243口、水井184口），累计增产原油8.31×10^4t，取得显著实效。

9.2.1 重构地下认识体系取得的主要新认识

在物源分析、基础地质研究和新技术研发与应用的基础上，井震结合重建王官屯油田地质分层方案，开展全油田大区域统层等时对比和重点解剖区单砂体及其内部构型刻画，实现对剩余油起控制作用的断层、构造、储层边界、单砂体及其内部构型的精细表征，重构了王官屯油田地下认识体系，取得以下主要新认识：

（1）完成王官屯油田全区统层对比，在区域沉积、地层、构造及生产动态资料综合研究的基础上，充分应用三维地震解释技术与精细地层对比的结合，在完成地层骨架与断点组合之后，开展了精细单元划分

在精细对比过程中，主要是应用自然电位、微电极、电阻率、感应测井曲线及各种资料，采用“旋回对比，分级控制、动态验证、地震约束、不断调整”的对比思路，由大到小由粗到细的方法，进行油组、小层及单砂体的对比。

枣Ⅳ和枣Ⅴ油组共划分了11个小层76个单砂体。以官195断块的地层划分方案为标准，在官185地区（83口井）重新划分了油组、小层和单层。

枣Ⅰ、枣Ⅱ和枣Ⅲ油组共划分了11个小层33个单砂体。通过地层精细对比，部分井的分层较以往发生了改变，其中，有4口井的油组分层发生了变化，有13口井的22个单砂体分层发生了改变。例如官7-8井，原分层认为3号油层是枣Ⅱ-1-2和枣Ⅱ-1-3两个砂体，可根据与周围井的对比及结合该井纵向上的砂体分布，研究认为3号层就是一个砂体枣Ⅱ-1-3，这样跟邻井的对应关系更好，平面上油层的分布也更合理。

沙三段按照顺物源和横切物源方向，建立了4纵3横对比井网，对断块内的23口井进行了地层对比工作，对比精度到单砂体。本次纵向上官15-2断块沙三段共划分了4个油组4个小层22个单砂体。

在实现了全区统层对比的基础上，精细孔东断棱带的地层对比，原认为官962-17油层均属于孔东断层下降盘的枣Ⅱ油组，新对比认为下段应为孔二段，在此基础开展精细研究，发现官962-17孔二段潜力目标，地质储量259.29×10^4t，可采储量28.5×10^4t，整体部署井位27口，16油11水。

（2）首次开展了王官屯油田储层内部构型系统研究，阐明了不同构型对剩余油的控制机理。

孔一段冲积扇辫状河砂体内部构型研究以官80断块为解剖对象，从岩心井出发，以测井曲线数据为基础，分单井构型单元识别、连井构型单元分析与构型单元预测三个层次开展研究工作。通过研究认为该地区4级构型单元主要为单一的辫状水道及心滩坝，3级构型单元为心滩坝内部的垂积体。内部构型接触界面对剩余油分布影响主要分为4种情况：

① 注水井与采油井在单一心滩坝内部，容易造成底部水淹，顶部剩余油富集[图9.14(a)]；

② 注水井与采油井井间由于4级构型界面阻挡，不连通，注采见效不明显[图9.14(b)]；

③ 注水井与采油井部分连通，剩余油富集河道砂体内部［图 9.14（c）］；

④ 注水井与采油井部分连通，剩余油富集在心滩砂体内部［图 9.14（d）］。

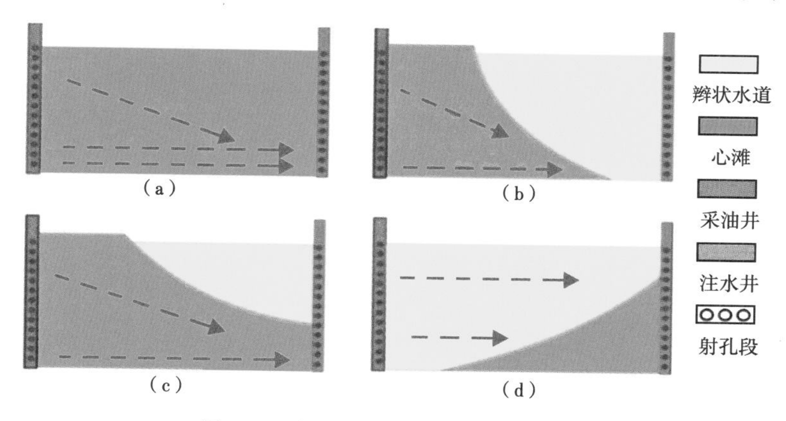

图 9.14　构型对剩余油分布影响模式

扇三角洲前缘储层构型研究以官 195 断块为解剖对象，从取心井出发，以测井曲线数据为基础，分单井构型单元识别、连井构型单元分析与构型单元预测三个层次开展研究工作。参照 Maill 提出的河流相构型界面分级系统，在充分考虑扇三角洲前缘砂体形成条件和沉积规律的基础上，提出了扇三角洲前缘储层内部构型的 7 级划分方案。其中第 7 级为扇三角洲沉积体，第 6 级为多期辫状水道与河口坝叠置体，第 5 级为同期辫状水道复合体（河口坝复合体、河口坝与水道复合体），第 4 级为单一辫状水道（河口坝、溢岸），第 3 级为单一辫状水道（河口坝、溢岸）内部增生体，第 2 级为交错层系组，第 1 级为交错层系。

辫状河储层构型特征构型研究以官 142 断块为例进行解剖，通过对本区取心、岩屑录井、测井、粒度等资料的分析，根据不同的岩相组合、外部几何形态、内部沉积结构、界面的性质以及剖面特征，采用辫状河构型划分方法，进行河道复合体及单期河道划分，每一个河道复合体划分为 1 个小层，单期河道作为一个单砂层进行地层划分和对比。共划分为 4 个河道复合体，10 期河道。通过无粗化数值模拟研究，发现剩余油分布在每期河道顶部，与未进行储层构型研究时剩余油分布规律形成明显区别（图 9.15）。

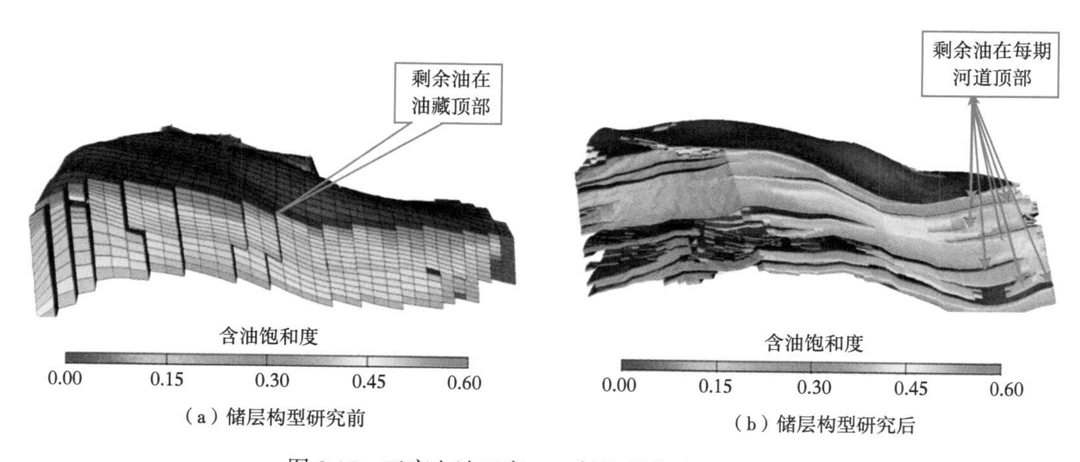

图 9.15　王官屯油田官 142 断块剩余油饱和度图

（3）系统开展了分断块、分井区、分单砂层储量计算。

基于地质分层、地震资料解释和单砂体及其内部构型刻画成果，对王官屯油田官 80 断块和官 195 断块等 20 余个断块的地质储量进行了复算，新增地质储量 1481.75×10^4t。储量变化的主要原因是本次复算利用单砂体作为计算单元来计算地质储量，计算精度更高，计算的有效厚度增加了。以重点解剖区官 80 断块为例，其孔一段枣Ⅱ和枣Ⅲ油组上报地质储量为 488×10^4t，本次复算储量为 575.78×10^4t，新增 87.78×10^4t。官 80 断块原上报储量计算时采用的有效厚度为 37.3m，本次储量复算以单砂体为对象，有效厚度核算为 44.5m，增加了 7.2m；同时因为本次储量复算新增枣Ⅲ -4 小层，也对新增储量有所贡献。

9.2.2 剩余油分布规律分析与挖潜应用实效

（1）微幅度构造和断层控制的剩余油富集区。

王官屯油田构造格局主要受断层控制，断层对注采井起到重要的分割作用，对剩余油分布具有非常明显的遮挡影响。本次研究通过精细地层对比和构造解释，发现了部分断块由于构造变化，存在高部位控制的剩余油，如王 44 断块通过构造解释，在王 44 断块内部增加官 99-6 断层，原构造下官 98-8 位置较低；新构造下，官 98-8 位于上升盘。同时，新断层的发现，在其附近形成了一个构造高点（图 9.16），在微构造高点部署新井官 99-8 井，官 99-8 井投产后日产液 $28.8m^3$，日产油 20.2t，含水 30%，效果较好。

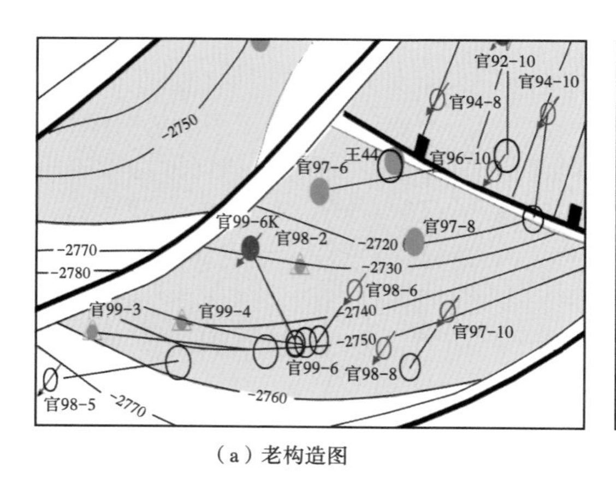

（a）老构造图

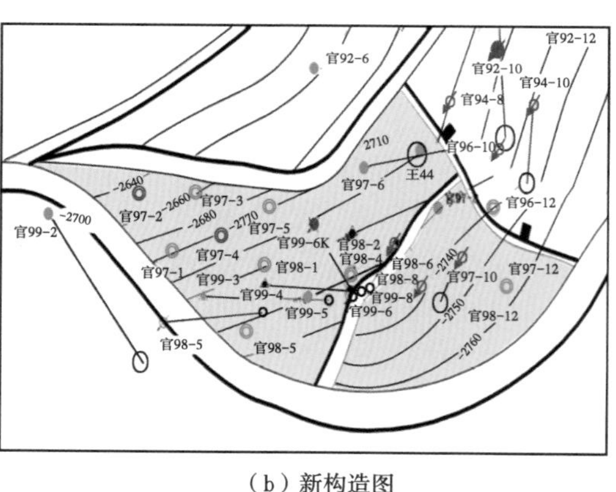

（b）新构造图

图 9.16 王官屯油田二断块沙一下亚段底界构造图对比

（2）储层内部构型界面遮挡形成的剩余油。

根据 Miall 六级界面划分方案，储层内部构型单元划分为 6 级，不同级次构型单元界面在不同的开发阶段对剩余油富集所起的作用不同。开发初期主要是 5 级（大型砂体，成因砂体组合边界）界面对剩余油富集起着关键控制作用；开发中后期 4 级（单个成因砂体边界）界面对剩余油富集起着关键作用，由于 4 级构型界面的存在，导致砂体连而不通，剩余油在构型界面附近富集，呈现高度分散、局部富集的格局。如在官 80 断块应用构型研究技术，建立该区冲积扇辫状河砂体内部构型模式，该区块 4 级构型单元主要为单一的辫状水道及心滩坝，通过单井识别、侧向划界、动态验证，准确识别构型界面，发现注水井官 7-8-1 井与官 80 井砂体不连通，存在构型界面（图 9.17）。因此在官 80 井砂体部署

新井官 7-10-1 井，投产后日产液 39.2m^3，日产油 23.4t，含水 40.3%，取得了良好效果。

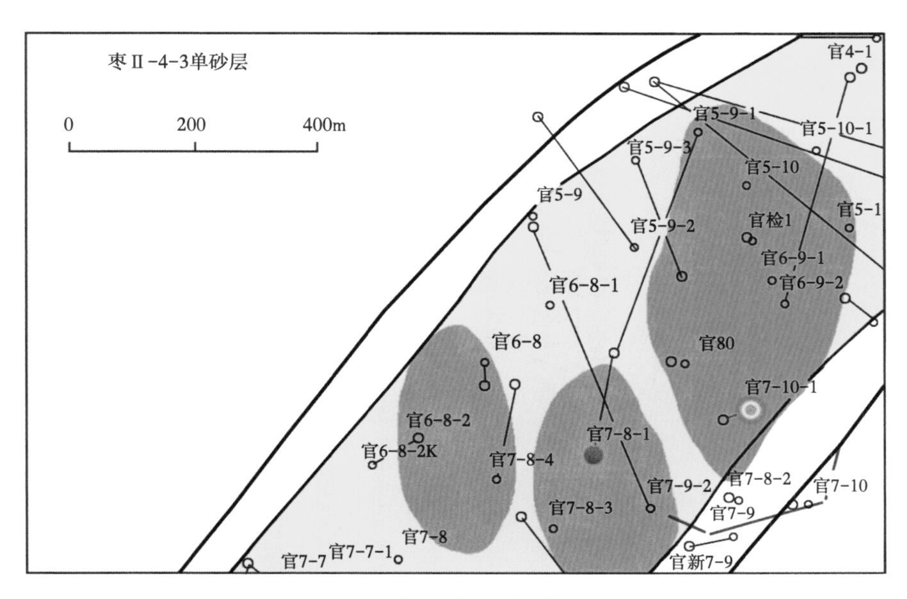

图 9.17 官 80 断块储层构型图

（3）注采井网不完善控制的剩余油高值区。

王官屯油田经过多年的注水开发，注采井网较完善的主力砂体的含油饱和度普遍较低，基本上已经水淹；不能形成良好注采井网的区域仍存在剩余油高值区，是下步挖潜的主要目标。如官 195 枣Ⅳ油组，平面上：枣Ⅳ可采储量 53.7×10^4t，核实产油量 11.45×10^4t，剩余可采储量 42.25×10^4t。剩余油主要分布在断块边部及注采井网不完善区域（图 9.18）。

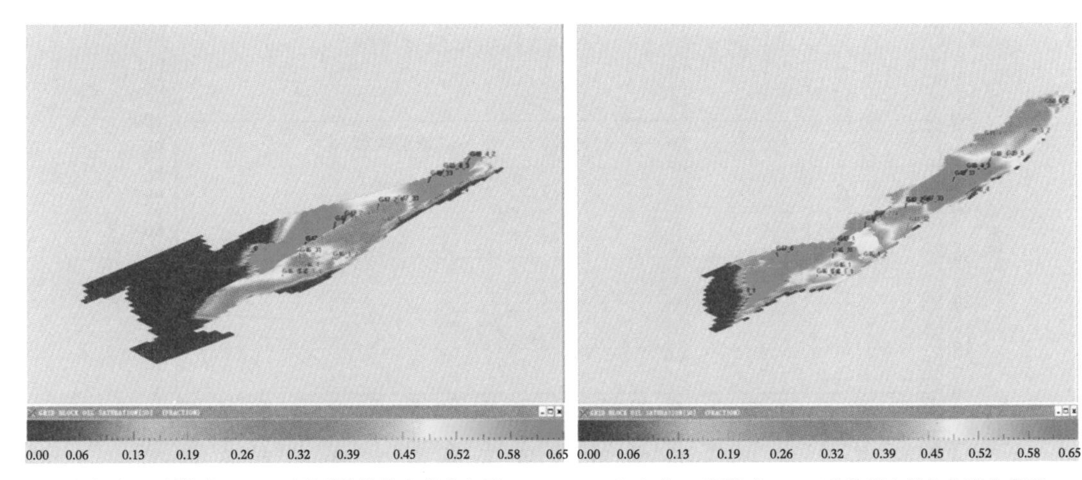

（a）官195断块枣Ⅳ2—6砂体剩余油饱和度分布图

（b）官195断块枣Ⅳ2—3砂体剩余油饱和度分布图

图 9.18 王官屯油田官 195 枣Ⅳ油组单砂体含油饱和度图

（4）油层复查升级油层的潜力区。

通过开展油层复查工作，发现一些潜力层，如官 38-36 井是官 38-28 断块的一口油井，目前开发沙三段，日产液 77m³、日产油 2.46t、含水 96.8%，液面无显示。通过地层对比显示该井沙一段生物灰岩发育稳定，且邻井补开后酸化效果较好，为进一步挖掘该井剩余潜力，对官 38-36 井补层酸化沙一段的 11 号层 1771.7~1775.3m（图 9.19），实施后日产液 40.8m³，日产油 37.8t，地层含水 7.3%，日增能力 35.2t，取得显著效果（图 9.20）。

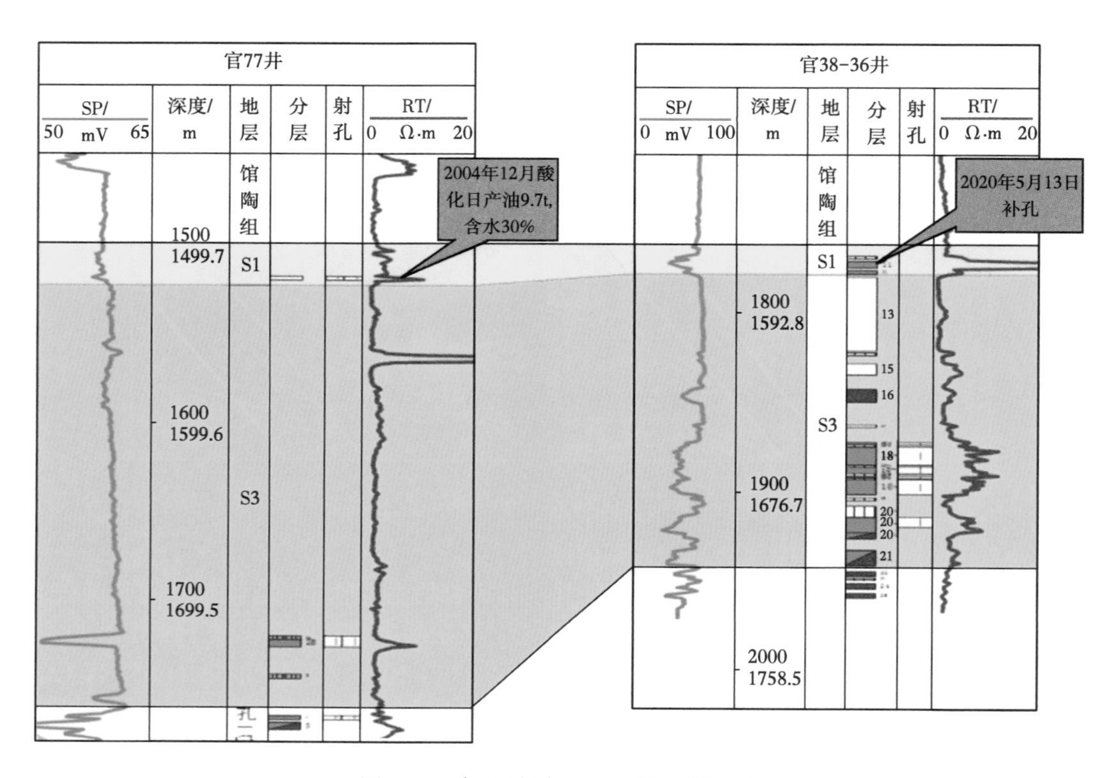

图 9.19　官 77 与官 38-36 地层对比图

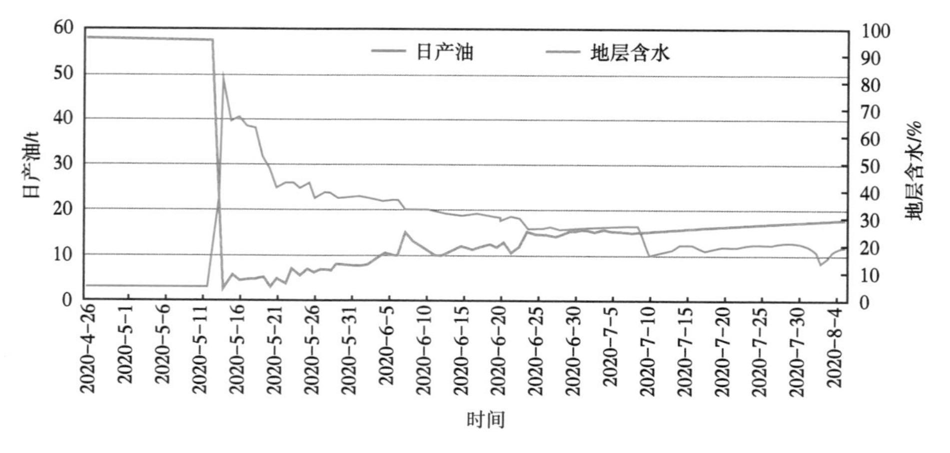

图 9.20　官 38-36 井酸化前后效果对比